辽西义县组—冀北大店子组
火山-沉积地层对比研究

LIAOXI YIXIANZU—JIBEI DADIANZIZU
HUOSHAN-CHENJI DICENG DUIBI YANJIU

张立东　杨雅军　张立君　郭胜哲
王五力　郑月娟　丁秋红　成　龙　著

中国地质大学出版社
ZHONGGUO DIZHI DAXUE CHUBANSHE

图书在版编目(CIP)数据

辽西义县组—冀北大店子组火山-沉积地层对比研究/张立东等著. —武汉：中国地质大学出版社，2016.6

ISBN 978-7-5625-3837-0

Ⅰ.①辽…
Ⅱ.①张…
Ⅲ.①火山沉积-地质学-对比研究-辽宁省、河北省
Ⅳ.①P317.3

中国版本图书馆CIP数据核字(2016)第125023号

辽西义县组—冀北大店子组火山-沉积地层对比研究

张立东　杨雅军　张立君　郭胜哲　王五力　郑月娟　丁秋红　成　龙　著

责任编辑：舒立霞　陈　琪　　责任校对：戴　莹

出版发行：中国地质大学出版社(武汉市洪山区鲁磨路388号)　　邮政编码：430074
电　　话：(027)67883511　　传　　真：67883580　　E-mail：cbb@cug.edu.cn
经　　销：全国新华书店　　http：//www.cugp.cug.edu.cn

开本：880mm×1230mm 1/16　　字数：673千字　　印张：21.25
版次：2016年6月第1版　　印次：2016年6月第1次印刷
印刷：荆州市鸿盛印务有限公司　　印数：1—1000册

ISBN 978-7-5625-3837-0　　定价：368.00元

前　言

辽西—冀北地区中生代构造盆地非常发育，其充填的陆相火山-沉积地层不仅岩相变化大，间断多，而且生物化石分布不均一，从而导致区域性地层对比困难。其中，辽西义县组与冀北大店子组如何进行区域性的地层对比就存在着较大的争议，不同单位和学者看法不一，严重制约了中国陆相火山-沉积地层的研究和陆相地层建阶工作。2004年，中国地质调查局组织了“冀北—辽西陆相中生代地层划分暨义县阶野外现场研讨会”，来自全国各部门的地质学专家对义县组与大店子组如何进行区域对比进行了深入探讨，但是没有形成统一的共识。为此，中国地质调查局在2008—2010年期间设立了一项科学研究工作项目，项目名称为“辽西义县组—冀北大店子组火山-沉积地层对比”，项目承担单位为中国地质调查局沈阳地质调查中心。

经过3年的野外调查与研究，项目组充分发挥了沈阳地质调查中心在中生代基础地质调查研究方面的业务积累和人才优势，达到了项目总体目标任务，取得了可喜的进展和成果。为了贯彻中国地质调查局关于地质工作应更好地为社会服务的宗旨，我们决定出版该项研究成果，以供地学同行和地学爱好者参考，不足之处敬请批评指正。

本书深入阐述了辽西义县组、冀北大店子组和西瓜园组及其相关地层的地质构造背景和中生代盆地发生、发展的构造机制，尤其对辽西、冀北、赤峰地区晚中生代构造盆地的活动特点进行了深入解析。工作中采用综合性研究手段，分别对重点盆地和过渡区盆地的义县期地层测制或修测了一系列精细地层剖面，开展了多重地层划分与对比研究。在生物地层学研究方面，选择了数量多、演化特征明显、分布广泛并且具有断代标志意义的微体生物化石门类(如孢粉、介形类等微体化石)进行深入的调查与研究，查明了限定地层界线的标志性生物化石组合。另外，在层序地层研究方面初步探索了陆相盆地间的地层对比方法，为辽西—冀北地区火山-沉积地层对比提供了辅助证据。

全书依据典型地层剖面和大量基础地质调查资料，详细论述了辽西、冀北地区义县期岩石地层的物质组成和横向变化特征，建立了主要盆地内义县组、大店子组和西瓜园组的基本层序，论述了义县组、大北沟组、大店子组和西瓜园组的主要生物化石组合特征，对义县组、大店子组、西瓜园组及其相关地层进行了多重地层对比分析，提出了义县组和大店子组区域对比与时代确定的重要依据。认为辽西义县组形成的时间跨度与冀北大店子组和西瓜园组形成的时间跨度基本一致，它们在岩石地层、生物地层、层序地层方面具有可比性，在岩石地球化学特征方面也反映出较多的共性。冀北大店子组相当于辽西地区的义县组中下部，而西瓜园组则相当于辽西义县组上部。这一结论为进一步开展侏罗系/白垩系界线的研究工作奠定了基础。

本书第一章——绪论，由张立东研究员执笔；第二章——辽西—冀北地区中生代盆地演化特征，由王五力研究员执笔；第三章——辽西义县组与冀北大店子组及相关地层的岩石地层对比，由杨雅军教授级高级工程师、郭胜哲研究员、张立东研究员执笔；第四章——辽西义县组与冀北大店子组及相关地层的生物-年代地层对比，由张立君研究员、杨雅军教授级高级工程师执笔，王五力研究员、郑月娟教授级高级工程师、丁秋红研究员编写了部分相关内容；第五章——辽西义县组与冀北大店子组及相关地层的层序地层对比，由郭胜哲研究员执笔；第六章——辽西义县组与冀北大店子组及相关地层的同位素测年，由张立东研究员执笔；第七章——辽西—冀北地区义县期火山-沉积作用及地球化学特征，由张立东研究员执笔；第八章——结语，由张立东研究员执笔。成龙工程师参与了部分地层剖面图、地球化学图件的编制工作。全书最终由张立东研究员完成统稿。

著　者

2016年3月

目　录

第一章 绪 论

“辽西义县组—冀北大店子组火山-沉积地层对比”是中国地质调查局设立的一项科学研究项目，项目的总体目标任务是通过对辽西—冀北地区典型中生代盆地的区域地质调研，对辽西义县组和冀北大店子组进行精细的地层剖面研究，基本解决义县组、大店子组和相关地层的区域对比问题，提高研究区内侏罗系/白垩系界线的研究程度。本书是该科研项目的重要成果。

第一节 研究区范围及地质背景

一、研究区范围

研究区横跨辽宁省、河北省和内蒙古自治区交界地带，主体为辽宁省西部及河北省北部地区，局部在内蒙古自治区境内，具体行政区范围包括辽宁省阜新市、锦州市、朝阳市和葫芦岛市，河北省承德市，内蒙古自治区赤峰市、锡林浩特市多伦县。工作区地理坐标范围为 E116°00′00″—122°00′00″，N40°20′00″—42°30′00″(图 1-1)。

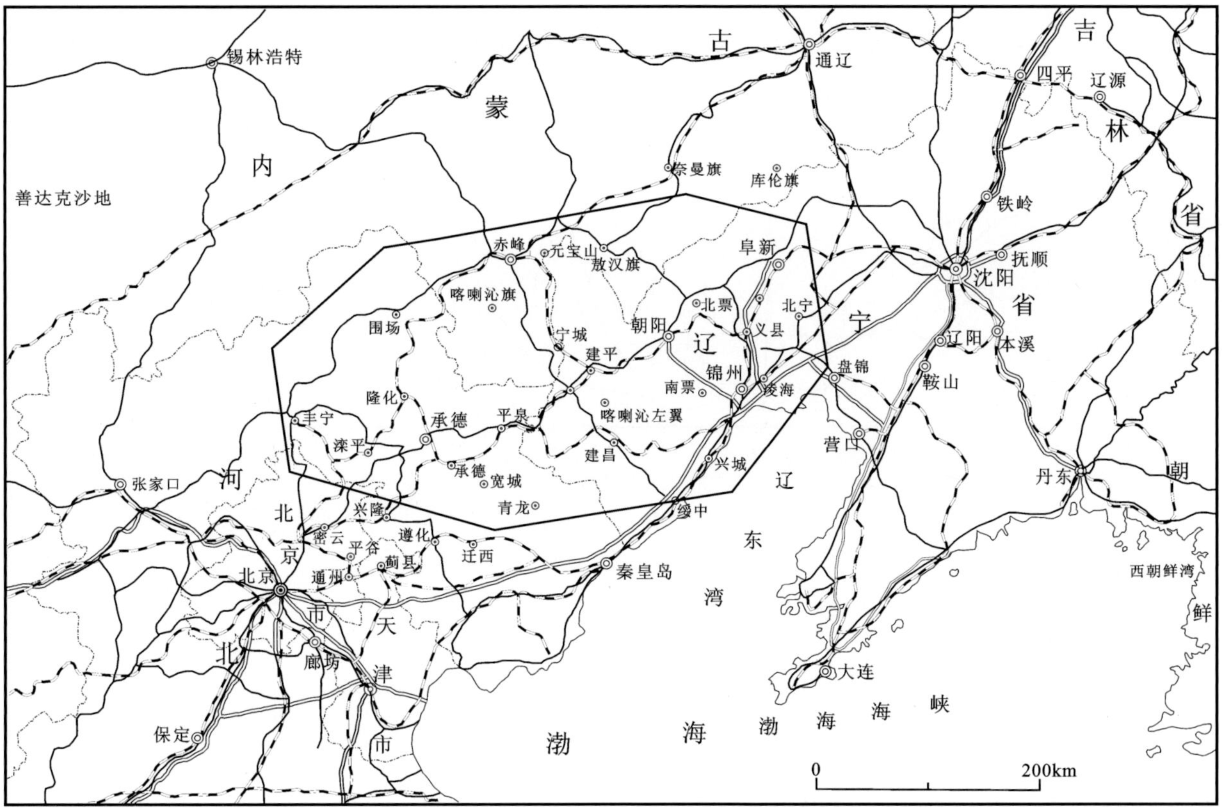

图 1-1 工作区交通位置图(黑色内斜框为工作区)

二、研究区地质背景

冀北—辽西地区位于华北陆块北缘的中东段，是我国北部巨型阴山-燕山构造带东段的重要组成部分(图1-2)。研究区经历了新太古代—中、新生代演化历史，形成了特定的区域地质构造背景。新太古代至古元古代，研究区形成了华北陆块结晶基底；自中元古代长城纪至中三叠世，转入稳定的盖层发展阶段。中生代以来，本区既归属于古亚洲构造域的一部分，又被东亚环太平洋构造域所叠加，是近东西向构造朝北北东向构造转换的部位，区域构造错综复杂。自晚三叠世起，研究区的构造活化作用使原来的构造面貌经历了强烈的改造。印支运动使板块盖层产生强烈的褶皱，初步形成了东西向造山带。在此基础上，燕山运动使该造山带进一步发展、复杂化，出现一系列的北北东—北东向的坳陷和断陷盆地，构成了一系列的北东—北北东向隆起与断(坳)陷盆地相间的盆-岭构造格局。辽西义县组、冀北大店子组和西瓜园组及相关地层就出露在这些北北东—北东向的断陷盆地中。

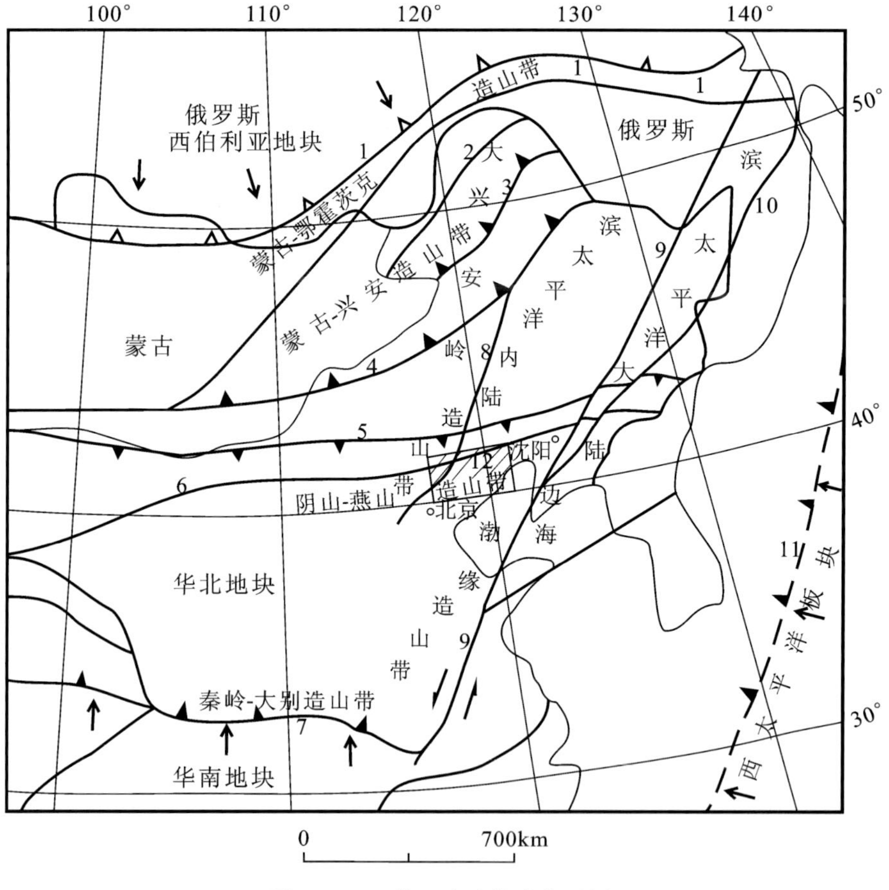

图1-2　工作区大地构造位置图

1.蒙古-鄂霍茨克构造带；2.得尔布干断裂；3.头道桥-塔源蛇绿构造混杂岩带；4.二连-贺根山-黑河构造带；5.西拉木伦河构造带；6.开源-赤峰构造带；7.祁连山-秦岭-大别山造山带；8.嫩江-八里罕构造带；9.郯-庐-依兰-伊通构造带；10.敦化-密山构造带；11.太平洋板块俯冲构造带；12.工作区

从地壳的基本组成来看，本区可划分为三大构造层，即陆块结晶基底、中元古界—古生界盖层和中生界陆相盆-岭型火山-沉积层。结晶基底形成之后主要以脆性的块断式运动为主，局部发育有韧性变形；盖层总体表现为脆-韧性活动，层内变形微弱，仅在其与结晶基底接触部位局部受到韧性改造；中生界陆相火山-沉积岩系构成一系列的山间盆地沉积，未形成统一的盖层。新太古代—古元古代末，研究区为结晶基底形成阶段，形成了稳定的克拉通；中元古代—古生代末期，为盖层发育阶段；晚古生代末—中生代初为板内造山阶段，侏罗纪—白垩纪进入后造山阶段，至晚白垩世初期全区隆起。区内构造岩浆活动十分频繁，岩浆岩广泛分布，具有多旋回、多期次和岩石类型繁多的特征，且与一定的构造分期相对应：即阜平期（2500Ma以前）、吕梁期（2500—1800Ma）、燕辽期（1800—543Ma）、加里东期（543—410Ma）、海西期（410—250Ma）、印支期（250—205Ma）、燕山期（205—65Ma）及喜马拉雅期（65Ma以来）。

三叠纪以前区内总体构造线呈近东西向，自侏罗纪以来明显改变为北东向和北北东向，构造线由老到新有逆时针偏转之势，总体构造格局定型于侏罗纪—白垩纪。不同时期、不同尺度、不同性质的构造形迹在漫长的地质历史中相互叠加改造、共生、组合，形成复杂的构造格局。

北东向和北北东向构造为本区主体构造，主要为区域性的褶皱构造、逆冲推覆构造和伸展构造。它不仅控制了中生代盆地，还控制着这些盆地内陆相火山-沉积岩系的空间展布以及众多火山机构的分布。区内北西向构造也较为发育，主要为较大的平移断层和正断层，并对早白垩世大店子组、义县组的火山-沉积岩系有一定控制作用。此外还有一些近东西向、北东东向断裂及韧性剪切带，它们一般在中生代盆地的早中期发育，逐渐为北东向和北北东向断裂切割、替代，反映了总体应力场向滨太平洋构造域的转化趋势。

区内中生界是中国东部滨太平洋中生代构造-岩浆-成矿带的重要组成部分，火山活动具多旋回、多期次喷发特点；在火山活动间歇期有巨厚的河流相和湖沼相复陆屑沉积。中侏罗世以中性—偏碱性火山岩为主，晚侏罗世以中酸性—酸性火山岩为主，早白垩世以中基性—酸性火山岩为主，晚白垩世以酸性火山岩为主，以及古近纪太平山—昭乌达期、新近纪中新世汉诺坝期基性火山岩，共计6个火山喷发旋回；其中以晚侏罗世和早白垩世火山岩最为发育，构成本区火山岩的主体。上述火山喷发旋回中不仅发育金、银、铅锌、铜、钼、铁、稀有、稀土等金属和多金属矿化，还产有大量膨润土、珍珠岩、沸石、玛瑙等非金属矿产。

区内岩浆侵入时期包括新太古代，中、新元古代，海西期，印支期，燕山期。新太古代侵入岩：一类为变质深成岩，主要以黑云角闪斜长片麻岩、二辉黑云角闪斜长片麻岩、黑云角闪二长片麻岩为主，原岩主要为闪长岩、二长花岗岩、花岗岩；另一类为变质闪长岩、变质二长花岗岩。古元古代侵入岩出露较少，主要为磁铁辉石岩及蛇纹岩；中、新元古代侵入岩有基性辉长岩，中性闪长岩及中酸性石英二长岩，石英正长岩及花岗岩。海西期侵入岩以中性、酸性花岗岩类为主，并有少量的超基性、基性岩类；印支期侵入岩主要为二长花岗岩、花岗闪长岩、闪长岩，基性岩较少。燕山期岩浆作用强烈，主要为中酸性岩浆侵入活动，沿深大断裂和大型坳陷边缘形成岩浆构造带，岩石类型主要有闪长岩、二长花岗岩、花岗岩等。

在地层方面，本区从新太古代至中生代地层均有出露。前中生代地层包括新太古界、古元古界变质岩；中、新元古界—下古生界陆表海沉积；上古生界海陆交互相沉积和陆相河湖沉积。具体而言，新太古界为一套斜长角闪岩、富纤闪变粒岩、灰褐色石榴石岩、辉石岩、角闪黑云斜长片麻岩夹磁铁石英岩组成的绿片岩组合。古元古界出露较少，为蛇纹石化橄榄白云质大理岩、白云质大理岩、方解石大理岩、石英岩及长石石英砂岩，夹含黑云浅粒岩、含黑云石墨微斜变粒岩及千枚片岩、长英质片岩、白云母片岩、斜长片岩等；中元古界长城系、蓟县系，新元古界青白口系发育齐全，为浅海相碎屑岩及碳酸盐岩沉积，含有丰富的微古植物及叠层石。下古生界寒武系为浅海相碎屑岩及碳酸盐岩，含丰富的三叶虫、牙形石、头足类、腕足类等化石；奥陶系为一套浅海相碳酸盐岩，以厚层灰岩及白云质灰岩、白云岩为主，含丰富的动物化石，其中以头足类为主，其次为牙形石、腕足类、三叶虫等；上古生界石炭系分布零星，主要为海陆交互相的灰黑色页岩、灰色铝土页岩，夹灰白色薄层细粒石英砂岩及煤层；二叠系为湖沼相、河流相砾岩、砂岩、泥岩及泥页岩组合。

中生界以陆相河流、湖泊沉积为特征，充填在板内构造运动形成的上叠盆地或山间盆地内。三叠系分布在大型盆地和山间盆地之中，早期为一套由砂岩、粉砂岩及页岩夹砾岩组成的红色岩系，晚期为一套由黄色复成分砾岩，灰色、灰黑色、黄色长石杂砂岩、粉砂岩夹灰色页岩和灰白色凝灰岩组成的杂色岩系，不整合于红色岩系之上。侏罗系为河湖相含煤碎屑沉积建造、中基性火山岩建造，其中髫髻山组以中性及基性火山岩为主，张家口组以中酸性及酸性火山岩为主。白垩系由陆相中基性、中酸性火山岩及其碎屑岩构成，与侏罗系一起构成了本区火山-沉积建造的主体，在火山间歇期形成的沉积层中含有丰富的珍稀脊椎动物化石。新生界主要为河流相砂砾石、风成黄土及少量的基性火山岩等。

研究区内中生代构造盆地非常发育(图 1 - 3、图 1 - 4),可以分为早中生代盆地、晚中生代早期盆地、晚中生代晚期盆地及贯穿早中生代和晚中生代早期的盆地。辽西义县组、冀北大店子组和西瓜园组及相关地层主要充填在晚中生代早期盆地中。这些盆地以前中生代地质体形成的隆起带为间隔,构成了一系列相对独立的地貌景观、水系和生态,所形成的岩石地层无论在纵向上还是横向上都出现了较大的相变。即使是同一时期形成的盆地,其岩石地层及生物地层也常常呈现明显的差异,比如冀北滦平盆地与辽西阜新-义县盆地的晚中生代地层就存在较大的差异。冀北地区下白垩统大店子组以河湖相碎屑岩为主夹少量的玄武安山岩,而义县盆地下白垩统义县组以火山岩及火山碎屑沉积岩为主夹少量的河湖相沉积层。

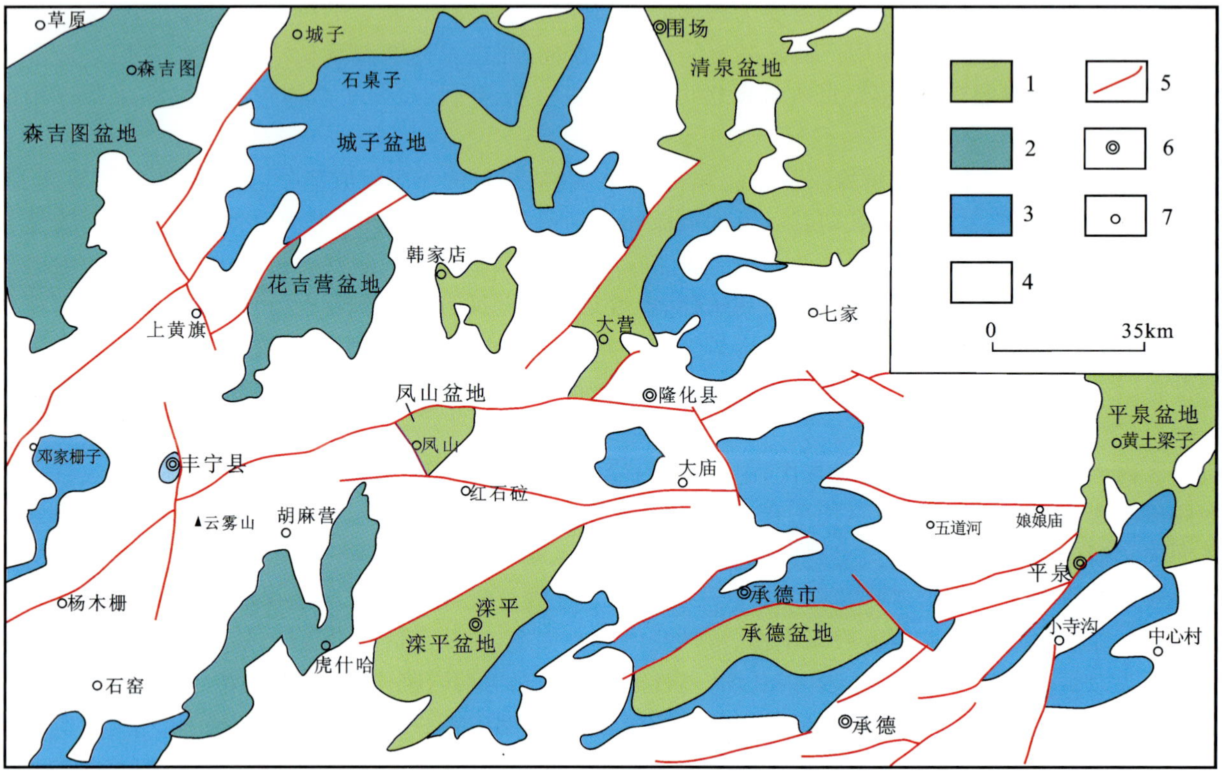

图 1 - 3　冀北地区中生代盆地分布图

1. 晚中生代早期盆地;2. 早中生代—晚中生代早期盆地;3. 早中生代盆地;4. 侵入岩类及前中生代基底地层;5. 断裂;6. 县级以上城市;7. 乡镇

早中生代盆地有北票盆地、金岭寺-羊山盆地、三十家子盆地、后城盆地、赤城盆地、寿王坟盆地、古北口盆地和桑园盆地。这些盆地总体形成于陆块碰撞、高原隆起的背景之下,应力场表现为 SE - NW 或 SSE - NNW 挤压,多数属于山间盆地,以凹陷为主,充填了三叠纪—晚侏罗世早期的类磨拉石粗碎屑沉积序列、类磨拉石含煤沉积序列、大陆火山岩及其碎屑岩序列。在辽西地区,具体岩石地层单位包括红砬组、后富隆山组、老虎沟组、羊草沟组、兴隆沟组、北票组、海房沟组、髫髻山组、土城子组;在冀北地区包括刘家沟组、和尚沟组、二马营组、杏石口组、南大岭组、下花园组、九龙山组、髫髻山组、后城组。

晚中生代早期盆地有阜新-义县盆地、北票四合屯盆地、紫都台盆地、朝阳盆地、建昌盆地、喀左盆地、四官营子盆地等。这些盆地总体形成于高原垮塌与伸展造山的背景之下,应力场为 NW - SE 或 NNW - SSE 方向,多数属于断陷盆地,主体充填了晚侏罗世晚期—早白垩世—晚白垩世早期的陆相火山岩、沉积岩,包括大陆火山-沉积序列、类复理石碎屑沉积序列、类复理石含油沉积序列、类复理石含煤沉积序列和少量类磨拉石沉积序列。在辽西地区,具体岩石地层单位包括张家口组、义县组、九佛堂组、沙海组、阜新组、大兴庄组和孙家湾组;在冀北地区包括张家口组、大北沟组、大店子组(花吉营组)、南店组(西瓜园组)和青石砬组。

贯穿早中生代和晚中生代早期的盆地有宁城-凌源盆地、赤峰孤山子盆地、滦平盆地、承德盆地、平

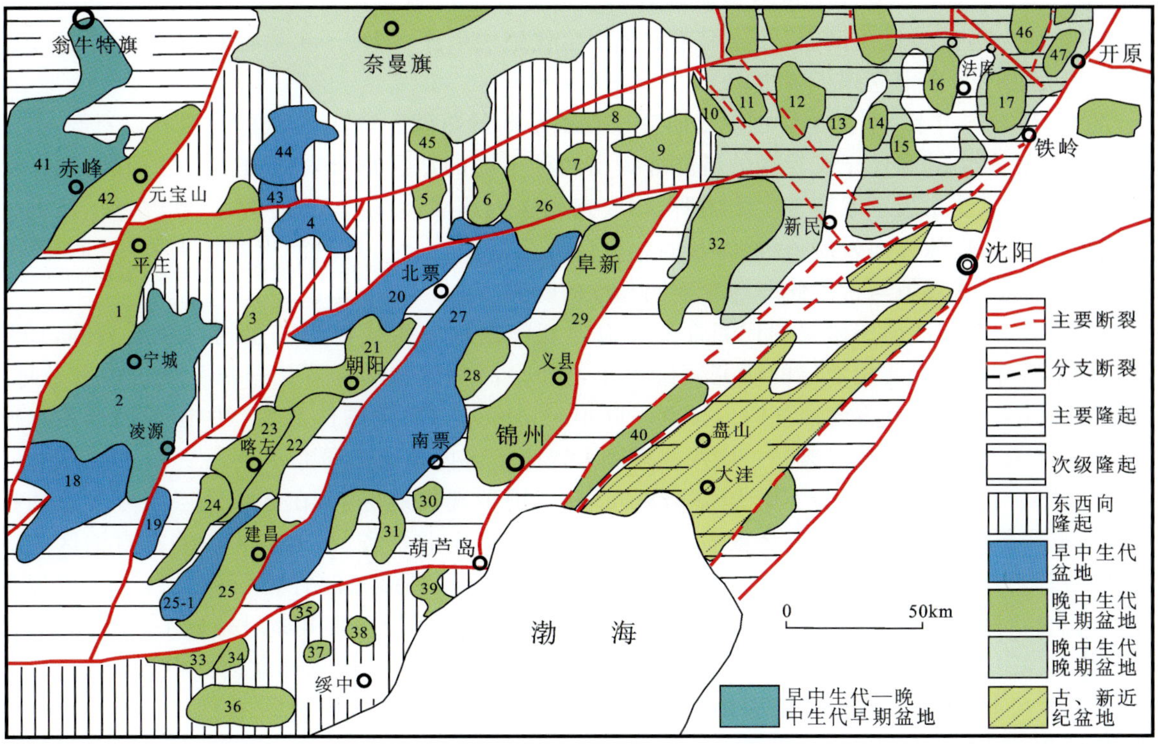

图 1-4　辽西地区中生代盆地分布图

内蒙地轴：宁城断坳：1. 平庄盆地；2. 凌源-宁城盆地；3. 铁营子盆地；4. 四家子盆地；黑城子-务欢池断隆：5. 房申盆地；6. 黑城子盆地；7. 乌兰木头盆地；8. 满井-巴楼子盆地；9. 务欢池盆地；10. 哈尔套盆地。下辽河沉降带：铁法断隆：11. 福兴地盆地；12. 彰武盆地；13. 叶茂台盆地；14. 秀水河子盆地；15. 登仕堡盆地；16. 法库盆地；17. 铁法盆地。燕辽沉降带：平泉坳陷：18. 三十家子盆地；凌源-叨尔登隆起：19. 郭家店盆地；北票-建昌坳陷：20. 北票盆地；21. 朝阳盆地；22. 大平房-梅勒营子盆地；23. 大城子（喀左）盆地；24. 四官营子盆地；25. 建昌盆地；25-1. 汤神庙盆地；26. 紫都台盆地；松岭-南票隆起：27. 金岭寺-羊山盆地；28. 北票上园盆地或四合屯盆地；阜新-锦州坳陷：29. 阜新-义县盆地；30. 暖池塘盆地；31. 新台门盆地。北镇断隆：医巫闾山凸起：32. 黑山-八道壕盆地；山海关隆起：33. 新开岭盆地；34. 大青山盆地；35. 玉凰庙盆地；36. 永安盆地；37. 砬子山盆地；38. 郭家屯盆地；39. 兴城盆地；下辽河坳陷：40. 胡家镇盆地；大兴安岭东坡隆起：41. 赤峰盆地（包括大庙、孤山子）；42. 元宝山盆地。哲南隆起：43. 新地盆地；44. 敖汉盆地；45. 宝国吐盆地；梨树-开原隆起：46. 昌图盆地；47. 金沟子盆地

泉盆地、围场盆地、凤山盆地、花吉营子盆地、森吉图盆地等。这些盆地总体处于隆起带上，是挤压型弱伸展性盆地，经历了中生代高原隆升—垮塌的全过程。早期应力场为强挤压背景，盆地以凹陷、凹裂为主，充填了以类磨拉石、大陆火山岩及其碎屑岩为主体的沉积；晚期为弱伸展背景，盆地以断陷为主，充填了以大陆火山岩及其碎屑岩、类复理石沉积为主体的沉积。

晚中生代晚期盆地主要发育在敖汉旗、开鲁以北，彰武、新民以东地区，在义县东部、北票北部局部地区也有分布，区内为孙家湾组类磨拉石沉积，代表了地壳隆起造山。此后，辽西—冀北地区进入长期隆起阶段，成为盆-山体系的隆起区，前期的盆-岭伸展造山阶段结束。

第二节　研究程度及争议

研究区内最早的地层古生物调查始于 20 世纪 20—30 年代，但调查范围比较局限。20 世纪 50—60 年代，由于大规模的煤田开发和区域地质调查，极大促进了测区的地层古生物研究，顾知微（1962）在第一届全国地层会议首次提出了热河群和阜新群，并将小林贞一的“热河叶肢介动物群”总结为“热河动物群”。20 世纪 60 年代至今是区内地层古生物深入研究并取得显著成果的阶段。

20 世纪 60—70 年代，辽宁省区域地质调查队与河北省区域地质调查大队分别在辽西和冀北开展了大规模的 1∶20 万区域地质调查，并分别建立了中生代地层层序，丰富了生物地层资料，但是两个地区的地层对比在实际工作中遇到了困难。

20 世纪 70—80 年代，本区地层古生物研究出现了空前的热潮。1979 年全国地层会议召开，有关辽西地区分别由王五力等和辽宁煤管局的潘广等提出两种不同的地层划分对比方案。这期间，地矿部系统和中国科学院系统出版了系列古生物图册，相应有关区内地层、古生物的论文达 200 多篇，从而使热河生物群的内容向广深方向发展，目前涉及的化石门类已达 20 余个，对热河生物群的发生、演化、分布范围、群落古生态、古环境与古气候等均有不同程度的研究。

在此期间，有关测区地层研究的代表性专著有：《辽宁西部中生代地层古生物》（王五力等，1985—1989），《辽宁西部中生代陆相地层的研究》（陈丕基，1980），《中国东部侏罗纪—白垩纪古生物及地层》（郝诒纯等，1989），《中国北方含油气区白垩系》（叶得泉，1990），《中国的侏罗系》《中国的白垩系》（原地质矿产部主持编写的《中国地层典》）。这些成果极大提高了区内地层的研究水平。

20 世纪 90 年代以来，新一轮区域地质调查开展，引进了现代地层学，在多重地层划分理论的指导下，原地质矿产部组织的“全国地层多重划分对比研究”工程，东北三省、河北省和内蒙古自治区完成了本区地层清理工作，出版了《辽宁省岩石地层》《吉林省岩石地层》《黑龙江省岩石地层》《河北省岩石地层》《内蒙古自治区岩石地层》和《东北地区区域地层》以及各省地质志；油田部门完成了《中国北方含油气区白垩纪》《松辽盆地白垩纪石油地层》《东北地区含油气性研究》《外围东部盆地群中新生代地层划分与对比研究》。同期出版了全国范围中新生代断代《地层典》系列。涉及研究区的专著有：《辽宁省岩石地层》（杨欣德，李星云，1997），《东北区区域地层》（王友勤等，1997）。近年来，辽河油田在油气勘查过程中对本区地层进行了较深入的研究，建立了各个盆地与重要凹陷的地层层序。1997 年 12 月，张立君等开展了“辽河油田外围盆地侏罗系—白垩系研究”工作。上述工作在岩石地层、生物地层和年代地层的基础上，加强了层序地层工作，同时有关科研、教学单位也开展了同位素地质、磁性年代学和事件地层学的研究。

与此同时，冀北—辽西原始鸟类、哺乳类、爬行类、被子植物等大量化石的发现和研究，成为国内外关注的热点，从而开启了冀北—辽西新一轮的地层古生物研究工作，并取得了丰硕的古生物学、岩石地层、生物地层、年代地层、层序地层、同位素、磁性年代学和事件地层学的重要成果。在古生物研究方面，对鱼类、昆虫、恐龙、原始鸟类、原始哺乳动物和原始被子植物等化石研究得到了显著加强，发表了许多重要论文，代表人物有：侯连海、季强、周忠和（鸟类），金帆、卢立伍（鱼类），张俊峰（昆虫），徐星、汪筱林等（翼龙和带毛的恐龙类），孙革、郑少林（被子植物）等。近几年来，张立君、庞其清等在义县组/大店子组中介形类化石组合方面的研究也取得了较大的进展。

在此期间，冀北—辽西地区的新方法 1∶5万区域地质调查（1993—2003 年）、1∶25 区域地质调查（2001—2004 年）和专题性的地层古生物研究工作相继展开。然而，在冀北地区，同辽宁地区义县组相当的地层划分与对比并没有因为新方法填图和相关综合研究的实施而得到统一。

田树刚等（2004）在滦平盆地划分出了大北沟组、大店子组和西瓜园组，认为大北沟组、大店子组为早期热河生物群的赋存层位，并提出张家沟剖面为义县阶正层型剖面。1997—1999 年河北省经济学院在辽西—冀北地区开展宋仗子、黄土梁子、三十家子、榆树林子等图幅 1∶5万区域地质调查，将相当于义县组的地层划归花吉营子组，并划分为 3 个岩性段，其中第二段为含化石沉积层；河北省区调队开展了滦平、小白旗等 4 幅 1∶5万区域地质调查，将包括“大北沟组”（狭义）、义县组和九佛堂组的地层统归为九佛堂组，并划分 9 个岩性段，实际上认为义县组和九佛堂组为相变关系；河北省区调队在花吉营子盆地和森吉图盆地将该套地层归入花吉营子组，划分为 7 个岩性段。

1999—2003 年沈阳地质矿产研究所在辽西地区开展了北票市、上园等 4 幅 1∶5万区域地质调查，将义县组划分为 4 个岩性段，认为珍稀化石层分别产在 4 个层位，其中一段、二段和四段分别产出了不同的珍稀化石组合。2001—2003 年，王五力等开展了土城子阶—义县阶建阶研究，提出马神庙—宋八户义县阶标准地层剖面，并对辽西—冀北地区的义县期火山活动进行了初步总结，对代表性盆地之间的火山-沉积地层提出了对比方案，认为辽西地区的义县组和冀北地区的大店子组基本可以对比。2004 年，田树刚等在冀北地区开展了“侏罗—白垩系界线过渡期大北沟阶至义县阶连续剖面及化石分带研究”，提出义县组在大店子组之上，与冀北的西瓜园组下部层位相当（图 1－5）。2004—2006 年，张立东等开展了辽西地区珍稀化石分布与产出层位研究，对辽西地区各个盆地中义县组特征进行了总结，并对不同盆地内珍稀化石层进行了对比。近些年来，在区域对比研究工作中所涉及的专家和学者有：王五力等（2003，2004，2005），田树刚等（2003，2004，2006），李佩贤等（2000，2004），柳永清等（2001，2002），庞其清等（2002，2006），武法东等（2004），牛绍武（2002，2003），张立东（2001，2003，2004，2005）。

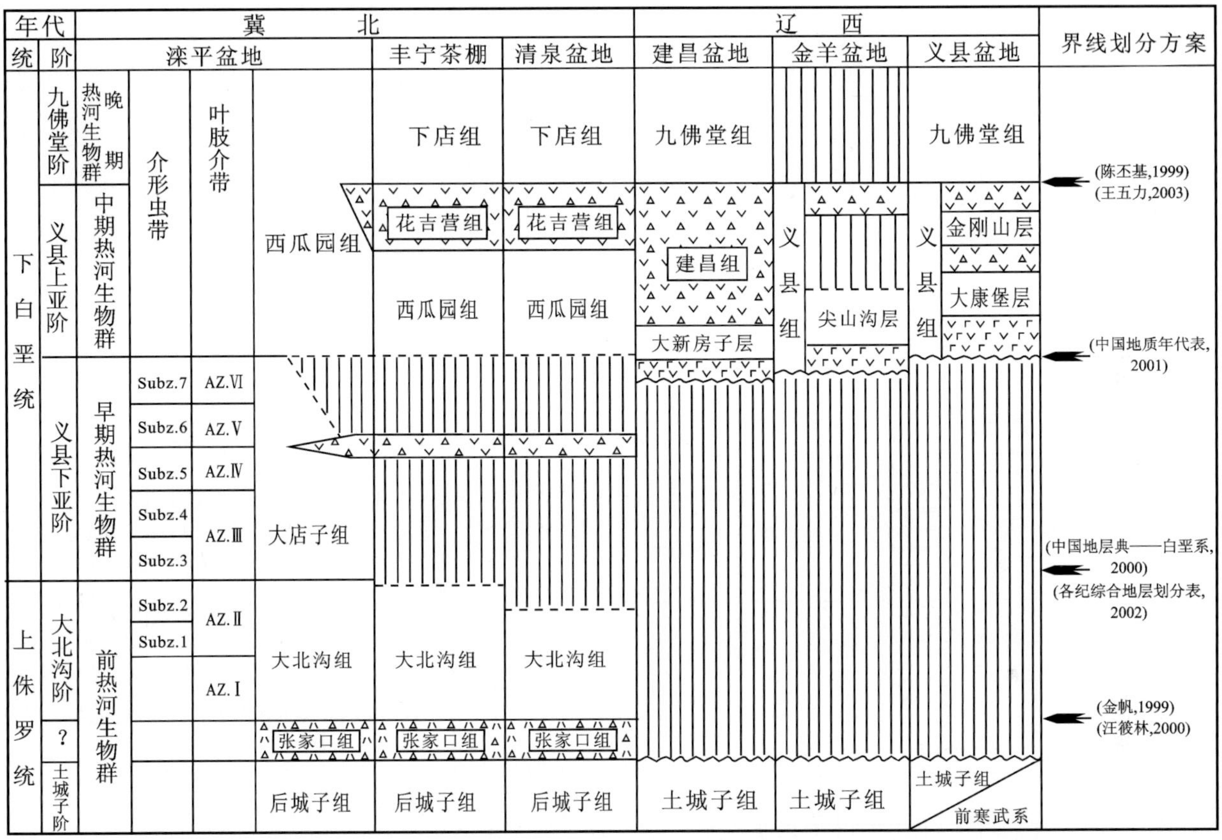

图 1－5　辽西—冀北地层划分、对比方案一（田树刚等，2004）

在 2004 年“冀北—辽西陆相中生代地层划分暨义县阶野外现场研讨会”上，来自全国各部门的专家、同行对义县组区域对比也进行了深入探讨，但未取得统一的共识。

辽西义县地区义县组马神庙—宋八户剖面、北票四合屯地区辅助剖面与滦平地区大店子组的张家沟剖面，已做了大量的地层古生物工作，研究较为深入。可以分别代表义县组的两种不同沉积类型，即火山-沉积地层和沉积地层的典型剖面。由于两个地区的义县组/大店子组剖面的沉积类型不同，在相互对比上存在较大的分歧。第一种意见认为北票—义县地区的义县组下部可与滦平盆地的大店子组完全对比（图 1－6），依据是：在介形类化石方面，大店子组一段与义县组底部老公沟层均有 *Cypridea jiandeensis tubercularis*，*C. rehensis*，*Rhinocypris subechinata*，*Limnocypridea subplana*，*Mongolianella subtrapezoidea*，*Djungarica camarata*，*Luanpingella* sp. 等，大店子组二段与义县组尖山沟层均有 *Cypridea sulcata*，*Yanshanina dabeigouensis*，*Y. postitruncata*，*Ziziphocypris linchengensis* 等，大店子组三段—四段与义县组大新房子层（尖山沟层）均有 *Cypridea sulcata*，*C. spatiosa* 等；同时大店子组二段与义县组尖山沟层均产有腹足类 *Ptychostylus harpaeformis*，因此大店子组一段—二段应与义县组下部老公沟层至尖山沟层对比。在叶肢介化石方面，大店子组一段开始出现的 *Eosestheria ovata* 和 *E. lingyuanensis*，在北票—义县地区的义县组底部老公沟层也开始出现，大店子组三段—四段繁盛的带滨生长线瘤的 *Jiliaoestheria*（＝“*Clithrograpta*”）在北票地区的尖山沟层中亦大量发育，但在建昌地区义

县组底部出现的 *Clithrograpta gujialingensis* 种，实际上是不带滨生长线瘤；因此，大店子组一段—二段可与义县组底部老公沟层、业南沟层及其底部火山岩对比，大店子组三段—四段可与尖山沟层对比。在同位素年代学研究方面，北票地区的义县组底部年龄为 133Ma±，已到义县阶底界，滦平盆地大北沟组三段底部年龄为 133～130Ma，说明北票—义县地区的义县组底部大致可与滦平盆地的大店子组底部对比。

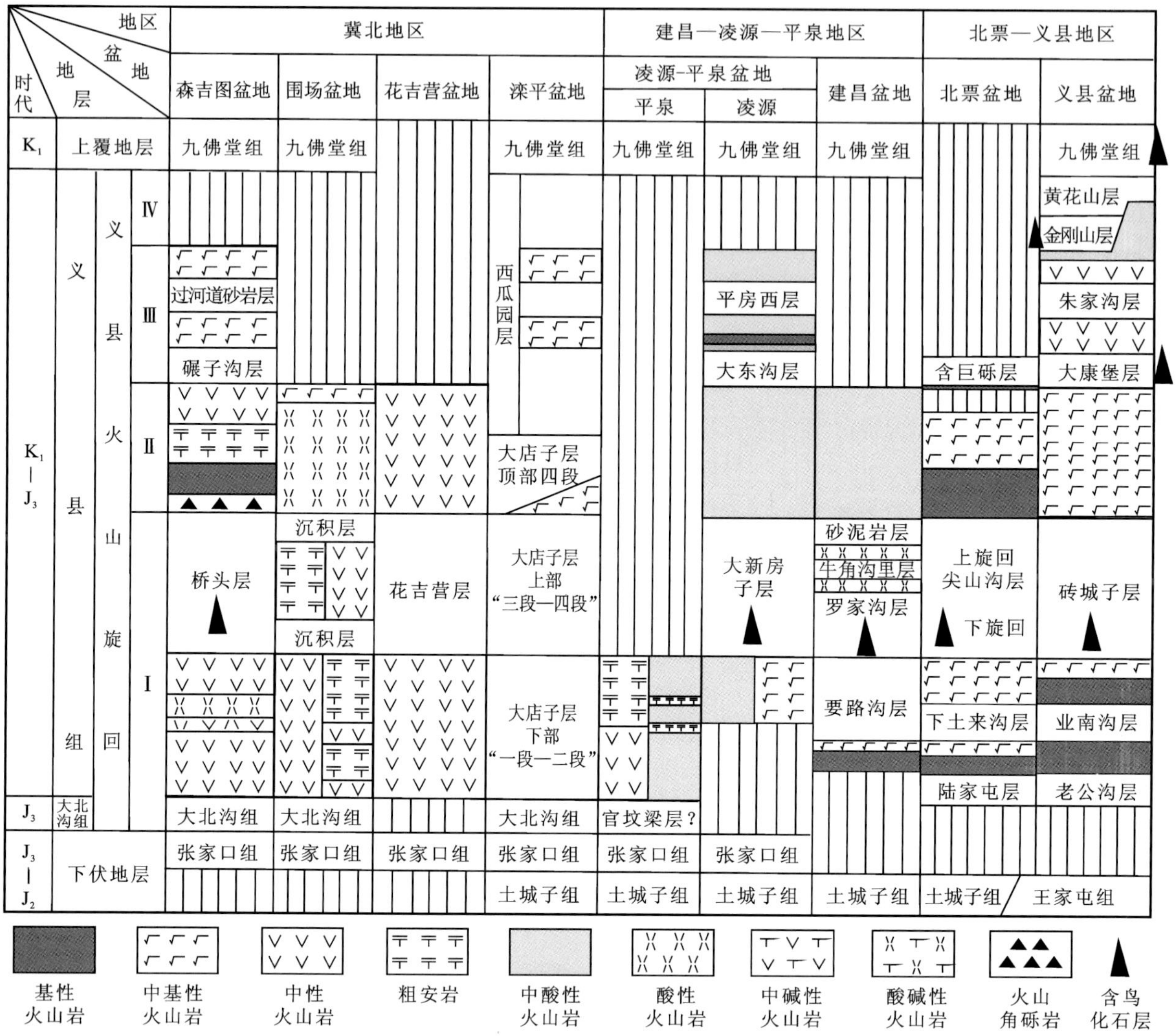

图 1-6 辽西—冀北地层划分、对比方案二（王五力等，2003）

第二种意见认为滦平盆地的大店子组三段—四段可与北票—义县地区的义县组下部大致对比，理由是大店子组一段—二段叶肢介组合 *Eosestheria zhangjiagouensis* - *Abrestheria semireticulata*，*Eosestheria donggouensis* - *Abrestheria linearis* 在义县组底部未见，大店子组三段—四段叶肢介组合 *Jiliaoestheria gujialingensis*，*Ji. striaris* 可与尖山沟层 *Jiliaoestheria* 对比，但尖山沟层之下的火山岩及沉积层或者可忽略不计，将尖山沟层作为义县组底部沉积层，或者只能对比到大店子组二段顶至三段—四段底。

基于相似的理由，亦有将滦平盆地的西瓜园组与北票—义县地区的义县组对比的意见，即第三种意见认为义县组层位总体在大店子组之上（田树刚等，2004），其主要理由是在所谓的西瓜园组底部凝灰质页岩中找到了在辽西义县组中下部出现的螯虾类（？环足虾）、北票鲟、狼鳍鱼、龟鳖类甲片、三尾拟蜉蝣、蜻蜓等化石和大量介形虫、腹足类和双壳类等化石。

依据不同门类化石组合的特点，提出的义县组/大店子组时代观点有晚侏罗世或提塘晚期（侯连海，

2002;Chen,2003);提塘晚期—贝利阿斯期,倾向于提塘晚期(陈丕基,2004;王五力等,2004);早白垩世早期或贝利阿斯期—早凡兰吟期(李佩贤等,2001;庞其清等,2002)以及早白垩世中期晚欧特里夫—巴列姆期(Zhou et al.,2003)等多种意见。

区内义县组/大店子组的同位素年代学研究也存在较多争议,自20世纪80年代至今,先后有刁乃昌等(1983),王东方等(1983,1984,1987),罗修泉等(1987),黄标(1987),王东方等(1992),郭洪中等(1992),张招崇等(1993),陈义贤等(1997),罗清华等(1999),牛宝贵(2003),彭艳东等(2004),陈文等(2004),张宏等(2005)发表了辽西中生代火山岩的同位素年龄数据。同位素年龄的测试方法主要为K-Ar等时线法、Ar-Ar法、Nd-YAG激光Ar-Ar法、Rb-Sr等时线法和单颗粒锆石、磷灰石的U-Pb法。因采样标准和测试方法的差异,已发表的同一套火山岩的年龄数据常有很大的偏差,存在着很大的争议,其年龄值变化在147～105Ma之间。同位素年龄大致存在3个相互争论的年龄段:147～135Ma;133～121Ma;130～105Ma。

综上所述,研究区有近90多年的地质研究史,地质工作涉及煤田和油田等矿业开发、多种比例尺的区域地质测量、专题性的地层古生物研究等多方面内容,而有关辽西—冀北晚中生代早期地层的区域对比方面还存在很大的争议,尤其是义县组和大店子组的层位对比与形成时代问题是最大的争议所在。

第三节 研究思路与工作方法

围绕辽西—冀北地区晚中生代地层对比问题,我们采取了如下研究思路与工作方法。

(1) 区域地层研究与典型地层研究相结合。首先从区域构造、火山作用入手,研究中生代盆-岭构造形成机制及其对义县组、大店子组和相关地层的控制作用,总结义县组和大店子组的物质组成、生物组合、火山旋回、沉积韵律特点及其区域分布规律。然后选择重点盆地(如阜新-义县盆地、滦平盆地)的典型地层剖面开展义县组、大北沟组、大店子组及相关地层的划分与对比研究。

(2) 注重辽西—冀北过渡区盆地的调查与研究。典型的义县组分布在东部阜新-义县盆地,而大店子组和西瓜园组主体产在西部滦平盆地,两盆地之间相隔数十个中生代盆地(如凌源-宁城盆地、围场-清泉盆地、赤峰孤山子盆地、建昌盆地等)。如果研究工作脱离这些过渡区盆地直接进行重点盆地的地层对比显然缺乏足够的说服力。因而,由重点盆地向外扩展,开展过渡区盆地的义县期地层的划分与对比研究工作也是十分必要的,它们是开展重点盆地之间地层对比的重要桥梁。

(3) 在研究工作中注重综合性方法的应用。辽西—冀北地区的陆相火山沉积地层充填在一系列凹陷、裂陷、断陷盆地中,在纵向和横向上都存在较大的变化,任何单一的地层对比方法都有它的局限性,从而有可能将研究工作引向歧途。但采取多种方法进行互补性研究可以弥补单一方法的不足。这些方法包括区域性的构造分析、盆地结构分析与演化研究、岩石地层的组合分析、生物组合的划分与演化研究、火山事件和层序地层等时界面研究,以及岩石地球化学方法和同位素地质等方法研究。有些人将这种综合性研究工作用简单的多重地层对比研究来概括,但我们认为有些方法已经超出了多重地层工作的范畴。合理应用这些综合性方法,使盆地构造、地层分析、沉积环境等地质资料相互补充、相互印证,将有效地促进地层对比研究工作。

(4) 在生物地层学研究方面,除了对已经发现的大化石(如爬行类、鸟类、昆虫、鱼类等)产出层位、埋藏环境进行详细分析,并划分生物组合外,还选择了数量多、演化特征明显、分布广泛并且有断代标志意义的微体化石门类(如孢粉、介形类等)进行深入的调查与研究,查明限定地层界线的标志性化石组合。

(5) 在重点区段和重点盆地内选择地层露头发育区,测制精细研究剖面。按1∶500～1∶2000的比例尺,实测主干地层剖面;查明地层厚度及其接触关系,进行详细的岩石地层、层序地层、古生物地层研究,系统采集岩石、古生物、岩石地球化学和同位素测年样品,为进一步开展多重地层划分与对比研究提供基础资料。

（6）对前人测制的具有代表性的晚中生代地层剖面进行必要的检查、修测，补充采集相关样品，进一步收集多重地层对比依据。

（7）在盆地分析与研究的基础上，选择关键地段对义县组和大店子组进行路线地质调查及典型剖面研究，注意寻找构造不整合界面、层序等时界面和突发性地质事件等地层对比标志，为深入探讨盆地演化，古沉积环境，突发事件的纵向、横向变化规律和辅助地层对比研究工作奠定基础。

三、盆-岭构造层

盆-岭构造层是东北地区燕山运动第二幕与第三幕之间的后造山运动和成盆运动所形成的伸展构造层，既是中燕山期伸展造山期，也是盆-岭构造发展期。可划分晚侏罗世晚期中燕山期伸展造山构造层、早白垩世初期中燕山期强伸展造山和盆-岭构造层、早白垩世晚期中燕山期后伸展造山和主盆-岭构造层、晚白垩世早中期晚燕山期主盆-山构造层4个构造层(图2-2)。

1. 晚侏罗世晚期，中燕山期伸展造山构造层

晚侏罗世晚期，燕山运动第二幕开始进入伸展造山期(相当于张家口期)，即伸展造山构造初期，在冀北形成了张家口组和大北沟组。这一时期，东北地区总体为隆起，沉积缺失，但在大兴安岭形成了持续的火山岩带，先后形成了玛尼吐期和白音高老期火山岩；同时在三江地区有东荣组海侵。

2. 早白垩世初期，中燕山期强伸展造山和盆-岭构造层

早白垩世初期，燕山运动第二幕中晚期开始进入强伸展造山和盆-岭期(相当于义县期和九佛堂期)，是东北地区主要的强伸展造山构造层；在大兴安岭地区白音高老期、龙江期火山作用持续活动。这一时期，火山活动遍及全区，形成了广泛的盆-岭构造。

3. 早白垩世晚期，中燕山期后伸展造山和主盆-岭构造层

早白垩世晚期，燕山运动第三幕开始进入后伸展造山和主盆-岭期(相当于沙海期、阜新期和张老公屯期)，构造运动频繁，是东北地区强烈火山活动后的成盆期，形成广泛的湖相沉积和煤系地层，同时也是由盆-岭构造向盆-山构造演化的转换期。其中，后期燕山运动第三幕，相当于张老公屯期(K_1^3)，为挤压隆起期，发生小规模火山活动(东山组等)和裂谷(登楼库组)，为后续盆-山体系形成的基础期。

4. 晚白垩世早中期，晚燕山期主盆-山构造层

晚白垩世，燕山运动第三幕后进入主盆-山期(相当于孙家湾期、泉头期、青山口期、姚家期和嫩江期)，由前期的盆-岭转变为大型盆地与大型山脉组成的盆地和山脉格局，称为盆-山构造。东北地区最为典型，西部有大兴安岭，东部有张广才岭，中间夹持大型松辽盆地，而晚白垩世早中期是主盆-山形成期。沉积主要分布于松辽、大三江、嘉荫、延边和方正等盆地。区内仅有孙家湾组类磨拉石沉积，代表了地壳隆起造山。此后，辽西—冀北地区进入长期隆起阶段，成为盆-山体系的隆起区，前期的盆-岭伸展造山阶段结束。

第二节　辽西—冀北地区中生代盆地演化

辽西—冀北地区的中生代盆地大致可分为早中生代盆地和晚中生代盆地，晚中生代盆地又可以进一步划分为晚中生代早期盆地和晚中生代晚期盆地。区内早中生代断裂推覆系统非常发育，基本上沿燕辽沉降带分布，呈向东南突出的弧形，早中生代盆地主要沿着这些弧形带展布；晚中生代时期，区内形成了一系列断陷和裂陷构造，从而形成了北东向和北北东向的断陷及裂陷盆地(图2-3)。

早中生代盆地包括中三叠世晚期—晚侏罗世早期(后富隆山组→土城子组)的盆地；晚中生代早期盆地是晚侏罗世晚期—早白垩世(张家口组→大兴庄组)的盆地，在冀北地区的同期盆地主要充填张家口组、大北沟组、大店子组、西瓜园组和青石砬组等，而辽西地区同期盆地则主要充填义县组、九佛堂组、沙海组、阜新组、大兴庄组等；晚中生代晚期盆地指晚白垩世盆地，是燕山运动第三幕后进入主盆-山期此可初步认为应与燕辽前陆推覆构造同步。值得指出，辽西的侏罗纪—早白垩世沉积和构造向北可延伸至松辽盆地西南部开鲁、通辽和双辽地区，是否存在该时期的辽西型前陆推覆构造带，是一值得深入研究的问题。

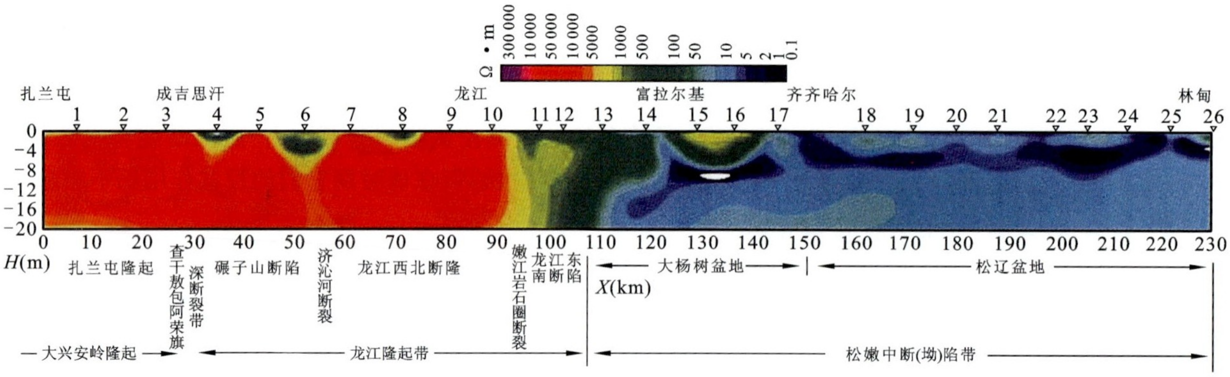

图 2-4　龙江-齐齐哈尔电法资料反演及初步解译

（据刘殿秘，2007）

因此，辽西—冀北地区的推覆构造体系很可能是大兴安岭东侧嫩江断裂推覆构造体系的南缘部分。推覆构造体系总体成 NE—EW—NNE 向的反“S”形的特点。

赵越等（1994，2004）认为中侏罗世是东西向构造向环太平洋构造的转化期，但在辽西北票、金岭寺-羊山盆地中北票组与上覆海房沟组、髫髻山组、土城子组的构造线方向基本一致，指示燕山运动第一幕不是主要的转化期。环太平洋构造主要形成期应开始于燕山运动第二幕后的张家口期（任纪舜等，1999）。在辽西早中生代盆地的走向为北东或北北东向，但晚中生代盆地一定是北北东向；同时，前者地层基本向北西倾斜，后者基本向南东倾斜，反映了前者受以西伯利亚为中心的蒙古弧控制，后者受滨太平洋构造体系影响。

值得指出，虽然环太平洋构造主要形成期应开始于燕山运动第二幕后的张家口期，但早中生代，特别是早侏罗世—晚侏罗世早期，是古亚洲构造域与滨太平洋构造域共存，并相互影响的时期。根据是燕辽-大兴安岭东缘的推覆构造体系是西伯利亚板块与特提斯板块南北向挤压，形成向东的推力，受到古太平洋板块的阻挡的条件下，在燕辽—大兴安岭地区产生右行走滑运动的结果。这说明该时期已存在滨太平洋构造域的作用，虽然还不占主导作用。

二、晚中生代北北东向断陷构造盆地及后挤压推覆构造

在早中生代逆冲推覆构造片区内，辽西—冀北地区的晚中生代盆地，除滦平、承德盆地外，构造线方向已经转为北北东向（图 2-5）。

1. 燕辽沉降带区域

1）金岭寺-羊山盆地区

在金岭寺-羊山盆地推覆片区，主要的晚中生代盆地是阜新-义县盆地，也是典型的断陷盆地；其东缘控盆断裂为锦州-八道壕逆冲断层，或哈尔套-锦州断裂，虽表现为逆冲断层，但其在义县—阜新沉积期为伸展型断裂，逆冲是在阜新期之后发生的。著名的南公营子-北票（北票-南天门）断裂在晚中生代也重新活动，将长城系逆冲于阜新组—孙家湾组之上（张长厚等，2002）。除断陷盆地外，在早中生代盆地中也有一些晚中生代的火山沉积，构成了裂陷小盆地。

2）郭家店-建昌-北票盆地区

在郭家店-建昌-北票盆地推覆片区，凌源盆地东侧有凌源-杨杖子正断层；四官营子盆地东缘有佛爷洞-四官营子正断层；喀左盆地东缘为喀左-甘招断层；建昌盆地东缘有喇嘛洞-石佛（凤凰山）断层；朝

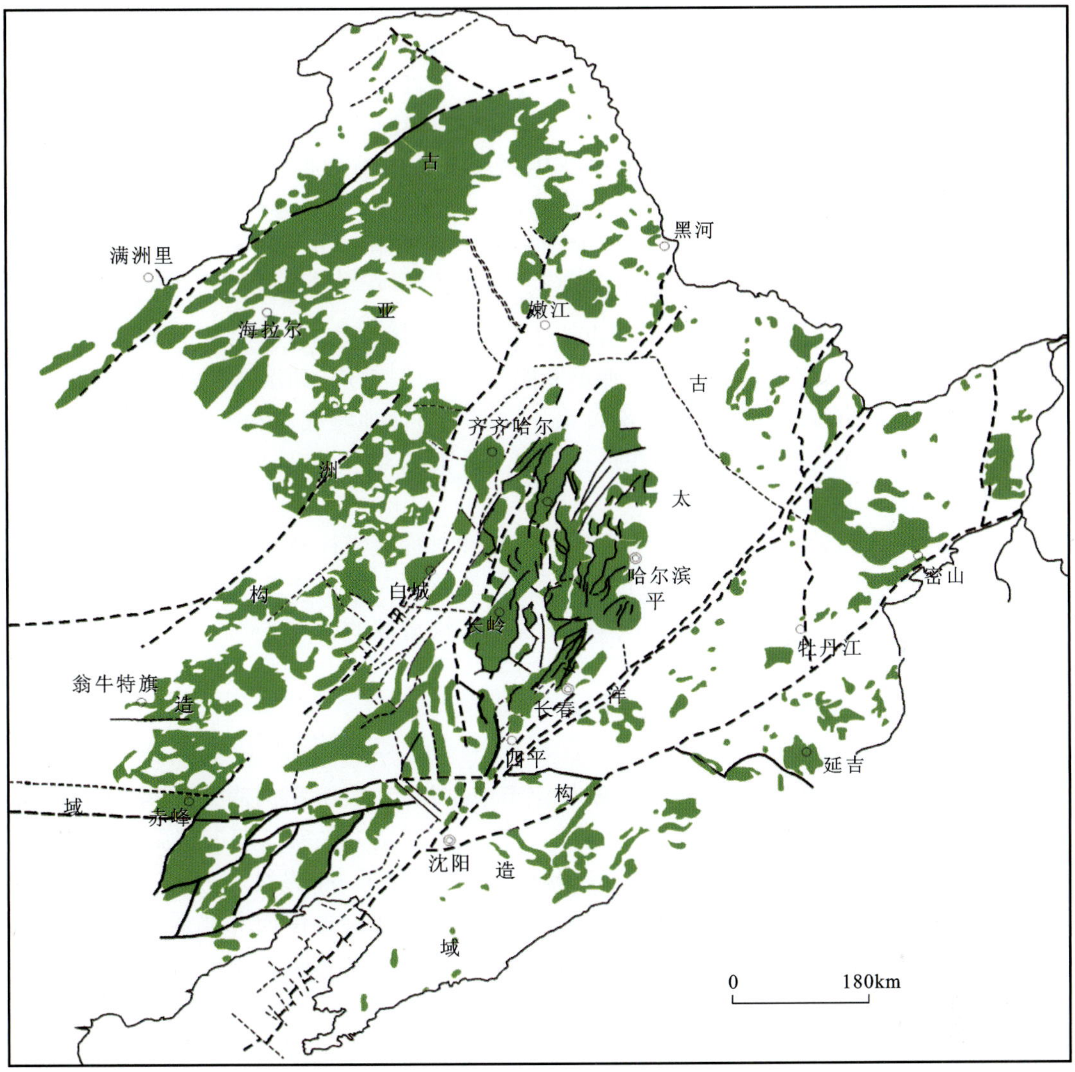

图 2-5 东北地区晚中生代早期(晚侏罗世晚期—早白垩世)盆岭分布图

阳-梅勒营子盆地东缘有梅勒营子-朝阳正断层。它们都是伸展断层,成为上述断陷盆地的控盆断裂(张长厚等,2004)。后挤压推覆构造主要表现为晚中生代发生的逆冲推覆,主要有义县期之后发生的逆冲断层活动,如凌源-东官营子断层,是重新活动的晚中生代逆冲断层,将建平群逆冲于义县组之上。

3) 滦平-承德-宽城盆地区

在滦平-承德-宽城盆地推覆片区,伸展断层很少是一大特点。滦平盆地北西缘的控盆断裂是岗子-漫子沟断裂,承德盆地北西侧的控盆断裂是双塔山-滦河断裂和承德逆冲断层,其中,岗子-漫子沟断裂、双塔山-滦河断裂是正断层,使滦平和承德盆地成为地层向北北西倾斜的断陷盆地。除此之外,少量的小盆地是继承早中生代逆冲推覆型盆地的继续发展,为后挤压推覆构造。

2. 内蒙地轴区域

在早中生代逆冲推覆构造片区之北的内蒙地轴上,早中生代盆地不发育,晚中生代盆地除平庄盆地受嫩江-八里罕断裂所控制成断陷盆地外,其余盆地控盆断裂不明显,为裂陷盆地,主要受大兴安岭中央大断裂和嫩江-八里罕断裂所制约,为大兴安岭中央造山带东南缘的裂陷盆地,地层一般向南东倾斜。

总结上述,可将辽西—冀北地区晚中生代盆地划分为以燕辽沉降带范围为主的断陷盆地区和内蒙地轴范围内的裂陷盆地两大区域。前者区域上可以凌源—郭家店一线为界,东部为辽西断陷区,西部为冀北断陷区,地层产状分别倾向南东和北西,代表了地幔柱活动大致对称的火山活动规律。后者区域上与大兴安岭东坡南缘的火山活动有关，为燕辽沉降带与大兴安岭区的过渡区。由于张家口组的广泛发育，使火山活动以张家口组为主体，作为张家口组上部的大北沟组相应分布于滦平、承德、赤峰、围场、花吉营子、森吉图、隆化等盆地中；义县组（大店子组）虽然分布没有张家口组广泛，但在各盆地中均有分布，特别是赤峰、大庙盆地。这一特点与大兴安岭东南坡龙江盆地以南各盆地类似，张家口组最为发育，义县组及其相当层位的地层发育次之，反映了大兴安岭中央造山带在张家口期大规模火山喷发隆起的基础上，在早白垩世初期（义县期），火山活动向两侧迁移，在东坡受大兴安岭中央（主脊）断裂带和嫩江-八里罕断裂带的共同作用，特别是嫩江-八里罕断裂控制了义县组的火山喷发活动，反映了大兴安岭中央（主脊）地幔柱活动大致对称的东南—南侧火山活动规律。

值得指出，虽然晚中生代盆地基本上为燕山造山带中的伸展型盆地，但同时也伴有挤压型逆冲推覆构造，伸展和挤压交替出现，以伸展为主导。伸展断陷型的火山-含煤、油沉积活动在早白垩世义县组—阜新组达到高潮，同时伴有变质核杂岩和走滑体系。说明一方面地幔底侵和拆沉活动加强，岩石圈开始减薄，另一方面板块和地块的挤压、碰撞仍在进行。两个方面的斗争，使伸展和挤压交替，形成以伸展造山为主的盆-岭构造。

如上所述，晚中生代盆地，受大兴安岭中央（主脊）大致对称地幔柱及辽西凌源—郭家店一线大致对称地幔柱的火山活动所控制，反映了自张家口期开始，以北北东向火山活动带为代表的滨太平洋构造域开始占主导作用，但在冀北滦平、承德一带仍然存在古亚洲构造域的影响。

三、冀北和辽西中生代构造演化的差异

郭家店—凌源一线以东的辽西区，因控盆断裂位于南东侧，地层沉积向南东倾斜，最大沉降位于南东一侧，形成半地堑；早、晚中生代盆地相对独立，因大部分地区缺失张家口期沉积而显示燕山运动第二幕强烈，早、晚中生代地层间的角度不整合明显。相反，在冀北滦平、承德盆地一带，受古亚洲构造域的影响，控盆断裂很少，且为北东东向，所形成的断陷盆地也很少，地层总体向北北西倾斜，最大沉降位于北北西一侧；早、晚中生代盆地不独立，晚中生代盆地继承早中生代盆地的发展，普遍存在张家口期沉积，燕山运动第二幕不强烈，早、晚中生代地层间的角度不整合不明显，基本为连续沉积。

以上可能产生的原因是：一方面，地幔柱向东迁移。大兴安岭中央（主脊）地幔柱主要活动期是张家口期，义县期已向两侧迁移。凌源—郭家店一线地幔柱主要活动期是义县期，主要影响辽西和滦平—承德地区，在更大的范围内，这一地幔柱向北为松辽大庆-长岭裂谷带，也是迁移后义县期的另一主要地幔柱带。因此，义县期形成了大兴安岭东坡和辽西-松辽两条地幔柱带。另一方面，前期燕辽-嫩江推覆逆冲带的影响仍在继续，只是退居次要地位。在上述背景下，两条地幔柱带的南缘交会地区，即滦平—承德地区的晚中生代盆地成为地幔柱活动的薄弱地区，成为挤压背景下的伸展盆地和伸展背景下的挤压盆地，使早、晚中生代的沉积连续，火山活动不强烈，并造成滦平、承德盆地北北西侧控盆断裂（岗子-漫子沟断裂、双塔子-滦河断裂）的正断层与承德盆地另一条盆中控盆逆冲断层——承德逆冲断层并存。

总之，辽西—冀北地区可划分冀北赤峰—花吉营、滦平—承德和辽西建昌—阜新 3 个地区。它们分别为大兴安岭中央（主脊）地幔柱南缘区、大兴安岭中央与郭家店—凌源一线地幔柱过渡区和郭家店—凌源一线地幔柱区。3 个地区在张家口、大北沟—九佛堂期存在构造演化上的差异：①辽西建昌—阜新区燕山运动第二幕强烈，是古亚洲构造域向滨太平洋构造域的强烈构造转换期，不但是收缩构造向伸展构造、北东向构造向北北东向构造转换，而且地壳隆起，大面积缺失张家口—大北沟期的沉积。②冀北滦平—承德区燕山运动第二幕的影响不强烈，与早中生代的挤压构造环境基本一致，所不同的是晚中生代受到伸展作用的一些影响，地层基本连续，缺失不整合面，至多是假整合，火山作用及其碎屑沉积不太发育，是早中生代滨太平洋构造域与古亚洲构造域联合作用区的延续，构造转换期不明显。③冀北赤峰—花吉营区，是张家口—义县期火山活动发育区，早中生代红旗组—万宝组沉积仅见于大庙盆地北缘，九佛堂—孙家湾期沉积见于元宝山盆地，也是大兴安岭火山岩带的南缘部分。从张家口期，或可能

从中侏罗世晚期的髫髻山期(髫髻山组、塔木兰沟组)开始,本区已经是滨太平洋构造域火山活动的一部分。

在更大的背景上,可将辽西—冀北地区看作嫩江-八里罕-隆化-丰宁推覆(前张家口期)—伸展(张家口—阜新期)—推覆(孙家湾期)构造带的一部分。大兴安岭中央造山隆起带,包括冀北赤峰—花吉营区,是其上盘;滦平—承德和辽西建昌—阜新区及松辽盆地西部是其下盘。张家口—阜新期的伸展期所产生的三区构造差异,是在此背景下产生的。

第三章 辽西义县组与冀北大店子组及相关地层的岩石地层对比

第一节 辽西地区义县组岩石地层特征

义县组源于室井渡(1940)的“义县火山岩类”一名。顾知微(1962)及斯行健、周志炎(1962)同时使用义县组一名，一直沿用至今。

义县组主要分布于辽西阜新-义县、北票四合屯、朝阳、凌源、宁城、建昌及赤峰大庙-孤山子等盆地(图 3-1)。在阜新-义县盆地、北票四合屯盆地、朝阳盆地、凌源盆地和建昌盆地，义县组分布于盆地西北部，而在宁城盆地、赤峰大庙-孤山子盆地则位于盆地东南部，以火山熔岩及其火山碎屑岩为主，夹沉积层，存在较大的岩性岩相变化。在北票—义县地区，义县组具有明显的四分性，可划分 4 个岩性段。

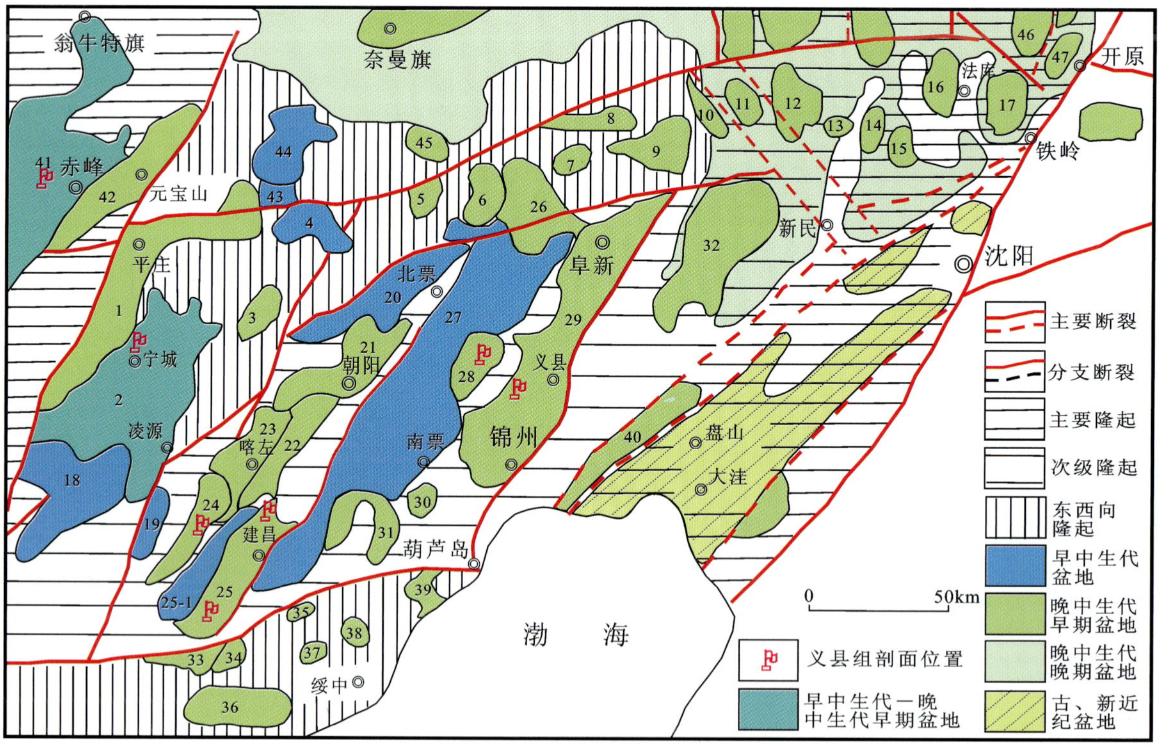

图 3-1 辽西地区中生代盆地分布及义县组剖面位置分布图

(图中序号为盆地编号，盆地具体名称参照图 1-4)

一段：底部为砾岩层，中、上部为灰色、浅褐灰色、灰紫色块状、气孔杏仁状基性—中基性火山熔岩，火山碎屑岩及爆发角砾岩、集块岩等，夹有 3 层黄绿色、灰黄色、红色和灰紫色含砾岩屑沉凝灰岩，砂质凝灰岩和沉晶屑岩屑凝灰岩，其中产有 *Psittacosaurus*, *Jeholosaurus shangyuanensis*, *Repenomamus robustus* 等化石。在建昌和喀左地区与之相当的沉积层为要路沟层、谷家岭层，义县地区下部沉积层称为老公沟层、业南沟层，北票地区称为陆家屯层、下土来沟层，凌源盆地称为黄土梁层。

二段：底部为黄绿色薄层状凝灰岩屑杂砂岩、砂质细砾岩、灰色薄板状钙质粉砂岩夹黄褐色铁质胶结沉凝灰岩，局部夹灰岩透镜体，产有双壳类、叶肢介、介形类和昆虫等化石。下部为灰色、灰白色纹层状—页片状钙质泥质页岩夹黄褐色晶屑凝灰岩、沉凝灰岩，产有大量的热河生物群化石，包括各种无脊椎动物、脊椎动物(鱼类、两栖类、兽脚类、鸟臀类、翼龙类、鸟类、小型哺乳类等)和植物化石。在义县地区该段中部为灰白色沉凝灰岩夹灰色砂质结晶灰岩透镜体、灰绿色薄层状凝灰质杂砂岩、泥质粉砂岩、石英长石砂岩等，产辽宁古果，鱼类、龟类和昆虫化石。上部为流纹质凝灰角砾岩、角砾凝灰岩、凝灰岩和钙泥质页岩，产有昆虫、虾类、离龙类、鸟臀类、反鸟类和蛙类等化石。该段中、下部夹有湖相玄武安山质枕状熔岩和淬碎岩。该段中、下部在义县地区称为砖城子层，北票地区称为尖山沟层，建昌地区称为下罗家沟层，凌源盆地称为大新房子层；中、上部在义县地区称为大康堡层，建昌地区称上罗家沟层。

三段：主要为灰色—灰黑色块状橄榄玄武岩、斜长橄榄玄武岩及其集块岩和角砾岩，经常伴生橄榄玄武玢岩等潜火山岩；在义县盆地除了见有橄榄玄武岩及其碎屑岩外，在上部还有斑状粗安岩、粗安质凝灰角砾岩和角砾凝灰岩。

四段：底部为砾岩、砾质杂砂岩，分布局限；中部主要为褐灰色、灰色、灰紫色、绿灰色气孔杏仁状安山岩，流纹岩，英安岩等中酸性火山岩及其火山碎屑岩，少量偏碱性火山岩(如粗面岩)，夹有凝灰质粉砂岩、细砂岩和钙质泥页岩，该沉积层(即金刚山层)含有丰富的 *Eosestheria*，*Ephemeropsis trisetalis*，*Lycoptera muroii* 及 *Manchurochelys manchuensis*，*Yabeinosaurus tenuis* 等化石；上部为流纹质沉火山角砾岩(即俗称的黄花山角砾岩)，在区域上分布仅局限在义县地区。

义县组与下伏张家口组为平行不整合接触、与土城子组或更老的地层为角度不整合接触，与上覆的九佛堂组连续或平行不整合接触。产有双壳类、腹足类、叶肢介、介形类、昆虫、虾类、蜘蛛、鲎虫、鱼类、两栖类、龟鳖类、离龙类、有鳞类、翼龙、蜥臀类恐龙、鸟臀类恐龙、鸟类、哺乳类、轮藻、植物、木化石和孢粉等 20 多个门类或类型的化石。

一、阜新-义县盆地义县组岩石地层特征

阜新-义县盆地义县组不整合在髫髻山组之上，岩性为一套基性—中基性—中性—中酸性陆相火山喷发岩系，在火山喷发活动间歇期形成了 6 个规模不等的河湖相沉积夹层，自下而上有老公沟层、业南沟层、砖城子层、大康堡层、朱家沟层、金刚山层、黄花山层，其中砖城子层和大康堡层含有重要的热河生物群分子、珍稀动物化石和丰富的植物化石，可用作区域性地层对比。标准层型剖面在义县马神庙—宋八户一带。

代表剖面：阜新-义县盆地马神庙—宋八户义县组标准地层实测剖面(图 3－2)(王五力等，2004)

地层层序自上而下为：

上覆地层：九佛堂组灰绿色凝灰质含砾砂岩、粉砂岩

——————整合——————

义县组　　**总厚度＞2771.83m**

义县组四段　　**670.9m**

40. 黄花山层，灰褐色含砂凝灰质胶结英安质—流纹质沉火山角砾岩及含角砾粗砂岩　446.72m

39. 金刚山层(朱家沟东)，灰白色凝灰质粉砂岩、泥页岩夹薄层沉凝灰岩、钙质粉砂岩、粉砂质泥灰岩。下部为灰绿色凝灰质砾岩、砂砾岩、含砾粗砂岩。产鱼 *Lycoptera muroii*；叶肢介 *Eosestheria elliptica*　23.50m

在枣茨山村北山西坡，该沉积层产鱼类：*Lycoptera muroii*；昆虫：*Ephemeropsis trisetalis*，*Coptoclava longipoda*；叶肢介：*Eosestheria jingangshanensis*，*E. elliptica*，*E. changshanziensis*，*E.* aff. *middendorfii* (Jones)，*Eosestheria* (*Diformograpta*) *triformis* (Chen)，*E.* (*D.*) *persculpta* (Chen)，*Eosestheria* (*Dongbeiestheria*) *fuxingtunensis*，*E.* (*D.*) *tereovata*，*E.* (*D.*) *yushugouensis*；介形类：*Cypridea* (*Cypridea*) *arquata*，*C.* (*C.*) *deflecta*，

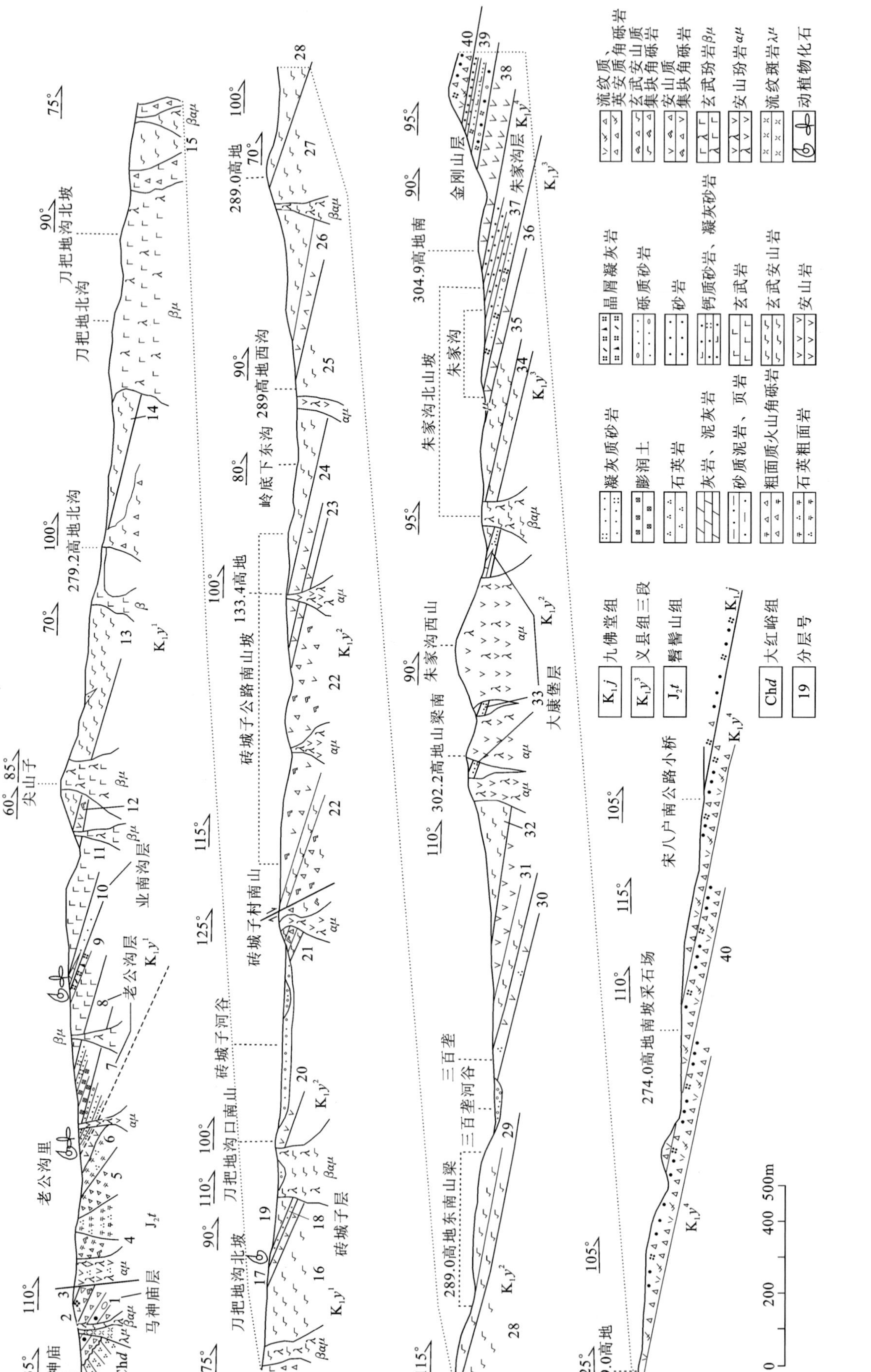

图3-2 阜新-义县盆地义县马神庙—宋八户义县组层型剖面图

（据王五力等，2004，略加修改）

Lycopterocypris infantilis；

在金刚山鱼石梁产龟类：*Manchurochelys manchuensis*；离龙类：*Monjurosuchus splendens*；有鳞类：*Yabeinosaurus tenuis*；反鸟类；叶肢介：*Eosestheria jingangshanensis*, *E.* (*Diformograpta*) *gongyingziensis*(Wang), *E.* (*D.*) sp.；介形类：*Cypridea*(*Cyprdea*) *jingangshanensis*, *C.* (*C.*) *zaocishanensis zaocisharensis*, *C.* (*C.*) *verdica arquata*, *Lycopterocypris infantilis*；植物：*Equisetites longevaginatus*, *Coniopteris burejensis*, *Botrychites reheensis*, *Baiera* sp., *Czekanowskia rigida*, *Schizolepis jeholensis*, *Liaoningocladus* sp., *Podozamites lanceolatus*, *Pityanthus* sp.

38. 灰色、灰绿色杏仁状含橄榄石安山岩、安山岩。被少量似脉状、筒状砖红色、灰绿色杏仁状安山质角砾集块熔岩穿切　108.44m

37. 朱家沟层，具3组斜交层理的浅灰绿色含砾中粗砂岩与细砂岩互层。底部为灰色凝灰质含砾岩屑砂岩　92.24m

义县组三段　138.94m

35—36. 灰色、灰绿色杏仁状含橄榄石辉石安山岩。被少量似脉状、筒状灰紫色杏仁状安山质(或玄武安山质?)角砾集块熔岩及灰黑色含橄榄石辉石玄武安山玢岩侵入　107.72m

34. 灰紫色、灰绿色气孔杏仁状含辉石玄武安山岩。被似脉状、筒状灰绿色杏仁状安山质集块熔岩穿切　31.22m

义县组二段　>1264.77m

33. 大康堡层(朱家沟西)，灰黄色凝灰质含砾砂岩。上部为灰白色凝灰质粉砂岩、页岩及膨润土　>31.95m

在靖家屯东南沟291高地北产昆虫 *Ephemeropsis trisetalis*, *Coptoclava longipoda*；叶肢介 *Diestheria longinqua*, *D. yixianensis*, *Eosestheria*(*Filigrapta*) *jianshangouensis*；植物 *Czekanowskia* sp.；木化石 *Xenoxylon hopeiense*, *Taxoxylon* sp.；

在潘家沟西山南沟，产昆虫 *Ephemeropsis trisetalis*, *Mesolygaeus laiyangensis*；叶肢介 *Diestheria yixianensis*, *D.* sp.；

在王家沟西山东坡义县炸药库西南产昆虫 *Ephemeropsis trisetalis*, *Sinaeschinidia cancellosa*；叶肢介 *Eosestheris*(*Filigrapta*) *jianshangouensis*, *E.* (*Dongbeiestheria*) cf. *siliqua*, *E.* (*D.*) *yushugouensis*, *Asioestheria*? sp.；植物 *Baiera furcata*, *Stenorachis beipiaoensis*, *Equisetites* sp., *Czekanowskia rigida*, *Cze. angouensis*, *Cze. setacea*, *Schizolepis jeholensis*, *Liaoningocladus boii*, *Podozamites lanceolatus*, *Ephedrites chenii*, *Gurvanella exquisite*, *Carpolithus* sp.；离龙类 *Hyphalosaurus* sp.；手盗龙类 *Yixianosaurus longimanus* 和翼手龙类；

在大凌河北王油匠沟产反鸟类；离龙类 *Hyphalosaurus* sp.；虾类 *Liaoningogriphus quadripartitus*；昆虫 *Ephemeropsis trisetalis*；叶肢介 *Eosestheria*(*Clithrograpta*) cf. *lingyuanensis*, *E.* (*Filigrapta*) cf. *taipinggouensis*, *E.* (*Diformograpta*) *gongyingziensis*, *Diestheria*? sp.；植物 *Equisetites lingeginatus*, *E.* sp., *Czekanowskia rigida*, *Phoenicopsis angustissima*, *Schizolepis jeholensis*, *Liaoningocladus boii*, *Podozamites lanceolatus*；木化石 *Circoporoxylon sewardi*；

在白台沟产反鸟类；翼手龙类；离龙类；禽龙类 *Jinzhousaurus yangi*；

在四方台南沟东山产叶肢介 *Eosestheria*(*Filigrapta*) *taipinggouensis*；昆虫 *Ephemeropsis trisetalis*；离龙类 *Hyphalosaurus* sp.；龟类 *Manchurochelys* sp. 和植物碎片

30—32. 灰色气孔杏仁状及杏仁状玄武安山岩、含橄榄石辉石安山岩、英安岩，被密集的似脉状、似层状、筒状灰紫色、绛紫色、灰绿色杏仁状安山质集块角砾熔岩穿切成残留体　388.77m

三百垄村第四系河谷沉积　出露宽 164.30m

28—29. 灰色杏仁状含橄榄石玄武安山岩及蜂窝杏仁气孔状玄武安山岩，被较密集的似脉状、筒状砖红色、灰绿色、绛紫色多杏仁状安山质集块角砾熔岩穿切　126.29m

巨型砖红色、绛紫色杏仁状玄武安山岩筒、多杏仁状含橄榄石安山质集块角砾熔岩筒(289.0高地中心式火山喷发中心)　出露宽 337.30m

22—27. 灰色杏仁状玄武安山岩被灰黑色安山玢岩墙，似脉状、似层状、筒状砖红色杏仁状含橄榄石辉石安山岩及玄武安山质集块角砾熔岩穿切　395.88m

══════ 断层 ══════

21. 灰色气孔杏仁状玄武安山岩，被似层状、似脉状、筒状砖红色杏仁状玄武安山质角砾集块熔岩穿切，呈似层状和穿插状　109.34m

砖城子第四系河谷沉积　出露宽 580.00m

19—20. 灰色气孔杏仁状辉石安山岩、玄武安山岩被灰黑色玄武安山玢岩，浅灰色、砖红色杏仁状碳酸盐胶结玄武安山质集块角砾熔岩墙穿切　>210.49m

18. 砖城子层（刀把地村东），浅灰绿色岩屑晶屑凝灰岩及泥灰岩，底部为灰色、灰黄白色安山质火山角砾岩，顶部为浅灰绿色含钙凝灰质页岩、粉砂岩。产叶肢介 *Eosestheria* (*Filigrapta*) *zhuanchengziensis*，*E.* (*F.*) *jianshangouensis*；介形类 *Cypridea* (*Cypridea*) *yingwoshanensis*，*Candona yingwoshanensis*　2.05m

在英窝山南沟产昆虫 *Coptoclava longipoda*，*Sinaeschnidia cancellosa*，*Mesolygaeus laiyangensis*，? *Habrohagla curtivenata*，*Anthoscytina* sp.，*Geotrupoides* sp.；叶肢介 *Eosestheria* (*Filigrapta*?) sp.；植物 *Hepaticites* sp.，*Equisetites longevaginatus*，*E.* sp.，*Coniopteris angustiloba*，*C. simplex*，*Eboracia uniforma*，*Cycadites yingwoshanensis*，*Tyrmia acrodonta*，*Otozamites beani*，*O. turkestanica*，*Zamites yixianensis* sp.，*Neozamites verchojanensis*，*Williamsonia bella*，*W.* sp.，*Williamsoniella jianshangouensis*，*Bucklandia* sp.，*Ginkgo apodes*，*Ginkgoites* ex gr. *sibiricus*，*Baiera valida*，*Sphenobaiera* sp.，*Stenorachis beipiaoensis*，*Antholithus* spp.，*Czekanowskia rigida*，*Phoenicopsis angustissima*，*P.* sp.，*Solenites murrayana*，*S. orientalis*，*Sphenarion* sp.，*Leptostrobus* sp.，*L. sinensis*，*Pityophyllum staratschini*，*Pityolepis* spp.，*Pityocladus densifolius*，*Schizolepis jeholensis*，*S. moelleri*，*S.* sp.，*Cupressinocladus heterophyllum*，*Cyparissidium blackii*，*C. rudlandium*，*Cephalotaxopsis leptophylla*，*Brachyphyllum longispicum*，*Liaoningocladus boii*，*Podozamites lanceolatus*，*Podozamites* sp.，*Pityanthus* sp.，*Ephedrites chenii*，*Gurvanella exquisite*，*Beipiaoa spinosa*，*Conites* spp.，*Samaropsis* sp.，*Carpolithus* spp.，*Carpolithus pachythelis*；

在大阎家屯南河谷边相当此层产木化石 *Protopiceoxylon* sp.；

在英窝山北沟产昆虫 *Ephemeropsis trisetalis*，*Sinaeschnidia cancellosa*，*Geotrupoides* sp.；叶肢介 *Eosestheria* (*Diformograpta*) sp.；介形类 *Cypridea* (*Cypridea*) *yingwoshanensis*，*Candona yingwoshanensis*，*Jinzhouella longissima*，*J. longirenaria*；植物 *Czekanowskia rigida*；

在金家沟南分水岭南坡产鸟类；昆虫 *Ephemeropsis trisetalis*，*Mesolygaeus laiyangernsis* *Coptoclava longipoda*，*Sinaeschnidia cancellosa*，*Rhipidoblattina* sp.，*Blattula* sp.，*Karatavoblattina formasa*，? *Habrohagla curtivenata*，*Sophogramma plecophlebia*，*Hagiphama paradoxa*，*Lycoriomimodes* sp.，*Geotrupoides* sp.；叶肢介 *Eosestheria sihetunensis*，*E.* (*Filigrapta*) *taipinggouensis*，*E.* (*F.*) *phalosana*，*E.* (*Diformograpta*) *gongyingziensis* (Wang)；植物 *Hallites jianshangouensis*，*Muscites tenellus*，*Equisetites longevaginatus*，*Xiajiajienia mirabila*，*Tyrmia acrodenta*，*Neozamites verchojanensis*，*Williamsonia exiguus*，*Williamoniella jianshangouensis*，*Bucklandia* sp.，*Taeniopteris* sp.，*Ginkgoites*，*Baiera valida*，*B.* sp.，*Eretmophyllum* sp.，*Stenorachis beipiaoensis*，*Antholithus* sp.，*Czekanowskia rigida*，*Solenites murrayana*，*S. orientalis*，*S.* sp.，*Sphenarion* sp.，*Leptostrobus sinensis*，*L.* sp.，*Pityophyllum lindstroemi*，*P. staratschini*，*Pityolepis pseudotsugaoides*，*P.* sp.，*Pityocladus densifolius*，*P. jianshangouensis*，*Schizolepis chilitica*，*S. jeholensis*，*S. moelleri*，*Cyparissidium blackii*，*C. rudlandium*，*Cephalotaxopsis leptophylla*，*Podocarpites reheensis*，*Pagiophyllum beipiaoense*，*Liaoningocladus boii*，*Elatocladus liaoxiensis*，*Podozamites lanceolatus*，*Pityanthus* sp.，*Ephedrites chenii*，*Gurvanella exquisite*，*Beipiaoa spinosa*，*Membranifolia admirabilis*，*Problematospermum beipiaoensis*；

在腰马山沟相当上述沉积层中产木化石 *Cedroxylon* sp.

义县组一段　697.22m

11—17. 灰色、灰黑色、灰绿色杏仁状玄武岩、玄武安山岩、安山岩。被灰黑色玄武玢岩、橄榄玄武安山玢岩、碱性玄武玢岩及灰紫色、灰黄色玄武质、玄武安山质火山角砾岩筒穿切，下部有 1.61m 厚灰黄白色钙质粉砂岩夹泥灰岩残留体 549.49m

10. 业南沟层（尖山子西），灰黄色、灰白色凝灰质细砂岩、粉砂岩、页岩夹泥灰岩薄层，底部为灰绿色凝灰质含砾细砂岩和沉凝灰岩，顶部为浅灰黄色砂质结晶灰岩。产叶肢介 *Eosestheria*（*Diformograpta*）cf. *gongyingziensis*（Wang）；植物 *Equisetites lingevaginatus*，*E.* sp.，*Czekanowskia rigida*，*Solenites* sp.，*Schizolepis jeholensis*，*Podozamites lanceolatus*，*Pityanthus* sp.，*Ephedrites chenii*，*Beipiaoa spinosa* 18.85m

在创业队南沟（业南沟）产鸟臀类 *Psittacosaurus* sp.；鱼类 *Lycoptera* sp.，*Sinamia* sp.；昆虫 *Ephemeropsis trisetalis*，*Sinaeschnidia cancellosa*，*Coptoclava longipoda*，*Anthoscytina* sp.；叶肢介；腹足类；植物 *Selaginellites fausta*，*Equisetites longevaginatus*，*Xiajiajienia mirabila*，*Tyrmia acrodonta*，*Williamsonia* sp.，*Czekanowskia rigida*，*Solenites* sp.，*Liaoningocladus boii*，*Beipiaoa spinosa*，*Gurvanella exquisite*

9. 灰褐色玄武岩。被一条宽 4m 灰黑色玄武玢岩穿切，顶部为灰黄色含集块晶屑岩屑凝灰岩 61.81m

老公沟层（老公沟头东坡）

8. 灰绿色含砂膨润土、膨润土夹灰色、灰紫色晶屑岩屑凝灰岩、凝灰质细粒杂砂岩，顶部为浅灰白色、灰黄色含结晶灰岩团块泥灰岩及夹薄层泥灰岩的灰白色凝灰质粉砂岩 43.01m

7. 灰紫色中粒复成分杂砂岩、含砾粗砂岩，底部为灰紫色、紫红色安山质角砾凝灰岩及泥质粉砂岩。产介形类 *Cypridea*（*Cypridea*）*rehensis*，*C.*（*C.*）*priva*，*C. laogonggouensis*，*Limnocypridea subplana*，*Mongolianella palmosa*，*M. yixianensis*，*M.*? *laogonggouensis*，*Clinocypris scolia*，*Luanpingella postacuminata*，*Damonella formosa*，*Lycopterocypris infantilis*，*Rhinocypris subechinata*，*Darwinula leguminella*，*D. liaoxiensis*，*D. mashenmiaoensis*，*D. dadianziensis* 24.06m

老公沟层向北延伸，在上底家沟亦有出露，产植物 *Thallites riccioides*，*T.* sp.，*Equisetites longevaginatus*，*E.* sp，*Coniopteris* cf. *burejensis*，*Cladophlebis asiatica*，*Czekanowskia rigida*，*Leptostrobus sinensis*，*Podozamites lanceolatus*（= *Lindleycladus lanceolauts*），*Liaonongocladus boii*，*Pityophyllum staratschini*，*Pityostrobus* sp；木化石 *Cupressinoxylon fujeni*，*Sahnioxylon* sp.，*Protocedroxylon* sp.；

在三道壕南沟产介形类 *Cypridea*（*Cypridea*）*rehensis*，*C.*（*C.*）cf. *tubercularis*，*Yumenia cadida*，*Limnocypridea subplana*，*L.* sp.，*Mongolianella palmosa*，*M. breviuscula*，*M. subtrapezoidea*，*M. longula*，*M. sandaohaoensis*，*M. yixianensis*，*Clinocypris parascolia*，*C. scolia*，*Luanpingella postacuminata*，*Eoparacypris dadianziensis*，*Lycopterocypris infantilis*，*L. debilis*，*Rhinocypris subechinata*，*Damonella extenda*，*D. circulata*，*D. subsymmetrica*，*D.* sp.，*Darwinula leguminella*，*D. contracta*，*Timiriasevia* cf. *polymorpha*，*Djungarica camarata*；叶肢介 *Eosestheria*（*Diformograpta*）*ovata*（Chen）；双壳类 *Arguniella* sp.；腹足类 *Probaicalia* sp.；植物 *Czekanowskia rigida*，*Leptostrobus sinensis*，*Gurvanella exquisite*，*Beipiaoa parva*，*B. spinosa*；

在三道壕北沟产鸟臀类 *Psittacosaurus* sp.；鱼类 *Lycoptera* sp.

～～～～～～～ 角度不整合 ～～～～～～～

下伏地层：髫髻山组三段浅灰紫色石英粗面安山岩

本次工作发现在义县盆地三道壕—老虎沟一带“老公沟层”之下还存在一套砂质砾岩、砂岩、砂质粉砂岩沉积层，局部有火山角砾混入，为沉火山角砾岩。这套地层补充了马神庙—宋八户义县组建阶剖面的底部地层特征。具体层序如下：

3. 灰色、黄灰色含安山质火山角砾、集块凝灰质岩屑杂砂岩，夹沉火山集块、角砾岩 厚约 200m

2. 灰黑色玄武安山岩 3.00m

1. 灰色、绿灰色复成分砾岩、砂砾岩、岩屑杂砂岩（平房子层） 27.00m

～～～～～～～ 角度不整合 ～～～～～～～

下伏地层：中侏罗统髫髻山组灰色、灰白色流纹质凝灰熔岩

二、北票四合屯盆地义县组岩石地层特征

辽西北票四合屯盆地义县组底部为杂色砾岩、含砾长石岩屑粗粒杂砂岩、岩屑沉凝灰岩、砂岩和凝灰质岩屑杂砂岩(也称陆家屯层),产珍稀的脊椎动物化石;下部为灰色玄武岩、玄武安山岩、橄榄玄武岩等,夹泥质粉砂岩和岩屑长石杂砂岩(也称下土来沟层);中部为湖泊相砂岩、粉砂岩和页岩等(也称尖山沟层),是热河生物群珍稀动植物化石最为丰富的层位之一;上部为灰色、黄褐色杏仁状玄武安山岩及灰黑色玄武岩。

代表剖面:北票市新开岭—四合屯实测剖面(图 3-3)(张立东等,2003)

自上而下层序如下:

(未见顶)

义县组	**348.67m**
义县组三段	**14.69m**
24. 灰黑色橄榄玄武岩	14.69m
～～～～ 喷发不整合 ～～～～	
义县组二段(尖山沟层)	**26.19m**
23. 灰黄色中厚层状中粒长石石英砂岩	3.48m
22. 灰绿色凝灰质粉砂岩夹细粒凝灰质岩屑杂砂岩	12.58m
21. 灰白色薄层状沉凝灰岩夹中厚层状砂质结晶灰岩透镜体	2.53m
20. 灰色、灰白色页片状钙质页岩,产拟蜉蝣、叶肢介、鱼类和植物碎片等化石	1.46m
19. 灰色薄板状钙泥质粉砂岩、凝灰质泥岩、页岩,夹黄褐色铁质胶结沉凝灰岩,局部有结晶灰岩透镜体。发育大量的热河生物群化石,包括各种无脊椎动物:叶肢介、拟蜉蝣、介形类、虾;脊椎动物:鱼类、龟类、兽脚类(如中华龙鸟)、鸟臀类、翼龙类、鸟类(如孔子鸟)、小型哺乳类、蛙类等和植物化石	4.97m
18. 黄绿色微薄层—薄层状细粒钙质岩屑杂砂岩	1.17m
义县组一段	**307.79m**
17. 深灰色杏仁状玄武安山岩	10.70m
16. 灰色橄榄玄武安山岩	91.40m
15. 灰色、灰紫色橄榄玄武安山岩,局部有熔结角砾岩和集块岩	6.73m
14. 黄褐色微薄层—薄层状细粒凝灰质岩屑杂砂岩	0.72m
13. 灰黄色、灰绿色气孔杏仁状玄武安山岩	27.38m
12. 灰黑色橄榄玄武岩	18.56m
11. 上部为微薄层—薄层状泥质粉砂岩,下部为黄绿色薄层状细粒岩屑长石杂砂岩	2.92m
10. 灰绿色、灰黄色杏仁状玄武安山岩	4.95m
9. 灰绿色含杏仁状玄武岩	1.02m
8. 黄绿色含砾粗粒岩屑杂砂岩	2.98m
7. 灰色、灰黑色致密块状橄榄玄武岩,底部有 1m 厚的紫色气孔状安山岩	8.21m
6. 黄绿色薄层状含砾中粗粒岩屑沉凝灰岩	3.16m
5. 灰色、灰黄色气孔杏仁状玄武安山岩	84.33m
4. 灰黑色橄榄玄武岩,底部有 1m 厚的气孔杏仁状玄武岩	22.30m
3. 灰色、浅灰绿色薄层—中厚层状复成分细砾岩夹灰色中粒—粗粒岩屑杂砂岩	19.17m
2. 灰色薄层—中厚层状含砾粗粒长石岩屑杂砂岩	1.63m
1. 灰色薄层—中厚层状复成分细砾岩,局部夹含砾粗砂岩透镜体	1.63m
═══ 断层 ═══	

下伏地层:土城子组三段灰色薄层状泥质粉砂岩夹浅灰色、灰粉色细粒石英长石砂岩

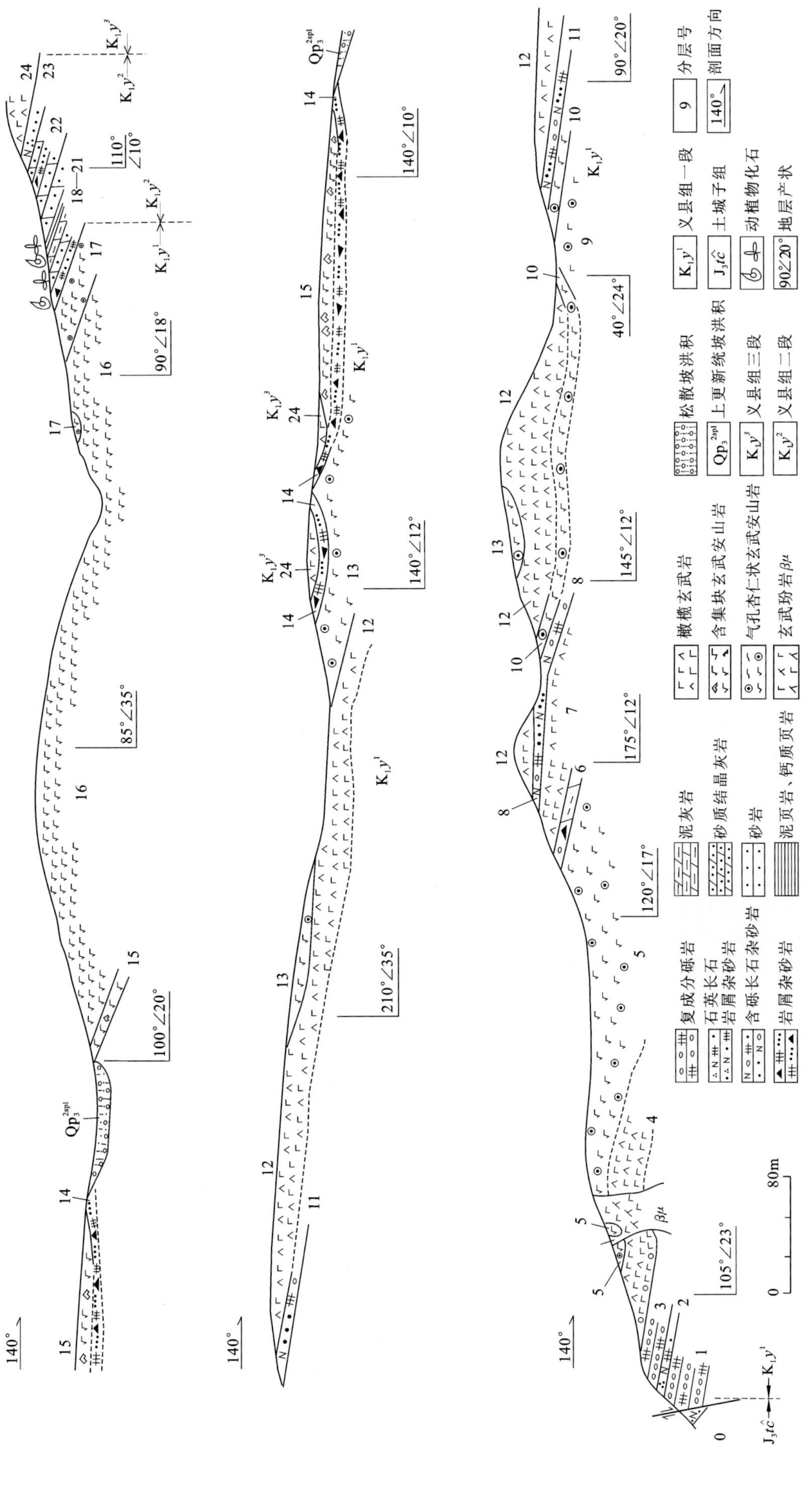

图 3-3　北票市新开岭—四合屯义县组实测剖面图
（据张立东，2003）

该剖面地层构成与义县地区义县组一段、二段、三段基本相似，但缺失四段。尖山沟层虽然以沉积岩为主，但其中也有数层火山喷发形成的褐黄色—灰白色沉凝灰岩层，厚 5～35cm，除了已经发现大量的无脊椎动物化石外，还发现了大量的哺乳类、鸟类、爬行类（带毛恐龙）、龟鳖类、蛙类、被子植物等珍稀化石，并且在辽西不同盆地的义县组相同层位均有不同程度的发现。大量珍稀化石产出与火山作用密切相关，化石载体本身即含有大量凝灰物质，如凝灰粉砂岩、含凝灰粉砂质泥岩等。

三、建昌盆地义县组岩石地层特征

建昌盆地的义县组广泛分布，并具有“二元”结构（王五力等，2004）：下部为巨厚的沉积层（厚 1000～1400m），沉积层下部以粗碎屑岩为主，主要为含砾粗砂岩、复成分中细砾岩，夹粉砂质凝灰岩、凝灰角砾岩、粉砂岩、页岩及煤线，被称为要路沟层；沉积层上部以细碎屑岩为主，被称为上白庙层、罗家沟层、小郎家沟层。沉积层之下局部地点有 70m 左右厚的溢流相中基性火山岩层。上部为酸性、中酸性火山岩系，可夹有两层厚 20～30m 的沉积层。火山岩岩性主要为流纹质凝灰岩、粗面岩及粗面质角砾熔岩、流纹岩、黑曜岩、玄武安山岩，沉积夹层主要为长石砂岩、泥岩夹砾岩、凝灰砂岩、沉火山角砾岩等。义县组角度不整合于土城子组或髫髻山组之上，被九佛堂组平行不整合覆盖。岩性总体特征见建昌县魏家岭、喀左县谷家岭及建昌县要路沟—三门店等剖面陈述。

（一）建昌县魏家岭义县组下部地层剖面

剖面（图 3-4）起点坐标为 N40°37.68′，E119°30.78′；终点坐标为 N40°37.33′，E119°31.97′。本剖面主体部分为河湖相沉积层，缺乏横向对比的明显标志层。为了便于与建昌盆地青石岩—上白庙—罗家沟—后狮子沟—三门店义县组剖面进行对比，我们依据岩石地层的岩石学、层序地层学和生物地层学等综合特征，将本剖面地层由下而上大致归纳出五部分地层，名称借用了相邻剖面（青石岩—罗家沟—三门店）的重要沉积层之名，即要路沟层、上白庙层、罗家沟下部层、罗家沟上部层和小郎家沟层。

义县组	**598.10m**
（未见顶）	
小郎家沟层	
43. 黄褐色中厚层中细砾复成分砾岩	0.8m
42. 黄褐色中薄层中细粒砂岩	7.4m
41. 黄褐色、灰白色薄层沉凝灰岩	3.3m
40. 褐灰色中厚层中细砾复成分砾岩与灰绿色薄层泥质粉砂岩近等厚互层	53.7m
39. 黄褐色中厚层含砾粗砂岩与灰绿色薄层泥质粉砂岩呈不等厚互层，夹黄褐色中厚层中细砾砾岩	27.3m
灰色团块状角闪石安山岩	出露宽度 57m
38. 黄褐色中厚层含中细砾粗砂岩夹黄褐色中厚层砂砾岩	32.4m
37. 黄褐色厚—巨厚层中细砾复成分砾岩夹含细砾粗砂岩和中细砾复成分砾岩	30.2m
36. 黄褐色、灰色中厚—巨厚层中粗砾复成分砾岩夹紫色薄层粉砂岩	48.0m
罗家沟上部层	
35. 下部绿灰色薄层粉砂岩，上部紫色薄层粉砂岩夹灰色中薄层含砾粗砂岩	13.4m
34. 灰白色、黄褐色中厚—厚层长石岩屑粗砂岩夹灰紫、灰绿色薄层粉砂岩	13.4m
33. 灰紫色薄层粉砂岩与褐灰色中厚层含砾粗砂岩不等厚互层，以粉砂岩为主	16.8m
32. 黄褐色中厚层含细砾岩屑石英粗砂岩，下部夹一层黄褐色复成分砾岩	18.3m
31. 灰紫色薄层粉砂岩与灰紫色含砾粗砂岩不等厚互层，含砾粗砂岩有时夹中细砾砾岩透镜体	19.7m
30. 紫灰色夹绿灰色薄层泥质粉砂岩含少量泥灰岩结核，夹灰色含细砾粗砂岩薄层或透镜体，向上粉砂岩变紫，含砾粗砂岩层数增多	10.6m
29. 灰白色、黄褐色中厚—厚层岩屑石英粗砂岩、含砾岩屑石英粗砂岩与灰绿色薄层凝灰质粉砂岩不等厚互层	23.9m

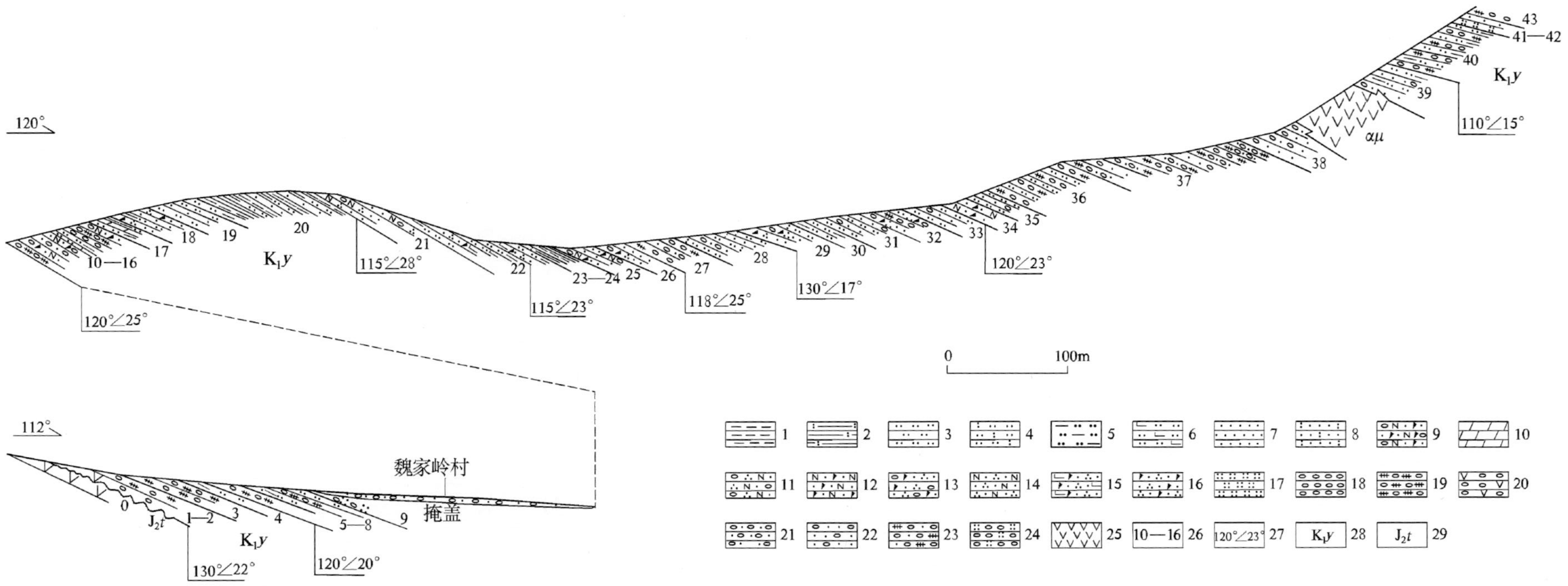

图 3-4　建昌县魏家岭义县组下部实测剖面图

1.泥岩；2.凝灰质页岩；3.粉砂岩；4.凝灰质粉砂岩；5.泥质粉砂岩；6.钙质粉砂岩；7.砂岩；8.凝灰质砂岩；9.含砾长石岩屑粗砂岩；10.泥灰岩；11.含砾石英长石砂岩；12.长石岩屑粗砂岩；13.含砾岩屑石英粗砂岩；14.长石石英砂岩；15.钙质岩屑石英砂岩；16.岩屑长石粗砂岩；17.沉凝灰岩；18.砾岩；19.复成分砾岩；20.安山质砾岩；21.砂砾岩；22.含砾粗砂岩；23.复成分砂砾岩；24.凝灰质砾岩；25.安山岩及安山岩脉；26.分层号；27.地层产状；28.义县组；29.髫髻山组

28. 绿色薄层凝灰质粉砂岩夹黄褐色砂砾岩和绿灰色凝灰质细砂岩 25.6m
27. 黄褐色厚—巨厚层中细砾复成分砾岩，夹砂砾岩和粗砂岩透镜体 20.3m

罗家沟下部层

26. 黄褐色中厚—厚层含细砾岩屑石英粗砂岩夹黄绿色薄层凝灰质细砂岩和黄褐色厚层细砾砂砾岩 12.1m
25. 黄褐色、绿灰色中厚层含细砾长石岩屑粗粒砂岩与灰褐色中层状中粒砂岩互层 13.8m
24. 灰黑色薄—微薄层泥岩夹页岩，含较多介形类 *Cypridea luanpingensis* Pang，*C. sulcata* Mand.，*Mongolianella palmosa* Mand.，*Darwinula leguminella*（Forbes）和双壳类、腹足类化石 6.4m
23. 灰白色凝灰质及泥质页岩，含介形类、恐龙、鸟类等化石 1.8m
22. 黄绿色薄层泥质粉砂岩与黄褐色中薄层含钙质岩屑石英细砂岩不等厚互层，以粉砂岩为主，夹绿灰色薄层钙质粉砂岩。含介形类化石 *Cypridea luanpingensis* Pang，*C. sulcata* Mand. 24.2m
21. 黄褐色、灰白色中厚—巨厚层含细砾长石石英粗砂岩，底部为黄褐色中薄层中细粒长石石英砂岩夹黄绿色细砂岩，含粉砂质泥岩冲刷角砾，具小型单斜层理和交错层理及水平层理，局部夹砂砾岩透镜体 15.6m

上白庙层

20. 深灰色、灰绿色粉砂质泥岩、泥岩夹页岩和薄层细砂岩，具水平层理，含鱼类 *Lycoptera davidi*，叶肢介 *Eosestheria lingyuanensis*，介形类 *Cypridea sinensis* 及双壳类 *Sphaerium jeholense*，腹足类等化石 8.3m
19. 黄褐色、黄绿色厚层泥质粉砂岩夹黄褐色薄层中细粒砂岩，偶夹灰白色薄层含细砾粗砂岩，顶部以中细粒砂岩为主夹粉砂岩，产介形类 *Cypridea luanpingensis* Pang 20.0m
18. 灰白色、绿灰色中厚—薄层岩屑石英粗砂岩夹灰绿色粉砂质泥岩和黄褐色、黄绿色中粒—细粒薄层状砂岩，具水平层理 22.2m
17. 黄绿色薄层泥质粉砂岩夹一层厚 0.5m 的灰褐色中粒岩屑石英砂岩，顶部灰绿色粉砂质泥岩夹灰色泥灰岩，含大量介形类 *Cypridea*（*C.*）*biventricostata* Zhang，*Mongolianella palmosa* Mand.，*Damonella extenda* Wu et Yang，*D. circulata*（Lüb.），*Ziziphocypris linchengensis* Su et Li 和少量腹足类等化石 13.4m
16. 绿灰色中厚层含砾长石岩屑粗砂岩，上部为黄灰色中薄层中细粒砂岩 6.4m
15. 黄褐色中厚层中细砾复成分砾岩夹黄褐色中薄层粗砂岩、含砾粗砂岩及其透镜体多层 5.6m
14. 绿灰色厚—巨厚层细砾岩，上部夹黄褐色中薄层粗砂岩 3.5m
13. 紫灰色薄层泥质粉砂岩，偶含球状泥灰岩结核 4.2m
12. 黄绿色薄层凝灰质粉砂岩，上部夹黄褐色中薄层凝灰质砂岩，具较发育的水平层理 2.8m
11. 绿灰色中厚层含砾长石岩屑粗砂岩与砂砾岩不等厚互层，夹砾岩透镜体，具交错层理 19.8m
10. 黄褐色、绿灰色中厚—厚层中厚—细砾复成分砾岩夹多层黄褐色含砾粗砂岩透镜体，具交错层理 6.9m

第四系掩盖 出露宽度 240m

要路沟层

9. 暗紫灰色中厚层火山岩质细砾岩 1.4m
8. 浅紫灰色薄层粉砂岩，略显水平层理 4.5m
7. 黄褐色巨厚层中细砾复成分砾岩夹黄褐色中薄层含砾粉砂岩，具中型交错层理 3.3m
6. 绿灰色薄层含砂泥质粉砂岩夹灰白色薄层中细粒砂岩 5.0m
5. 黄褐色巨厚层复成分细砾岩 5.1m
4. 下部为灰紫色薄层泥质粉砂岩，向上为绿灰色薄层泥质粉砂岩 4.1m
3. 褐灰色厚—巨厚层中细砾复成分砾岩，砾石为灰色、紫灰色安山岩 10.1m
2. 浅灰色、灰色中厚—厚层中细砾复成分砾岩夹灰白色中薄层含砾砂岩及灰色薄层含砂粉砂岩 3.2m
1. 紫灰色中厚层安山岩质中细砾砾岩 4.2m

～～～～～～ 角度不整合 ～～～～～～

下伏地层：髫髻山组暗紫灰色厚层安山岩

魏家岭剖面结构比较简单，与要路沟剖面相比，缺失义县组底部的中基性火山岩层，以一大套沉积层直接不整合于中侏罗统髫髻山组中性火山岩之上，下部以河流相、滨湖相的紫灰色、黄褐色、灰色砂砾岩、砂岩和粉砂岩为主，发育交错层理，产有少量腹足类、介形类和叶肢介等化石；中部以湖相沉积为主，岩性为黄褐色—灰白色石英砂岩夹灰白色凝灰质页岩、灰黑色泥岩、页岩，产有较多的介形类、双壳类、腹足类化石，见有恐龙、鸟类等珍稀化石，层位与尖山沟层中、下部相当；中部偏上以黄褐色砂砾岩夹灰紫色、灰绿色粉砂岩、泥灰岩透镜体为主，代表了滨湖相为主的沉积环境，上部以中酸性火山岩为主。

（二）喀左县谷家岭—三道沟义县组剖面

剖面（图 3 - 5）起点坐标为 N40°57′04″，E119°47′14″，H440m；终点坐标为 N40°55′46″，E119°48′43″，H633m。

本剖面露头较好，剖面测制采用了实测、简测相结合的方法。实测在剖面的下部（即谷家岭南坡），简测在剖面的中、上部（即牛蹄山以南地区）。地层下部主体部分为河湖相沉积层夹少量安山岩层，中部以气孔杏仁状安山岩为主，夹少量滨湖相沉积岩，上部为河湖相沉积层与气孔杏仁状安山岩互层，顶部出现流纹岩。

义县组　**>2040m**

（未见顶）

34. 灰绿色、灰黄色流纹岩　>100m

三道沟沉积层

33. 下部为褐黄色中厚层含砾中粗粒、粗粒岩屑长石砂岩，上部为褐黄色中细粒长石砂岩，夹泥质粉砂岩，砂岩局部见有斜层理，含植物茎干　42.3m
32. 浅灰色、淡蓝灰色薄—中厚层凝灰质粉砂岩，局部夹透镜状褐黄色钙质粉砂岩，底部为灰色凝灰质胶结中砾岩　6.9m
31. 灰色、粉灰色杏仁状安山岩，夹含集块杏仁状安山岩　46.5m

后司杖子沉积层

30. 灰绿色薄层凝灰质粉砂岩、凝灰质细砂岩　22.9m
29. 灰色杏仁状安山岩　7.9m
28. 灰色厚—巨厚层砾质粗粒长石岩屑砂岩，向上部以灰黄色中厚层含砾粗中粒岩屑长石砂岩为主，顶部出现黄绿色粉砂岩　42.1m
27. 灰色气孔杏仁状安山岩　11.2m

牛蹄山上部沉积层

26. 灰色厚层含砾粗砂岩、灰色薄层粗粉砂岩，夹薄层泥质粉砂岩和粉砂质泥岩　33.1m
25. 灰色、灰黄色块状气孔杏仁状安山岩　31.3m
24. 灰黑色、灰褐色块状安山岩　32.7m

牛蹄山下部沉积层

23. 灰黄色、黄灰色中厚—厚层中细粒长石砂岩　30.2m
22. 黄褐色厚层—巨厚层砾质砂岩夹砂质砾岩　14.7m

谷家岭上部沉积层

21. 灰色、灰白色薄层沉晶屑凝灰岩，上部夹有薄层状泥质粉砂岩，产介形类 *Limnocypridea subplana* Lüb.，*Mongolianella* sp.　38.7m
20. 灰褐色厚层—块状气孔杏仁状安山岩　20.0m
19. 灰褐色厚层块状安山岩　51.2m
18. 黄灰色薄—中厚层含砾中粗粒长石岩屑砂岩与细粒长石砂岩、灰色页片状粉砂质泥岩互层，产介形类 *Cypridea* (*C.*) *biventricostata* Zhang，*Darwinula contracta* Mand.，*Limnocypridea subplana* Lüb.，*Mongolianella subtrapezoidea* Yang，*M. gigantea* Gal.，*M. yixianensis* Zhang，*M. breviscula* Zhang，*Rhinocypris* sp.　8.8m

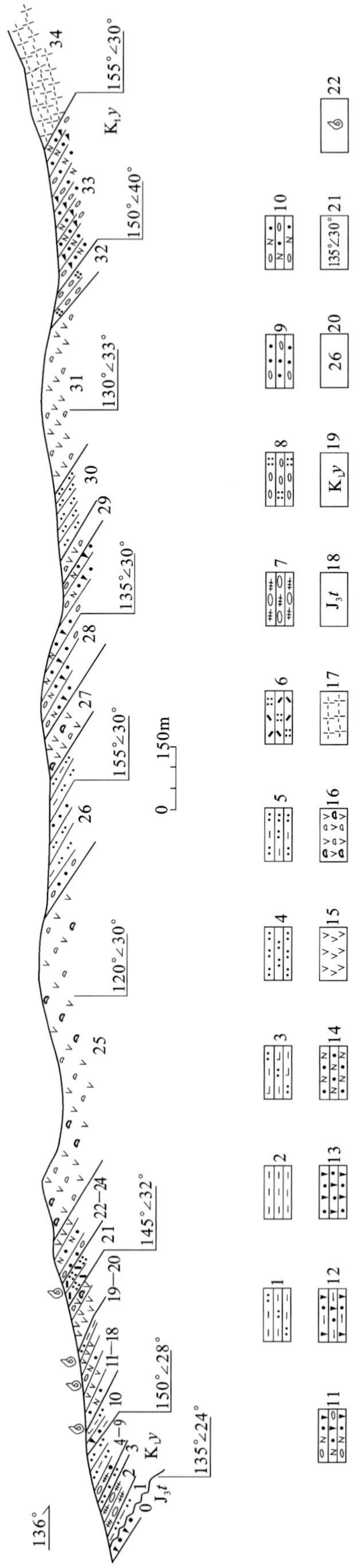

图3-5　喀左县谷家岭—三道沟义县组实测剖面图

1.粉砂质泥岩；2.泥岩；3.钙泥质粉砂岩；4.粉砂岩；5.泥质粉砂岩；6.沉晶屑凝灰岩；7.复成分砾岩；8.凝灰质胶结砾岩；9.砾质砂岩；10.砾质长石砂岩；11.砾质长石岩屑砂岩；12.泥质胶结岩屑杂砂岩；13.岩屑砂岩；14.长石砂岩；15.安山岩；16.气孔杏仁状安山岩；17.流纹岩；18.土城子组；19.义县组；20.地层分层号；21.地层产状；22.动物化石

17. 灰色、灰褐色厚层状安山岩　　8.2m

16. 灰黄色中厚层含砾岩屑长石中粗粒砂岩，下部为深灰色薄层岩屑长石细砂岩，中部夹灰绿色薄层—薄片状泥质粉砂岩　　27.3m

15. 灰黄色中厚层含砾长石岩屑粗砂岩夹灰绿、灰紫色薄片状泥质粉砂岩　　9.5m

谷家岭下部沉积层

14. 灰黄色、黄褐色薄层—中厚层岩屑长石细砂岩　　15.3m

13. 灰褐色、黄褐色中厚—厚层安山岩　　10.4m

12. 黄褐色中厚—厚层岩屑长石含砾粗砂岩夹细砂岩　　11.0m

11. 灰色、灰褐色薄层状岩屑长石细砂岩，中部夹灰色泥质粉砂岩团块，产介形类 *Cypridea* sp.，*Yumenia shangyuanensis* Zhang　　16.3m

10. 灰色、黄褐色中厚—厚层钙泥质胶结中细粒岩屑杂砂岩夹灰色、深灰色页片状薄板状钙泥质粉砂岩，组成5～6个旋回　　34.0m

9. 灰黄色中厚层钙泥质粉砂岩　　8.3m

8. 下部为蓝灰色薄层含粉砂钙质泥岩，上部为黄褐色薄—中厚层泥质粉砂岩　　4.9m

7. 灰黄色薄层钙泥质胶结粗粉砂岩夹灰色薄层泥质粉砂岩　　29.7m

6. 灰紫色、浅灰绿色薄层泥质粉砂岩，粉砂质泥岩，上部为灰黄色钙泥质胶结粗粉砂岩　　11.3m

5. 灰黄色薄—中厚层钙泥质胶结粗粉砂岩，局部夹灰色薄层粗粉砂岩　　11.3m

4. 黄褐色厚层复成分砾质砂岩　　3.5m

3. 黄灰色薄层钙质胶结粉细砂岩　　6.5m

2. 灰色、灰黄色中厚—厚层复成分砾岩　　27.4m

1. 灰绿色夹灰紫色薄层粉砂质泥岩，顶部为褐色薄—中厚层泥质粉砂岩　　14.5m

~~~~~~~~ 角度不整合 ~~~~~~~~

下伏地层：土城子组砖红色—深红色薄层岩屑细砂岩

谷家岭义县组剖面结构与魏家岭义县组剖面结构相似，以一套沉积层不整合于土城子组之上，上部也以中酸性火山岩系为主，各沉积层中所产的动植物化石亦可对比。

（三）建昌县要路沟青石岩—上白庙—罗家沟—后狮子沟—三门店义县组剖面

本剖面由4个平移剖面拼接构成(图3-6)，剖面拼接遵循了重要标志层横向追溯的原则。这些剖面分别是：①后狮子沟—三门店剖面。剖面总体呈北西-南东方向展布，全长大于8km，地层出露较好，并且比较连续，基本反映了建昌盆地义县组地层的产出情况。剖面起点坐标为N40°35′23″，E119°25′10″，H585m；终点坐标为N40°33′40″，E119°31′55″，H530m；②要路沟乡小郎家沟北西山梁—后狮沟里南山剖面；③上白庙—罗家沟北山剖面；④要路沟乡平房子—青石岩剖面。

1. 后狮子沟—三门店剖面

上覆地层：九佛堂组黄褐色中及厚层状中粗砾砾岩

———— 整合 ————

义县组　　**1894m**

41. 紫灰色厚—巨厚层状流纹质火山角砾岩　　197.3m

被玄武岩体穿切　　出露宽度220m

三门店层

40. 灰色泥质粉砂岩，底部为黄褐色细砾岩　　19.1m

39. 深灰色中厚层安山岩　　22.5m

前狮沟层

38. 灰白色页岩与灰色泥质粉砂岩，其上为黄灰色沉凝灰岩　　26.6m

37. 紫灰色、黄褐色中厚层状英安岩，见少量长石斑晶　　70.8m
~~~~~~~~

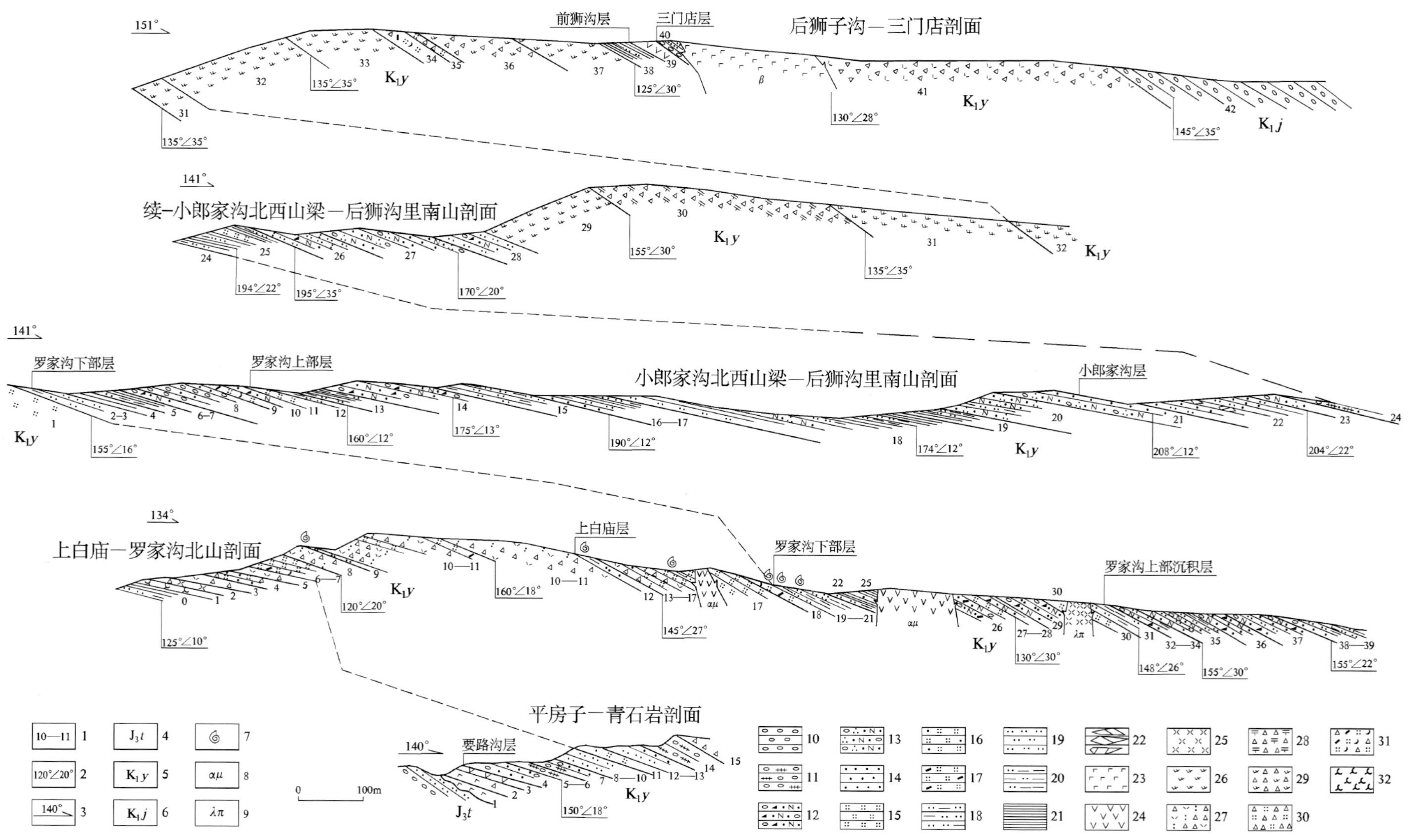

图3-6 建昌县要路沟乡青石岩—上白庙—罗家沟—后狮子沟—三门店义县组实测剖面图

1.分层号；2.地层产状；3.剖面方向；4.髫髻山组；5.义县组；6.九佛堂组；7.生物化石；8.安山玢岩；9.流纹斑岩；10.砾岩；11.复成分砾岩；12.含砾岩屑长石砂岩；13.含砾石英长石砂岩；14.砂岩；15.凝灰岩；16.砂质凝灰岩；17.晶屑凝灰岩；18.泥质粉砂岩；19.粉砂岩；20.粉砂质泥岩；21.泥页岩；22.泥灰岩透镜体或团块；23.玄武岩；24.安山岩；25.流纹岩；26.英安岩；27.流纹质凝灰角砾岩；28.粗安质角砾岩；29.英安质角砾岩；30.凝灰角砾岩；31.晶屑玻屑凝灰角砾岩；32.黑曜岩

36. 绿灰色、褐灰色巨厚层英安质火山角砾岩夹孔雀绿色玻屑凝灰岩薄层 81.6m
35. 绿灰色中厚—巨厚层状凝灰角砾岩 10.3m
34. 褐黄色中薄层含角砾晶屑玻屑凝灰岩，上部为灰紫色英安质岩屑晶屑凝灰岩 28.2m
33. 黄灰色厚层状英安岩，具长石斑晶 90.5m
32. 灰紫色夹黄褐色英安岩，向上斑晶增多 170.3m
31. 褐灰色厚层状英安岩夹深灰色英安岩，具长石斑晶 121.7m
30. 褐灰色、黄灰色粗安质火山角砾岩 171.2m
29. 褐灰色英安岩 130.9m

2. 要路沟乡小郎家沟北西山梁—后狮沟里南山剖面

小郎家沟层 192.0m

28. 褐灰色厚层状粉砂岩与灰白色中层状含砾岩屑长石粗砂岩不等厚互层，上部夹绿灰色凝灰质细砂岩，粉砂岩层厚度约为粗砂岩的6倍 25.8m
27. 灰白色、黄褐色中厚层含细砾石英长石粗粒砂岩，局部为砂砾岩，上部夹灰白色中粗粒砂岩 20.4m
26. 绿灰色、黄灰色凝灰质粉砂岩夹灰白色薄层细砂岩和中细粒长石岩屑砂岩 5.3m
25. 绿灰色薄层泥质粉砂岩与灰黑色页岩互层，夹灰色薄层细砂岩和褐黄色中薄层状凝灰质粉砂岩、黄褐色沉凝灰岩，顶部为深灰色含砂泥岩和深灰色纸片状页岩，含鱼类化石 *Lycoptera* sp.，*Sinamia* sp.，昆虫 *Ephemeropsis trisetalis* 以及少量腹足类化石 47.8m
24. 褐灰色中厚—厚层状含细砾中粗粒杂砂岩与灰白色微薄层页岩、灰色薄层状粉砂质泥岩互层，局部页岩具微层理揉皱，杂砂岩具斜层理和透镜状层理，含泥岩和页岩透镜体及冲刷角砾，夹褐灰色薄层沉凝灰岩；页岩含鱼类 *Lycoptera davidi*，叶肢介及昆虫化石 *Ephemeropsis trisetalis* 5.4m
23. 褐灰色厚层状含细砾长石石英粗砂岩，夹灰色细砂岩透镜体，具单斜层理 8.1m
22. 绿灰色薄层状含粗砂粉砂岩夹褐灰色薄层状细砂岩，含较多泥灰岩结核或团块 30.0m
21. 灰白色厚—巨厚层含砾石英长石粗砂岩，下部夹黄灰色薄层粗砂岩 6.0m
20. 褐灰色中厚层状长石石英中细粒砂岩夹灰色薄层状泥质粉砂岩 43.2m

罗家沟上部层 186.5m

19. 深灰色纸片状页岩、粉砂质泥岩夹灰色薄层粉砂质泥岩、黄灰色薄层泥质粉砂岩 20.2m
18. 黄灰色薄层状粉砂岩、灰色薄层状泥质粉砂岩与深灰色纸片状页岩互层，夹褐灰色薄层状长石石英细砂岩及深灰色粉砂质泥岩，含鱼类 *Lycoptera* sp.，*Protopsephurus liui*，植物化石 *Ginkgo* sp. 等 35.8m
17. 黄灰色薄层状含钙泥质粉砂岩夹灰色薄—微薄层页岩、暗灰色薄层状粉砂质泥岩，页岩含鱼类 *Lycoptera* sp.，昆虫 *Ephemeropsis trisetalis*，植物 *Podozamites lanceolatus*，暗灰色粉砂质泥岩含植物碎片 16.0m
16. 黄褐色细砂岩夹较多灰色泥质粉砂岩小透镜体 5.7m
15. 灰色薄层状含钙泥质粉砂岩与微薄层含粉砂泥质页岩互层，夹薄层状细砂岩，底部夹灰白色微薄层状泥灰岩，含鱼类化石 *Peipiaosteus* sp.，*Lycoptera* sp.，近顶部页岩含腹足类化石 23.4m
14. 灰白色、黄褐色中厚层状含细砾岩屑长石粗砂岩 31.0m
13. 灰色薄—微薄层泥质粉砂岩与浅黄灰色页岩互层，夹深灰色薄层粉砂质泥岩和灰白色纸片状页岩 13.6m
12. 灰色薄—微薄层泥质粉砂岩与浅灰色页岩互层，含较多的鱼类 *Lycoptera* sp.，局部薄层含较多介形类，上部产鱼类 *Peipiaosteus* sp. 和虾类化石，鞘翅目昆虫化石 2.7m
11. 浅绿色中薄层状沉凝灰岩 6.3m
10. 褐色、灰色中厚层状岩屑长石粗砂岩 0.5m
9. 灰绿色晶屑玻屑凝灰岩 3.4m
8. 褐灰色厚层状中细砾砂砾岩及含砾粗砂岩，砾石以凝灰岩为主 27.9m

罗家沟层下部层 38.2m

7. 黄灰色薄—微薄层泥质粉砂岩和深灰色粉砂质泥岩，夹纸片状页岩 6.3m

6. 褐灰色中厚层状含细砾岩屑长石粗砂岩 0.5m

5. 深灰色薄—微薄层粉砂质泥岩夹黄灰色微薄层页岩，含大量鱼类化石 *Lycoptera* sp. 12.2m

4. 黄灰色薄—微薄层页岩与深灰色薄层泥岩互层，夹杏黄色薄层沉凝灰岩，局部出现英安质岩枕(图 3-7)，含鱼类：大量 *Lycoptera* sp.，少量 *Sinamia* sp.，离龙类 *Hyphalosaurus* sp.，小型鞘翅目昆虫，少量腹足类和植物化石，在黄灰色凝灰质泥质页岩中产鸟类化石 9.6m

3. 灰色薄层状粉砂岩与灰色页岩，底部为灰色中厚层状含砾中细粒砂岩，砂岩中具灰色泥岩透镜体 2.9m

2. 黑灰色薄—微薄层粉砂质泥岩夹黄灰色凝灰质页岩，产介形类，自下而上为：

(1) *Cypridea*(*C.*)*biventricostata* Zhang，*C.* (*C.*) *ganzhaoensis* Su et Li，*C.* (*C.*) *subactuosa* sp. nov.，*C.* (*C.*) *muriculata*，*C. luanpingensis* Pang，*Yumenia shangyuanensis* Zhang，*Y. yaolugouensis* sp. nov.，*Y. luojiagouensis* sp. nov.，*Y. unidorsalta* sp. nov.，*Limnocypridea subplana* Lüb.，*L. grammi* Lüb.，*Djungarica camarata* Zhang，*Eoparacypris jingshangensis* Yang，*Mantelliana suboblonga* Zhang，*Jianchangella dorsicostata* gen. et sp. nov.，*Timiriasevia eminula* Zhang；

(2) *Yumenia yaolugouensis* sp. nov.，*Jianchangella dorsicostata* gen. et sp. nov.；

(3) Yumenia luojiagouensis sp. nov.，*Y. yaolugouensis* sp. nov.，*Y. unidorsalta* sp. nov.，*Limnocypridea abscondida* Lüb.，*Mongolianella gracililonga* sp. nov.，*Djungarica camarata* Zhang，*Jianchangella dorsicostata* gen. et sp. nov.，*Linocypris* sp.，*Timiriasevia eminula* Zhang 6.7m

图 3-7 小郎家沟北西山梁—后狮沟里南山义县组剖面第 4 层中见有英安岩岩枕或岩舌

3. 上白庙—罗家沟北山剖面

上白庙层 **202.4m**

18. 绿灰色中薄层状玻屑晶屑凝灰岩，顶部为沉凝灰岩，底部有 2m 厚的细砾岩，向上变为砾质砂岩 4.2m

17. 深灰色流纹质凝灰岩和黄灰色沉凝灰岩，沉凝灰岩被褐灰色、灰黑色安山玢岩墙穿切 19.1m

16. 深灰色薄层状粉砂质泥岩夹灰岩，上部为灰色凝灰质细砂岩，产介形类 *Yumenia yaolugouensis* sp. nov.，*Limnocypridea subplana* Lüb. 4.6m
15. 灰色、灰白色中薄层状沉凝灰岩 6.7m
14. 灰绿色中薄层状玻屑晶屑凝灰岩 1.2m
13. 黄褐色流纹质凝灰角砾岩 11.2m
12. 灰色、灰白色微薄层凝灰质页岩，夹灰色薄层凝灰质粉砂岩和细砂岩，底部为灰绿色、深灰色沉凝灰岩，顶部为灰白色沉凝灰岩 3.3m
11. 黄褐色巨厚层流纹质凝灰角砾岩夹褐灰色晶屑凝灰岩 87.5m
10. 黄褐色巨厚层流纹质凝灰角砾岩 7.2m
9. 灰色薄层状泥质粉砂岩和浅灰色微薄层泥质页岩，产介形类 *Yumenia unidorsalta* sp. nov.，*Limnocypridea abscondida* Lüb. *Mongalianella subtrapezoidea* Yang，*Jianchangella dorsocostata* gen. et sp. nov. 1.1m
8. 黄褐色巨厚层流纹质凝灰角砾岩 25.1m
7. 绿灰色薄层状沉凝灰岩，夹灰色薄层状沉凝灰岩和晶屑凝灰岩 28.6m
6. 绿灰色含角砾晶屑玻屑凝灰岩 2.6m

4. 平房子—青石岩剖面

要路沟层

10. 灰褐色粉砂岩夹含砾粗砂岩(见植物化石碎片) 30.05m
9. 灰褐色页岩夹煤线(见植物化石碎片) 7.62m
8. 灰绿色粉砂岩夹页岩(见植物化石碎片) 31.12m
7. 灰绿色复成分砾岩夹含砾粗砂岩 80.53m
6. 灰褐色复成分砾岩夹含砾粗砂岩 45.52m
5. 灰绿色含砾粗砂岩夹复成分砾岩 35.06m
4. 灰褐色含砾粗砂岩夹砂岩，砂岩中见不明显韵律层 77.0m
3. 灰紫色安山岩 17.22m
2. 灰褐色玄武质角砾熔岩 47.45m
1. 灰黑色橄榄玄武岩 9.23m

~~~~~~~~~~~~ 角度不整合 ~~~~~~~~~~~~

下伏地层：土城子组紫红色粉砂岩，裂隙中含石膏

以上3条剖面，以建昌县要路沟乡青石岩—上白庙—罗家沟—后狮子沟—三门店义县组剖面研究最详细，最具有代表性。剖面最下部是一套厚度不大的以基性火山岩为主的中基性火山岩层，在建昌盆地其他地区剖面未见；中部为大套的沉积层，上部为夹有两层砂泥岩的中酸性火山岩系。要路沟一带的义县组剖面与义县地区的义县组剖面相似，但缺失最下部一套杂色砂砾岩层或火山角砾岩层，火山活动较弱，只有初始期的基性和中基性火山岩层直接覆于土城子组砂岩之上。基性火山岩之上的大套沉积层表现为河流相和湖泊相的多次更替(要路沟层)，之后在局部地区出现酸性火山喷发活动，在上白庙一带形成酸性火山碎屑岩及滨浅湖相沉积夹层(上白庙层)，要路沟层和上白庙层总体上相当于北票、义县地区的义县组下部层位。在中部湖相沉积(罗家沟下部层和罗家沟上部层)中，除发现有热河生物群的无脊椎动物化石以外，还发现了鸟类和爬行类等珍稀化石，区域上与尖山沟层、大康堡层对比。小郎家沟层主体为滨湖-河流相含砾砂岩、粉砂岩，发育斜层理，层位上应与义县地区的朱家沟层相当。上部中酸性火山岩夹沉积岩层(前狮沟层和三门店层)，大致与义县地区义县组上部层位相当。

四、喀左县大城子-四官营子盆地义县组岩石地层特征

该盆地的义县组可划分为3个部分，即下部中基性火山岩层、中部碎屑沉积岩层和上部酸性火山岩层，角度不整合在老地层之上，与上覆九佛堂组平行不整合接触。
~~~~~~~~~~~~

代表剖面：喀左县草场乡五道沟—安德营子义县组实测剖面(图 3-8)

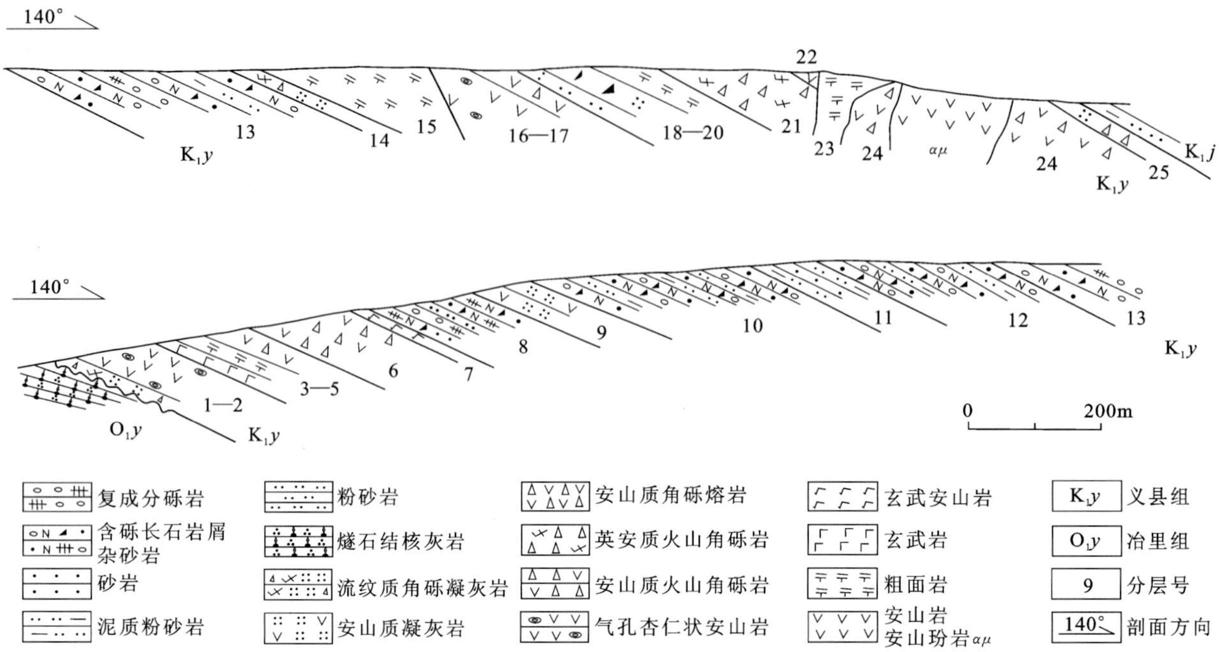

图 3-8　喀左草场乡五道沟—安德营子义县组实测剖面图

(据董万德等,2003)

上覆地层：九佛堂组(K_1j)灰绿色薄层状粉砂质泥岩

----------平行不整合----------

义县组(K_1y)	**厚度 1290.2m**
25. 灰白色凝灰质火山角砾岩	12.09m
24. 灰黄色杏仁状安山质角砾熔岩	5.51m
23. 灰紫色—浅褐色粗安岩	6.80m
22. 灰白色—灰绿色安山岩	26.69m
21. 灰黄色英安质火山角砾岩	66.71m
20. 灰黑色粗安岩	44.7m
19. 灰绿色岩屑玻屑凝灰岩	31.25m
18. 灰黄色凝灰质粉砂岩	10.64m
17. 灰黑色安山质角砾熔岩	24.18m
16. 红褐色气孔状安山岩	23.57m
15. 灰黑色粗安岩	117.42m
14. 灰白色英安质沉角砾凝灰岩	7.47m
13. 灰黄色中厚层含砾中粗粒岩屑长石砂岩夹中厚层中细砾复成分砾岩及灰绿色泥质粉砂岩	94.02m
12. 灰黄色中厚层含砾中粗粒岩屑长石砂岩夹灰绿色泥质粉砂岩及中细砾复成分砾岩透镜体	127.04m
11. 灰紫色、灰绿色泥质粉砂岩夹灰黄色中厚层中细粒砂岩	66.83m
10. 灰黄色中厚层含砾中粗粒岩屑长石砂岩夹灰黄色泥质粉砂岩	147.65m
9. 灰紫色薄—中厚层安山质沉凝灰岩夹灰黄色中厚层中细粒岩屑长石砂岩	45.58m
8. 灰黄色中厚层中细粒长石岩屑杂砂岩夹中厚层中细砾复成分砾岩及黄绿色泥质粉砂岩	99.18m
7. 灰色玄武安山岩	14.4m
6. 灰黄色、灰紫色安山质火山角砾岩	75.19m
5. 紫红色安山质角砾熔岩	60.49m
4. 灰色粗安岩	40.15m

3. 灰色—灰绿色玄武岩 34.27m

2. 灰色—灰紫色气孔状安山岩 96.24m

1. 灰紫色英安质含火山角砾凝灰岩 12.13m

～～～～～～ 不整合 ～～～～～～

下伏地层：奥陶系冶里组(O_1y)灰白色厚层状含燧石结核生物碎屑砂屑泥晶灰岩

五、凌源盆地义县组岩石地层特征

凌源盆地为晚中生代盆地，主要充填有张家口组火山岩、义县组和九佛堂组河湖相沉积层。盆地充填方向由西向东。本次工作引用了前人所测大王杖子—范杖子—平房义县组剖面，补充调查了黄土梁地区义县组底部地层。

范杖子—平房义县组上部路线剖面

上覆地层：

（未见顶）

义县组上部 **>619.91m**

中酸性火山岩 **>40.00m**

11. 中酸性火山岩 >40.00m

平房西层 **68.30m**

10. 灰绿色凝灰质砂岩、砂砾岩、细砾岩 68.30m

中酸性夹基性火山岩 **218.85m**

9. 紫灰色、灰绿色英安质集块角砾岩 45.46m

8. 紫灰色英安岩 68.19m

7. 灰黑色橄榄玄武岩 15.00m

6. 灰绿色杏仁状安山岩 43.70m

5. 紫灰色英安岩 46.50m

大东沟层 136.38m

4. 紫灰色沉火山碎屑岩夹凝灰质砂岩及紫红色含砾粉砂岩 136.38m

3. 黑色玄武玢岩侵入

中酸性火山岩 292.76m

2. 紫灰色英安岩 272.76m

1. 紫灰色沉火山角砾岩 20.00m

（未见底）

大王杖子—范杖子—山咀义县组中部草测剖面

上覆地层：后期火山岩

义县组中部 **150～200m**

大新房子层 **150～200m**

7. 灰绿色、灰色凝灰质含砾粗砂岩及灰色、灰白色凝灰岩 70～80m

6. 灰色、灰黑色、灰白色页岩夹黄褐色、黄绿色凝灰岩，产鱼类、爬行类、哺乳类、鸟类、昆虫、叶肢介、植物等化石 5～8m

5. 灰绿色粗粒凝灰岩、凝灰质砂岩、细粒凝灰岩，组成3～4个小旋回 12.00m

4. 灰紫色、灰色凝灰岩，韵律明显，具水平和变形层理 2～3m

3. 灰色砾岩，砾石以火山岩为主，次圆状，分选中等 2～4m

2. 灰绿色粗凝灰岩、灰色—灰黑色粉砂岩、页岩，夹灰白色、黄褐色凝灰岩，页岩中产叶肢介和植物化石 16.00m

1. 灰色、灰黄色火山角砾岩、凝灰质砂砾岩、含砾凝灰质粗砂岩，砾石成分以火山岩为主，棱角状、次棱角状、分选差，韵律明显，具水平或斜交层理 >20.00m

———— 整合 ————

下伏地层：义县组下部

4.	灰色安山质集块—角砾级的火山碎屑岩	200m
3.	灰色粗安岩、安山岩、英安岩	600m
2.	灰色辉石安山岩	700m

黄土梁沉积层

1.	灰色巨厚层状砾岩、砂质砾岩夹砾质砂岩	＞400m

六、宁城盆地义县组岩石地层特征

内蒙古宁城盆地义县组中、下部为一套河湖相碎屑沉积岩组合，以砾岩、含砾砂岩、砂岩、粉砂岩为主，夹有少量的粉砂质泥岩和泥岩，含少量热河生物群化石；在中部有少量安山质火山岩夹层；在顶部出现巨厚的橄榄玄武岩和英安岩，其间夹有一层砾岩。义县组底部与新太古代吉旺营子片麻岩呈异岩不整合接触；顶部与九佛堂组呈平行不整合接触；中部细碎屑湖相沉积层含有较多的热河生物群化石分子，层位大致与北票地区义县组中部地层相当。

代表剖面：内蒙古自治区宁城县烟筒沟义县组(K_1y)修测剖面(图 3-9)

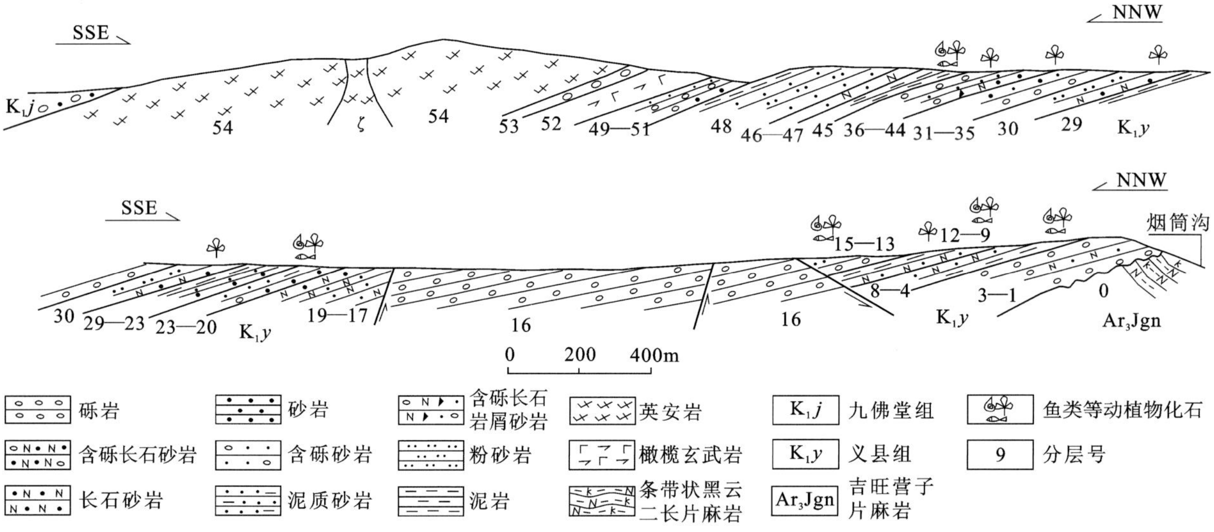

图 3-9　宁城县烟筒沟义县组修测剖面图

［根据董万德等实测剖面(2003)修测］

上覆地层：九佛堂组(K_1j)杂色砾岩

－－－－－－－－－－ 平行不整合 －－－－－－－－－－

义县组(K_1y)		厚度 1456.4m
54.	紫灰色英安岩	578.3m
53.	灰黄色砾岩	29.8m
52.	暗灰色弱蚀变碱性橄榄玄武岩	67.3m
51.	灰绿色细砂岩夹紫色泥质粉砂岩	19.5m
50.	灰黄色砾岩	7.5m
49.	灰白色含砾粗砂岩与细砂岩互层夹薄层紫色泥岩	21.7m
48.	灰绿色、灰黄色、灰紫色中细粒砂岩夹粉砂岩及薄层泥岩	62.5m
47.	灰紫色泥岩与灰色粉砂岩互层	4.9m
46.	灰黄色粗中粒长石砂岩夹粉砂质泥岩及细砂岩	12.9m
45.	灰色泥岩夹灰黄色薄层细砂岩及粉砂岩条带，局部夹薄层碳质泥岩，含鱼类、叶肢介、双壳类及植物化石	31.4m

44. 灰黄色粗粒岩屑长石砂岩夹灰白色、灰黄色粉砂岩，含植物化石碎片 3.7m
43. 灰黄色细砂岩与灰白色粉砂岩互层 1.6m
42. 灰黄色含砾粗粒岩屑长石砂岩 10.1m
41. 灰黄色砾岩 6.9m
40. 灰黄色含砾粗粒岩屑长石砂岩 9.3m
39. 灰黄色砾岩 4.6m
38. 灰白色含砾粗粒岩屑长石砂岩 9.5m
37. 灰黄色细砂岩夹灰色粉砂质泥岩 2.7m
36. 灰白色含砾粗粒岩屑长石砂岩 3.5m
35. 浅灰色泥岩夹细砂岩，含植物化石碎片 5.3m
34. 灰黄色粗粒岩屑长石砂岩 43.3m
33. 灰黄色砾岩 3.2m
32. 灰黄色不等粒砂岩夹浅灰色粉砂质泥岩 3.8m
31. 灰黄色砾岩 6.0m
30. 灰黄色细中粒长石砂岩夹灰白色粉砂岩及灰黄色细砂岩，含植物化石碎片 51.3m
29. 灰黄色细砂岩与浅灰色泥岩互层 5.9m
28. 灰黄色中粒砂岩 5.9m
27. 浅灰色泥岩与灰黄色细砂岩互层 8.9m
26. 灰黄色粗中粒长石砂岩，底部见有厚 6m 的灰褐色安山岩 5.9m
25. 浅灰色泥岩夹灰黄色细砂岩 5.9m
24. 灰黄色粗砂岩 9.2m
23. 灰白色细砂岩与浅灰色泥岩互层，含双壳类 *Ferganoconcha* sp.，*F. subcentralis*，*F.* cf. *quadrata*，*F. shouchangensis*，*F. tomiensis*，*F. quadrata*，*F.* cf. *lingyuanensis*，*F. yanshanensis*，*F.* cf. *sibirica*；真骨鱼类；植物 *Elatides* cf. *curvifolia*，*Equisetum* sp.，*E. burchardti*，*Czekanowskia* sp.，*Schizolepis jeholensis*，*Leptostrobus stigmatoides* 6.1m
22. 灰黄色含砾粗砂岩 6.5m
21. 灰黄色含砾粗砂岩夹灰白色粉砂岩 2.4m
20. 灰黄色含砾粗中粒长石砂岩与灰白色泥岩互层 16.7m
19. 灰黄色中粗粒长石砂岩 33.4m
18. 灰白色不等粒长石砂岩夹浅灰色粉砂质泥岩 25.3m
17. 灰白色细粒长石砂岩，下部为灰色砂质凝灰岩（断层带） 17.3m
16. 灰黄色砾岩 135.1m
15. 灰黄色粉砂质细砂岩与灰黄色粉砂岩、浅灰色泥岩互层。含昆虫 *Nematocera* sp.，*Rudiaechna* sp.；鱼类 *Lycoptera* sp.；植物 *Eboracia* sp.，*Sphenopteris* sp.，*Strobilites* sp.，*Leptostrobus stigmatoides*，*Equisetum burchardti* 21.6m
14. 灰黄色含砾不等粒长石砂岩 2.1m
13. 灰黄色砾岩 7.4m
12. 灰黄色细粒长石砂岩夹灰色泥岩及灰黄色粉砂岩，含昆虫化石及植物化石碎片 4.0m
11. 灰黄色细粒长石砂岩与浅灰色粉砂质泥岩互层 2.6m
10. 灰黄色中粒长石砂岩 2.5m
9. 灰黄色中粒长石砂岩与浅灰色泥岩互层 12.9m
8. 浅灰色泥岩夹灰黄色细砂岩。含昆虫 *Nematocera* sp.；鱼类 *Lycoptera* sp.；植物 *Podozamites* sp.，*Czekanowskia setacea* 8.5m
7. 灰黄色不等粒长石砂岩 10.6m
6. 灰黄色粗中粒长石砂岩 6.3m
5. 灰白色细中粒长石砂岩 3.1m
4. 灰色泥岩夹灰黄色中细粒长石砂岩，含昆虫 *Nematocera* sp.，*Calotingis hei*，*Huaxiagophus* sp.；鱼类 *Lycoptera* sp.，*L. davidi*；植物 *Leptostrobus stigmatoidus*，*Coniopteris* sp.，*Sphenobaiera* cf. *longifolia*，*Equisetum burchardti*，*Podozamites* cf. *gramineus*，*Czekanowskia* sp. 4.7m

3. 灰黄色砾岩夹含砾粗砂岩及中细粒长石砂岩 24.8m
2. 灰黄色中厚层含砾不等粒长石砂岩 5.3m
1. 灰黄色厚—巨厚层砾岩 54.9m

~~~~~~~~~~~~ 不整合 ~~~~~~~~~~~~

下伏地层:新太古代吉旺营子片麻岩(Ar_3Jgn):暗灰色条带状黑云二长片麻岩

七、赤峰市孤山子盆地义县组及相关地层的岩石地层特征

赤峰市孤山子盆地为晚中生代盆地,主要充填有张家口组火山岩、大北沟组、义县组和九佛堂组河湖相沉积层。盆地充填方向为南西-北东向,本次工作分别测制了大北沟组、义县组剖面,逐层采集了生物化石、地球化学样品、重要火山岩夹层的同位素测年样品,期望进一步了解义县期沉积地层的物质组成和产出特征。

(一)赤峰市初头朗乡那不打北山大北沟组剖面

本剖面(图 3-10)地层出露较好,但在层 19 和层 20 之间存在一条陡倾断裂,导致所测大北沟组地层出现重复,起点坐标为 N42°28′05″,E118°25′59″,H1064m;终点坐标为 N42°28′19.3″,E118°26′45″,H1256m。

上覆地层:新近系汉诺坝组致密块状玄武岩

~~~~~~~~~~~~ 角度不整合 ~~~~~~~~~~~~

大北沟组 **473.4m**

37. 黄绿色薄层状中细粒凝灰质砂岩 39.5m
36. 灰绿色中薄层凝灰质中细粒砂岩夹同色含细砾粗砂岩、浅紫灰色薄层凝灰质粉砂岩 75.9m
35. 黄绿色中薄层中细粒凝灰质砂岩夹浅紫灰色薄层状凝灰质粉砂岩及黄绿色中厚层含细砾凝灰质不等粒砂岩。底部为 1m 厚的蓝绿色中薄层中细粒凝灰砂岩 25.7m
34. 浅紫灰色、浅灰绿色凝灰质砂砾岩 7.3m
33. 灰绿色薄层状粗粒凝灰砂岩夹同色薄层中细粒凝灰砂岩。上部夹黄绿色中厚层含细砾凝灰质粗砂岩及黄褐色泥灰岩透镜体 12.4m
32. 灰色与灰绿色中薄层中细粒凝灰质砂岩不等厚互层夹浅紫色薄层凝灰质细砂岩 9.5m
31. 灰绿色中薄层状凝灰质粗砂岩 3.2m
30. 灰色中薄层状凝灰质中细粒砂岩夹同色含细砾中粗粒凝灰质砂岩及细砂岩 2.2m
29. 灰绿色薄层含细砾中粗粒凝灰质砂岩,底部为浅紫灰色薄层中细粒凝灰砂岩 4.3m
28. 灰色中薄层凝灰质细砂岩,底部夹厚 5cm 的褐黄色泥灰岩,上部夹蓝绿色薄层沉凝灰岩及黄绿色中薄层凝灰质细砂岩,产叶肢介 *Nestoria pissovi* Krasinetz,1962,*N*. cf. *karaica Karasinetz*,1961 5.9m
27. 蓝绿色、黄绿色中薄层含砾中粗粒凝灰砂岩夹黄绿色、灰白色薄层凝灰质细砂岩。底部含 30cm 大小玄武岩砾石 4.3m
26. 深灰色玄武安山岩,顶部为厚 2m 的蓝绿色中厚层气孔杏仁状玄武岩 23.1m
25. 灰紫色、紫灰色中厚—薄层含中—细砾凝灰质粗砂岩偶夹黄绿色薄层砂状膨润土 21.1m
24. 深绿色薄层凝灰质细砂岩。底部为 30cm 厚的黄绿色凝灰质粗砂岩 2.9m
23. 黄绿色、灰紫色含砾膨润土夹黄褐色薄层含砾粗砂岩及紫褐色中薄层凝灰质细砂岩 1.9m
22. 黄绿色厚—巨厚层含粗砾中细砾岩。顶部有 30cm 厚的紫红色中细砾岩 8.0m

---------- 平行不整合 ----------

张家口组

21. 灰白色流纹质凝灰熔岩 16.1m
20. 灰绿色中厚—厚层中细粒凝灰质砂岩夹蓝灰色薄层含细砾凝灰质砂岩,底部见一层厚 4m 的红褐色中细砾岩 25m

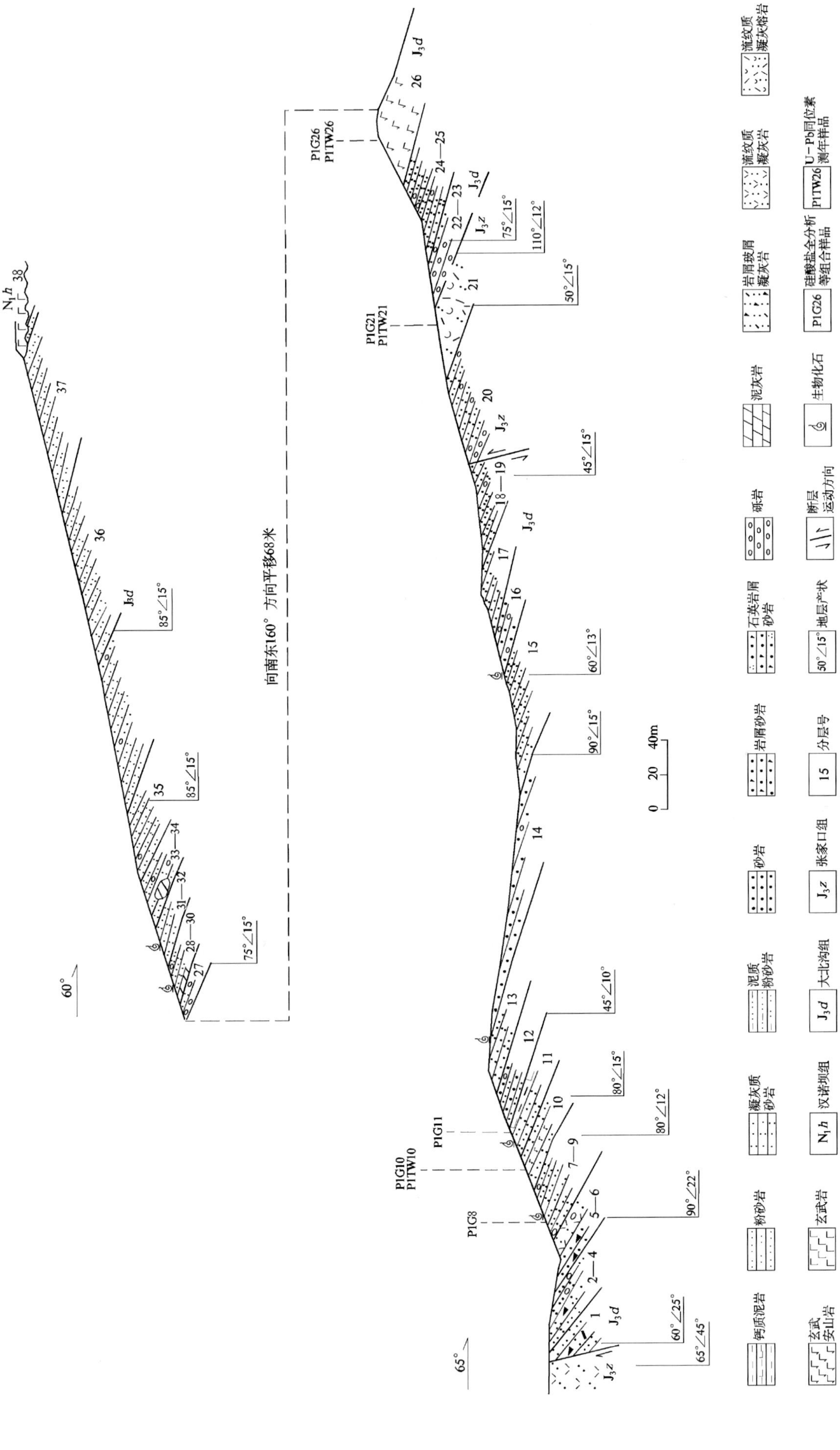

图3-10 赤峰市初头郎镇那不打村北沟大北沟组实测剖面图

16. 绿灰色与黄褐色薄层含细砾粗砂岩 11.4m
15. 灰色薄层状泥灰岩 5.7m
14. 浅绿灰色薄层状中细粒凝灰质砂岩夹5层厚约20cm的灰绿色凝灰质细砂岩与粉砂岩，下部夹约1m厚黄灰色薄层钙质粉砂岩 6.2m
13. 褐灰色厚—巨厚层砂砾岩与绿灰色薄层含细砾凝灰质粗砂岩 2.0m
12. 灰绿色微薄层凝灰质细砂岩与褐灰色薄层中粗粒凝灰质砂岩互层夹灰绿色薄层凝灰质粉砂岩 2.5m
11. 黄褐色薄层含砾长石岩屑粗砂岩，底部为一层黄褐色细砾岩(厚0.5m) 3.1m
10. 灰色薄层中粗粒长石岩屑砂岩夹灰白色中薄层岩屑石英砂岩和绿灰色薄层凝灰质粉砂岩 4.0m
9. 浅绿灰色中薄层中粗粒凝灰砂岩夹薄层含砾粗砂岩 22.3m
8. 黄褐色、灰绿色中厚—中薄层细砾岩，含砾粗砂岩与细砂岩构成多个韵律层 20.4m

——————整合——————

下伏地层：大北沟组浅紫灰色中厚层流纹质角砾凝灰岩

赤峰市孤山子盆地义县组为一套河湖相碎屑岩沉积，总体以灰色、灰白色、黄绿色调为主，与大北沟组相比，凝灰胶结物相对减少，而钙泥质含量增加。由下而上，义县组本身也存在凝灰胶结物相对减少，而钙泥质含量增加的趋势。下部岩石的岩屑含量较高，有较多的岩屑杂砂岩，以河湖相粗碎屑岩夹细碎屑岩为主，局部夹少量的泥灰岩；中、上部岩石的砂质以长石为主，以湖相细碎屑长石净砂岩、岩屑净砂岩、钙质粉砂岩为主，夹有多层钙泥质灰岩。产叶肢介 *Eosestheria*，*Neimongolestheria*，*Yanjiestheria*，女星介，昆虫 *Ephemeropsis trisetalis* 等化石，与上覆九佛堂组平行不整合接触或被汉诺坝组玄武岩角度不整合覆盖，与下伏大北沟组整合接触。本剖面下伏大北沟组为一套凝灰砂质碎屑岩、沉凝灰岩夹砂岩，产叶肢介 *Nestoria*。

第二节 冀北地区大店子组及相关地层的岩石地层特征

与义县组层位相当或与其相关的地层在冀北滦平盆地称大北沟组、大店子组和西瓜园组，在丰宁县森吉图盆地、围场-清泉盆地及花吉营盆地称为义县组(李声之等，1996；河北省地质调查院，2002)。冀北主要中生代盆地及本次工作所测剖面分布情况见图3-12。

本书所称大北沟组为滦平盆地含 *Nestoria* 叶肢介群的一套细碎屑沉积岩夹沉凝灰岩、晶屑玻屑凝灰岩；与王思恩(1979，1981，1986，2008)所定含义相同，底部与张家口组整合接触，顶部与大店子组蜂窝梁砾岩整合接触。大店子组为河湖相粗碎屑沉积岩与细碎屑沉积岩组合，局部夹安山岩，与大北沟组不同的是含 *Eosestheria* 叶肢介群，其顶部与西瓜园组拉海梁砾岩整合接触。西瓜园组底部为厚层砂砾岩，中、上部为砂岩、泥岩、泥灰岩、页岩，顶部与九佛堂组整合接触。各组均产丰富的动物化石。丰宁—围场地区义县组以火山岩为主夹多层碎屑岩，在个别盆地中以碎屑沉积岩为主体夹火山岩。

一、滦平盆地大北沟组、大店子组、西瓜园组岩石地层特征

滦平盆地以滦平县城为中心，呈北东向展布，南西端略宽，向北东逐渐变窄。大北沟组、大店子组及西瓜园组呈带状展布于盆地南东侧。大北沟组仅分布于冀北滦平及以西地区，平泉以东至整个辽西地区基本缺失，以碎屑沉积岩为主夹少量的火山沉积；大店子组仅分布于滦平盆地，以沉积岩为主，自西向东岩层厚度逐渐变薄，底部为蜂窝梁砾岩，火山岩不发育；西瓜园组以碎屑沉积岩为主，岩石地层及岩石组合特征以滦平县火斗山乡张家沟门、大北沟、大店子及铃铛木沟等地层剖面为代表。

(一) 滦平县火斗山乡张家沟门榆树下—上营大北沟组、大店子组剖面

该剖面由滦平县火斗山乡榆树下大北沟组剖面，下营大店子组一段剖面，上营大店子组二段—四段

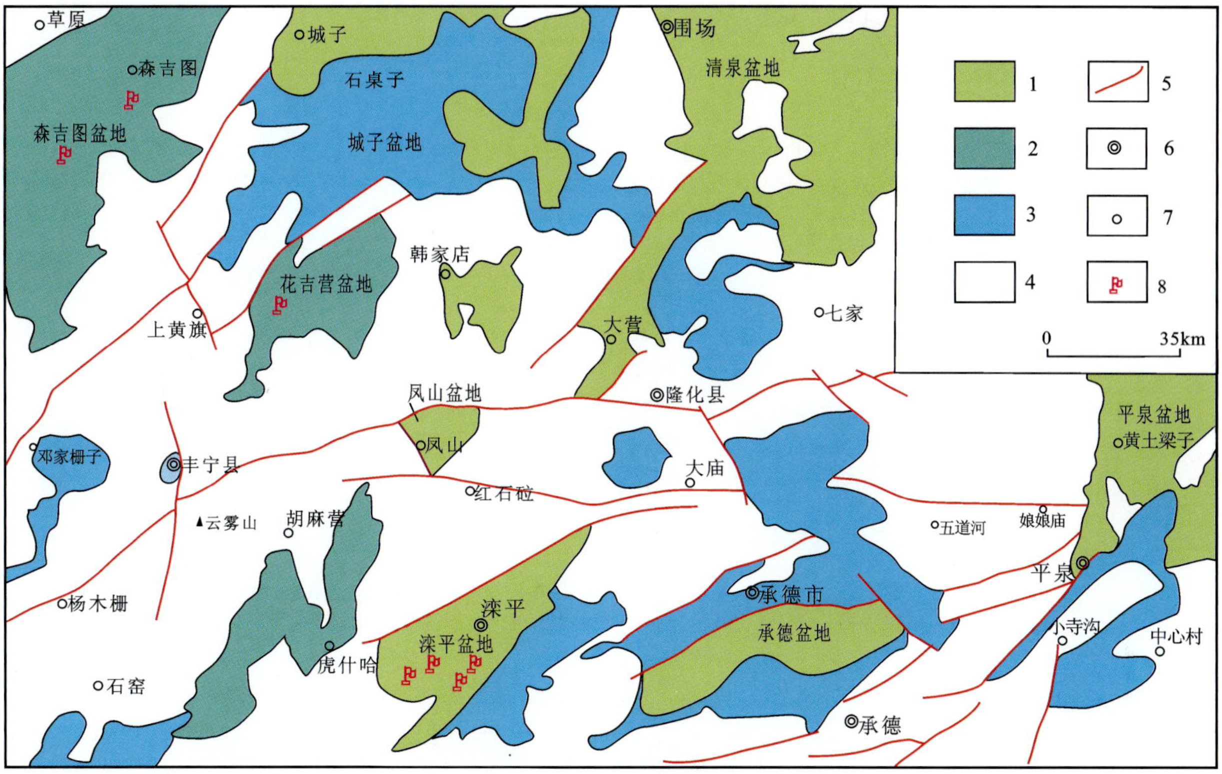

图 3-12 冀北晚中生代盆地分布及大店子组、义县组剖面位置图

1.晚中生代早期盆地;2.早中生代—晚中生代早期盆地;3.早中生代盆地;4.侵入岩类及前中生代基底地层;5.断裂;6.县级以上城市;7.乡镇;8.大店子组或义县组剖面位置

剖面组成。本剖面是对田树刚(2004)榆树下大北沟组剖面及下营、上营大店子组剖面的修测,目的是了解滦平盆地晚中生代地层层序、沉积环境,补充采集相关化石、岩石、同位素年龄样品,开展多重地层划分研究,获取辽西—冀北义县组—大店子组对比研究的基础资料。根据野外地层实际产出状况,对原剖面的部分分层及分层厚度(斜距—假厚度)进行了调整,并对一些层位的岩石名称进行了修订。

1. 滦平县火斗山乡榆树下大北沟组剖面

剖面位于滦平火斗山乡榆树下村西,见图 3-13。剖面总体方向 290°,起点坐标为 N40°49′08.4″,E117°13′00.9″,H397m;终点坐标为 N40°49′14.0″,E117°12′49.7″,H412m。

上覆地层:下白垩统大店子组(K_1d^1),**蜂窝梁砾岩:**灰褐色厚层细砾岩、含砾粗砂岩

——————整合——————

上侏罗统大北沟组(J_3d) **191.69m**

上侏罗统大北沟组三段(J_3d^3) **68.94m**

22. 黄绿色薄层粉砂岩、泥岩夹灰黄色、黄绿色泥灰岩透镜体,含介形类化石 *Eoparacypris surriensis*, *E. jingshangensis*, *Torinina obesa*, *Darwinula leguminella*, *D. xiayingensis*;叶肢介 *Nestoria pissovi* 10.96m
21. 黄绿色、灰黑色薄层粉砂质泥岩,夹灰褐色钙质粉砂质泥岩及少量泥灰岩,产丰富的介形类化石,并含有叶肢介和双壳类化石。介形类 *Luanpingella postacuta*, *L. dorsincurva*, *Torinina obesa*, *Eoparacypris surriensis*, *E. jingshangensis*, *E* aff. *macroselina*, *Pseudoparacypridopsis luanpingensis*, *P. muntfeilensis*, *P. dorsalta*, *Limnocyprideasubplana*, *Rhinocypris dadianziensis*, *R. subechinata*, *Djungarica* sp. *Darwinula xiayingensis*, *D. leguminella*, *D. dadianziensis*, *N. latiovata* 等;叶肢介 *Nestoria pissovi*, *N. xishunjingensis*, *N. krasinetzi*, *Pseudograpta zhangjiagouensis*, *P. dadianziensis*, *P. huodoushanensis*, *Yanshania xishunjingensis*, *Y. subovata*;双壳类 *Arguniella lingyuanensis*, *A. yanshanensis* 18.27m

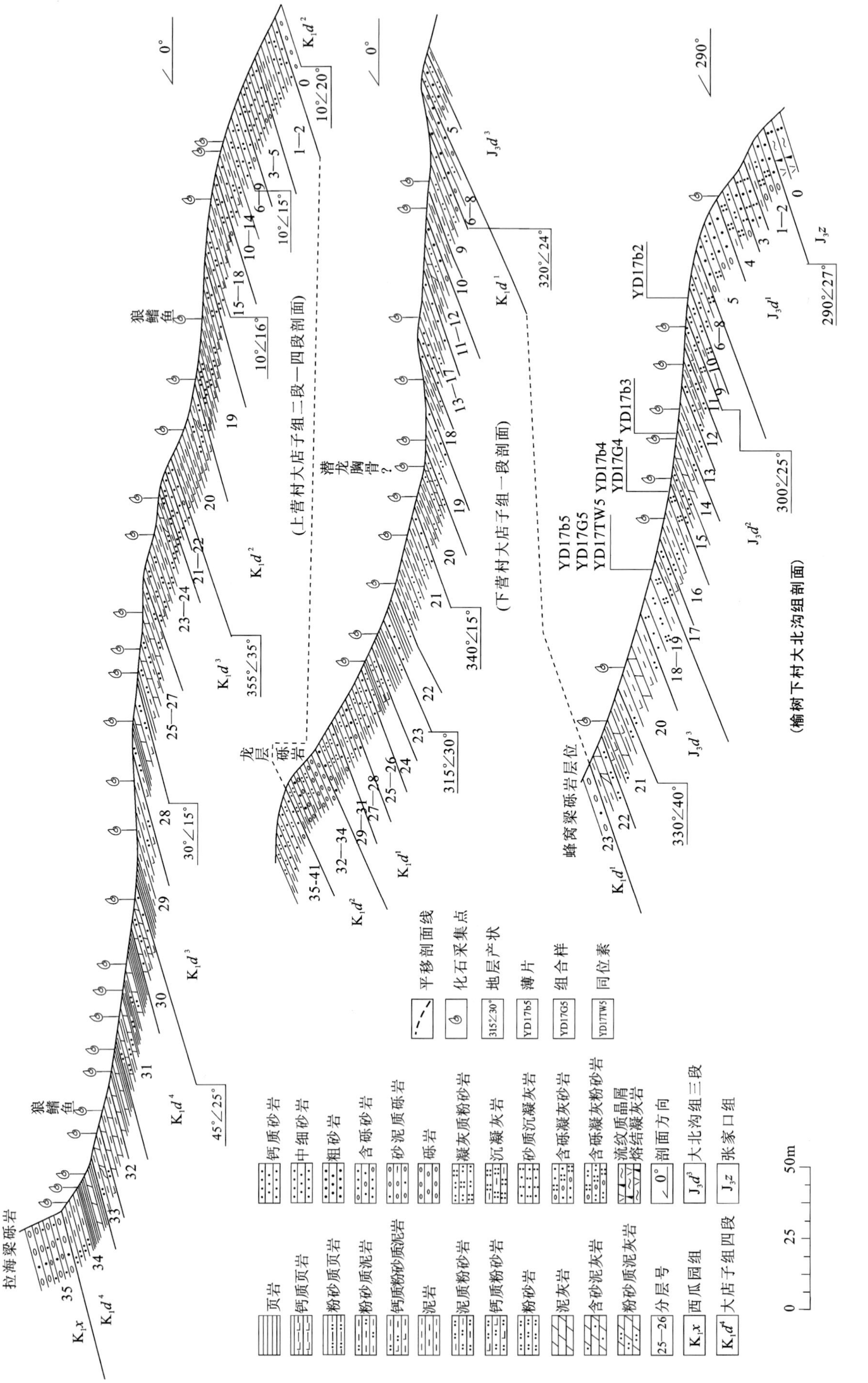

图 3-13　河北滦平张家沟榆树下—下营—上营大北沟组—大店子组修测剖面图
[据田树刚等(2004)剖面修测]

20. 灰黑色薄—微薄层钙质泥岩、粉砂质泥岩，夹灰色泥灰岩透镜体及薄层粉砂岩，产丰富的介形类、叶肢介及少量腹足类化石。介形类 *Luanpingella postacuta*, *L. dorsincurva*, *Ocrocypris obesa*, *Eoparacypris jingshangensis*, *E. surriensis*, *Torinina obesa*, *pseudoparacypridopsis luanpingensis*, *P. muntfeilensis*, *Rhinocypris dadianziensis*, *R. subechinata*, *Darwinula leguminella*, *D. dadianziensis*, *D. xiayingensis*, *Djungarica* sp.；下部产叶肢介 *Nestoria xishunjingensis*, *Keratestheria gigantea*, *K. ovata*；上部产叶肢介 *Nestoria xishunjingensis*, *Keratestheria gigantea*, *K. longipoda*, *Pseudograpta zhangjiagouensis*, *P. dabeigouensis*；腹足类 *Amplovalvata* sp., *Ptychostylus harpeaformis* 30.0m
19. 下部灰绿色、灰黄色中薄层凝灰质粉砂岩夹薄层凝灰质细砂岩，上部黄绿色薄层状凝灰质中细粒砂岩、粉砂岩。产介形类 *Ocrocypris obesa* (Pang), *Eoparacypris jingshangensis* Yang, *E. dadianziensis* Pang, *Luanpingella postacuta* Yang, *Djungarica camarata* Zhang, *Damonella* sp., *Rhinocypris* sp., *Darwinula leguminella* (Forbes), *Limnocypridea subplana* Lub., *Mongolianella subtrapezoidea* Yang 7.94m
18. 灰绿色蒙脱石化沉凝灰岩。产介形类 *Ocrocypris obesa* (Pang), *Eoparacypris jingshangensis* Yang, *E. dadianziensis* Pang, *Mongolianella subtrapezoidea* Yang, *Rhinocypris subechinata* Pang, *Rh.* sp., *Damonella* sp., *Luanpingella postacuta* Yang, *Limnocypridea subplana* Lub., *Darwinula leguminalla* (Forbes) 1.77m

——————整合——————

上侏罗统大北沟组二段(J_3d^2) **90.05m**

17. 黄褐色中薄层钙质粉砂岩、粉砂质泥岩 5.43m
16. 灰黑色含钙粉砂质泥岩，底部为80cm厚的灰白色中厚层沉凝灰岩，含昆虫、叶肢介和裂鳞果化石。昆虫 *Ephemeropsis trisetailis*；叶肢介 *Nestoria pissovi*, *N. xishunjingensis*, *Yanshania xishunjingensis*, *N.* cf. *krasinetzi*, *N. asiatica*, *Pseudograpta* cf. *dadianziensis* 20.18m
15. 下部为黄褐色中厚层粉砂岩与灰绿色薄层粉砂岩，上部为深灰色薄层粉砂质泥岩，产叶肢介化石 *Nestoria pissovi*, *N. xishunjingensis* 10.0m
14. 灰绿色粉砂质泥岩，黄褐色粉砂岩，夹深灰色薄层钙质泥岩及泥灰岩，产叶肢介化石 *Nestoria pissovi*, *N. karaica*, *N. xishunjingensis*, *N. rotalaria*, *N. mirififormis*, *Noblonga* sp., *Jibeilimnadia ovata*, *Yanshania* cf. *xishunjingensis*, *Pseudograpta* cf. *zhangjiagouensis* 12.0m
13. 下部为灰绿色、深灰色薄层状含钙粉砂质泥岩，发育水平层理，中、上部为灰绿色中厚层粉砂岩与灰黑色粉砂质泥岩、粉砂质泥岩互层，夹钙质页岩及黄褐色细粒石英长石砂岩，含叶肢介及少量裂鳞果化石。叶肢介 *Jibeilimnadia ovata*, *J. curtiovata*, *J. latiovata*, *J. elliptica*, *Nestoria pissovi*, *N. karaica*, *N. xishunjingensis*, *N. krasinetzi*, *Yanshania zhangjiagouensis* 8.0m
12. 灰色、灰黄色薄层粉砂岩夹钙质页岩，凝灰质砂岩，含大量植物碎片及叶肢介，局部含褐铁矿结核。叶肢介 *Nestoria pissovi* 7.25m
11. 灰黑色中薄层含钙凝灰质粉砂岩、黄褐色钙质页岩夹凝灰质中粗粒砂岩，顶部为灰绿色含钙粉砂质泥岩。粉砂岩中含炭化植物茎干及叶肢介。叶肢介 *Nestoria xishunjingensis*, *N. pissovi*, *N. luanpingensis*, *N. karaica*, *N. krasinetzi*, *Yanshania xishunjingensis*, *Y. subovata*, *Y. zhangjiagouensis* 7.25m
10. 灰黑色纹层状凝灰质粉砂岩，夹薄层凝灰质砂岩 3.02m
9. 浅灰褐色、灰绿色中厚层凝灰质粉砂岩，夹灰黑色纹层状含钙粉砂岩，含叶肢介化石 6.04m
8. 浅灰黄色中薄层粗粉砂岩和细砂岩 4.23m
7. 灰褐色薄—纹层状凝灰质泥岩 2.42m
6. 浅灰褐色中厚—纹层状凝灰质泥岩与褐黄色粉砂质泥岩互层，产叶肢介 *Yanshania xishunjingensis*, *Y. subovata*, *Nestoria* cf. *reticulata*, *N. pissovi*, *N. xishunjingensis* 4.23m

——————整合——————

上侏罗统大北沟组一段(J_3d^1) **32.7m**

5. 灰绿色中厚层含细砾凝灰质粗砂岩，夹灰绿色薄层凝灰质粉砂岩 15.00m

4. 浅黄灰色薄层含细砾凝灰质粗砂岩，夹薄层凝灰质粉砂岩，上部为灰色、浅灰褐色薄—纹层状沉凝灰岩，含叶肢介化石，偶见植物茎干化石　6.20m

3. 灰绿色中厚—块状沉凝灰岩、砂屑沉凝灰岩　3.50m

2. 褐灰色中薄层凝灰质中细粒砂岩、含砾凝灰质粉砂岩、泥岩互层　6.00m

1. 灰褐色、褐灰色中薄层含砾砂岩夹薄层沉凝灰岩　2.00m

————整合————

下伏地层：上侏罗统张家口组(J_3z)灰绿色中—中厚层含砾玻屑晶屑弱熔结凝灰岩

大北沟组主体表现为滨浅湖相—半深湖相—深湖相—浅湖相沉积，局部夹沉凝灰岩层，含有丰富的 *Nestoria* 叶肢介生物群。一段地层以滨浅湖相为特征，岩石以灰绿色为主色调，含有较多的沉凝灰物质，岩石成熟度相对较低，未见生物化石，与下伏张家口组呈整合接触。二段地层为半深湖相—深湖相沉积层，主体为灰色—灰褐色、灰绿色色调，主要由细砂岩、粉砂岩夹页岩构成，含有较多的叶肢介化石。三段为半深湖、深湖相—浅湖相沉积层，底部见一层蒙脱石化沉凝灰岩，有较多的粉砂质泥岩、泥灰岩，主色调为灰绿色、灰黑色，有丰富的叶肢介、介形类化石。三段地层与上覆大店子组呈整合接触。

2. 下营村大店子组一段剖面

该剖面位于滦平火斗山乡下营村东山(图 3-13)，剖面总体方向 0°，起点坐标为 N40°49′08.1″，E117°12′35.6″，H390m；终点坐标(大店子组一段与二段界线)为 N40°49′18.9″，E117°12′38.0″，H458m。

下白垩统大店子组二段(K_1d^2)　35.39m

35. 灰绿色中厚层含砾粗砂岩，与灰绿色泥质粉砂岩互层　20.0m

龙层砾岩

34. 底部为 0.8m 厚的灰褐色中细砾砾岩，中部为灰绿色、蓝绿色含砾粗砂岩，上部为灰绿色泥质粉砂岩　6.80m

33. 灰绿色、灰白色钙质粉砂岩，泥质粉砂岩　2.79m

32. 黄褐色、灰黄色巨厚层状火山岩质细砾岩　5.80m

下白垩统大店子组一段(K_1d^1)　223.42m

31. 黄褐色、灰绿色中厚层含砾粗粒石英长石砂岩，夹黄褐色、灰绿色细粒石英长石砂岩　3.87m

30. 灰绿色、黄绿色泥质粉砂岩　6.45m

29. 灰绿色、灰黄色厚层中粒石英长石砂岩，局部含砾　1.20m

28. 灰绿色粉砂岩，局部为粉砂质泥岩　3.01m

27. 灰黄色、灰褐色中粗粒石英长石砂岩，局部含砾　6.00m

26. 黄褐色中厚层细粒石英长石砂岩，向上为灰绿色泥质粉砂岩夹灰绿色中薄层砂岩，构成 4 个韵律　9.63m

25. 黄褐色中—薄层细粒石英长石砂岩夹灰绿色泥质粉砂岩，产介形类 *Rhinocypris subechinata*　4.0m

24. 灰绿色、灰黄色钙质粉砂岩夹厚约 30cm 的灰黑色页岩，产介形类 *Cypridea* (*C.*) *dabeigouensis*, *C.* (*C.*) *obliquoblonga*, *C. xitaiyangpoensis*, *C. luanpingensis*, *Daurina dabeigouensis*, *Rhinocypris* sp., *Yanshanina postitruncata*, *Mongolianella* sp., *Darwinula contracta*　9.0m

23. 灰黑色、灰绿色、黄绿色薄层粉砂质泥岩，夹钙质粉砂岩条带及褐黑色纸片状页岩，含丰富的介形类化石，见少量叶肢介及双壳类化石。介形类 *Cypridea* (*C.*) *dabeigouensis*, *Cypridea* sp., *Yanshanina elongata*, *Y.* sp., *Rhinocypris subechinata*, *R. echinata*, *Timiriasevia opinabilis*, *T. polymorpha*, *Djungarica camarata*, *Daurina dabeigouensis*, *Limnocypridea subplana*, *Darwinula leguminella*, *D. mashenmiaoensis*；叶肢介 *Eosestheria donggouensis*, *E. zhangjiagouensis*　9.15m

22. 底部为灰黑色、灰褐色钙质粉砂质泥岩夹灰黑色页岩及泥灰岩透镜体，中部为灰色、灰黄色钙质粉砂岩、页岩，顶部为黄褐色薄—中薄层中细粒钙质胶结长石砂岩，产丰富的介形类及少量叶肢介、双壳类(费尔干蚌)化石。介形类 *Cypridea*(*C.*)*dabeigouensis*, *C.* (*C.*) *obliquoblonga*, *C.* (*C.*) *dadianziensis*, *Yanshanina postitruncata*, *Y. elongata*, *Daurina dabeigouensis*, *Rhinocypris dadianziensis*, *R. subechinata*, *Darwinula lahailiangensis*, *D. contracta*, *Timiriasevia polymorpha*, *T. opinabilis* 7.0m

21. 底部为 30cm 厚的灰绿色、黄褐色薄层中粒长石岩屑砂岩，上部为灰绿色粉砂质泥岩、泥质粉砂岩，夹薄层灰黑色泥岩、粉砂质泥岩，含植物化石碎片(拟木贼)、腹足类、双壳类化石，顶部含少量叶肢介、介形类化石。叶肢介 *Eosestheria donggouensis*, *Abrestheria subovata*；介形类 *Cypridea dabeigouensis*, *C.* sp., *Yanshannia postitruncata*, *Y. elongata*, *Darwinula contracta*, *D. leguminella*, *Daurina dabeigouensis*, *Djungarica camarata*, *Limnocypridea subplana*, *Rhinocyoris subechinata*, *Timiriasevia polymorpha*, *T. opinabilis* 30.22m

20. 下部为灰褐色粉砂岩，中上部为灰绿色钙质泥岩、粉砂质泥岩夹灰绿色粗粉砂岩。钙质泥岩中产大量介形类化石，见少量腹足类、双壳类化石。介形类 *Yanshanina elongata*, *Y. postitruncata*, *Djungarica camarata*, *Daurina dabeigouensis*, *Cypridea* (*C.*) *tuberculata*, *Cypridea xitaiyangpoensis*, *Rhnocypris echinata*, *R. ubechinata*, *Darwinula leguminella*；双壳类 *Sphaerium jeholense*；腹足类 *Probaicalia vitimensis* 20.0m

19. 灰绿色粉砂质泥岩，底部为 20cm 厚的灰褐色中粗粒砂岩，局部含砾 8.41m

18. 灰绿色、黄绿色粉砂质泥岩夹褐黄色钙质粉砂岩、泥灰岩团块，中、下部夹黄褐色薄层细粒岩屑长石砂岩，局部含少量细砾石，产介形类、双壳类、腹足类等化石。介形类 *Cypridea* (*C.*) *tubercularis* Pang, *C.* (*C.*) *luanpingensis* Pang, *C.* (*C.*) *subgranulosa* Pang, *Daurina* sp.；双壳类 *Arguniella lingyuanensis*, *Sphaerium jeholense*；腹足类 *Granulus* sp. 18.0m

17. 黄褐色薄层中细粒岩屑长石砂岩 10.0m

16. 黄绿色、黄灰色粉砂质泥岩 0.96m

15. 黄褐色中厚层含砾中粒长石岩屑砂岩 0.24m

14. 灰绿色泥岩、粉砂质泥岩，底部见 50cm 厚的黄褐色细粒长石岩屑砂岩 4.0m

13. 主体为灰绿色泥岩夹钙质泥岩透镜体，底部与上部为土黄色薄层状细粒长石岩屑砂岩 8.0m

12. 灰绿色、黄绿色泥岩，夹钙质粉砂岩或泥灰岩团块，中部夹一层黄绿色薄层细粒长石砂岩 18.0m

11. 顶底为黄褐色含砾中细粒长石岩屑砂岩，主体为灰绿色泥质粉砂岩 3.0m

10. 灰绿色或绿灰色泥岩，夹深灰绿色钙质粉砂岩 13.0m

9. 灰绿色粉砂质泥岩、钙质粉砂岩，夹灰绿色薄层粉砂岩、细砂岩透镜体，底部为黄绿色、灰绿色中薄层细粒岩屑长石砂岩，局部含细砾。产介形类 *Cypridea stenolonga* Pang, *C.* (*C.*) *dabeigouensis* Yang, *Daurina dabeigouensis* (Yang), *Yanshanina postitruncata* Pang, *Y. elongata* Pang, *Limnocypridea subplana* Lub., *Djungarica elongata* Pang 20.0m

蜂窝梁砾岩

8. 黄褐色含砾中粗粒长石岩屑砂岩与黄褐色、黄绿色中粒岩屑长石砂岩互层 7.0m

7. 黄绿色、灰绿色粉砂质泥岩，底部为薄层细粒长石岩屑砂岩，局部含少量砾石 2.77m

6. 黄褐色中厚层含砾中粗粒石英长石砂岩 0.79m

——————整合——————

上侏罗统大北沟组三段(J_3d^3)

5. 灰绿色中薄层泥质粉砂岩夹黄灰色中厚层中粗粒石英长石砂岩 4.36m

大店子组一段由下而上沉积环境由滨浅湖相渐变为半深湖相，下部主要为长石砂岩、粉砂质泥岩、粉砂岩交替出现，至 22—24 层岩性为灰黑色、灰褐色钙质粉砂质泥岩、页岩、泥灰岩透镜体，含丰富的介形类、叶肢介和双壳类化石，达到最大湖泛面(mfs)，之后沉积环境逐渐回到滨浅湖相，向上沉积粒度由细变粗，沉积层理由薄变厚，砂岩比例提高。

3. 上营村大店子组二段—四段剖面

该剖面位于滦平火斗山乡上营村北山，剖面总体方向 0°，起点坐标为 N40°49′27.8″，E117°12′14.1″，H364m；终点坐标（大店子组与西瓜园组界面）为 N40°49′47.7″，E117°12′26.8″，H489m。

上覆地层：下白垩统西瓜园组（K_1x）

拉海梁砾岩：黄灰色、灰白色巨厚层状砂质砾岩夹黄绿色薄层含砾中细粒岩屑杂砂岩

——————整合——————

下白垩统大店子组四段（K_1d^4） **92.41m**

34. 中下部为深灰色泥页岩夹黄灰色中薄层泥灰岩，上部为黄绿色粉砂质泥岩，产介形类和叶肢介化石。介形类 *Cypridea sulcata*，*C.* cf. *tubercularis*，*C.* cf. *stenolonga*，*Darwinula contracta*，*D. lahailiangensis*；叶肢介 *Jiliaoestheria striaris*，*Yanshania* sp. 18.96m
33. 深灰色极薄层含钙粉砂质泥岩，夹黄灰色中厚层泥灰岩透镜体，在粉砂质泥岩中产介形类、叶肢介化石。叶肢介 *Jiliaoestheria striaris*，*Yanshania* sp.；介形类 *Cypridea chengdeensis*，*Limnocypridea subplana* 12.06m
32. 下部为深灰色泥页岩夹黄绿色薄层泥灰岩，上部为灰色、深灰色极薄—微薄层泥岩与黄灰色薄层泥灰岩互层。泥页岩中产介形类、叶肢介、双壳类和螺口盖等化石，在上部泥岩中产狼鳍鱼和叶肢介化石。介形类 *Cypridea chengdeensis*，*C. curticostata* sp. nov.，*C.* sp.，*Yanshanina postitruncata*，*Daurina dabeigouensis*，*Mongolianella* sp.，*Darwinula dadianziensis*，*D. contracta*，*D.* sp.，*Rhinocypris* sp.，*Timiriasevia* sp.，；叶肢介 *Jiliaoestheria striaris*，*C. linearis*，*Eosestheria* sp.；双壳类 *Arguniella lingyuanensis*，*A. yanshanensis* 14.59m
31. 深灰色粉砂质泥页岩与黄灰色薄层粉砂质泥灰岩互层，产介形类、叶肢介及螺口盖化石。介形类 *Yanshanina* sp.，*Cypridea* sp.，*Darwinula contracta*；叶肢介 *Clithrograpta florovalvaris*，*C. striaris*，*Diestheria zhangjiagouensis*，*D.* cf. *shangyingensis*，*Yanshania dabeigouensis* 38.0m
30. 下部为灰色、黄灰色薄层钙质—钙泥质细砂岩与砂质泥灰岩互层，上部为灰色、浅灰色薄层钙泥质粉砂岩，夹灰黄色薄—中厚层砂质泥灰岩与钙质细砂岩，下部泥灰岩产叶肢介、介形类和腹足类化石。介形类 *Cypridea sulcata*，*C.* cf. *tubercularis*，*Yanshanina* sp.，*Daurina dabeigouensis*，*Timiriasevia polymorpha*，*Darwinula contracta*，*D. lahailiangensis*；叶肢介 *Clithrograpta elliptica*，*C. suborbita*，*Yanshania dabeigouensis*，*Y. subquadrata* 8.44m

——————整合——————

下白垩统大店子组三段（K_1d^3） **100.33m**

29. 下部为灰黑色、灰色钙质粉砂质泥岩，中上部为灰黑色、灰褐色页岩，产介形类、叶肢介化石。介形类 *Cypridea chengdeensis*，*C.* sp.，*Yanshanina elongata*，*Rhinocypris* sp.，*Darwinula lahailiangensis*，*Timiriasevia polymorpha*，*T. opinabilis*，*Yumenia* sp.，*Mongolianella palmosa*；叶肢介 *Yanshania dabeigouensis*，*Y. subquadrata* 21.86m
28. 灰色、灰黑色薄层钙质—泥质粉砂岩，夹中薄层灰褐色纹层状泥灰岩，产少量叶肢介和介形类化石 11.39m
27. 黄灰色、灰黑色薄—极薄层钙质—泥质粉砂岩与灰褐色薄层微晶—细晶泥灰岩互层，产介形类、叶肢介、双壳类、腹足类（前贝加尔螺）和裂鳞果等化石。介形类 *Darwinula* sp.；叶肢介 *Clithrograpta elliptica*，*C. suborbita*，*C. abnormis*，*Eosestheria subcircularis*，*E. abnormis*，*E. rhombiavata*，*Diestheria zhangjiagouensis*，*D. shangyingensis*，*D. luanpingensis*，*Neimonggolestheria luanpingensis* 3.53m
26. 灰色、灰黑色微薄层钙质—泥质粉砂岩夹灰褐色薄层泥灰岩，顶部为厚约 40cm 的泥灰岩，产叶肢介化石 *Eosestheria lingyuanensis*，*Digrapta luanpingensis*，*D. semireticulata*，*Clithrograpta elliptica*，*C. florovalvaris*，*C. ovata*，*C. striaris*，*Yanjiestheria luanpingensis* 5.11m

25. 深灰色、灰黑色薄层钙质粉砂岩，钙质粉砂质泥岩夹 3 层灰褐色泥灰岩，顶部为泥灰岩。产叶肢介 *Eosestheria lingyuanensis*；介形类 *Daurina dabeigouensis*，*Yanshanina elongata* 20.0m
24. 灰褐色、灰黑色薄层粉砂质泥岩，夹灰色、灰褐色薄层钙质粉砂岩，产介形类、叶肢介、双壳类化石和少量裂鳞果等植物碎片。介形类 *Cypridea sulcata*，*C. chengdeensis*，*C.* sp.，*Yanshanina postitruncata*，*Y. elongata*，*Mongolianella* sp.，*Darwinula lahailiangensis*，*D. contracta*，*D. leguminella*，*Daurina dabeigouensis*，*Limnocyprideasubplana*，*Rhinocypris* sp.；叶肢介 *Clithrograpta elliptica*，*C. florovalvaris*，*C. striaris*，*C. suborbita*，*C. linearis*，*Digrapta lata* 23.0m
23. 褐黄色、灰黑色薄层粉砂岩与粉砂质泥岩互层，产介形类、叶肢介和少量植物化石碎片。介形类 *Cypridea sulcata*，*C. chengdeensis*，*C.* sp.，*Daurina dabeigouensis*，*Yanshanina postitruncata*，*Y. elongata*；叶肢介 *Clithrograpta elliptica*，*C. linearis*，*C. florovalvaris*，*C. elongata*，*Eosestheria abnormis*，*E. huodoushanensi*，*Digrapta luanpingensis*，*D. semireticulata*，*D. lata*，*D. reticulata*，*D. latiovata* 7.5m
22. 下部为黄褐色、灰绿色中细粒岩屑长石砂岩，上部为灰绿色粉砂岩，产介形虫、叶肢介化石。介形类 *Cypridea sublaeva* sp. nov.，*Rhinocypris subechinata*，*Darwinula leguminella*；叶肢介 *Clithrograpta elliptica*，*C. gujialingensis*，*C. rhombiquadrata*，*C. polyreticulata*，*C. semireticulata*，*C. linearis*，*C. suborbita*，*C. striaris* 3.98m
21. 灰色—黄灰色中—厚层中细粒岩屑长石砂岩，夹灰绿色细粒岩屑长石砂岩，底部局部含砾，发育斜层理。产介形类 *Cypridea luanpingensis*，*C.* sp.，*Rhinocypris subechinata*，*Darwinula* sp. 3.96m

——————整合——————

下白垩统大店子组二段(K_1d^2) **>151.82m**

20. 灰色、灰黄色薄层钙质粉砂岩，局部含钙质泥岩团块，底部为灰褐色、黄褐色钙质粉砂岩，中上部夹钙质泥岩，顶部夹一层灰绿色薄层含细砾细砂岩。产介形类、叶肢介、双壳类化石。介形类 *Cypridea luanpingensis*，*C. dabeigouensis*，*C. obliquoblonga*，*C. chengdeensis*，*Daurina dabeigouensis*，*Yanshanina elongata*，*Djungarica camarata*，*Rhinocypris subechinata*，*Rh. echinata*，*Lycopterocypris debilis*；叶肢介 *Eosestheria donggouensis*，*E. bella*，*E.* sp.，*E. luanpingensis*，*Abrestheria subovata*，*Yanshania* cf. *subquadrata*；双壳类 *Arguniella lingyuanensis* 30.0m
19. 底部为厚约 30cm 的灰褐色中厚层中细粒长石砂岩，具斜层理；下部为黄绿色、灰绿色钙质粉砂岩、钙质泥岩，夹灰绿色、灰褐色薄层细粒岩屑长石砂岩；中部为灰黑色、深灰色薄层钙质粉砂质泥岩，产狼鳍鱼、叶肢介、介形类、双壳类和腹足类等化石；上部为灰绿色、蓝灰色泥质粉砂岩；顶部为一层 20cm 厚的灰黑色钙质泥岩。介形类 *Cypridea luanpingensis*，*C. dabeigouensis*，*C. sulcata*，*Yanshanina postitruncata*，*Y. elongata*，*Djungarica camarata*，*Timiriasevia polymorpha*，*T. opinabilis*，*Darwinula contracta*，*Daurina dabeigouensis*，*Limnocypridea subplana*，*Mongolianella gigantea*，*M. subtrapezoidea*，*Rhinocypris subechinata*；叶肢介 *Abrestheria subovata*，*Eosestheria* cf. *donggouensis*，*E. bella*，*Yanshania dabeigouensis*；软体类(腹足类和双壳类)*Probaicalia* sp.，*Ptychostylus harpeaformis*，*Amplovata* sp.，*Granulus* sp.，*Arguniella lingyuanensis* 36.0m
18. 灰绿色、黄绿色薄层状粉砂质泥岩夹薄层细砂岩，砂岩中含有铁质结核及团块，底部为 20～40cm 厚的灰褐色中厚层钙质胶结中细粒长石砂岩 8.0m
17. 底部为 20～120cm 厚的灰褐色、灰绿色中—厚层岩屑长石砂岩，上部为灰绿色钙质粉砂岩夹钙质砂岩透镜体及岩屑长石细砂岩薄层 8.0m
16. 黄绿色钙质粉砂岩、泥岩，中下部夹钙质泥岩透镜体，产双壳类 *Arguniella lingyuanensis*，中上部夹灰褐色薄层中粒岩屑长石砂岩 9.34m
15. 下部为灰褐色中厚层含砾粗粒岩屑长石砂岩，上部为灰绿色中薄层细粒岩屑长石砂岩 1.92m
14. 灰绿色、黄绿色粉砂质泥岩与薄层细粒岩屑长石砂岩互层 6.41m
13. 灰褐色中厚层中细粒岩屑长石砂岩，厚度不稳定，发育交错层理 0.64m
12. 灰绿色薄—纹层状细粒岩屑长石砂岩与灰绿色、黄绿色粉砂质泥岩组成 5 个韵律层，向上砂岩增厚，发育斜交层理 4.0m

11. 底部为5～10cm厚的黄褐色钙质粉砂岩，下部为灰绿色钙质粉砂质泥岩，含叶肢介、腹足类化石，中部为灰黑色钙质粉砂质泥岩，上部为黄绿色钙质粉砂质泥岩。叶肢介 *Eosestheria donggouensis*，*E. shangyingensis*，*E.* sp.，*Abrestheria subovata*，*A. elliptica*；腹足类 *Ptychostylus harpeaformis* 3.85m
10. 底部为30cm厚的灰绿色、黄绿色岩屑长石细砂岩，向上部为灰绿色泥质粉砂岩，夹多层钙质一粉砂质泥岩。产介形类 *Cypridea dadianziensis* Pang 3.0m
9. 下部为灰色、灰绿色中厚层细粒长石砂岩，发育斜交层理，局部含细砾，与上部灰绿色薄层粉砂岩构成2个韵律层 4.0m
8. 底部为30～50cm厚的黄绿色中厚层中粒岩屑长石砂岩，上部为黄绿色、灰绿色薄层粉砂质泥岩夹薄层含泥砾细砂岩 1.5m
7. 下部为黄绿色、灰绿色中薄层细粒岩屑长石砂岩，具交错层理，与上部灰绿色薄层状粗粉砂岩构成4个韵律层 2.01m
6. 底部为30～50cm厚的灰褐色、灰绿色中厚层含细砾岩屑长石砂岩，向上逐渐变为粗粉砂岩、粉砂质泥岩 3.0m
5. 下部为灰绿色中厚层中粒岩屑长石砂岩，局部含砾，发育大型交错层理，上部为灰绿色含砾粗砂岩、粉砂岩及泥岩 4.0m
4. 底部为40cm厚的灰褐色、灰白色中厚层中粗粒岩屑长石砂岩，局部含细砾；上部为黄绿色、灰绿色薄层细砂岩夹灰绿色薄层泥质粉砂岩、粉砂质泥岩 4.4m
3. 底部为50cm厚的灰白色、灰绿色中厚层中粗粒长石岩屑砂岩，局部含砾；上部为灰绿色中薄层含砾中粒砂岩夹灰绿色中薄层粉砂岩 4.02m
2. 底部为2m厚的灰色中厚—巨厚层中细粒岩屑长石砂岩，局部含砾石，具板状斜交层理、槽状层理；上部为灰绿色粉砂质泥岩 13.40m
1. 蓝绿色、灰绿色泥质粉砂岩，底部为30cm厚的灰白色中细粒岩屑长石砂岩 1.34m
0. 龙层砾岩：灰色、灰绿色巨厚层火山岩质细砾砾岩 ＞3m

大店子组二段由湖扩张体系域构成，缺失高位体系域。湖扩张体系域下部由扇三角洲分流河道相黄褐色、灰褐色中细砾砾岩、含砾岩屑长石砂岩组成，向上为滨浅湖相砂岩、泥质粉砂岩；中部为半深湖相黄绿色、灰绿色钙质粉砂岩、钙质泥岩夹薄层细粒岩屑长石砂岩；上部为深湖相灰黑色钙质泥岩、钙质粉砂岩，产叶肢介、介形类、双壳类和腹足类等化石。沉积粒度逐渐变细，沉积层理由厚变薄，形成退积型地层结构，达到最大湖泛面(mfs)。

大店子组三段和四段为一个完整的三级层序。三段为湖扩张体系域，底部为滨浅湖相黄褐色、灰绿色中细粒岩屑长石砂岩，向上由浅湖-深湖相粉砂岩、粉砂质泥页岩、钙质泥质粉砂岩夹泥灰岩等组成，沉积粒度逐渐变细，沉积厚度逐渐变薄，形成退积型地层结构。至四段中、下部31—32层的沉积环境为半深湖-深湖相深灰色粉砂质泥页岩、泥页岩、泥岩夹黄绿色薄层泥灰岩，达到最大湖泛面(mfs)，四段上部由浅湖相的含钙粉砂质泥岩、泥页岩、泥灰岩、粉砂质泥岩构成高位体系域，沉积粒度变化不大。此两段地层化石丰富，以叶肢介 *Jiliaoestheria*，介形类 *Cpyridea sulcata*，*C. shangyingensis* 和狼鳍鱼 *Lycoptera* 为特征。大店子组四段顶部地层与西瓜园组底砾岩界面呈大型凹凸界面，不同地段，顶部地层发育程度不同，表明两者之间非连续沉积，界面有一定程度剥蚀，为平行不整合接触关系。

（二）滦平县火斗山乡大北沟村大北沟组—大店子组剖面

本剖面是在原1∶20万承德幅滦平盆地大北沟组剖面基础上进行的修测剖面。通过修测，我们对原大北沟组剖面进行了重新划分，对原分层的部分岩石名称进行了修订，补充采集了相关样品。

西瓜园组底部

24. 黄灰色薄—微薄层长石岩屑细砂岩、粉砂岩，夹黄灰色厚层状中砾岩透镜体 10m
23. 黄灰色巨厚层状中细砾岩，夹黄灰色粉砂岩、细砂岩透镜体 10m
22. 黄灰色薄—中厚层细粒长石砂岩 4m
21. 黄灰色微薄层粉砂岩 2m

20. 拉海梁砾岩：紫褐色巨厚层状含巨砾粗砾岩 ＞8m

－－－－－－－－－平行不整合－－－－－－－－－

大店子组 **196.4m**

大店子组三段 **76.41m**

19. 绿灰色页片状钙质粉砂岩夹致密块状微晶灰岩，产介形类、叶肢介和裂鳞果化石 4m

18. 灰绿色杏仁状安山岩，杏仁充填物为绿泥石或蛋白石 7.01m

17. 褐黄色巨厚层状气孔杏仁状安山岩，杏仁充填物为碳酸盐及沸石 38.27m

16. 黄灰色页片状—微薄层粉砂质泥灰岩与灰色中厚层泥灰岩互层，产叶肢介 *Eosestheria* sp.；腹足类 *Gastropoda* sp.；双壳类 *Ferganoconcha* sp.；昆虫 *Ephemeropsis trisetalis* Eichwald.，植物 *Czekanowskia rigida* Heer. Kras.；介形类由下至上为：①*Cypridea*(*C.*) *tubercularis* Pang，*C. dadianziensis* Pang，*Daurina dabeigouensis* (Yang)，*Yanshanina elongata* Pang，*Rhinocypris* sp.，*Darwinula* sp.；②*Cypridea tubercularis* Pang，*Cypridea* (*C.*)*dadianziensis* Pang，*C. pangi* sp. nov.（＝庞其清 1984 年定的 *Cypridea tumescens acrobeles*）；③ *Cypridea* (*C.*) *dadianziensis* Pang，*C.* (*C.*) *subsulcata* Pang，*C.* (*C.*) *tubercularis* Pang，*C.* (*C.*) *vitimensis* Mandelstan，*C.* (*C.*) *sulcata* Mand.，*C.* (*C.*) *subspatiosa* sp. nov.，*Daurina dabeigouensis* (Yang)，*Yanshanina subovata* Pang，*Limnocypridea subplana* Lüb.，*Mongolianella subtrapezoidea* Yang，*M. yixianensis* Zhang，*Djungarica elongata* Pang，*Damonella circulata* (Lüb.)，*D. subsymmetrica* Zhang，*Rhinocypris* sp.，*Darwinula leguminella* (Forbes)，*Timiriasevia polymorpha* Mandelstam，*T. opinabilis* Mand.；④*Cypridea*(*C.*)*subspatiosa*.，*C.* sp.，*Darwinula* sp.；⑤ *Mongolianella palmosa* Mand.，*Damonella circulata* (Lüb.)，*Darwinula* sp.；⑥*Cypridea*(*C.*)*tubercularis* Pang，*C.* (*C.*)*chengdeensis* Pang，*C.* (*C.*)*pangi* sp. nov.（庞其清 1984 年定为 *Cypridea acrobeles* Anderson） 16.0m

15. 浅绿灰色薄层钙质粉砂岩夹粉砂质泥岩，含介形类、腹足类化石。介形类 *Cypridea tubercularis* Pang，*C. dabeigouensis* Yang，*Cypridea*(*C.*)*reheensis* Yang 5.19m

14. 黄灰色中厚—厚层状中细粒长石砂岩、含砾中粗粒长石砂岩，与黄绿色含砾含砂凝灰质粉砂岩互层 5.94m

大店子组二段 **20.49m**

13. 浅绿灰色凝灰质粉砂岩与中薄层中粒长石砂岩互层，局部夹砾质砂岩透镜体。粉砂岩产叶肢介 *Eosestheria* sp.；介形类 *Cypridea stenolonga* Pang，*Cypridea*(*C.*)*tubercularis* Pang，*C.* (*C.*)*dadianziensis* Pang，*C.* (*C.*)*obliquoblonga*（包括庞其清 1984 年的 *C. varians*，*C. granuliformis*），*C.* (*C.*)*huodoushanensis* sp. nov.（含庞其清 1984 年的 *Cypridea granulosa granulosa*），*C.* (*C.*)*spatiosa* Zhang，*Djungarica camarata* Zhang，*Rhinocypris subechinata* Pang，*Rh. dadianziensis* Pang，*Darwinula dadianziensis* Pang 15.49m

12. 龙层砾岩：褐黄色中厚层砾质粗砂岩与黄灰色薄层粉细砂岩互层 5.0m

大店子组一段 **99.5m**

11. 蓝灰色含粉砂泥岩与泥质页岩，顶部为 1m 厚的含砾砂质泥岩 3.57m

10. 下部为黄灰色页岩与极薄层状泥岩、钙泥质粉砂岩互层，产大量介形类化石；上部为灰白—黄白色中厚—薄层中细粒长石杂砂岩，夹薄层粉砂岩。产介形类 *Cypridea*(*C.*) *tubercularis* Pang，*C.* sp.，*Daurina dabeigouensis* (Yang)，*Yanshanina elongata* Pang，*Djungarica camarata* Zhang，*Lycopterocypris infantilis* Lüb.，*Darwinula* sp. 10.00m

9. 灰色砂质泥灰岩，夹灰色粉砂质泥岩、页岩，底部为一层 40cm 厚的深灰色晶屑凝灰岩 2.65m

8. 浅黄绿色泥质页岩，夹黄灰—黄白色薄层泥质粉砂岩，局部呈透镜状。页岩产叶肢介，粉砂岩及粉砂质泥岩产腹足类、双壳类和介形类化石。腹足类 *Probaicalia* sp.，*Valvata* sp.；双壳类 *Ferganoconcha* sp.；介形类由下至上为：①*Cypridea*(*Cypridea*)*dabeigouensis* Yang，*C.* sp.，*Daurina dabeigouensis* (Yang)（＝*Mongolianella dabeigouensis* Yang，1981）（＝*Yanshanina dabeigouensis* (Yang)，庞其清等，1984），*Yanshanina elongata* Pang，*Mongolianella palmosa* Mand.，*Darwinula contracta* Mand.，*Rhinocypris subechinata* Pang；②*Cypridea*(*C.*)*dabeigouensis* Yang，*C.* (*C.*)*luanpingensis* Pang，*C.* sp.，*Yanshanina* sp.，*Daurina dabeigouensis* (Yang)，*Rhinocypris subechinata* Pang，*Darwinula contracta* Mand.，*D. mashenmiaoensis* Zhang（＝*Darwinula barabinskensis*，庞其清，1984；杨仁泉，1985），

Timiriasevia polymorpha Mand.；③ *Cypridea*（*C.*）*dabeigouensis* Yang，*C.*（*C.*）*dadianziensis* Pang，*Daurina dabeigouensis*（Yang），*Yanshanina elongata* Pang，*Y. postitruncata* Pang，*Djungarica camarata* Zhang，*Mongolianella palmosa* Mand.，*Rhinocypris subechinata* Pang，*Darwinula contracta* Mand.，*D. lahailiangensis* Pang；④*Cypridea*（*C.*）*dabeigouensis* Yang，*Daurina dabeigouensis*（Yang），*Yanshanina elongata* Pang，*Limnocypridea* sp.，*Darwinula leguminella*（Forbes），*Timiriaservia opinabilis* Mand.，*T. polymorpha* Mand. 5.79m

7. 灰绿色泥岩与粉砂质泥岩、黄绿色泥质粉砂岩构成多个韵律层 22.49m
6. 紫褐色微薄层粉砂质泥岩，夹黄灰色中薄层细粒杂砂岩 23.0m
5. 蜂窝梁砾岩：下部为黄灰色中厚层含砾粗粒岩屑长石砂岩，上部为褐色、灰褐色厚层砂砾岩与黄灰色中厚层粗粒岩屑长石砂岩、细粒长石砂岩互层 22.0m

——————整合——————

大北沟组 **195.56m**

4. 蓝灰色、灰绿色薄层凝灰质粉砂岩，与薄—中厚层凝灰质细粒岩屑杂砂岩互层，夹褐黄色中厚—厚层砾质凝灰质粗粒长石岩屑杂砂岩 25m
3. 灰褐色沉凝灰岩 4.61m
2. 蓝灰色薄层凝灰质细粒岩屑杂砂岩与粉砂岩互层，夹灰色凝灰质泥岩和绿灰色页岩 66.45m

——————整合——————

下伏地层：张家口组粗面质熔结凝灰岩

通过剖面修测，依据岩石组合特征和沉积岩的旋回性层序，将原1∶20万区调所划“大北沟组”进一步细化为狭义大北沟组和大店子组，而大店子组可进一步细化为3个岩性段，同上营村大店子组相比，缺失第四岩性段。大店子组与大北沟组之间为整合接触关系，西瓜园组呈平行不整合接触关系压盖大店子组（图3-14）。

现在划分的大北沟组总体呈蓝灰色调，主要由凝灰物质含量较高的岩屑杂砂岩、粉砂岩和浅褐红色砾质凝灰粗砂岩组成，岩石成熟度较低。

大店子组下部以灰褐色、紫褐色为主色调，中、上部呈灰色—褐灰色—黄绿色调，反映沉积环境由氧化环境向还原环境的转化，主要由砂岩、砾质砂岩、粉砂质泥岩、泥灰岩、页岩组成，在上部发育溢流相安山岩层。从下到上，钙泥质含量渐高，凝灰质含量减少，沉积岩的成熟度比大北沟组高，砂质磨圆度较好，以长石砂岩为主。分析表明：层8、层19分别相当于第一段、第三段最大湖泛面沉积。

（三）滦平县火斗山乡井上村洋麻地沟—大店子村盖子梁大北沟组—大店子组剖面

本次工作对大北沟组、大店子组层型剖面附近的大北沟组、大店子组重新进行了实测。该剖面地层出露齐全，压盖关系清楚，化石丰富，便于开展多重地层划分研究。剖面起点位于井上村洋麻地沟，起点坐标为N40°49′30.9″，E117°16′33.8″，H527m，结束于大店子东沟盖子梁；终点坐标为N40°50′13.5″，E117°16′29.1″，H595m（图3-15）。

上覆地层：西瓜园组

拉海梁砾岩：灰褐色巨厚层砂泥质胶结中细砾复成分砾岩

- - - - - - - - - 平行不整合 - - - - - - - - -

大店子组 **312.8m**

大店子组四段 **39.2m**

33. 下部灰绿色薄层钙泥质粉砂岩和黄褐色薄层钙铁质粉砂岩，中上部灰绿色薄层钙质粉砂质泥岩夹灰色薄层泥灰岩。产叶肢介 *Abrestheria subovata* Wang；介形类 *Cypridea rehensis* Yang，*Cypridea* sp.，*Darwinula contracta* Mand.，*Darwinula* sp. 39.2m

大店子组三段 **61.3m**

32. 黑褐色致密块状含杏仁安山岩 15.2m

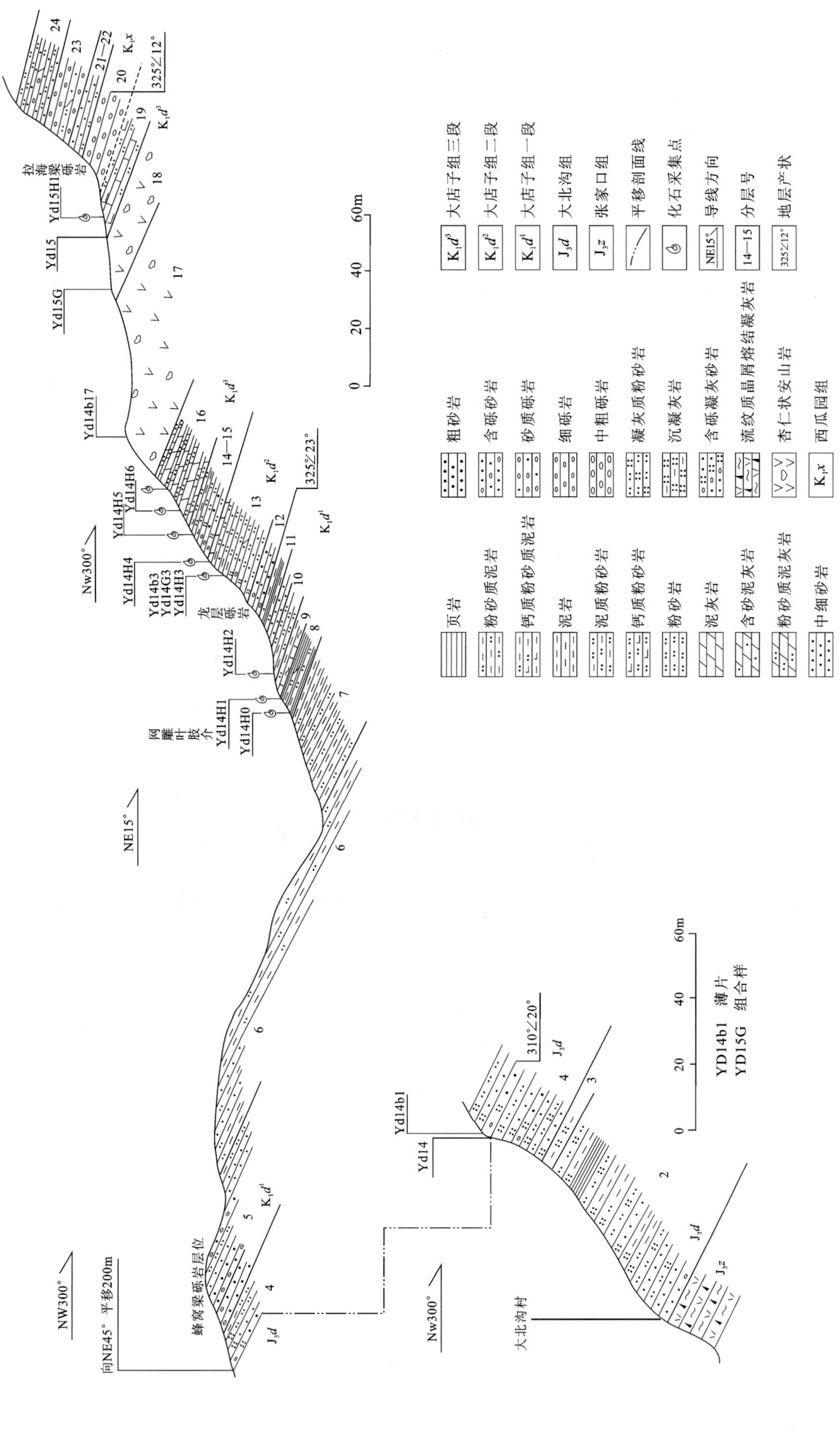

图3-14　滦平县火斗山乡大北沟村大北沟组—大店子组地层剖面图

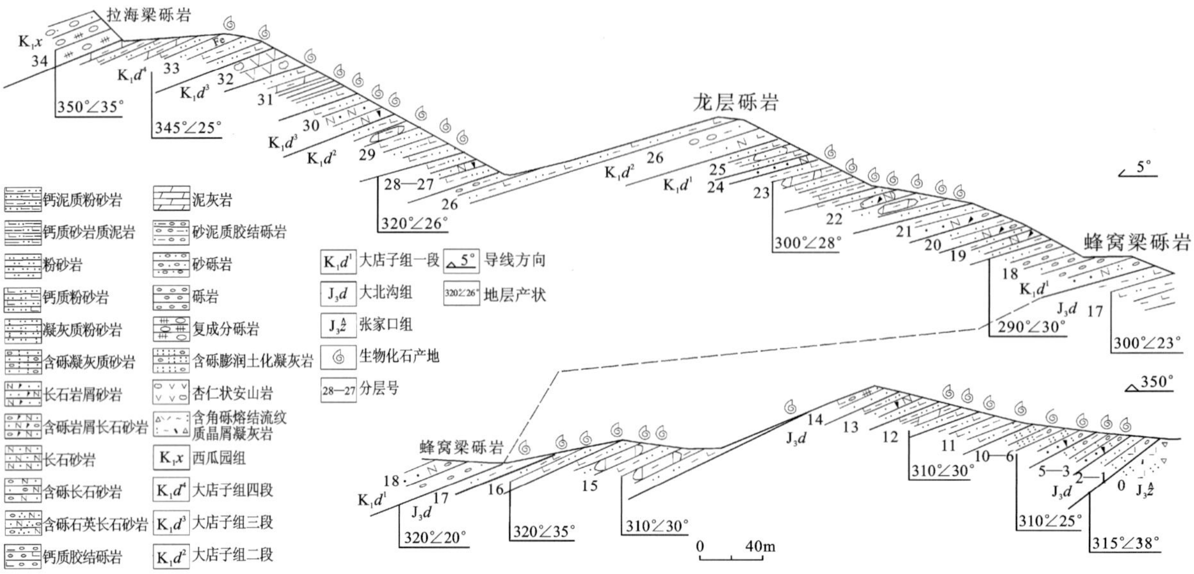

图 3－15　滦平县火斗山乡井上村洋麻地沟—大店子盖子梁大北沟组—大店子组实测剖面图

31. 灰色薄板状钙质粉砂岩夹灰褐色薄—中厚层泥灰岩。产叶肢介 *Abrestheria* sp.，*Jiliaoestheria* cf. *longipoda* W. Wang，2004；介形类由下至上为：①*Cypridea*（*C.*）*sulcata* Mand.，*C.*（*C.*）*chengdeensis* Pang，*Daurina dabeigouensis*（Yang），*Mongolianella gigantea* Gal.，*Rhinocypris subechinata* Pang，*Darwinula* sp.；②*Cypridea*（*C.*）*tubercularis* Pang，*Cypridea stenolonga* Pang，*Cypridea sulcata* Mand.，*Djungarica camarata* Zhang；③*Cypridea*（*C.*）*sulcata* Mand.，*C.*（*C.*）*chengdeensis* Pang，*Rhinocypris* sp.，*Darwinula contracta* Mand.；④*Cypridea*（*C.*）*subsulcata* Pang，*C.*（*C.*）*rehensis* Yang，*Timiriaservia* subopinabilis Pang，*Darwinula contracta* Mand.；⑤*Cypridea*（*C.*）*tubercularis* Pang，*C.*（*C.*）*spatiosa* Zhang，*Daurina dabeigouensis*（Yang），*Yanshanina elongata* Pang，*Djungarica camarata* Zhang，*Mongolianella subtrapezoidea* Yang；⑥ *Cypridea* sp.，*Darwinula leguminella*（Forbes）；⑦*Mongolianella* sp.；⑧*Cypridea* sp.　25.3m

30. 灰色、灰黄色薄—中厚层钙质胶结岩屑长石中细粒砂岩与灰绿色薄层钙泥质粗粉砂岩和长石细砂岩不等厚互层。产介形类 *Cypridea*（*C.*）*subsulcata* Pang，*Mongolianella palmosa* Mand.，*Darwinula contracta* Mand.　20.8m

大店子组二段　74.2m

29. 黄绿色、灰绿色薄层钙泥质粉砂岩夹灰色、灰褐色薄层泥灰岩透镜体或结核。产叶肢介 *Jiliaoestheria clithroformis* W. Wang，*J. ovata* W. Wang，*J. longipoda* W. Wang，*J. striaris*（Niu）；介形类由下至上为：①*Cypridea*（*C.*）*dadianziensis* Pang（较多），*C.*（*C.*）*obliquoblonga* Pang，*Cypridea*（*C.*）*huodoushanensis* sp. nov.（＝Pang 1984 年定为 *Cypridea granulosa granulosa*；侯祐堂等 2002 将该种并入 *C. subgranulosa* Pang），*C.*（*C.*）*rehensis* Yang，*Yumenia jibeiensis* Zhang sp. nov.，*Djungarica camarata* Zhang（略多），*Mongolianella gigantea* Gal.；②*Cypridea*（*C.*）*huodoushanensis* sp. nov.（＝*Cypridea granulosa granulosa*，庞其清，1984），*C.*（*C.*）*subluozhangziensis* Hou（＝庞其清 1984 年定的 *Cypridea vitimensis*），*C.*（*C.*）*luanpingensis* Pang，*C.*（*C.*）*dadianziensis* Pang，*C.*（*C.*）*sulcata* Mand.，*C.*（*C.*）*tubercularis* Pang，*C.*（*C.*）*pangi* sp. nov.，*Djungarica camarata* Zhang，*D. procurva* Zhang，*Rhinocypris subechinata* Pang；③*Cypridea*（*C.*）*huodoushanensis* sp. nov.，*C*（*C.*）*tubercularis* Pang，*C.*（*C.*）*obliquoblonga* Pang（含庞其清 1984 年定的 *Cypridea varians Anderson*，*Cypridea granuliformis* Pang），*C.*（*C.*）*chengdeensis* Pang，*C.*（*C.*）*subspatiosa* Zhang sp. nov.，*C.*（*C.*）*sublaeva* sp. nov.，*Rhinocypris subechinata* Pang，*Darwinula contracta* Mand，*D. oblonga*（Roemer），*D. dadianziensis* Pang；④*Cypridea*（*C.*）*luanpingensis* Pang，*Darwinula* sp.；⑤ *Cypridea huodoushanensis* sp. nov.，*Daurina dabeigouensis*（Yang），*Djungarica camarata* Zhang，*Darwinula contracta* Mand.，*D. lahailiangensis* Pang，*D. mashenmiaoensis* Zhang；⑥*Cypridea*（*C.*）*dadianziensis*

Pang,*C.* (*C.*) *tubercularis* Pang,*C.* (*C.*) *rehensis* Yang,*C.* (*C.*) *sublaeva* sp. nov.,*Daurina dabeigouensis* (Yang),*Mongolianella gigantea* Ga　26.2m

28. 灰绿色薄层钙泥质粉砂岩与灰色、灰褐色薄—中厚层岩屑长石细砂岩不等厚互层　5.2m

27. 黄绿色、灰绿色薄层钙泥质粉砂岩夹灰绿色、灰褐色薄层岩屑长石中细粒砂岩　11.2m

26. 龙层砾岩:下部为灰黄色中厚层钙质长石细砂岩,中部为黄褐色中—厚层砂泥质胶结细砾岩,上部为灰绿色薄层钙泥质粉砂岩,顶部为黄褐色中—厚层砂泥质胶结细砾岩　31.6m

大店子组一段　127.9m

25. 灰绿色薄层钙泥质粉砂岩夹灰色、浅灰褐色钙质细砂岩透镜体　13.8m

24. 灰色、灰黄色薄—中厚层长石细砂岩与灰绿色薄层钙泥质粉砂岩不等厚互层　2.6m

23. 黄褐色、灰绿色薄层钙质粉砂质泥岩,中部夹3~4层灰褐色薄层泥灰岩透镜体。产叶肢介 *Abrestheria rotunda* Wang,*A. subovata* Wang;双壳类 *Arguniella* sp.;介形类由下至上为:①*Cypridea*(*C.*)*dabeigouensis* Yang,*C.* (*C.*) *tubercularis* Pang,*Daurina dabeigouensis* (Yang),*Yanshanina elongata* Pang,*Rhinocypris* sp.,*Timiriasevia opinabilis* Mand.,*Darwinula leguminella* (Forbes);② *Cypridea* (*C.*) *dabeigouensis* Yang,*Yanshanina postitruncata* Pang,*Darwinula* sp.,*Timiriasevia polymorpha* Mand.,*T. opinabilis* Mand.;③ *Daurina dabeigouensis* (Yang);④ *Daurina dabeigouensis* (Yang),*Rhinocypris subechinata* Pang;⑤*Cypridea* (*C.*) *tubercularis* Pang,*Rhinocypris subechinata* Pang,*Rh. echinata* (Lüb.)　25.8m

22. 灰绿色薄层钙泥质粉砂岩和钙质粉砂质泥岩夹灰褐色泥灰岩透镜体及灰黄色中厚层长石细砂岩透镜体。产叶肢介 *Abrestheria rotunda* Wang;介形类由下至上为:① *Cypridea dabeigouensis* Yang,*Djungarica camarata* Zhang(个体较多);② *Cypridea tubercularis* Pang,*Daurina dabeigouensis* (Yang),*Yanshanina elongata* Pang,*Rhinocypris subechinata* Pang;③ *Cypridea stenolonga* Pang,*C.* (*C.*) *tubercularis* Pang,*Djungarica camarata* Zhang;④*Cypridea* (*C.*) *tubercularis* Pang,*Darwinula contracta* Mand.　27.3m

21. 灰黄色薄—中厚层含砾岩屑长石粗或细砂岩与灰绿色薄层粉砂质泥岩或泥质粉砂岩不等厚互层　11.1m

20. 下部为灰黄色厚层含砾岩屑长石粗砂岩夹灰绿色薄层粉砂质泥岩;上部为灰绿色薄层粉砂质泥岩或泥质粉砂岩夹灰黄色中厚层含砾岩屑长石细砂岩。产介形类 *Cypridea* (*C.*) *dabeigouensis* Yang,*Daurina dabeigouensis* (Yang),*Yanshanina elongata* Pang,*Djungarica camarata* Zhang,*Darwinula leguminella* (Forbes)　10.4m

19. 灰绿色薄层泥质粉砂岩局部夹灰褐色薄层长石岩屑或岩屑长石细砂岩　9.8m

18. 蜂窝梁砾岩:灰黄色、灰褐色厚—巨厚层含砾石英长石细砂岩与砂质细砾岩,夹灰绿色薄—中厚层粉砂质泥岩或含砾泥质粉砂岩　27.1m

——————整合——————

上侏罗统大北沟组　147.8m

17. 灰绿色、灰褐色薄层粉砂质泥岩夹薄层泥灰岩透镜体,产叶肢介 *Nestoria pissovi* Krasinetz,1962;介形类由下至上为:① *Ocrocypris obesa* (Pang),*O. chengdeensis* Zhang gen. et sp. nov.,*Eoparacypris jingshangensis* Yang;② *Ocrocypris obesa* (Pang),*Eoparacypris jingshangensis* Yang,*Darwinula leguminella* (Forbes);③*Ocrocypris obesa* (Pang),*Eoparacypris dadianziensis* Pang　9.1m

16. 灰绿色、黄绿色薄层钙泥质粉砂岩,产介形类,由下至上为:①*Luanpingella postacuta* Yang,*Mongolianella subtrapezoidea* Yang,*Djungarica* sp.,*Rhinocypris subechinata* Pang;②*Luanpingella postacuta* Yang,*L. postacuminata* Pang,*Eoparacypris dadianziensis* Pang,*Mongolianella subtrapezoidea* Yang;③*Luanpingella postacuta* Yang,*L. postacuminata* Pang,*Eoparacypris jingshangensis* Yang,*Rhinocypris subechinata* Pang,*Darwinula* sp.　11.6m

15. 黄绿色薄层钙泥质粉砂岩夹灰色薄层泥灰岩透镜体，产叶肢介 *Nestoria pissovi* Krasinetz，*N.* cf. *asiatica*（Novojilov et Kapelka）；介形类由下至上为：①*Luanpingella postacuta* Yang，*Eoparacypris jingshangensis* Yang，*E. dadianziensis* Pang，*Mongolianella subtrapezoidea* Yang，*Darwinula* sp.；②*Luanpingella postacuta* Yang，*L. Postacuminata* Pang，*Eoparacypris jingshangensis* Yang，*Eoparacypris dadianziensis* Pang，*Mongolianella subtrapezoidea* Yang，*Darwinula leguminella*（Forbes）；③*Luanpingella postacuta* Yang，*Mongolianella subtrapezoidea* Yang 26.7m
14. 灰色薄层钙质含砾粗粒杂砂岩、细砂岩和黄绿色薄层—页片状粉砂岩互层 7.1m
13. 灰绿色、灰黄色薄层钙泥质粉砂岩，上部夹厚1m左右的薄层长石岩屑细砂岩 24.1m
12. 黄绿色薄层含钙泥质粉砂岩与灰褐色薄层泥灰岩互层。产叶肢介 *Nestoria pissovi* Krasinetz，*N. xishunjingensis* Wang，*N.* cf. *karaica Krasinetz*，*N. krasinetzi*（Novojilov）；介形类由下至上为：①*Eoparacypris jingshangensis* Yang，*Ocroocypris obesa*（Pang）gen. nov.，*O. sandaogouensis* gen. et sp. nov.；②*Eoparacypris jingshangensis* Yang，*Ocrocypris obesa*（Pang）gen. nov.，*Rhinocypris subechinata* Pang；③*Rhinocypris subechinata* Pang；④*Ocrocypris obesa*（Pang） 11.8m
11. 灰色—深灰色薄板—纹层状含钙粉砂质泥岩，产叶肢介 *Nestoria pissovi* Krasinetz，*N.* cf. *Asiatica*（Novojilov et Kapelka） 13.0m
10. 灰色—灰褐色薄—中厚层凝灰质含砾粗砂岩和细砂岩，产叶肢介 *Nestoria pissovi* Krasinetz，*N. xishunjingensis* Wang 2.4m
9. 深灰色、灰褐色薄板状含钙粉砂质泥岩，产叶肢介 *Nestoria pissovi* Krasinetz，*N. xishunjingensis* Wang 2.4m
8. 底部为近2m厚的灰色薄层含砾膨润土化凝灰岩，中上部为灰色—黄灰色薄—中厚层含砾凝灰质岩屑细砂岩夹灰绿色薄层砂质凝灰岩和膨润土化凝灰岩，局部夹透镜状泥灰岩，产叶肢介 *Nestoria pissovi* Krasinetz，*N.* cf. *karaica* Krasinetz 12.2m
7. 灰色—灰绿色中厚层含砾凝灰质岩屑粗粒杂砂岩夹浅灰绿色薄层砂质凝灰岩，下部夹30～40cm厚的灰色凝灰胶结的砂质砾岩 4.6m
6. 灰黄色、浅灰绿色中厚层含砾凝灰质岩屑粗砂岩夹灰绿色薄层含砾凝灰质细砂岩，顶部有2～3m厚的灰色纹层—薄板状钙泥质粉砂岩，产叶肢介 *Nestoria pissovi* Krasinetz，*N.* cf. *asiatica*（Novojilov et Kapelka）；昆虫 *Ephemeropsis trisetalis* 8.0m
5. 灰色—深灰色薄板—纹层状钙泥质粉砂岩，产叶肢介 *Nestoria pissovi* Krasinetz，*N.* cf. *karaica* Krasinetz；昆虫 *Ephemeropsis trisetalis* 2.3m
4. 灰色—灰黄色薄—中厚层含砾膨润土化凝灰岩夹两层灰褐色中厚层酸性凝灰熔岩 1.7m
3. 白色—浅灰绿色厚层含砾凝灰质岩屑粗砂岩，上部为含砾凝灰质细砂岩 8.0m
2. 灰绿色薄—中厚层凝灰质含砾长石岩屑细砂岩与粉砂岩互层，底部有30～40cm厚的含砾粗砂岩 10.5m
1. 灰绿色—黄绿色中厚层凝灰质粉砂岩与灰绿色—灰色薄—中厚层含砾流纹质凝灰岩互层，顶部为灰褐色中厚层流纹质角砾凝灰岩 2.0m

——————整合——————

下伏地层：上侏罗统张家口组黄灰色中薄层含角砾弱熔结流纹质晶屑凝灰岩

本剖面位于马圈子东坡大店子组剖面东部，大北沟组出露较全，但大店子组出露厚度相对较小，尤其是大店子组三段、四段有部分地层缺失。通过剖面测制，发现大北沟组与张家口组呈整合接触关系，大店子组整合压盖在大北沟组之上，西瓜园组呈平行不整合接触关系压盖在大店子组之上。在大北沟组中下部具有较多的凝灰物质，局部有酸性熔岩产出，具有多层含砾砂岩，并与细砂岩、粉砂岩互层，而上部以细碎屑沉积为主，多为粉砂岩、粉砂质泥岩夹多层泥灰岩或泥灰岩透镜体，即钙质成分逐渐增高。在大北沟组中、上部出现较多的化石层，以叶肢介、介形类为主，其次为腹足类、双壳类，植物化石多以碎片形式出现。

大店子组一段以层18(蜂窝梁砾岩)为底，一段中、下部层位，由下到上砂岩层与粉砂质泥岩或泥质粉砂岩构成基本层序，砂岩渐薄，粉砂质泥岩或泥质粉砂岩渐厚，反映了一种水体加深的过程。层 30 为中细粒长石砂岩与粗粉砂岩互层，大致相当于李佩贤、田树刚等(2004)在上营村划分的大店子组三段底部砂岩层。四段底部见黄褐色钙铁质粉砂岩与下伏安山岩呈凹凸不平界面接触，反映了一种短暂的沉积暴露面，即三段至少缺失了一部分沉积地层。

(四) 滦平县火斗山乡马圈子村东坡大店子组—西瓜园组剖面

本剖面是在田树刚等(2008)测制剖面基础上进行的修测剖面，对原剖面分层的部分岩石名称进行了修订，对大店子组与西瓜园组界线重新进行了厘定，并在横向上进行了追溯，补充采集了相关样品，对原剖面的部分分层厚度也进行了调整。将原作者划分的大店子组与西瓜园组界线由原 88 层底，上移至 103 层底，也就是现剖面的 23 层底。经横向追溯，确认原 88 层应为“龙层砾岩”而非“拉海梁砾岩”(图 3-16)。

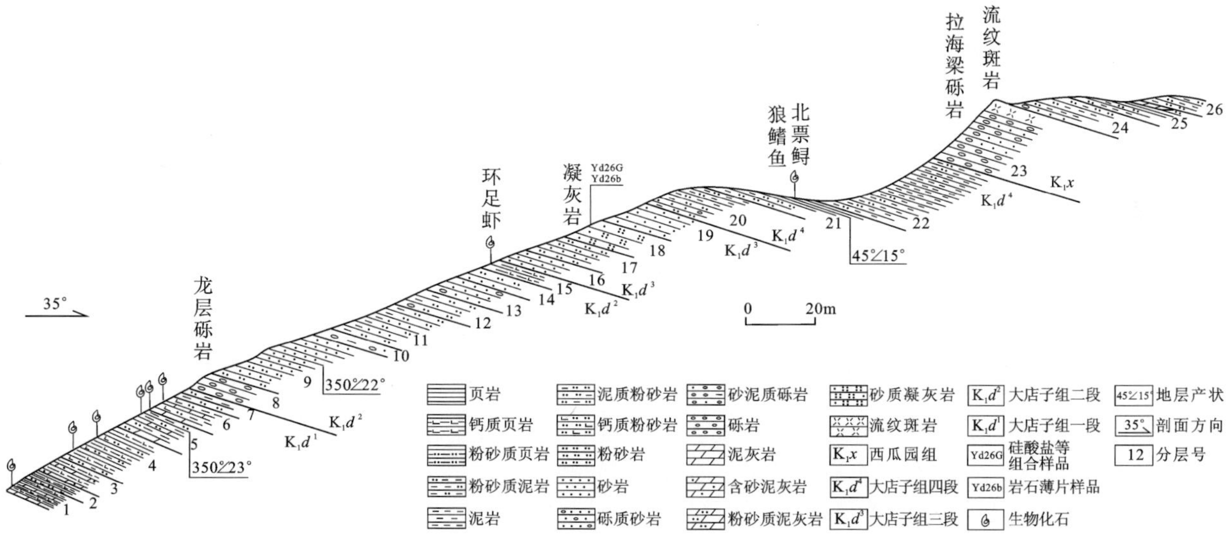

图 3-16 滦平县火斗山乡马圈子村东大店子组—西瓜园组下部地层剖面图

西瓜园组底部

26. 灰黄色、褐黄色中厚—薄层钙泥质粉砂岩或粉砂质泥灰岩与灰色极薄层粉砂质泥岩或钙质粉砂质泥岩互层，两组岩石构成基本韵律层 ＞6m

25. 灰色薄板—页片状粉砂质泥岩，夹灰色极薄—薄板状钙泥质粉砂岩和纹层状粉砂质凝灰岩透镜体 6.50m

24. 底部为灰色中厚层含砾砂岩，下部为土黄色极薄层粉砂质泥岩，中上部为灰白色、灰黄色薄板状钙泥质粉砂岩夹灰色薄层—页片状粉砂质泥岩 7.5m

23. 拉海梁砾岩：灰黄色巨厚层状中细砾岩，夹厚层含砾粗砂岩透镜体，顶部有近 4m 厚的灰白色流纹斑岩脉顺层灌入 21.0m

——————整合——————

大店子组 **＞172.94m**

大店子组四段 **37.68m**

22. 灰色、黄绿色粉砂质泥岩和泥岩 19.00m

21. 下部为灰白色薄板状钙泥质粉砂岩，中部为灰白色、灰黄色钙泥质页岩，上部为灰黄色极薄层钙泥质粉砂岩夹褐灰色薄层长石细砂岩与灰色页岩。在上部粉砂质页岩中产鱼类 *Lycoptera* sp.，*Peipiaosteus* sp.；叶肢介 *Eosestheria* sp. 11.65m

20. 下部为灰黄色极薄层钙泥质粉砂岩，夹浅灰色中薄层含砾细粒长石砂岩；上部为灰黄色、黄绿色页片状泥质粉砂岩或粉砂质泥岩 7.03m

大店子组三段 **16.63m**

19. 灰白色中厚层细粒长石砂岩 3.0m

18. 灰白色砂质凝灰岩(相当于横向上的安山岩层位) 3.5m

17. 灰黄色极薄层粉细长石砂岩 5.73m

16. 灰黄色、褐黄色中厚层中细粒岩屑长石杂砂岩 5.13m

大店子组二段 **76.36m**

15. 浅灰色、灰白色钙泥质页岩,夹灰色中薄层粉砂质泥灰岩。产多种虾类(如环足虾);鱼类 *Lycoptera* sp.;昆虫 *Ephemeropsis trisetalis* 和龟鳖类碎片化石 3.42m

14. 黄灰色厚—中厚层细粒岩屑长石杂砂岩与黄灰色薄—极薄层粉砂岩互层 3.99m

13. 灰黄色中厚层—块状细粒长石砂岩夹中厚层含砾细粒长石砂岩,底部为40cm厚的灰黑色中薄层含砾细砂岩 3.5m

12. 下部为灰黄色、褐黄色中薄层含砾粉砂岩,中部为灰黄色中厚层—块状粉砂岩,上部为灰黄色中薄层泥质粉砂岩 7.0m

11. 灰黄色薄层泥质粉砂岩,夹泥质细粒岩屑长石砂岩透镜体 13.11m

10. 灰黄色厚—巨厚层砂泥质胶结中砾岩 1.71m

9. 下部为灰黄色、褐黄色薄—极薄层粉砂岩夹薄层细粒岩屑长石杂砂岩透镜体,上部为灰黄色薄—中薄层细粒岩屑长石杂砂岩 18.49m

8. 龙层砾岩:灰黄色、褐黄色巨厚层状中细砾岩 7.78m

大店子组一段 **>42.27m**

7. 黄绿色极薄层—页片状粉砂质泥岩,夹灰色薄层粉砂质凝灰岩,底部见一层30cm厚的浅灰色—青灰色薄层钙泥质粉砂岩。含叶肢介 *Eosestheria* sp.;介形类 *Cypridea* sp.,*Limnocypridea subplana*;腹足类和鱼骨碎片等化石 3.47m

6. 下部为浅灰色薄层泥灰岩与浅黄绿色极薄层—页片状含粉砂泥岩互层,上部为灰绿色、黄绿色极薄层—页片状砂质泥岩,顶部夹2层灰色薄层泥灰岩。在泥灰岩中产介形类 *Cypridea* sp.,腹足类和叶肢介等化石 5.62m

5. 浅灰色、灰白色薄层—页片状钙质粉砂质泥岩,夹中薄层粉砂质泥灰岩。泥灰岩产丰富的叶肢介和少量介形类化石。叶肢介 *Eosestheria* sp.,*Diestheria* sp. 7.04m

4. 灰绿色、浅灰色钙质页岩和粉砂质泥岩,夹浅灰色厚—中厚层钙泥质粉砂岩和粉细砂岩,产叶肢介、介形类、鱼类和昆虫等化石。介形类 *Cypridea*(*C.*)*dabeigouensis* Yang,*C.*(*C.*)*tubercularis* Pang,*Darwinula contracta* Mandelstam,*D. leguminella*(Forbes);叶肢介 *Eosestheria* sp.,*E. lingyuanensis*,*Clithrograpta* sp.,*Clithrograpta* cf. *striaris*;鱼类 *Lycoptera davidi*;昆虫 *Ephemeropsis trisetalis* 43m

3. 灰色、深灰色粉砂质泥岩与钙质页岩,夹灰色中厚层含砂泥灰岩,产介形类 *Cypridea* sp.,*Yanshanina* sp.,*Timiriasevia opinabilis* Mand.和叶肢介化石 5.65m

2. 浅灰色、灰白色钙泥质页岩,底部为25cm厚的浅灰色钙泥质粉细砂岩,含介形类化石 *Cypridea* sp.,*Yanshanina* sp. 3.18m

1. 深灰色粉砂质页岩、钙质页岩,夹灰色薄层状泥灰岩,底部为40~50cm厚的灰色厚层泥灰岩,含叶肢介、昆虫和介形类等化石。叶肢介 *Eosestheria* sp.,*Diestheria* sp.,*Clithrograpta* cf. *striaris*,*C. gujialingensis*;昆虫 *Ephemeropsis trisetalis*;介形类 *Daurina dabeigouensis*(Yang),*Djungarica camarata* Zhang 5.88m

(未见底)

通过剖面修测,发现马圈子东坡剖面所测制的地层主体为大店子组,除了厚度相对较薄外,总体上可与下营村和上营村大店子组剖面对比,也可以划分出4个岩性段,但此处一段地层发育不全,只出露一段上部地层。通过岩石组合分析和横向岩石地层追溯,确认层8的巨厚层状中细砾岩不是西瓜园组底砾岩,而是大店子组二段底部砾岩层——“龙层砾岩”;层23灰黄色巨厚层状中细砾岩层(砾石成分为灰白色流纹岩)为西瓜园组底砾岩层——“拉海梁砾岩”;层15灰白色钙泥质页岩中所产化石(多种虾类,如环足虾,鱼类 *Lycoptera* sp.,昆虫 *Ephemeropsis trisetalis* 和龟鳖类碎片化石)层位为大店子组中、下部,不属于西瓜园组。此外,层18为灰白色砂质凝灰岩,表明附近有火山活动,其层位应相当于大店子村北大店子组三段安山岩层位。

（五）滦平县三道沟西山—马圈子剖面

本剖面测制的目的是证实马圈子东坡剖面所确定的各个标志层，并了解大店子组沉积层在纵向、横向的变化特点。标志层主要是大店子组底砾岩层、大店子组二段底部砾岩层、大店子组三段底部的灰白色中厚层长石砂岩、三段中部的沉凝灰岩层和西瓜园组的底砾岩。该剖面位于马圈子东坡剖面的西部山梁，展布方向为 SE－NW 向，剖面起点坐标为 N40°51′06″，E117°15′26″，H448m（图 3－17）。

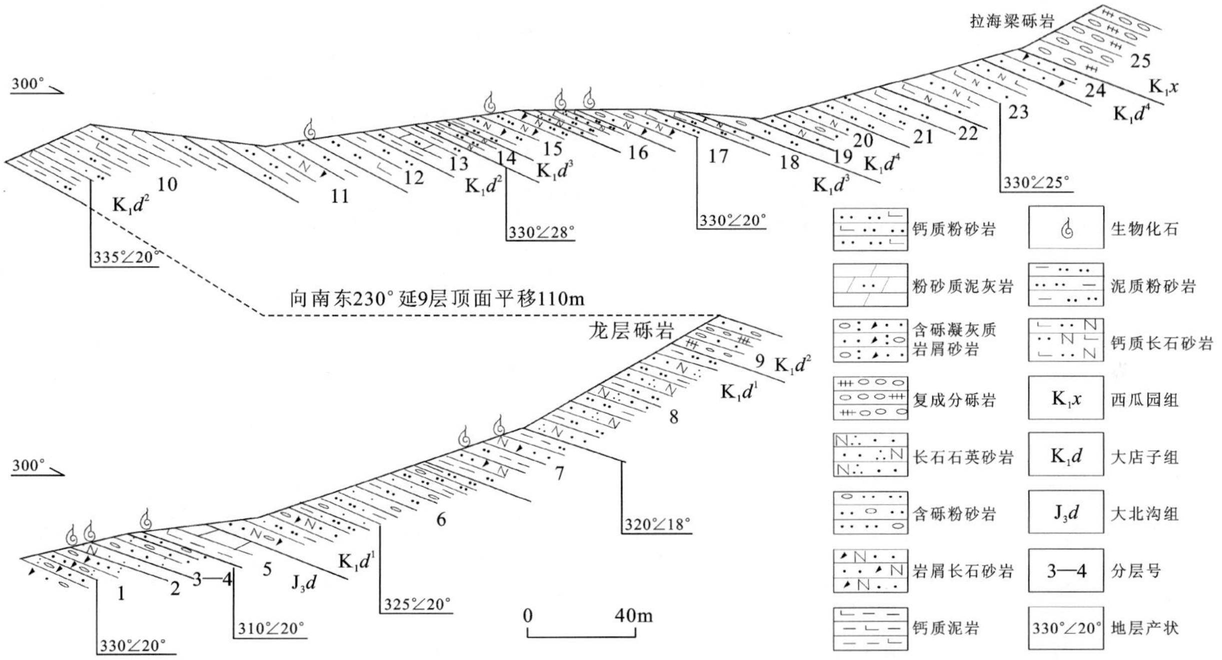

图 3－17　滦平县火斗山乡三道沟西山—马圈子大店子组实测剖面图

上覆地层：西瓜园组

拉海梁砾岩：灰黄色巨厚层—厚层状复成分粗砾岩

－－－－－－－－－－ 平行不整合 －－－－－－－－－－

大店子组	**319.07m**
大店子组四段	**64.45m**
24. 灰色薄层岩屑细砂岩	8.23m
23. 灰色薄层钙质长石细砂岩	24.28m
22. 黄褐色薄—中厚层含砂粒钙质粉砂岩	5.88m
21. 浅灰绿色薄层砂质粉砂岩	9.52m
20. 黄褐色薄层长石细砂岩夹含砾细砂岩/粉砂岩	10.8m
19. 黄褐色中厚—厚层砾质粉砂岩	5.74m
大店子组三段	**48.94m**
18. 黄褐色薄—中厚层钙质/钙泥质粉砂岩，顶部见黄绿色岩屑长石细砂岩	8.04m
17. 底部为灰褐色中厚层含砾岩屑长石粗砂岩，上部为灰黄色、灰白色薄板状—中厚层钙质粉砂岩，产介形类 *Cypridea* sp.	10.83m
16. 灰黄色中厚层石英长石细砂岩与灰黄薄片—页片状钙质粉砂岩互层，产介形类 *Cypridea* sp.，*Daurina dabeigouensis*（Yang），*Darwinula leguminella*（Forbes）	7.41m
15. 底部为 2m 厚的灰绿色凝灰质、泥质粉砂岩，上部为浅灰绿色薄—中厚层岩屑长石中细粉砂岩	15.69m
14. 灰色、灰白色中厚层长石细砂岩夹灰褐色薄层泥质粉砂岩	6.97m
大店子组二段	**84.89m**
13. 灰绿色薄层粉砂质泥岩夹褐色薄—中厚层含粉砂泥灰岩	12.20m

12. 上部为灰绿色薄层泥质粉砂岩，下部为灰绿色薄层钙质粉砂岩，产介形类：① *Daurina dabeigouensis* (Yang), *Limnocypridea subplana* Lüb., *Djungarica camarata* Zhang; ② *Cypridea tubercularis* Pang, *Daurina dabeigouenwsis* (Yang), *Djungarica camarata* Zhang　　14.52m

11. 灰绿色薄层泥质粉砂岩夹灰绿色薄—中厚层长石岩屑细砂岩　　16.91m

10. 灰绿色薄层含砂粒粉砂质泥岩夹中厚层钙质泥岩团块或透镜状泥灰岩　　28.82m

9. 龙层砾岩：下部为黄灰色中厚—厚层复成分细砾岩，上部为灰色—浅灰色中厚层凝灰质胶结含砾粗砂岩　　12.53m

大店子组一段　　120.79m

8. 浅灰黄薄—中厚层石英长石细砂岩与灰黄色、灰绿色薄层泥质粉砂岩　　40.08m

7. 灰绿色薄层泥质粉砂岩/粉砂质泥岩夹黄褐色薄层状岩屑长石细砂岩，产介形类：① *Ocrocypris obesa* (Pang), *O. sandaogouensis*, *Daurina dabeigouensis* (Yang), *Yanshanina elongata* Pang, *Mongolianella subtrapezoidea* Yang, *Djungarica camarata* Zhang, *Rhinocypris subechinata* Pang, *Timiriasevia polymorpha* Mand.; ② *Cypridea dabeigouensis* Yang, *Ocrocypris obesa* (Pang), *O. chengdeensis* gen et sp. nov., *O.* sp., *Daurina dabeigouensis* (Yang), *Yanshanina postitruncata* Pang, *Djungarica camarata* Zhang, *Rhinocypris subechinata* Pang; ③ *Cypridea dabeigouensis* Yang, *C. stenolonga* Pang, *Damonella circulata* (Lüb.), *Darwinula leguminella* (Forbes)　　23.44m

6. 灰褐色薄—中厚层含砾长石岩屑粗砂岩与灰绿色含砂粒泥质粉砂岩互层(与蜂窝梁砾岩层位相当)　　44.80m

————整合————

大北沟组

5. 灰绿色薄层钙质泥岩和灰褐色泥灰岩，产介形类 *Luanpingella postacuta* Yang, *Mongolianella palmosa* Mand.　　11.37m

4. 灰褐色薄—中厚层含砾粗砂岩局部夹细砾岩　　1.1m

3. 蓝灰色薄层凝灰质含砾细砂岩、蓝灰色含砾砂岩　　5.55m

2. 褐色薄—中厚层长石中细粒杂砂岩夹褐灰色泥岩和褐色薄层泥岩，产介形类 *Luanpingella postacuta* Yang, *Daurina dabeigouensis* (Yang), *Djungarica camarata* Zhang, *Rhinocypris subechinata* Pang　　2.78m

1. 灰色薄层凝灰质含砾岩屑细砂岩　　6.95m

(未见底)

剖面显示，大店子组与下伏大北沟组整合接触，大北沟组上部地层含有较多的凝灰物质，以凝灰质岩屑砂岩、含砾砂岩为主，在夹层泥岩、泥灰岩中产滦平介(*Luanpingella postacuta*)、井上始似星介。大店子组凝灰物质相对较少，以长石砂岩、粉砂岩为主，夹泥质灰岩透镜体和砂砾岩，具有明显的韵律旋回性，以系列砂砾岩层、砂岩层为标志，可划分出4个岩性段。结合各个岩性段所产生物化石组合特征，本剖面各标志层可与马圈子东坡剖面的标志层相互印证，证明马圈子东坡剖面下部为出露不完整的大店子组一段；产多种虾类(如环足虾)、鱼类 *Lycoptera* sp. 和龟鳖类碎片化石的地层为大店子组二段，而非西瓜园组。

此外，尽管大店子组岩石中凝灰物质总体偏低，但一段、二段地层凝灰物质含量明显高于三段、四段地层，使泥岩、粉砂岩呈现绿灰色。如在层7中局部可见蜡质团块或条带，实为凝灰物质蒙脱石化，在团块下部经常可见丰富的介形类化石。三段、四段岩石总体钙质偏高，使岩石风化后呈现灰白色、黄褐色、褐灰色。

可见，滦平盆地大北沟组以一套河湖相含砾砂岩、砂泥岩、页岩为主，夹少量沉凝灰岩，未见火山熔岩，含 *Nestoria* 叶肢介群。其与下伏的张家口组酸性火山岩呈整合接触，与上覆的大店子组蜂窝梁砾岩也呈整合接触。大店子组在滦平盆地西部张家沟、三道沟西山—马圈子等地沉积最厚，虽然没有确切的火山碎屑岩沉积，但早期仍有来自邻区的凝灰物质沉降，自西向东地层厚度逐渐减小(图3-18)；在盆地东部井上—大店子、大北沟等地，地层中、上部出现中性火山岩、凝灰质砂岩。

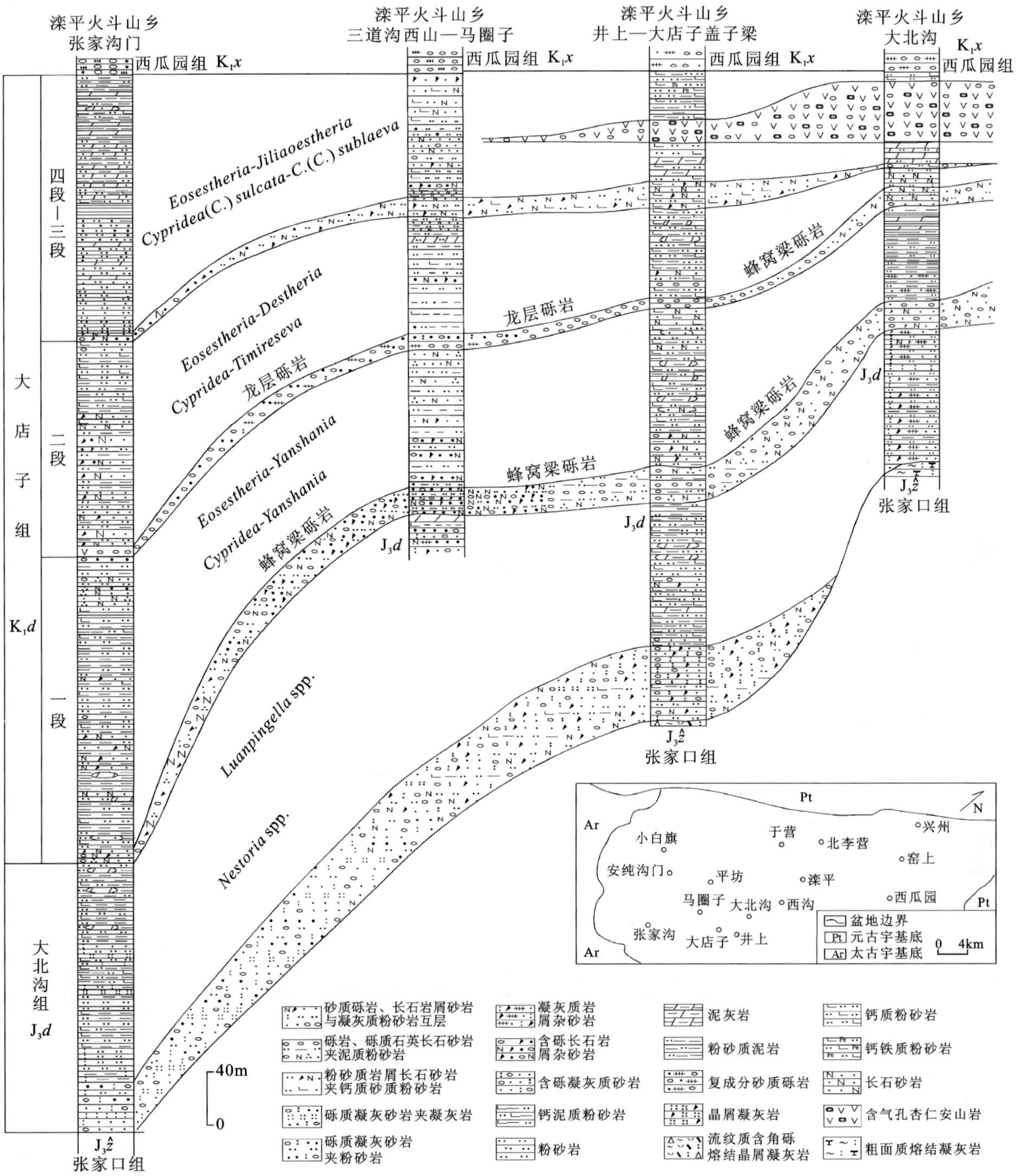

图 3-18 滦平盆地大店子组地层格架

（六）滦平县火斗山乡铃铛木沟—半道西瓜园组剖面

本剖面位于铃铛木沟—偏岭的公路旁，地层出露连续，测制的目的是了解西瓜园组地层产出特征。该剖面展布方向为 SE-NW 向（图 3-19），剖面起点坐标为 N40°52′13″，E117°16′56″，H512m；终点坐标为 N40°52′45″，E117°16′39″，H579m。

上覆地层：九佛堂组黄灰色巨厚层砂泥质胶结中细砾复成分砾岩，砾石成分以火山岩为主，见少量花岗岩

——————整合——————

西瓜园组 **531.8m**

19. 灰绿色薄层钙质粉砂质泥岩、泥质粉砂岩和灰色薄—中厚层粉砂质泥灰岩互层，顶部钙质粉砂岩、泥质粉砂岩的厚度占比逐渐增大　198.3m

18. 灰绿色、灰黑色薄层—页片状钙质粉砂质泥岩与黄褐色薄板—薄层状粉砂质泥灰岩组成韵律层，一般为厘米级，个别达米级　24.6m

17. 中下部为灰绿色、灰黑色钙质粉砂质页岩，局部夹泥灰岩透镜体，上部为黄褐色薄板—纹层状粉砂质泥灰岩　5.8m

16. 黄绿色、黄褐色薄板—纹层状粉砂质泥灰岩，局部夹灰绿色页片状钙质粉砂质泥岩　13.7m

15. 灰绿色薄板—页片状钙质粉砂质泥岩与黄褐色薄层粉砂质泥灰岩构成厘米级韵律层　12.0m

14. 黄绿色、黄褐色薄层—薄板状钙泥质粉砂岩夹灰绿色薄层—页片状钙质粉砂质泥岩　20.6m

13. 灰绿色薄层—页片状钙质粉砂质泥岩夹黄绿色薄层钙泥质粉砂岩和黄褐色薄层含粉砂泥灰岩　12.8m

12. 黄褐色厚—巨厚层状粗粉砂岩与灰绿色钙质粉砂质泥页岩互层　19.4m

11. 褐灰色薄层钙质岩屑长石细砂岩与灰色—灰绿色薄层—页片状钙质粉砂质泥岩互层　19.4m

10. 灰绿色薄层—页片状钙质粉砂质泥岩夹薄层钙泥质粉砂岩，产叶肢介 *Yanjiestheria* cf. *fengningensis* Niu，1984　8.4m

9. 灰绿色、黄绿色薄层—薄板状钙泥质粉砂岩与灰色薄—中厚层钙质岩屑长石细砂岩互层　10.5m

8. 黄绿色、灰绿色薄层钙泥质粉砂岩和薄层钙质粉砂质泥岩，偶夹深灰色薄层泥灰岩　38.2m

7. 灰绿色、黄绿色页片状薄板状钙泥质粉砂岩与黄褐色薄—厚层岩屑长石细砂岩互层　28.8m

6. 黄褐色、灰绿色薄板状页片状钙质粉砂质泥岩与黄褐色薄—中厚层钙质泥质粗粉砂岩互层　15.8m

5. 黄褐色、灰绿色厚—巨厚层钙泥质粗粉砂岩夹灰绿色薄层—页片状钙质粉砂质泥岩　28.4m

4. 黄褐色、黄灰色厚—巨厚层砂泥质胶结中细砾复成分砾岩夹 4 层灰绿色薄层泥质粉砂岩和长石岩屑细砂岩　31.4m

3. 黄褐色厚—巨厚层含砾长石岩屑细砂岩，局部相变为细砾岩，夹灰绿色薄层粉砂岩，顶部细砂岩含碳较高　13.8m

拉海梁砾岩

2. 黄绿色巨厚层砂泥质胶结中细砾复成分砾岩夹 4 层灰绿色薄层泥质粉砂岩，厚度不等　27.3m

1. 灰紫色、灰绿色粉砂泥质胶结火山岩质粗砾岩　2.3m

－－－－－－－－－ 平行不整合 －－－－－－－－－

下伏地层：下白垩统大店子组黄褐色、灰紫色气孔杏仁状安山岩

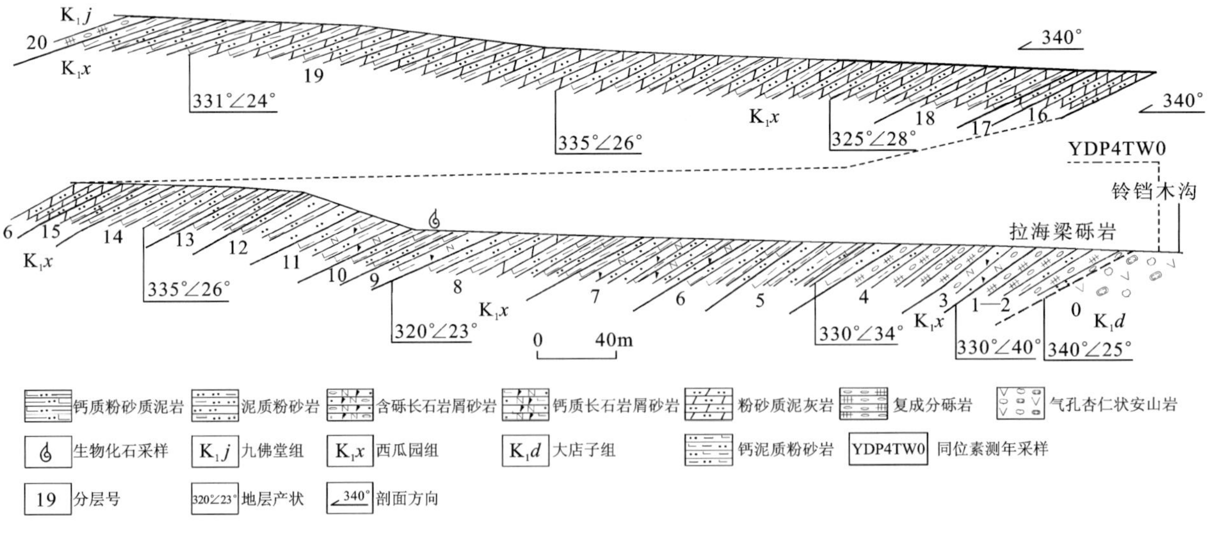

图 3－19　滦平县火斗山乡铃铛木沟—半道下白垩统西瓜园组实测剖面图

西瓜园组底部为一套粗砾岩，即所谓的“拉海梁砾岩”，以平行不整合关系压盖在大店子组三段安山岩之上。该界面明显凹凸不平，砾岩成分主要来自下伏的安山岩，说明该界面经历了一段时间的暴露、剥蚀，是一个重要的沉积旋回界面。底部砾岩由粗砾岩、中细砾岩、砂岩和泥质粉砂岩组成，由砾岩—粉

砂岩或砂岩构成基本层序，由下向上，砾石粒度变小，成分逐渐复杂，总厚度可达43.4m。该剖面总体为滨湖—浅湖相沉积环境，具有3个相对较大的湖泛面沉积层，分别为层5、层8和层18，局部地层见有少量叶肢介化石 *Yanjiestheria* cf. *fengningensis* Niu，1984 。本剖面岩石的钙质含量相对较高，有较多的钙泥质粉砂岩、钙质粉砂质泥岩和粉砂质泥灰岩，尤其是薄层—页片状钙质粉砂质泥岩与粉砂质泥灰岩构成的基本层序最为突出，占有相当的比重，反映了一种特殊的沉积水体，pH值偏高（>8.5），这种环境不利于生物生存，更不利于化石保存。

（七）滦平县西瓜园乡李营大店子组剖面

引用田树刚（2008）的剖面资料，于2010年对该剖面进行修测，补采了部分生物化石和同位素测年样品，对部分分层岩石名称做了修订，重新进行了层序地层研究和岩石地层单位划分。2008年田树刚、牛绍武在滦平盆地开展义县阶研究时，将本剖面地层划归西瓜园组一段，认为其层位高于上营村大店子组。本次修测认为该地层主体部分属于大店子组，并可以与滦平盆地其他大店子组地层剖面进行对比，下伏安山岩层应归入张家口组（图3－20）。

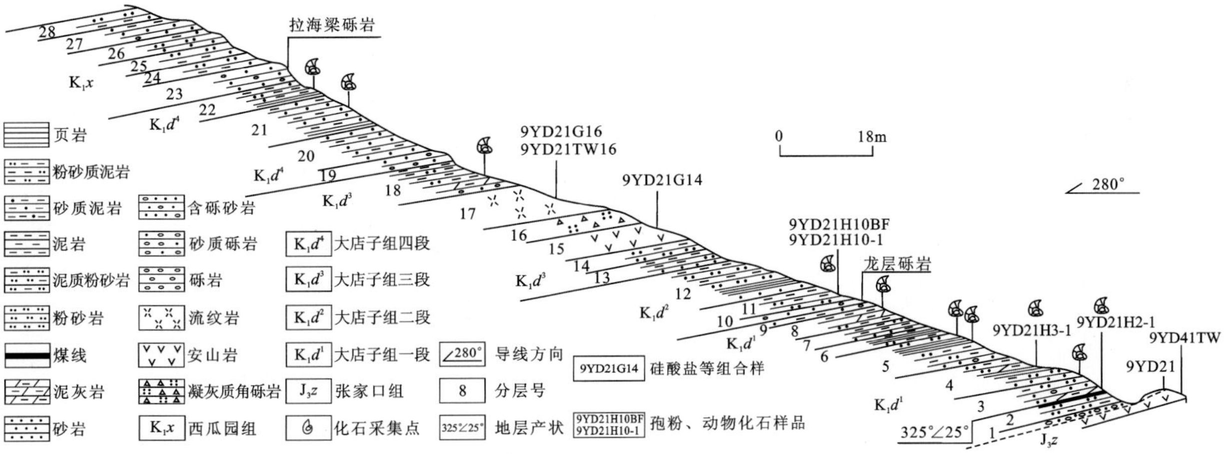

图3－20　滦平县西瓜园乡李营下白垩统大店子组（K_1d）实测剖面图

下白垩统西瓜园组

28. 紫色薄层状砂质泥岩和粉砂岩，夹薄层细砂岩。底部为灰褐色厚层中—粗砂岩，具斜层理　　2.12m
27. 紫色薄层板状砂质泥岩夹细砂岩；下部为灰褐色厚层块状含细砾中—粗砂岩，具斜层理　　3.20m
26. 灰褐色、紫色薄层板状砂质泥岩和粉砂岩。底部为灰褐色厚层块状中—粗砂岩，具斜层理　　2.30m
25. 灰褐色、褐色薄板状砂质泥岩和粉砂岩，夹薄层细砂岩。底部为褐色厚层状含细砾中—粗砂岩　　2.12m
24. 灰褐色、褐色薄层板状砂质泥岩和粉砂岩　　1.95m
23. 褐黄色、灰白色厚层块状含细砾粗砂岩，具斜层理（相当于拉海梁砾岩层位）　　5.26m

——————整合——————

下白垩统大店子组四段（K_1d^4）

22. 灰色、灰绿色粉砂泥岩和粗—中粒砂质泥岩，下部夹1层（约0.4m厚）黑色页岩，底部（约1.0m厚）为灰白色厚层块状含细砾粗砂岩。黑色页岩中含叶肢介 *Eosestheria xiguayuanensis*（sp. nov.），*E. sunyingziensis*（sp. nov.），*E. xiaolanggouensis*（sp. nov.），*Eosestheria* sp.；鱼化石 *Lycoptera davidi*　　5.84m
21. 灰色、灰绿色砂质泥岩与灰绿色薄—中厚层中—粗粒砂岩互层，泥岩与砂岩组成5个层对，下部夹有1层（约0.5 m厚）黑色页岩。黑色页岩中含叶肢介 *Eosestheria xiguayuanensis*（sp. nov.），*E. sunyingziensis*（sp. nov.），*E. xiaolanggouensis*（sp. nov.），*Yanshania* sp.　　11.38m
20. 浅灰褐色（风化呈土黄色）厚层中—粗粒砂岩与灰绿色砂质泥岩互层　　10.81m

19. 灰白色厚层粗砂细砾岩和含细砾粗砂岩，间夹1层(约1.0m厚)灰白色凝灰岩　1.99m

——————整合——————

下白垩统大店子组三段(K_1d^3)

18. 灰色、灰绿色泥岩和粉砂质泥岩，夹灰白色薄层状细砂岩及中粒砂岩透镜体。底部为1层(0.9m厚)浅褐色厚层粗砂砾岩，在砂砾岩顶部见有灰色藻核形石泥灰岩盖层　10.24m
17. 紫红色、灰色、灰白色中—厚层长石斑晶流纹岩。流纹岩按不同颜色依次喷出形成，下部为紫红色，中部为灰色，上部为灰白色　10.24m
16. 暗紫灰色、绿灰色块状凝灰角砾岩　4.55m
15. 灰白色厚层块状富气孔安山岩，单层厚度可达2m　7.40m
14. 灰色、深灰色薄层板状泥岩、粉砂泥岩和粉砂岩互层，夹透镜状细砂岩　4.73m
13. 灰色、深灰色泥岩，粉砂泥岩和薄层板状粉砂岩互层，夹透镜状细砂岩，层对厚0.60～0.80m，底部为1层灰色厚层(0.40m厚)泥质细粒砂岩　6.50m

——————整合——————

下白垩统大店子组二段(K_1d^2)

12. 灰色、深灰色泥岩与粉砂岩互层，层对厚0.50～1.20m，底部为2层灰白色薄—中厚层细砂岩。底层之上夹1层(约0.8m厚)黑色页岩。含叶肢介 *Diestheria yixianensis*，*D. longinqua*，*D. dahuichangensis*　14.78m
11. 灰色、灰褐色粉砂岩，粉砂质泥岩和深灰色泥岩互层，层对厚0.40～0.80m。本层上部(8～9m处)夹约1m厚的黑色页岩。含叶肢介 *Diestheria yixianensis*，*D. longinqua*，*D. dahuichangensis*　6.50m
10. 灰白色、土黄色厚层块状含细砾粗砂岩。细砾屑顺斜层理密集分布，成分为安山岩　0.65m

——————整合——————

下白垩统大店子组一段(K_1d^1)

9. 深灰色、黑色泥岩和碳质页岩，夹一薄层砂屑泥灰岩，底部为2层(0.40m厚)灰色中厚层细砾砂岩。富含叶肢介 *Diestheria yixianensis*，*D. longinqua*，*D. dahuichangensis*，*D. xiaolanggouensis* (sp. nov.)　1.48m
8. 灰色、深灰色泥岩和粉砂质泥岩，夹2～3层灰褐色中厚层状砂屑泥灰岩透镜体，底部为1层0.20m厚的灰褐色中—细粒砂岩　5.91m
7. 灰色、深灰色泥岩、粉砂质泥岩和粉砂岩，夹2层灰褐色中厚层状砂屑泥灰岩透镜体，底部为1层0.60m厚的灰褐色中—细粒砂岩。富含叶肢介 *Diestheria yixianensis*，*D. longinqua*，*D. dahuichangensis*，*D. xiaolanggouensis*(sp. nov.)　4.43m
6. 灰褐色、黑色粉砂质泥岩、泥岩和页岩，夹2层灰褐色中厚层状泥灰岩透镜体，底部为1层0.30m厚的灰褐色中—细粒砂岩。富含叶肢介 *Diestheria* cf. *jeholensis*　3.29m
5. 灰色、灰绿色泥岩、粉砂质泥岩和粉砂岩，夹深灰色、黑色页岩和泥灰岩透镜体。底部为1层0.36m厚的灰褐色厚层粗砂细砾岩。砾石主要为安山岩屑，磨圆和分选中等。含昆虫 *Ephemeropsis trisetalis*　14.35m
4. 灰褐色、灰绿色泥岩、粉砂质泥岩和粉砂岩互层，夹深灰色钙泥质页岩和泥灰岩透镜体。底部为浅灰色、灰白色中厚—厚层状介壳粉—细砂岩。富含介形虫 *Cypridea* spp.，*Lycopterocypris infantilis* Lüb.，*L. debilis* Lüb.；双壳类 *Sphaerium jeholense*，*S. andersoni*；腹足类等，在深灰色钙泥质页岩中见有环足虾化石　17.94m
3. 灰色、黄绿色泥岩和粉砂质泥岩，夹2层灰—灰白色含细砾岩透镜的中粗粒岩屑长石砂岩，在本层底部30～40cm厚的黄绿色钙泥质粉砂岩中见有丰富的双壳类 *Arguniella yanshanensis*、腹足类 *Probaicalia* sp.；介形类 *Cypridea tubercularis* Pang，*Cypridea dabeigouensis* Yang，*C. dadianziensis* Pang，*C. spatiosa* Zhang，*Darwinula leguminella* (Forbes)　13.28m
2. 灰褐色、灰绿色泥质粉砂岩、粉砂质泥岩，夹紫色泥质粉砂岩及紫红色中厚层状泥质胶结安山岩质砾岩透镜体层，顶部见一层10cm煤线　7.38m
1. 紫红色、灰色泥砂质胶结中粗砾岩，砾石为安山岩　1～2m

- - - - - - - - - - 平行不整合 - - - - - - - - - -

下伏地层：上侏罗统张家口组(J_3z)灰绿色含气孔杏仁安山岩

本剖面见有3套砾岩或砂砾岩层，底部层1以安山质砾岩为主，成分单一，有一定程度磨圆，经历了较长时间的磨蚀与搬运，相当于大店子组底部的"蜂窝梁砾岩"；层9含砾砂岩厚度为1～2m，与大店子东沟一带的"龙层砾岩"相比，没有巨厚的砾岩层，说明盆地内沉积层有较大的横向变化；顶部厚—巨厚层状含砾砂岩夹粉砂岩、细砾岩透镜体，发育斜层理，为典型的湖盆边缘河流相、三角洲相沉积，相当于上营村剖面大店子组顶部的"拉海梁砾岩"层。此外，本剖面底部沉积层明显为氧化环境，总体呈紫灰色或灰褐色，向上变为湖沼相沉积，局部形成煤线；在底部粉砂质泥岩中产有丰富的大店子组下部特有的介形类化石 *Cypridea tubercularis* Pang，*Cypridea dabeigouensis* Yang，*C. dadianziensis* Pang，并见有环足虾化石。在剖面中部有安山岩、流纹岩夹层，采集流纹岩中锆石样品，获得SHRIMP年龄129.7Ma。该数据与铃铛木沟大店子组三段安山岩年龄(130～127.4Ma)基本相当。

(八) 滦平县西瓜园乡小东沟—王家沟西瓜园组剖面

本剖面引用田树刚(2008)资料，田树刚、牛绍武等在滦平盆地开展义县阶研究时，将李营西山大店子组划归西瓜园组一段，将小东沟剖面(刘院西山)的地层划归西瓜园组二段，将刘院—王家沟村小南沟剖面的地层划归西瓜园组三段、四段。通过野外地层剖面修测，我们认为李营西山剖面的主体地层属于大店子组，并可以与滦平盆地其他大店子组剖面进行对比；小东沟剖面(刘院西山)、刘院—王家沟村小南沟剖面所控制地层实为西瓜园组。这里引用该部分地层资料说明西瓜园组的地层结构、岩石地层、生物地层、层序地层特征。在剖面修测过程中补采了部分生物化石和同位素测年样品，对部分分层岩石名称进行了修订，重新进行了层序地层研究和岩石地层单位划分(图3-21)。

1. 刘院—王家沟村小南沟剖面

上覆地层：下白垩统九佛堂组(K_1j)灰色、浅灰色、灰白色中厚—厚层凝灰质胶结粗砂砾岩

——————整合——————

下白垩统西瓜园组三段(K_1x^3)

56. 灰色、灰绿色薄—中厚层中细粒石英砂岩和粉砂质泥岩	1.90 m
55. 灰色、灰绿色泥质粉砂岩和粉砂质泥岩，夹透镜状粗砂砾岩和细砂岩	6.15 m
54. 灰色、深灰色薄板状泥岩、粉砂质泥岩和黑色碳质页岩，夹灰褐色中厚层中粒砂岩。底部为1层灰褐色厚层(0.25m厚)的粗粒砂岩。含昆虫 *Ephemeropsis trisetalis*；介形类 *Lycopterocypris* sp.	3.47m
53. 上部为(2.32m厚)黑色薄板状泥岩夹碳质页岩，下部为(2.20m厚)灰色、灰绿色厚层块状含细砾粗砂岩。砂岩层呈透镜状，具滑塌卷曲层理。页岩中富含叶肢介 *Eosestheria* aff. *middendorfii*，*E. yanqinggouensis*	4.52m
52. 深灰色薄层板状粉砂泥岩、粉砂岩和黑色碳质页岩，底部为1层(0.50m厚)灰褐色厚层粗粒砂岩。砂岩层厚横向变薄。含昆虫化石 *Ephemeropsis trisetalis*	10.35m
51. 深灰色、黑色薄层板状细砂岩、粉砂岩和粉砂质泥岩，夹碳质页岩。底部为灰褐色中厚—厚层含细砾粗砂岩，砂岩层横向分布呈透镜状	6.25m
50. 深灰色、黑色薄层板状粉砂岩、泥岩和碳质页岩，夹灰褐色中厚层中—细砂岩、含砾粗砂岩。底部为灰褐色中厚—厚层(0.15～0.30m厚)中—细粒砂岩。页岩中富含叶肢介 *Eosestheria* aff. *middendorfii*，*E. persculpta*，*E. jingangshanensis*，*E.* cf. *eliptica*；介形类 *Lycopterocypris infantilis Lübimova*	15.75m
49. 深灰色、黑色薄层板状(层厚0.5～1.0m)粉砂泥岩和泥岩。底部为2层褐灰色厚层粗粒砂岩	8.40m
48. 灰色、深灰色薄—中厚层细粒砂岩、板状粉砂泥岩和泥岩的交互层，夹黑色页岩和灰褐色中—粗粒砂岩透镜体。底部为1层(0.40m厚)灰白色厚层粗砂细砾岩	7.22m
47. 灰褐色、灰白色含细砾中粗砂岩，夹灰褐色厚层泥灰质砂岩和粉砂质泥岩。砂岩呈透镜状，具滑塌卷曲层理	6.18m
46. 灰褐色、灰绿色薄—中厚层中细粒砂岩，粉砂泥岩和黑色泥岩、页岩。页岩中富含叶肢介 *Eosestheria* aff. *middendorfii*，*E. persculpta*	13.20m

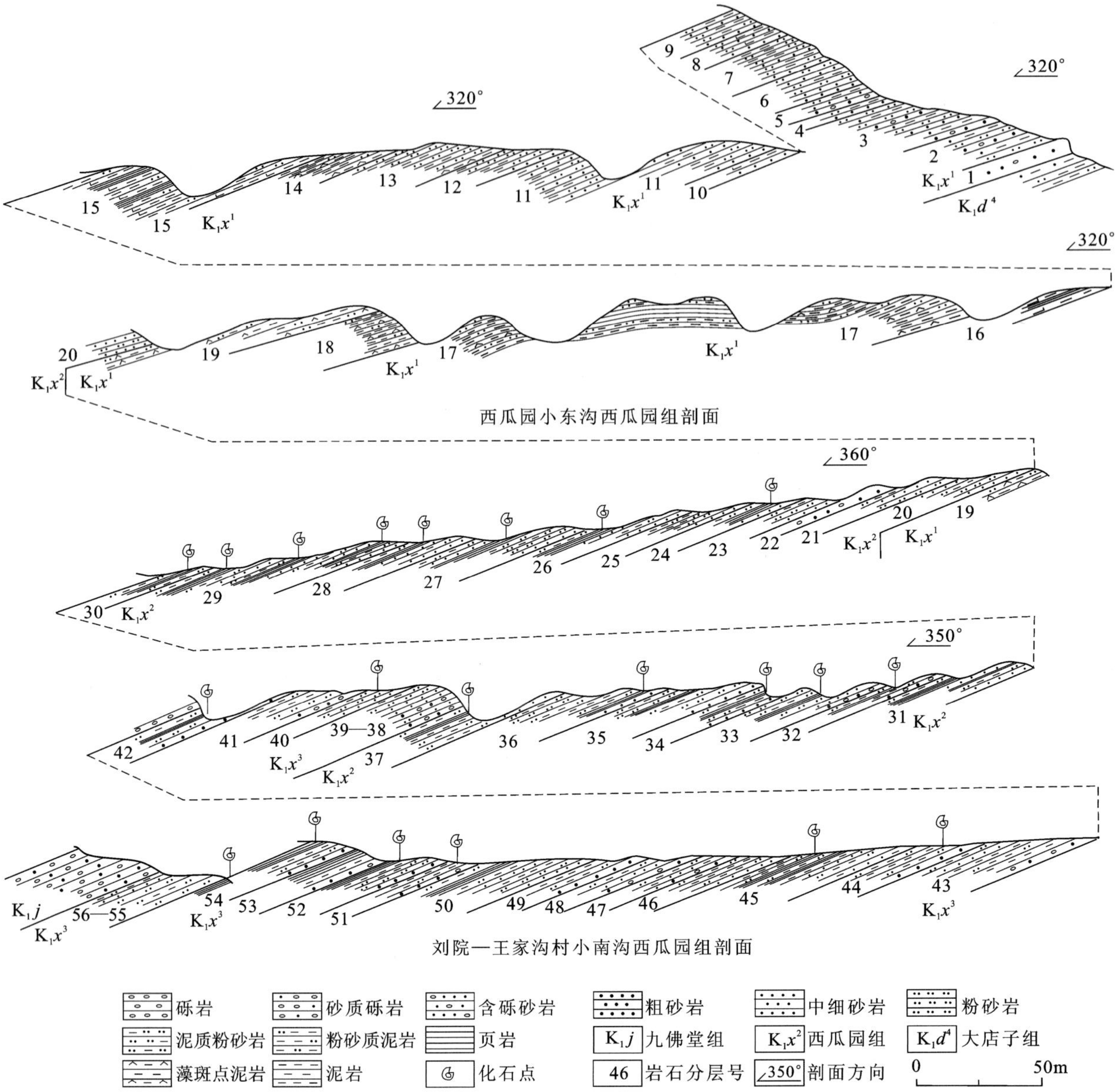

图 3-21　滦平西瓜园乡小东沟—刘院—王家沟西瓜园组修测剖面图

45. 灰色、灰绿色、黑色粉砂质泥岩和泥岩，夹薄层细砂岩和页岩。底部为 1 层(0.35m)灰褐色厚层泥灰质砂岩。含昆虫 *Ephemeropsis trisetalis*，*Aeschnidium heishangouensis*；介形类 *Cypridea* sp.，*Lycopterocypris infantilis*，*L. debilis*；叶肢介 *Eosestheria* aff. *middendorfii* 13.68m

44. 灰黑色、黑色板状(0.5cm)泥岩和粉砂质泥岩，下部为褐色薄—中厚层中粗粒砂岩 6.32m

43. 上部为灰色、深灰色泥岩和粉砂质泥岩，夹灰绿色薄层细砂岩；下部为(3.60m 厚)灰白色、浅褐色厚层粗砂砾岩和粗砂岩。砾径最大 4～5 cm，分选差，以石英砾为主，磨圆中等 9.57m

42. 灰绿色粉砂岩、粉砂泥岩和泥岩互层，间夹 1 层(0.80m)深灰色、黑色页岩。底部为灰褐色薄—中层中粗粒砂岩。页岩富含叶肢介 *Eosestheria* aff. *middendorfii*，*Eosestheria persculpta*，*E. xiaonangouensis*，*Diestheria* sp.；昆虫 *Ephemeropsis trisetalis*；植物 *Archaefructus liaoningensis* 2.88m

41. 灰色、灰绿色粉砂岩、粉砂泥岩和泥岩，夹灰褐色中厚—薄层中细粒砂岩。底部为 1 层(0.60 m)褐色厚层含细砾粗砂岩 7.35m

40. 灰色、灰绿色粉砂岩、粉砂泥岩和泥岩，间夹 1 层(0.70m)深灰色、黑色页岩。底部为紫褐色薄层中—粗粒砂岩夹灰绿色粉砂岩。页岩富含叶肢介 *Eosestheria persculpta*，*E. xiaonangouensis*；昆虫 *Ephemeropsis trisetalis* 5.56m

39. 灰色、灰褐色薄层中细粒砂岩、粉砂岩和粉砂泥岩，夹深灰色泥岩。底部为1层(0.20m厚)褐色中厚层粗砂岩 4.23m

38. 褐色、紫红色厚层细砾粗砂岩、粗砂细砾岩和粗砂中砾岩，与灰褐色、灰绿色薄—中厚层细粒砂岩和泥质粉砂岩互层，以砂砾岩为底，组成3个小旋回 3.58m

——————整合——————

下白垩统西瓜园组二段(K_1x^2)

37. 灰色、深灰色、灰绿色板状(0.5cm厚)粉砂质泥岩和泥岩，夹1层(1.10m)黑色碳质页岩。底部为褐色薄—中厚层细粒砂岩夹灰绿色粉砂泥岩。页岩中富含叶肢介 *Eosestheria* aff. *middendorfii*, *Eosestheria persculpta*, *E. triformis*, *E. xiaonangouensis*；昆虫 *Ephemeropsis trisetalis* 8.90 m

36. 灰绿色板状(0.5cm厚)粉砂泥岩和粉砂岩，夹黑色碳质页岩。底部为褐红色中厚—厚层粗中粒砂岩，层面具波痕和泥裂 10.60m

35. 灰绿色板状(0.5 cm厚)粉砂泥岩和粉砂岩，夹黑色碳质页岩。底部为褐红色中厚—厚层粗中粒砂岩，层面具波痕和泥裂。页岩中富含叶肢介化石 *Eosestheria* aff. *middendorfii*, *Eosestheria persculpta* 16.07m

34. 灰绿色板状(0.5cm厚)粉砂泥岩和黑色碳质页岩。底部为褐红色中厚—厚层粗中粒砂岩，层面具波痕和泥裂。页岩中富含叶肢介 *Eosestheria* aff. *middendorfii*, *Eosestheria persculpta* 6.66m

33. 灰色、灰绿色、灰黑色薄层—板状细砂岩、粉砂岩、粉砂泥岩交互层，夹黑色碳质页岩。底部为1层(0.50m厚)灰白色厚层粗砂胶结细砾岩。砂岩层面具波痕和泥裂。页岩中富含叶肢介 *Eosestheria* cf. *persculpta*, cf. *Eosestheria* aff. *middendorfii*；昆虫 *Ephemeropsis trisetali* 12.31m

32. 灰黑色、黑色粉砂质泥岩和碳质页岩。下部为褐色、灰绿色中厚—薄层中细粒砂岩与灰黑色粉砂泥岩互层；底部为1层(0.5m厚)褐红色薄层粗砂细砾岩 5.17m

31. 灰色、灰绿色薄层细砂岩与灰黑色板状(0.5～1.0cm厚)粉砂泥岩互层。中上部夹黑色页岩，向下砂岩增多，砂岩层面具波痕。页岩中富含叶肢介 *Eosestheria* cf. *persculpta*, cf. *Eosestheria* aff. *middendorfii*, *Eosestheria* sp. 昆虫 *Ephemeropsis trisetalis* 10.80m

30. 灰黑色、黑色粉砂质泥岩与页岩交互层，底部(0.45m厚)为灰绿色薄层粉细砂岩夹粉砂泥岩。页岩中富含叶肢介 *Eosestheria persculpta*, *Yanshania xiaonangouensis*(sp. nov.) 3.37m

29. 灰色、灰绿色薄层细砂岩与板状(0.5～1.0cm厚)粉砂泥岩互层。中、上部夹灰黑色板状泥岩和页岩，向下砂岩增多，构成3个小沉积旋回。页岩含叶肢介 *Eosestheria* sp., *Eosestheria* aff. *middendorfii*, *Eosestheria persculpta*, *E. jingangshanensis*；昆虫 *Ephemeropsis trisetalis* 15.60m

28. 灰色薄层细砂岩与灰绿色、灰黑色板状(0.5～1.0cm厚)粉砂泥岩互层，中上部夹1层(0.80m厚)黑色页岩。向下砂岩增多。页岩中富含叶肢介 *Eosestheria* aff. *middendorfii*, *E. persculpta*, *Yanshania xiaonangouensis*；昆虫 *Ephemeropsis trisetalis*；植物 *Solenites murrayan* 6.97m

27. 灰色薄层细砂岩与灰绿色板状(0.5～1.0cm厚)粉砂岩、粉砂泥岩互层，中部夹1层(1.10m厚)黑色页岩。向下砂岩增多。页岩中富含叶肢介 *Eosestheria* aff. *middendorfii*, *Eosestheria persculpta*；鱼类 *Peipiaosteus panii*；昆虫 *Ephemeropsis trisetalis*；植物 *Schizolepis beipiaoensis* 8.35m

26. 灰色薄层细砂岩与灰绿色、灰黑色板状(0.5～1.0cm厚)粉砂泥岩互层，夹黑色页岩。页岩中富含叶肢介 *Eosestheria* aff. *middendorfii*, *Eosestheria persculpta* 8.02m

25. 灰色、灰绿色板状(0.5～2.0cm厚)粉砂岩和粉砂泥岩，底部(1.20m厚)为灰色薄—厚层中细粒砂岩 8.19m

24. 灰色、灰绿色板状(0.5～2.0cm厚)粉砂岩和粉砂泥岩，中部夹1层(0.80m厚)黑色页岩。底部为灰色薄—中厚层中细粒砂岩。页岩中富含叶肢介 cf. *Eosestheria* aff. *middendorfii*, cf. *Eosestheria persculpta* 6.05m

23. 灰色、灰绿色板状(0.5～2.0cm 厚)粉砂岩和粉砂泥岩，底部为灰色薄—中厚层中细粒砂岩　6.05m
22. 灰色、灰绿色厚层块状(层厚 0.30～0.80m)含细砾中粗砂岩。具大型斜层理，底部砂岩密布黄铁矿结核，中—上部多黑色泥砾和植物碎片　2.33m
21. 灰色、灰绿色板状(0.5～2.0cm 厚)粉砂岩和粉砂泥岩，夹黑色页岩和灰色薄—中厚层中—细粒砂岩　18.21m
20. 粉红色、灰白色薄—中厚层粗—细粒砂岩，夹灰黑色板状(0.5～2.0cm 厚)粉砂岩和粉砂泥岩。砂岩层面具对称波痕和雨痕　19.26m

2. 下接西瓜园小东沟剖面

——————整合——————

下白垩统西瓜园组一段(K_1x^1)

19. 灰色、灰黑色薄—中厚层状藻类粉砂质泥岩和泥岩，层面上密布菊花状藻类化石。底部(2.20m 厚)为灰色厚层状藻斑点泥岩和粉砂泥岩　12.60m
18. 灰色、灰黑色薄层板状泥岩和粉砂泥岩，夹中厚层透镜状藻斑点泥岩。底部(3.20m 厚)为灰色厚层状藻斑点泥岩和粉砂泥岩　14.18m
17. 灰黑色、黑色薄层板状泥岩和粉砂泥岩，夹中厚层透镜状藻斑点泥岩。底部(3.60m 厚)为灰色厚层状藻斑点泥岩和粉砂泥岩　24.10m
16. 灰黑色、黑色薄层板状钙质泥岩和页岩，下部(3.20m 厚)为灰黑色厚层块状钙质泥岩　8.78m
15. 灰黑色、黑色薄层板状钙质泥岩和页岩，夹中厚层粉砂质泥岩，底部为灰色厚层块状钙质泥岩，形成 2 个沉积旋回　16.30m
14. 灰黑色、黑色薄层板状泥岩和粉砂泥岩，夹厚层藻斑点泥岩。底部为 2 层(1.80m 厚)灰色厚层藻斑点泥岩　13.46m
13. 灰色、灰绿色中厚—薄层粉砂岩与灰黑色薄层板状粉砂泥岩互层。底部为 1 层(0.40m 厚)灰色厚层藻斑点泥岩　6.73m
12. 灰色、灰黑色薄层板状泥质粉砂岩和粉砂质泥岩，夹薄层粉细砂岩。底部(22cm 厚)为灰色薄层细粒砂岩　13.20m
11. 灰色、灰黑色薄层板状泥质粉砂岩和粉砂质泥岩，夹灰色薄层细粒砂岩　16.30m
10. 灰色、深灰色厚层状含钙泥岩。底部为 1 层(0.16m 厚)灰色薄层细粒砂岩　2.89m
9. 灰色、灰黑色薄层板状泥质粉砂岩和粉砂质泥岩，与底部(约 20cm 厚)灰黑色薄层细砂岩构成小沉积韵律。该层由 5 个沉积韵律组成　10.61m
8. 灰色、灰黑色薄层含钙粉砂质泥岩，与底部(约 40～45cm 厚)灰黑色薄层细砂岩构成小沉积韵律。该层由 2 个沉积韵律组成　8.04m
7. 灰色、灰黑色薄层板状粉砂岩和粉砂质泥岩，与底部灰褐色中厚—薄层细砂岩构成小沉积韵律。砂岩具微细斜层理，该层由 7 个沉积韵律组成　15.90m
6. 灰色、褐色、粉红色中厚—薄层状细砂岩和粉砂岩，夹粉砂质泥岩、中厚—厚层状微斜层理中—细粒砂岩。下部(约 80cm 厚)为褐色、粉红色中厚—厚层状中—粗粒砂岩　12.66m
5. 灰色、褐色、粉红色中厚—薄层中—细粒砂岩，夹泥质粉砂岩。下部(约 55cm 厚)为褐色、粉红色厚层粗砂砾岩。砾石以火山岩屑和燧石质为主，砾径多为 1.5～3.0cm，磨圆中等　6.42m
4. 灰褐色粉砂质泥岩和泥质粉砂岩，夹薄层细砂岩透镜体。底部为紫色薄—中厚层状细砂岩　2.35m
3. 紫色薄层状砂质泥岩和粉砂岩，夹薄层细砂岩、厚层含细砾中—粗粒砂岩，底部为灰褐色厚层块状含细砾中—粗粒砂岩，具斜层理　10.70m
2. 灰褐色、褐色薄板状砂质泥岩和粉砂岩，夹薄层细砂岩、具斜层理的厚层状含细砾中—粗粒砂岩　6.40m
1. 褐黄色、灰白色厚层块状含细砾粗粒砂岩，具斜层理　5.26m

——————整合——————

下伏地层：下白垩统大店子组四段(K_1d^4)灰色、灰绿色粉砂泥岩和粗—中粒砂质泥岩

将西瓜园组划分 3 个岩性段。西瓜园组底部以褐黄色、灰白色厚层—块状含细砾粗砂岩为标志，呈平行不整合关系压盖在大店子组之上。一段下部为灰色、灰褐色、紫色薄—中厚层中—细粒石英砂岩和

泥质粉砂岩，夹含砾砂岩和砂砾岩；上部以富含各种藻类的灰色、灰黑色中厚层泥岩，钙质泥岩和粉砂质泥岩为主，局部夹黑色泥页岩。顶界以宏观藻类泥岩的消失为标志。该段未见动物化石。

二段底部以粉红色、灰白色薄—中厚层粗—细粒砂岩为标志，总体以灰色、灰黑色、灰绿色薄层板状泥质粉砂岩和粉砂质泥岩为特征，夹灰色薄—中厚层石英细砂岩和黑色页岩。在灰黑色和黑色泥页岩内富含化石，有叶肢介 *Eosestheria* aff. *middendorfii*, *E. persculpta*, *E. jingangshanensis*, *E. triformis*, *E. xiaonangouensis*, *E. wangjiagouensis*, *Diestheria* sp., *Yanshania* sp. 等；昆虫 *Ephemeropsis trisetalis*；鱼类 *Lycopteria davidi*, *Peipiaosteus* sp. 等。

三段底界以褐色、紫红色厚层细砾粗砂岩、粗砂细砾岩和粗砂中砾岩，夹灰绿色泥质细—粉砂岩为标志。段内岩性以颜色和粒度明显分为两部分，下部为灰白色、灰绿色薄—中厚层中—细粒砂岩、泥质粉砂岩和粉砂质泥岩；上部为灰黑色、黑色薄层板状粉砂质泥岩和页岩，夹具滑卷层理的灰色含砾砂岩。泥页岩夹层中富含化石，有叶肢介 *Eosestheria* aff. *middendorfii*, *E. persculpta*, *E. jingangshanensis*, *E. triformis*, *E. xiaonangouensis*, *E. wangjiagouensis*, *E. yanqingensis*, *E.* cf. *elliptica*, *Diestheria* sp., *Yanshania* sp. 等；鱼类 *Lycopteria davidi* 等；介形虫 *Lycopteracypria deblis*, *L. infantilis*, *Cypridea* sp. 等；植物 *Archaefructus liaoningensis*；昆虫 *Aeschnidium heishankowense*, *Ephemeropsis trisetalis*。该段顶部为灰色、灰绿色薄—中厚层中—细粒砂岩和粉砂质泥岩夹透镜状粗砂砾岩，被九佛堂组灰色、浅灰色、灰白色中厚—厚层凝灰质胶结粗砂砾岩覆盖。横向上，在九佛堂组砂砾岩层中局部有中—中酸性火山角砾岩层，本次工作采集了安山质火山岩中的锆石进行同位素测年，获得 SHRIMP 年龄 122.7Ma。因此无论从化石组合，还是从同位素年龄来看，滦平盆地的西瓜园组都可以与义县组上部层位对比。

二、丰宁县森吉图盆地义县组岩石地层特征

森吉图盆地晚中生代地层发育较全，张家口组分布于森吉图北部，大北沟组（河北省区调队，1992，称茶棚组）主要分布于森吉图以北的马架子梁至赵家台一带。大北沟组下部为灰白色凝灰质砾岩、砂岩，蓝绿色、紫蓝色粉砂岩、泥岩，灰色页岩夹泥灰岩，产叶肢介 *Nestoria pissovi*, *N. rotalaria*, *N. asiatica*, *N. luanpingensis*；中部为紫色中厚—厚层砾岩夹粗砂岩和粉砂岩，含植物化石碎片；上部为灰色薄层砂岩、页岩。与下伏张家口组和上覆义县组都呈整合接触。

义县组（河北省岩石地层，1996）原称花吉营组（河北省区调队，1992），以一套中酸性火山岩为主夹 3 个沉积岩夹层，共划分 9 个岩性段：一段（岔菜沟安山岩）为灰绿色、灰紫色气孔杏仁状安山岩和玄武安山岩。二段（大成号层）（见图 3 - 23）上部为灰白色流纹岩、球粒流纹岩，下部为灰白色沉凝灰质砾岩、砂岩、粉砂岩夹石英粗面岩，在凝灰砂岩中含植物化石碎片。该段在横向上变化比较大，在大成号一带下部为含集块沉凝灰岩。三段（小菜园安山岩）为灰绿色、灰紫色气孔杏仁状安山岩。四段（桥头层）为灰色、浅灰色细砂岩、粉砂岩、页岩，含鱼类 *Lycoptera davidi*；叶肢介 *Eosestheria donggouensis*, *E. lingyuanensis*, *E.* cf. *elongata*, *E. jingangshanensis*；昆虫 *Ephemeropsis trisetalis*, *Chironomopsis* sp.；植物 *Czekanowskia rigida* 等化石。五段（南营子玄武安山岩）上部为灰绿色气孔杏仁状安山岩，中部为黄褐色辉石粗安岩，下部为暗灰绿色玄武质熔结集块岩、玄武岩，在底部的砂页岩大角砾中含鱼类化石 *Lycoptera davidi L. polyspondytus*，昆虫 *Ephemeropsis trisetalis*, *Chironomopsis gracitis*.，植物 *Podozamites* sp.。六段（碾子沟层）为灰色、灰白色凝灰质砾岩、砂岩、粉砂岩互层夹页岩，含鱼类 *Lycoptera davidi*, *L. polyspondytus*；叶肢介 *Eosestheria lingyuanensis*；植物 *Cladophlebis* sp., *Equisetites* sp.。七段（火叫沟脑玄武安山岩）上部为灰褐色石英粗面岩，下部为灰绿色玄武安山岩。八段（过河道层）（见图 3 - 24），上部为灰绿色、黄褐色砂岩，粉砂岩夹砾岩，含鱼类 *Lycoptera davidi*；叶肢介 *Brachygrapta* sp.；昆虫 *Ephemeropsis trisetalis*, *Chironomopsis gracitis*；植物 *Equisetites* cf. *burchardti*, *Ginkgoites* cf. *lepideis Sphenobaiera* cf. *czekanowskiana*。下部为白色凝灰质含砾粗砂岩夹砾岩、粉砂岩、页岩，含鱼类 *Peipiaosteus* sp.；昆虫 *Ephemeropsis trisetalis*；植物 *Equisetites* sp. 等化石。九段（下店玄武安山岩）为玄武安山岩及其碎屑岩。与上覆青石砬组整合接触。

（一）丰宁县森吉图三岔口—青石砬义县组剖面

该义县组剖面资料参照河北省区调队(1997)资料(图 3-22)。

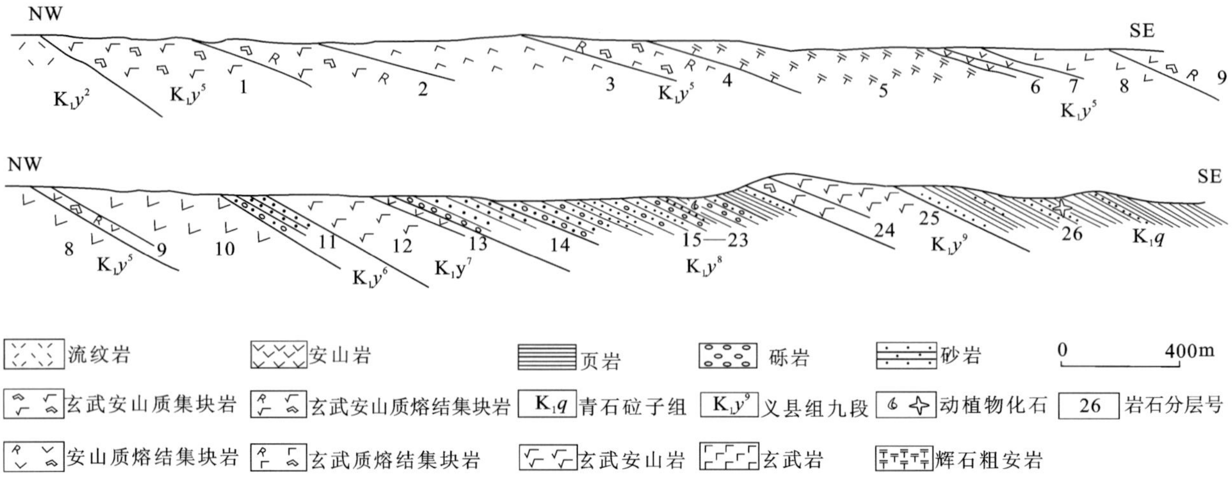

图 3-22　丰宁县森吉图三岔口—青石砬义县组实测剖面图

(据河北省区调队,1992)

青石砬组

26. 砂岩与页岩互层　　212m

——————整合——————

义县组九段　　185m

25. 玄武安山岩　　125m

24. 深灰色玄武安山岩、安山质熔结角砾集块岩　　60m

义县组八段(过河道层)　　499m

23. 灰白色、黄褐色砂岩,凝灰质砂岩　　41m

22. 灰绿色页岩　　73m

21. 灰白色、黄褐色砾岩　　17m

20. 灰色、灰白色砂岩　　16m

19. 褐黄色、灰白色砾岩　　26m

18. 灰绿色细砂岩夹页岩,产丰富的化石:鱼类 *Lycoptera davidi*, *L. tokunagai*;昆虫 *Ephemeropsis trisetalis*;腹足类 *Physa* sp.;介形类 *Mongolianella palmosa*, *Timiriasevia opinabilis* Mand., *Damonella circulata* (Lüb.);植物 *Baiera* sp.;孢粉 *Aeguitriradites speinulosus*, *Crybelosporites striatus*, *Densoisporites microrugulatus*, *Fixisporites ramosus*, *Foraminisporites wonthadgiensis*, *Kuylisporites lunaris*, *Jugella* sp. 等　　8m

17. 灰白色砂岩、砾岩互层　　10m

16. 灰绿色粉砂岩、页岩夹砂岩　　73m

15. 褐色砾岩夹砂岩　　156m

14. 灰白色凝灰质砂岩、粉砂岩夹页岩　　79m

义县组七段　　212m

13. 安山岩　　32m

12. 玄武安山岩　　180m

义县组六段(碾子沟层)　　82m

11. 灰色砂岩、凝灰质砂岩、粉砂岩与含砾砂岩,夹页岩、粉砂质泥灰岩,含鱼类 *Lycoptera davidi*, *L. polyspondytus*;叶肢介 *Eosestheria lingyuanensis*　　82m

义县组五段　　1 014m

10. 灰色、黄褐色安山岩,局部夹辉石粗安岩　　75m

9. 黄褐色安山质熔结集块岩 13m
8. 灰色、砖红色安山岩 134m
7. 灰色安山质熔结集块岩 11m
6. 灰色安山岩 9m
5. 灰色、黄色辉石粗安岩夹气孔状粗安岩 246m
4. 深灰色、灰绿色玄武质熔结集块岩 74m
3. 深灰色玄武岩夹气孔杏仁状安山岩，局部含同成分角砾、集块 249m
2. 灰色—深灰色玄武安山质熔结集块角砾岩 141m
1. 灰黑色安山玄武质集块岩 62m

～～～～～～ 爆发不整合 ～～～～～～

下伏地层：义县组二段

（二）丰宁县森吉图大成号下白垩统义县组二段剖面（图 3-23）

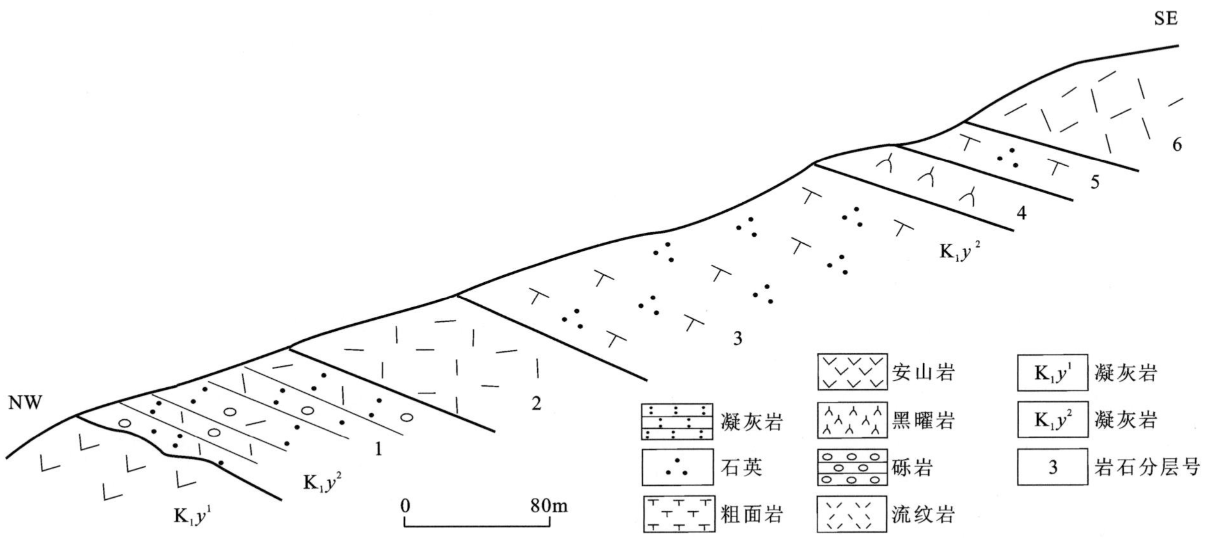

图 3-23 丰宁县森吉图大成号义县组二段实测剖面图
（据河北省区域地质调查大队，1992）

义县组二段 **>332m**
6. 灰白、灰紫色流纹岩夹流纹质凝灰岩 >30m
5. 灰紫色石英粗面岩 19m
4. 灰黑色黑耀岩 19m
3. 灰紫色石英粗面岩，呈岩席状产出 131m
2. 浅灰紫色球粒流纹岩夹凝灰岩 61m
1. 灰白色、浅灰色含砾沉集块凝灰岩 72m

～～～～～～ 局部不整合 ～～～～～～

下伏地层：岔莱沟安山岩

（三）森吉图石硐子东—过道河沉积层（义县组八段）（图 3-24）

上覆地层：义县组九段灰黑色玄武安山质角砾集块岩 >50m

～～～～～～ 爆发不整合 ～～～～～～

义县组八段（过道河层）
11. 灰色、褐灰色极薄层—叶片状泥质粉砂岩夹中薄层灰白色膨润土化沉凝灰岩 40m
10. 灰色薄—极薄层泥质/凝灰质粉砂岩，夹泥质粉砂质页岩 30m
9. 灰黄—灰白厚—巨厚层复成分细砾岩、砂砾岩，夹灰白色中薄层钙质长石细砂岩 >30m

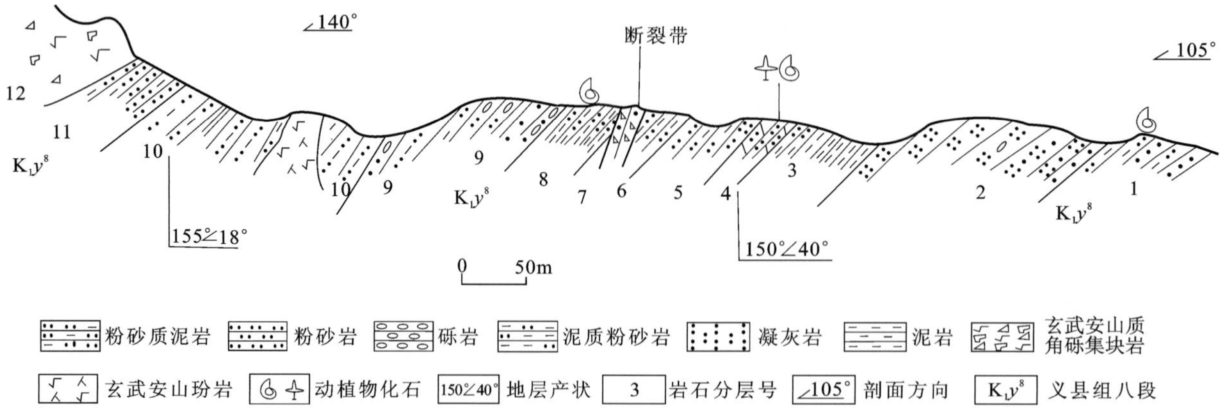

图 3-24 丰宁森吉图石硐子东—过道河沉积层剖面图

8. 灰色、深灰色薄层—页片状粉砂质泥岩	>10m
7. 灰色厚层状岩屑长石粗砂岩与灰白色厚层状砾质岩屑粗砂岩	>5m
6. 灰色极薄层泥质粉砂岩	>5m
5. 灰色泥质粉砂岩与厚层黄白色粉砂质凝灰岩	>5m
4. 浅黄灰色薄层含粉砂质灰岩/泥灰质粉砂岩，夹黄绿色薄—中厚层凝灰质含细砾粗粒岩屑杂砂岩	3m
3. 灰色薄层—页片状粉砂质泥岩	>6m
2. 灰白色巨厚层凝灰岩、沉凝灰岩	50m
1. 灰色薄层泥质粉砂岩与灰黄色中厚—巨厚层钙质长石细砂岩互层	80m

（未见底）

丰宁县森吉图盆地的义县组为一套较典型的火山-沉积岩系。火山岩以中性、中基性为主。第一个沉积夹层称桥头层(图 3-25)，主要分布在桥头、白石砬子一带滦河两岸及东土窑、西土窑一带，盖在下伏的小菜园安山岩的不同层位之上。为一套浅灰—灰白色细砂岩、粉砂岩夹泥岩及页岩；底部有一层黄褐色、灰紫色砾岩，砾石成分以安山岩、流纹质火山岩为主，磨圆度好，砾石大小 5～10cm，泥砂质胶结。产丰富的动、植物化石及鸟化石：鸟类 *Jibeinia luanhera* Hou，*Hebeiornis fengningensis*；鱼类 *Lycoptera davidi*；叶肢介 *Eosestheria donggouensis*，*E. lingyuanensis*，*E.* cf. *elongata*；昆虫 *Ephemerepsis trisetalis*，*Chironomopsis* sp.，*Hebeiaeschnidia fengningensis*；腹足类 *Physa* sp.；植物 *Czekanowskia rigida*。区内西土窑三岔口村红石砬、骡子沟村东土窑及白石砬一带本层含鱼类 *Peipiaosteus fengningensis* Bai，*Yanosteus longidorsalis* Jin et al.，? *Protopsephurus liui*，*Lycoptera davidi*，*L. tokunagai*，*Jinanichthys longicephalus*；叶肢介 *Eosestheria donggouensis*，*E. bella*，*E.* cf. *elongate*；双壳类 *Nakamuranaia* sp.；昆虫 *Ephemeropsis trisetalis*；*Weichangicoris* sp.；植物 *Baiera* sp.。在五道河白牛沟本层产双壳类 *Arguniella subcentralis*，*A.* cf. *lingyuanensis*，*A. sibirica.*。此外，在丰宁县境内义县组尚产鸟类 *Protopteryx fengningensis* Zhang et Zhou。

本层所产介形类 *Liinocypridea* sp.，*L. tumulosa*，*Lycopterocypris infantilis*，*L. debilis*，*Cyclocypris*? *minorovta*，*Cypridea* (*Yumenia*) *minuta*，*Mongolianella fengningensis*，*Clinocypris scolis*，*Rinocypris echinata*，*Timiriasevia pusilla*，*Qingjiania paraalta*，*Q. giganta* 等；孢粉 *Bayanhuaspora* sp.，*Fixisporites* sp.，*Aeguitridites* sp.，*Densoisporites microrugulatus*，*D. cirmundulatus*，*Schizaenisporites cretacius* 等，属热河生物群中期化石组合，可作为主要标志，将桥头层对比于义县组典型剖面的砖城子层、辅助典型剖面的尖山沟层、建昌盆地的罗家沟层、凌源盆地的大新房子层。

第二沉积层称碾子沟层，以砂岩为主夹页岩、粉砂岩，其与第三沉积层(过河道砂岩层)大体上分别相当于义县组典型剖面上部的大康堡层和朱家沟层。

三、丰宁县花吉营、凤山盆地义县组岩石地层特征

花吉营盆地位于丰宁县城北东大约 400km，花吉营子镇以东至郭家屯一带，大体呈不规则的四边

图 3-25 分布在东土窑一带的桥头沉积层，含有丰富的热河生物群化石

形。义县组呈北东向展布，底部以一层不稳定的砂砾岩层不整合于张家口组之上，自下而上有2套中性火山岩系，中间夹1套砂砾岩和页岩等沉积层（王五力等称之为花吉营层）；其下缺失大北沟组，其顶部亦未见九佛堂组覆盖。在其东南部有些零星分布的小盆地，如凤山盆地，那里的地层层序与花吉营盆地完全一致。

冀北丰宁地区的花吉营盆地是河北省区调二队（1975）建立“花吉营组”的典型地点，过去的“花吉营组”仅指相当于义县组上部的中性火山岩系，而其下的花吉营沉积层被称为西瓜园组，底部的中基性火山岩系被划为“大北沟组”。1997年，河北省区域地质调查大队在1∶5万花吉营幅地质图说明书中，将以上3个“组”全部划归义县组。

花吉营盆地义县组剖面

该义县组剖面参照河北省区域地质调查大队（1997）资料。

上覆地层：未见顶部覆盖层

———————— 被剥蚀 ————————

义县组	**1422.0m**
中性火山岩层（18—11）	**719.74m**
18. 灰绿色气孔杏仁状安山岩，中部为深灰色蚀变辉石安山岩	63.76m
17. 浅灰色、灰紫色粗安质角砾熔岩，集块角砾岩，含集块火山角砾岩	136.84m
16. 灰绿色、灰色气孔杏仁状辉石安山岩与灰紫色、黄灰色辉石安山岩互层，构成3个韵律层	106.17m
15. 灰绿色致密块状辉石安山岩夹灰黄色、灰色安山质集块熔岩，构成了2个喷发韵律层	67.42m

14. 下部为灰绿色、灰色含气孔辉石安山岩，中部为灰紫色气孔杏仁状安山岩，顶部为灰黄色安山质集块角砾熔岩　88.03m

13. 灰色、灰绿色含气孔杏仁状辉石安山岩与灰紫色安山质集块熔岩互层，构成5个韵律层　163.22m

12. 灰黑色致密辉石安山岩、浅灰绿色气孔状辉石安山岩夹灰紫色安山质集块熔岩，构成3个韵律层　65.93m

11. 灰绿色含辉石安山岩与紫灰色安山质集块熔岩互层，构成2个喷发韵律层　28.37m

砂泥岩层/花吉营层(10—6)　328.95m

10. 浅灰色、灰紫色凝灰质含砾砂岩、砂砾岩、砾岩　31.98m

9. 灰紫色、灰褐色砾岩、含砾砂岩夹泥岩、砂岩　206.29m

8. 黑色页岩夹油页岩、粉砂岩，产叶肢介 *Fengninggrapta huajiyingensis*, *Eosestheria fengningensis*, *E.* (*Clithrograpta*) *lingyuanensis*；昆虫 *Ephemeropsis* sp.；双壳类 *Arguniella* cf. *jorekensis*, *A. lingyuanensis*, *A. curta*, *A. quadrata*, *A. sibirica*, *A. subcentralis*, *A. hebeiensis*, *Sphaerium jeholense*, *S. luanpingensi*, *Nakamuranaia* cf. *elongata*；腹足类 *Probaicalia vitimensis*, *P.* cf. *rammelmegri*, *Gyraulus* sp., *Valvata* sp., *Lymnaea* sp., *Galba pseudopalustria*；介形类 *Cypridea* sp.　36.93m

7. 黄绿色凝灰质砂岩　4.63m

6. 灰绿色、灰色砾岩、砂岩及沉凝灰岩夹泥岩　49.12m

中性火山岩层(5—1)　373.31m

5. 灰绿色块状安山岩夹气孔杏仁状安山岩，局部岩石发育枕状构造　59.04m

4. 黄绿色、灰绿色致密块状安山岩与灰紫色气孔杏仁状安山岩互层，构成6个韵律层　144.29m

3. 杏仁状辉石安山岩，中上部为紫红色气孔杏仁状辉石安山岩　14.27m

2. 灰绿色与紫红色气孔杏仁状辉石安山岩、安山质角砾熔岩互层，构成3个韵律层　99.94m

1. 灰绿色辉石安山岩，发育气孔杏仁构造，杏仁为灰绿色玛瑙，底部为灰紫色砾岩　55.77m

－－－－－－－－－－ 平行不整合 －－－－－－－－－－

下伏地层：张家口组流纹质熔结凝灰岩

在磨石沟一带，花吉营沉积层产叶肢介 *Fengninggrapta huajiyingensis*, *Eosestheria fengningensis*, *E. ramulosa*, *E.* cf. *elongata*, *E. lingyuanensis*；鱼类 *Peipiaosteus fengningensis*；双壳类 *Arguniella subcentris*, *A.* cf. *sibirica*, *A. curta*；腹足类 *Valiata* sp.；介形类由下至上为：①*Cypridea dabeigouensis* Yang, *C.* sp., *Daurina dabeigouensis* (Yang), *Limnocypridea subplana* Lüb., *Rhinocypris subechinata* Pang, *Darwinula* sp., ② *Cypridea dorsotuberosa* Yang, *C. chengdeensis* Pang, *Daurina dabeigouensis* (Yang), *Limnocypridea subplana* Lüb., *Darwinula leguminella* (Forbes), ③ *Cypridea dorsotuberosa* Yang, *Limnocypridea subplana* Lüb., *Lycopterocypris infantilis* Lüb., *Darwinula contracta* Mand. 等。该层与森吉图盆地桥头层基本可以对比。

四、围场县清泉盆地大北沟组、义县组岩石地层特征

围场县清泉盆地空间上呈三角形半地堑盆地，盆地西侧受北西向的龙头山-河南营张性断裂控制，沉积物总体表现为西部厚，向东、南东方向渐薄。盆地早期充填物为大北沟组，之后为义县组(原1∶20万区调称为西瓜园组和花吉营组)、南店组。

大北沟组是继张家口组强烈火山活动之后形成的一套火山-沉积碎屑岩，分布局限，展布在盆地东南缘。岩性组合为灰白色、浅灰色、灰黄色、灰绿色凝灰质砾岩，凝灰质砂岩，粉砂岩，页岩，沉凝灰岩夹安山岩、英安质角砾凝灰岩。主要为冲积扇和湖泊相沉积。沉凝灰岩在各地普遍见及，并具较强的沸石化。富含生物化石：叶肢介 *Nestoria* sp., *Keratestheria* sp., *Paleoleptestheria* sp.；双壳类 *Ferganoconcha* sp.；介形类 *Darwinula contracta*, *Lycopterocypris* sp., *Mongoliannella* sp., *Liminocypriden baltiata*；鱼类 *Peipiaosteus pani* 等。该组平行不整合覆于张家口组之上，角度不整合

伏于义县组之下(图 3-26)。

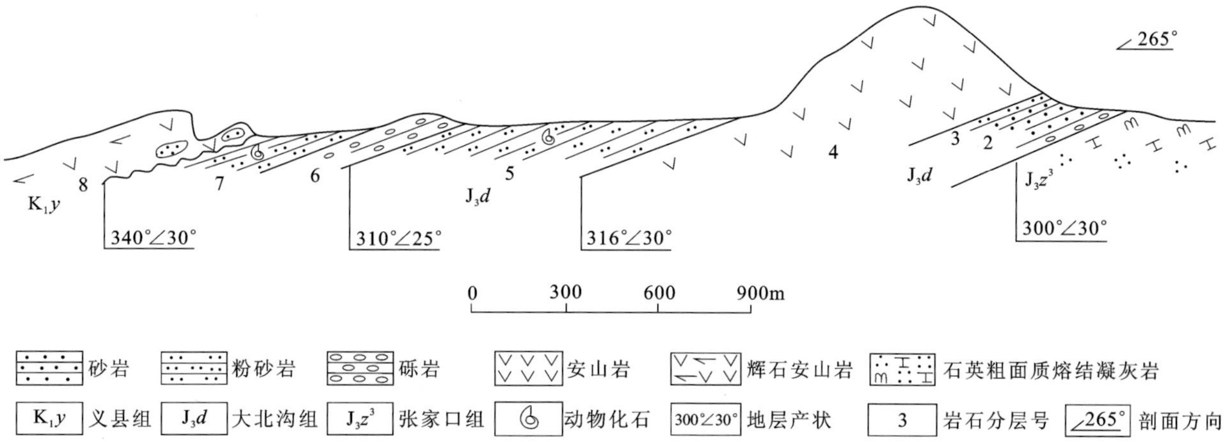

图 3-26　围场县西顺井大北沟组实测剖面图

(据河北省地质调查院,2002)

(一) 围场县西顺井大北沟组剖面

该剖面(图 3-26)由河北省地质调查院(2002)测制。

上覆地层:义县组绿灰色、紫红色安山岩

～～～～～～～ 角度不整合 ～～～～～～～

7. 灰色粉砂岩,产叶肢介 *Nestoria*;昆虫 *Ephemeropsis triestalis*	172.53m
6. 灰白色—土黄色砾岩	63.45m
5. 淡青色—灰白色粉砂岩,产叶肢介 *Nestoria*	200.17m
4. 黑灰色—灰色安山岩	312.31m
3. 土黄色凝灰质粉砂岩	13.12m
2. 土黄色砂岩	96.59m
1. 土黄色砾岩	29.75m

－－－－－－－－－ 平行不整合 －－－－－－－－－

下伏地层:张家口组三段灰白色石英粗面质熔结凝灰岩

该盆地义县组岩性组合,底部为绿灰色、紫红色安山岩,下部以灰色、灰白色砾岩、砂砾岩、砂岩与粉砂岩互层为主,向上出现灰黄色粉砂质泥岩和灰黑色、灰色页岩,中上部以灰紫色、灰绿色、灰黑色安山岩、玄武安山岩、粗安岩、安山质或粗安质火山碎屑岩为主体,夹流纹岩、流纹质角砾凝灰岩、沉凝灰岩及凝灰质砂岩、粉砂岩等。火山岩相以喷溢相为主,岩性以中性、中基性火山岩及其火山碎屑岩为主,局部夹中酸性、酸性和偏碱性火山岩及沉积岩,富含热河生物群化石。与大北沟组或张家口组呈角度不整合接触,或超覆于晚侏罗世、古元古代侵入岩之上。

(二) 围场县上石匣—清泉地区义县组剖面

该剖面依据 1∶20 万围场幅区调剖面进行修测。

上覆地层:南店组泥质粉砂岩及粉砂质页岩

－－－－－－－－－ 平行不整合 －－－－－－－－－

17. 灰绿色气孔状安山岩夹页岩	20.33m
16. 灰绿色安山岩夹少量灰绿色砂质页岩和砾岩	91.3m
15. 灰白色流纹质角砾岩	18.10m

14. 灰绿色安山岩、气孔杏仁状安山岩，局部夹砂岩、泥岩、页岩、凝灰岩 309.76m
13. 灰绿色杏仁状安山岩、气孔杏仁状安山岩，夹灰绿色安山岩 307m
12. 灰绿色安山岩夹透镜状或团块状凝灰质泥岩 34.50m
11. 灰黑色玄武岩、灰绿色角砾状安山岩 ＞100m
10. 灰黑色页岩、含碳粉砂质泥岩(有褐铁矿化斑点)、灰色钙泥质粉砂岩、页岩，产叶肢介、三尾拟蜉蝣、狼鳍鱼、双壳类化石 34m
9. 灰黑色玄武岩夹灰黄色粉砂岩、钙质泥岩 35m
8. 灰绿色粉砂质、泥铁质、凝灰质页岩夹凝灰质粉砂岩 6.48m
7. 灰黑色油页岩夹灰绿色泥质页岩，见一层膨润土层，产鱼类、叶肢介，少量介形类、昆虫、植物(茨康叶) 37.71m
6. 灰绿色粉砂质页岩夹灰白色砂岩，上部夹碳质页岩及煤线，产叶肢介、介形类、腹足类(螺口盖)、昆虫、北票鲟、鸟类化石 121.85m
5. 灰白色凝灰质砂岩与灰绿色粉砂质页岩互层，产叶肢介、丰富的双壳类和少量介形类 67.30m
4. 灰白色、灰黄色厚—巨厚层凝灰质砂砾岩与凝灰质粉砂岩互层 19.16m
3. 灰白色、灰褐色厚—巨厚层复成分细砾岩夹岩屑粗砂岩、长石细砂岩 82.85m
2. 黄绿色、灰绿色、紫红色气孔状—致密块状玄武安山岩，夹灰白色砾岩、凝灰岩 76.07m
1. 灰色、褐色、紫色杏仁状安山岩，夹安山质凝灰角砾岩 ＞88.37m

－－－－－－－－－－平行不整合－－－－－－－－－－

下伏地层：大北沟组灰色中薄层含砾中粗粒砂岩

第三节　辽西义县组与冀北大店子组及相关地层的岩石地层对比

义县组及其相当地层在辽西—冀北地区的岩石组合分为3种类型：第一种以火山岩为主夹河湖相沉积层，以辽西地区阜新-义县盆地、北票四合屯盆地、凌源盆地、冀北森吉图盆地等为代表；第二种以河湖相沉积地层为主，夹多层火山岩，以建昌盆地、大城子-四官营子盆地为代表；第三种主要由河湖相沉积层组成，以赤峰孤山子盆地、赤峰宁城盆地及冀北滦平盆地为代表。由于盆地分隔性较大，火山喷发岩分布明显受到断裂和火山机构制约，加之不同盆地甚至同一盆地不同部位的火山喷发期次和火山喷发间歇期的时间长短不一，致使义县期火山-沉积地层在纵向、横向上均发生剧烈变化，从而导致地学研究人员对义县组的划分与对比提出了多种方案，其观点如表3-1所示。

本书对义县组的划分、对比依照下列原则：①义县组厚度较大，适度分段在图面上可反映构造行迹；②划分的岩段必须有明显的特征，在区域上可追溯，便于操作；③以火山岩为主的岩段划分要适度，宜粗不宜细；④对重要和相对稳定的沉积夹层，可单独分段，既便于区域地层对比，又有利于查明生物化石的时空分布；⑤要结合大区域火山喷发旋回的阶段性与岩石组合特征予以划分。

一、辽西地区义县组划分与对比

根据义县组的划分、对比原则，我们将辽西地区义县组自下而上划分为4个岩性段，并做如下对比。

一段：自义县组之底至尖山沟层或砖城子层及其相当层位之底，以北票新开岭—四合屯剖面和义县马神庙—宋八户剖面为例，本段岩石主体为中基性、中性火山岩及其碎屑岩夹多层河湖相沉积岩，属义县组火山喷发旋回的第一亚旋回。火山岩以玄武岩和玄武安山岩为主，局部有钾质碧玄岩，在辽西地区有自东向西厚度减少之势；沉积层以砾岩和砂泥岩为主，包括阜新-义县盆地的老公沟层和业南沟层，北票四合屯盆地上园地区的陆家屯层和下土来沟层，建昌盆地的要路沟层等含化石沉积层，含恐龙、哺乳动物等多门类化石，自东而西沉积厚度有增大之势。本段厚度变化较大(40～600m)，一般厚200～400m，平行不整合在张家口组之上或角度不整合在更老的地层之上。

表 3-1 辽西地区义县组的不同划分方案

<table>
<tr><th>辽宁区测队，1964—1976</th><th colspan="2">张文宝等，1976；陈丕基等，1980</th><th>米家榕等，1980</th><th colspan="2">董国义，1987</th><th>辽宁地勘局，1997</th><th>任东等，1997</th><th>卢崇海等，2000</th><th colspan="2">张立东等，2002</th><th colspan="2">王五力等，2004</th><th colspan="2">张立东等，2006</th><th colspan="2">本书</th></tr>
<tr><td rowspan="3">吐呼鲁组（建昌组）</td><td rowspan="3">黄花山角砾岩层（组）</td><td rowspan="17">义县组</td><td rowspan="4">九佛堂组下部</td><td>四段</td><td rowspan="17">义县组</td><td rowspan="17">义县组</td><td rowspan="3">六段</td><td rowspan="6">义县组</td><td rowspan="6">四段</td><td rowspan="17">义县组</td><td rowspan="3">黄花山层</td><td rowspan="17">义县组</td><td rowspan="3">五段</td><td rowspan="17">义县组</td><td rowspan="6">四段</td><td rowspan="17">义县组</td></tr>
<tr><td>三段</td></tr>
<tr><td rowspan="9">二段</td></tr>
<tr><td>金刚山组</td><td>金刚山层</td><td>五段</td><td>金刚山层</td><td rowspan="3">四段</td></tr>
<tr><td rowspan="13">义县组</td><td rowspan="2">火山岩</td><td rowspan="13">义县组（孙家梁组）</td><td rowspan="5">四段</td><td>火山岩</td></tr>
<tr><td>朱家沟层</td></tr>
<tr><td rowspan="2">大康堡层</td><td rowspan="11">要路沟组（魏家岭组，尖山沟组，西瓜园组）</td><td>三段</td><td>火山岩</td><td>三段</td><td>三段</td></tr>
<tr><td rowspan="6">二段</td><td>大康堡层</td><td rowspan="6">二段</td><td rowspan="6">二段</td></tr>
<tr><td rowspan="2">火山岩</td><td rowspan="2">火山岩</td></tr>
<tr><td rowspan="3">三段</td></tr>
<tr><td rowspan="2">上园层</td><td rowspan="3">砖城子层</td></tr>
<tr><td rowspan="6">一段</td></tr>
<tr><td rowspan="2">火山岩</td><td rowspan="2">二段</td></tr>
<tr><td rowspan="4">一段</td><td>火山岩</td><td rowspan="4">一段</td><td rowspan="4">一段</td></tr>
<tr><td rowspan="3">尖山沟层</td><td rowspan="3">一段</td><td>业南沟层</td></tr>
<tr><td>火山岩</td></tr>
<tr><td>老公沟层</td></tr>
</table>

辽西地区几个主要盆地义县组一段对比（图 3-27）的主要依据是：①标志层和岩石组合，以砖城子层、尖山沟层、罗家沟层、大新房子层和宁城西台子北沟层为对比标志层，将该层之下至义县组底部不整合面的岩石地层作为一段进行对比。②以 *Jeholosaurus* - *Hongshanosaurus* - *Repenomamus*（热河龙-红山龙-强壮爬兽）为代表的脊椎动物群：在北票四合屯—上园地区，其成员有哺乳类 *Gobicondon zofiae*（索非亚戈壁兽），*Repenomamus robusta*，*R. giganticus*，*Meemannodon lujiatunensis*；恐龙类 *Graciliraptor lujiatunensis*（陆家屯纤细盗龙），*Sinovenator changii*，*Sinusonasus magnodens*，*Mei long*，*Incisivosaurus gauthieri*，*Dilong paradoxus*，*Jeholosaurus shangyuanensis*，*Liaoceratops yanzigouensis*，*Hongshanosaurus houi* 等；在义县地区老公沟层产 *Psittacosaurus* sp.，这一脊椎动物群与义县组的其他段不同。③义县组一段以 *Cypridea rehensis* - *Limnocypridea subplana* - *Djungarica camarata*（热河女星介-近平湖女星介-拱准噶尔介）为代表的介形类亚组合，与之伴生的有鱼类 *Lycoptera* sp.，叶肢介 *Eosestheria*（*Diformograpta*）*ovata* 以及双壳类、腹足类、昆虫、植物等化石，不同于义县组其他段的介形类化石组合。④义县组一段的同位素年龄值通常为 133～126Ma，代表义县组火山喷发旋回第一亚旋回的时限。

二段：以北票四合屯剖面为代表，相当于尖山沟层、上园层及其相当层位，主要由砾岩、含砾粗砂岩、粉砂岩、页岩和泥岩组成，夹沉凝灰岩和灰岩，含大量鸟类、恐龙、两栖类、哺乳动物等珍稀化石，鱼类、叶肢介、介形类、昆虫、双壳类、腹足类、植物和孢粉等化石非常丰富，而且是早期被子植物始现的层位，目前已发现 20 余门类生物化石，是热河生物群发展的高峰之一。该段一般厚 60～400m，在建昌等盆地最厚可达 1200m。除了第一火山亚旋回与第二火山亚旋回之间的间歇期沉积外，二段地层还包括第二火山亚旋回形成的火山岩、火山沉积岩，与下伏义县组一段呈整合接触。

二段在义县地区下部为砖城子层，上部为大康堡层，中部为以玄武安山岩、安山岩及其火山碎屑岩为主的火山岩层，在建昌盆地被称为罗家沟层，在凌源盆地被称为大新房子层。砖城子层和尖山沟层均是义县组下部的重要含化石层位。砖城子层含大量叶肢介、昆虫和植物等化石，下部含鸟类化石，其中

二、冀北滦平盆地大店子组、西瓜园组划分与对比

滦平盆地大店子组包括“蜂窝梁砾岩”至西瓜园组“拉海梁砾岩”之下的岩石地层，以沉积层为主，火山岩很少。依据岩性组合特征自下而上划分为4个岩性段。地层对比见图3-29。

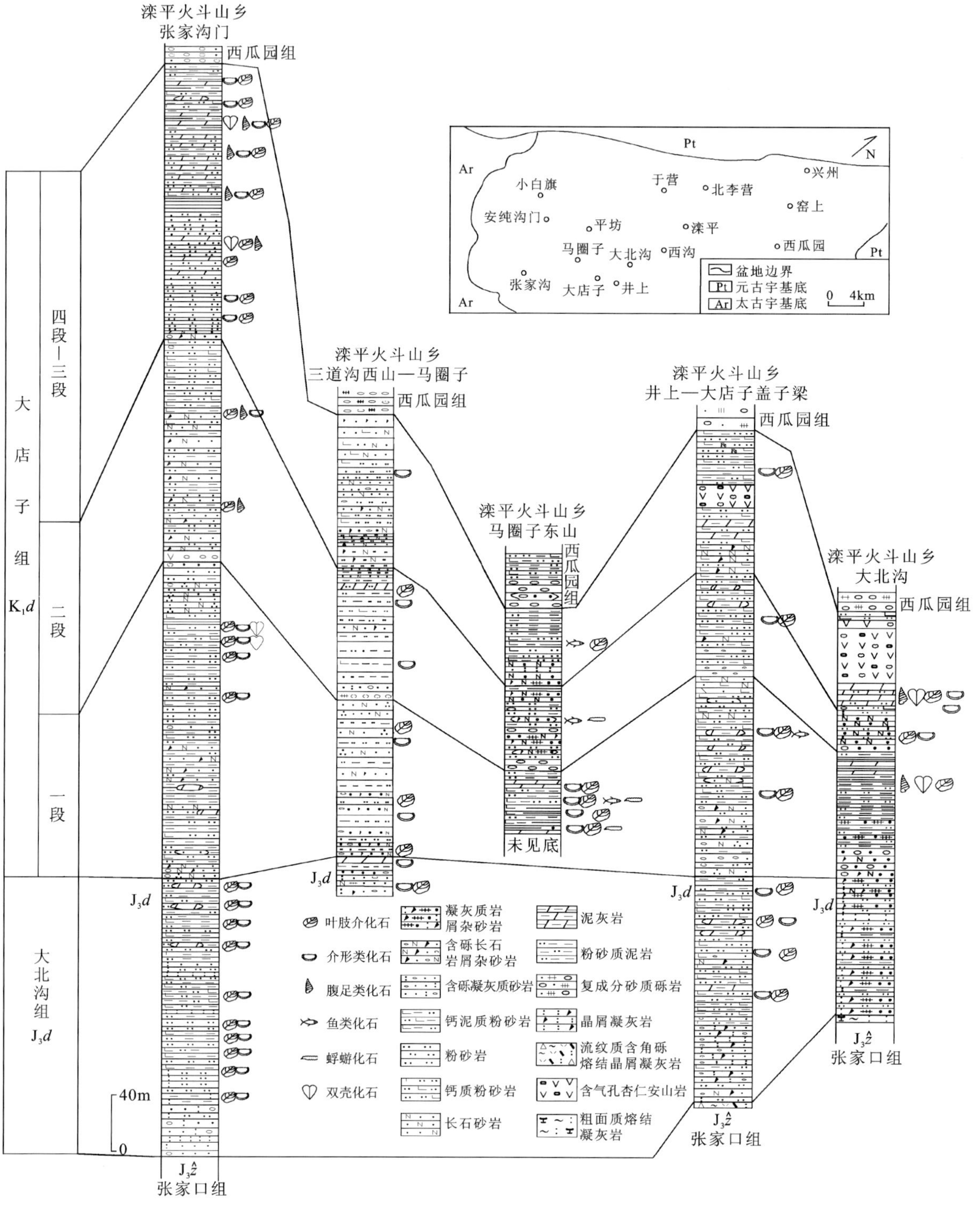

图3-29　冀北滦平盆地大店子组划分对比图

一段：下部为灰绿色泥岩夹透镜状中—细粒砂岩、钙质泥岩；中部为灰色、灰黑色页岩夹灰绿色泥岩和透镜状细粒砂岩；上部为灰绿色粉砂质泥岩夹中—细粒砂岩和含砾粗砂岩；底部为砂砾岩或含砾粗砂

岩、含砾砂岩，俗称“蜂窝梁砾岩”(田树刚等，2004)。该层砾岩以火斗山乡井上村的北山梁为代表，岩性为灰色、褐灰色厚层凝灰质砂砾岩，含砾粗砂岩夹砂质泥岩和泥岩。从井上村向大北沟村及其东北延伸相变为黄灰色含砾粗粒岩屑长石砂岩，褐色、灰褐色砂砾岩，粗粒岩屑长石砂岩，细粒长石砂岩，砂砾岩夹砂岩；向西南延伸至三道沟，岩性为灰褐色含砾粗砂岩局部夹细砾岩。该段地层产大量的叶肢介、介形类及腹足类、双壳类、鱼类、植物等化石。其中叶肢介以东方叶肢介 *Eosestheria* 开始大量出现，介形类以 *Cypridea* 动物群开始出现繁盛和 *Yanshanina* 的大量繁盛富集为特征。以“蜂窝梁砾岩”的出现作为大店子一段的开始。从层序上和化石组合上看，大店子一段与辽西义县组一段下部相当。

二段：底部为厚层—块状砂砾岩、砾岩夹砂质泥岩和砂岩；下部为灰绿色砂质泥岩、粉砂岩夹透镜状中—中细粒砂岩；中部为灰色、灰绿色泥岩夹灰色页岩和透镜状细粒砂岩；上部为灰绿色泥岩夹砂岩。岩层中化石相对较少，主要为叶肢介、介形类、腹足类、双壳类化石，叶肢介有 *Eosestheria donggouensis*，*E. bella*，*E. luanpingensis*，*E. shangyingensis*，*Abrestheria subovata*，*A. linearis*，*Yanshania dabeigouensis*，*Y. subquadrata*；介形类主要有 *Cypridea jiandeensis tubercularia* Pang，*Cypridea granulosa protogranulosa* Anderson，*C. luanpingensis* Pang，*C. altidorsangulata* Pang。该段底部的砾岩也称为“龙层砾岩”(田树刚等，2004)，由于该层在火斗山乡大店子东沟的北山梁产 *Psittacosaurus*(鹦鹉嘴龙)而得名。该层砾岩厚度10余米至数十米不等，在大店子东沟剖面上该层的岩性为黄褐色中厚—厚层砂泥质胶结细砾岩夹灰绿色薄层钙质粉砂岩，底部为钙质长石砂岩，厚31.6m。向西南方向该标志层厚度增大，粒度变粗，在张家沟门上营剖面厚35.4m，而在东北方向的大北沟村东厚度仅5m，岩性变为褐黄色中厚层砾质粗砂岩与黄灰色薄层细砂岩互层。以“龙层砾岩”为标志层作为二段的底部。二段与辽西义县组一段中上部基本可以对比。一段、二段都含有较多的灰绿色泥岩，这种标志性的灰绿色与岩石含有较多的凝灰质成分和温湿的气候环境有关。

三段—四段：深灰色、黑色粉砂质页岩夹灰色泥岩和薄—中厚层泥灰岩，形成两个沉积亚旋回，底部以石英长石砂岩与二段分界。该段化石丰富，以叶肢介 *Jiliaoestheria*；介形类 *Cpyridea sulcata*，*C. shangyingensis* 和狼鳍鱼 *Lycoptera* 为特征，另外还有腹足类、双壳类、植物碎片等，相当于田树刚等(2004)划分的三段、四段之和。顶部与西瓜园组底部的“拉海梁砾岩”(田树刚等，2004)平行不整合接触。在盆地的中东部，三段中部出现一层玄武安山岩，厚18～50m。从化石组合特征来看，三段—四段与尖山沟层基本可比。

滦平盆地李营西山西瓜园组(田树刚等，2008)底部为灰紫色、灰褐色火山岩质砾岩，复成分砾岩；下部为灰绿色、黄绿色钙泥质粉砂岩，泥岩夹岩屑长石细砂岩，粉砂岩，含叶肢介 *Diestheria jeholensis*，*Yanshania dabeigouensis*，*Y. elongata*，*Taeniestheria qingquanensis*，*Diestheria yixianensis*，*D. longinqua*，*D. dahuichangensis*，*D. ovata*，*D. gigantea*，*D. liyingensis*，*D. xiaolanggouensis*，*Eosestheria dongguayuanensis*，*E. lingyuanensis*，*Eosestheria xiguayuanensis*，*E. xiaolanggouensis*，*E. sunyingziensis*，*Yumenestheria luanpingensis*，*Jiliaoestheria zhangjiawanensis* 等；昆虫 *Ephemeropsis trisetalis*；介形类 *Cypridea sulcata*，*Cypridea* cf. *sinensis*，*Cypridea tubercularis* Pang，*Cypridea dabeigouensis* Yang，*C. dadianziensis* Pang 等；双壳类 *Sphaerium jeholense*；腹足类 *Probaicatia vitimensis* 等；鱼类 *Lycopteria davidi* 等化石。该地层总体具有大店子组特征，应划归大店子组。

滦平盆地中部，西瓜园组底部为灰褐色、褐黄色厚—巨厚层状含砾粗砂岩，夹紫色粉砂岩、细砂岩，有较多的细砾岩透镜体，发育斜层理，为典型的湖盆边缘河流相、三角洲相沉积层；下部为灰色、灰褐色、紫色薄—中厚层中—细粒石英长石砂岩和泥质粉砂岩，夹含砾砂岩和砂砾岩，向上出现以富含各种藻类的灰色、灰黑色中厚层泥岩，钙质泥岩和粉砂质泥岩为主，局部夹黑色泥页岩。顶界以宏观藻类泥岩的消失为标志，中部地层没有发现动物化石。上部开始出现8～10m厚的粉红色、灰白色薄—中厚层粗—细粒砂岩，之后总体岩性为灰绿色、灰黄色粉砂岩、泥质粉砂岩，灰黑色薄层—页片状钙质粉砂质页岩及泥岩夹粉砂质泥灰岩，局部夹含砾砂岩、粗砂岩、细砂岩。在灰黑色薄层—页片状钙质粉砂质页岩中有叶肢介 *Eosestheria* aff. *middendorfii*，*E. persculpta*，*E. triformis*，*E. jingangshanensis*，*E. xiaonangouensis*，*E. wangjiagouensis*，*E. yanqingensis*，*E.* cf. *elliptica*，*Diestheria* sp.，*Yanshania* sp. 等；鱼类 *Lycopteria davidi*，*Peipiaosteus* sp. 等；介形虫 *Lycopterocypris deblis*，*L. infantilis*，*Cypridea* sp. 等；植物 *Archaefructus liaoningensis*；昆虫 *Aeschnidium heishankowense*，*Ephemeropsis trisetalis*（田树刚等，2008）。依据化石组合及地层层序，除李营西山所划西瓜园组（田树刚等，2008）（可与义县组中、下部地层对比）外，滦平盆地中部的西瓜园组可以与辽西义县组朱家沟层及金刚山层对比。

三、赤峰地区义县组划分与对比

赤峰地区义县组与滦平地区大店子组极为相似，均以河湖相沉积为主，火山岩不发育，与下伏大北沟组整合接触，含东方叶肢介、女星介、蒙古介、三尾拟蜉游、狼鳍鱼等热河生物群典型分子。从化石组成来看，赤峰地区义县组化石层位与辽西义县组中下部层位基本相当。

赤峰地区义县组之下的大北沟组有多层火山岩，下部有玄武安山岩，中部有流纹质凝灰熔岩，上部有玄武安山岩，此外还包含多层蓝灰色、蓝绿色凝灰粉砂岩、细砂岩。总体上具有较多的火山凝灰物质（图 3－30），一般在 30%～40%之间，砂岩成熟度总体偏低，以岩屑杂砂岩为主，砂质磨圆度相对较低，以次棱角为主、次圆状为辅。然而义县组所含的火山物质偏少，仅见一层基性火山岩夹层，砂岩中凝灰物质较少，岩石成熟度相对较高，胶结物以钙泥质为主，一般为 10%～30%，以长石杂砂岩为代表，砂质磨圆度相对较高，以次圆状为主、次棱角状为辅。

图 3－30　赤峰地区大北沟组蓝灰色凝灰质岩屑砂岩

滦平地区大北沟组也具有较多的火山物质，除了含角砾凝灰岩夹层外，局部地区发现了少量酸性凝灰熔岩，沉积岩胶结物以凝灰为主，岩石成熟度也相对较低。而大店子组岩石成熟度相对较高，凝灰胶结物相对较少，钙质成分相对增加。

此外，赤峰、滦平地区大北沟组与义县组（或大店子组）的界线性质基本类似，均为整合接触，如果剔除火山岩，两者基本上是由砂质砾岩、砂岩、粉砂岩组成韵律层，经过多次韵律叠覆而过渡。因此，赤峰地区义县组层位基本上与冀北大店子组相当，岩石地层完全可以对比。

四、冀北丰宁县花吉营子盆地义县组划分与对比

花吉营子盆地义县组底部以一层不稳定的砂砾岩不整合在张家口组之上，自下而上有两套中性火山岩系，中间夹一套砂砾岩和页岩等沉积层，其下缺失大北沟组，其上部亦未见九佛堂组覆盖。从以往的资料得知，该沉积层中含有叶肢介 *Eosesteria fengningensis*，*E. ramulosa*，*E.* cf. *elongata*，*E. lingyuanensis*，*Fengninggrapta huajiyingensis*；鱼类 *Peipiaosteus fengningensis*；双壳类 *Arguniella subcentris*，*A.* cf. *sibirica*，*A. curta*；腹足类 *Valiata* sp.，*Lymnaea guyangensis*；昆虫 *Ephemeropsis trisetalis*；植物 *Coniopteris* sp.，*Czekanowskia* sp. 等化石。该沉积层大体可与义县组层型剖面的砖城子层、北票尖山沟层等层位对比。

五、冀北丰宁县森吉图盆地义县组划分与对比

森吉图盆地的义县组为一套较典型的火山-沉积岩系。火山岩以中性、中基性为主，夹 3 个主要沉积夹层，其下与茶棚组（大北沟组）整合接触。义县组第一个沉积夹层称为桥头层，以砂岩为主夹泥页岩，含热河生物群中期化石组合，产鸟类等化石，可作为主要标志层，与典型的砖城子层和尖山沟层、建昌盆地的罗家沟层、凌源盆地的大新房子层对比。第二个沉积夹层——碾子沟层及第三个沉积层——过河道砂岩层大体上分别相当于阜新-义县盆地义县组典型剖面上部的大康堡层和朱家沟层。火山沉积旋回也可与义县组层型剖面完全对比。

六、辽西—冀北—赤峰地区义县组—大店子组地层对比

依据上述辽西—冀北地区各个盆地义县组/大店子组及其相关地层的岩石地层特征及地层对比，编制辽西—冀北地区地层对比表 3-2 和辽西—冀北地区义县组、大店子组、西瓜园组划分对比图 3-31。

表 3-2　辽西—冀北地区地层对比表

辽西地区	阜新-义县盆地	北票四合屯盆地	建昌盆地谷家岭地区	建昌盆地要路沟地区	凌源盆地	冀北地区滦平盆地	森吉图盆地	围场县清泉盆地		花吉营盆地	赤峰地区孤山子盆地	宁城盆地烟筒沟剖面
九佛堂组	九佛堂组	第四系	九佛堂组	九佛堂组	第四系	九佛堂组	青石砬组	南店组		第四系	汉诺坝组	九佛堂组
义县组四段	黄花山层＋ 酸性火山岩		中性火山岩 酸性火山岩	流纹质火山岩＋ 凝灰粉砂岩 （三门店层）	酸性火山岩	西瓜园组	粗面安山岩	安山岩 沉积岩 流纹岩 安山岩 玄武安山岩	原花吉营组上部	安山岩 粗安岩		基性—酸性火山岩 义县组 49—53层
	金刚山层		三道沟沉积层	前狮沟层	平房西层		过河道沉积层					义县组 40—48层
	中性火山岩		安山岩	中酸性火山岩	中酸性火山岩							
	朱家沟层	中粗砾岩层	后司杖子沉积层	小郎家沟层	大东沟层		粗面岩 粗面安山岩					义县组 31—39层
义县组三段	基性火山岩	基性火山岩	安山岩		中酸性火山岩							
义县组二段	大康堡层	尖山沟层与中性—酸性火山岩	牛蹄山沉积层 上部	罗家沟上部层	大新房子	大店子组四段	碾子沟沉积层	沉积岩	原花吉营组下部	安山岩	义县组沟 脑剖面 25—34层	义县组 26—30层
	中基性火山岩		安山岩					玄武岩				安山岩
	砖城子层		牛蹄山沉积层 下部	罗家沟下部层		大店子组三段	粗面安山岩 桥头沉积层	沉积岩	原西瓜园组	含砾砂岩 夹泥岩、砂岩 砂砾岩		义县组 20—25层
义县组一段	中基性火山岩 业南沟层	中基性火山岩 六台层 下土来沟层	谷家岭 上部沉积层	上白庙层(螺层) 酸性火山角砾岩	中酸性火山岩	大店子组二段	流纹岩 安山岩	沉积岩		页岩、粉砂岩、砂岩、泥岩	义县组沟 脑剖面 8—24层	义县组 13—19层
	中基性火山岩 老公沟层 中基性火山岩 平房层	中基性火山岩 陆家屯层 基性火山岩	谷家岭 下部沉积层	要路沟沉积层 基性火山岩	黄土梁沉积层	大店子组一段	大成号沉积层 岔菜沟安山岩	安山岩 玄武安 山岩		安山岩 砾岩		义县组 1—12层
土城子组	髫髻山组	土城子组	土城子组	土城子组	张家口组	大北沟组	茶棚组	大北沟组		张家口组	大北沟组	太古宙片麻岩

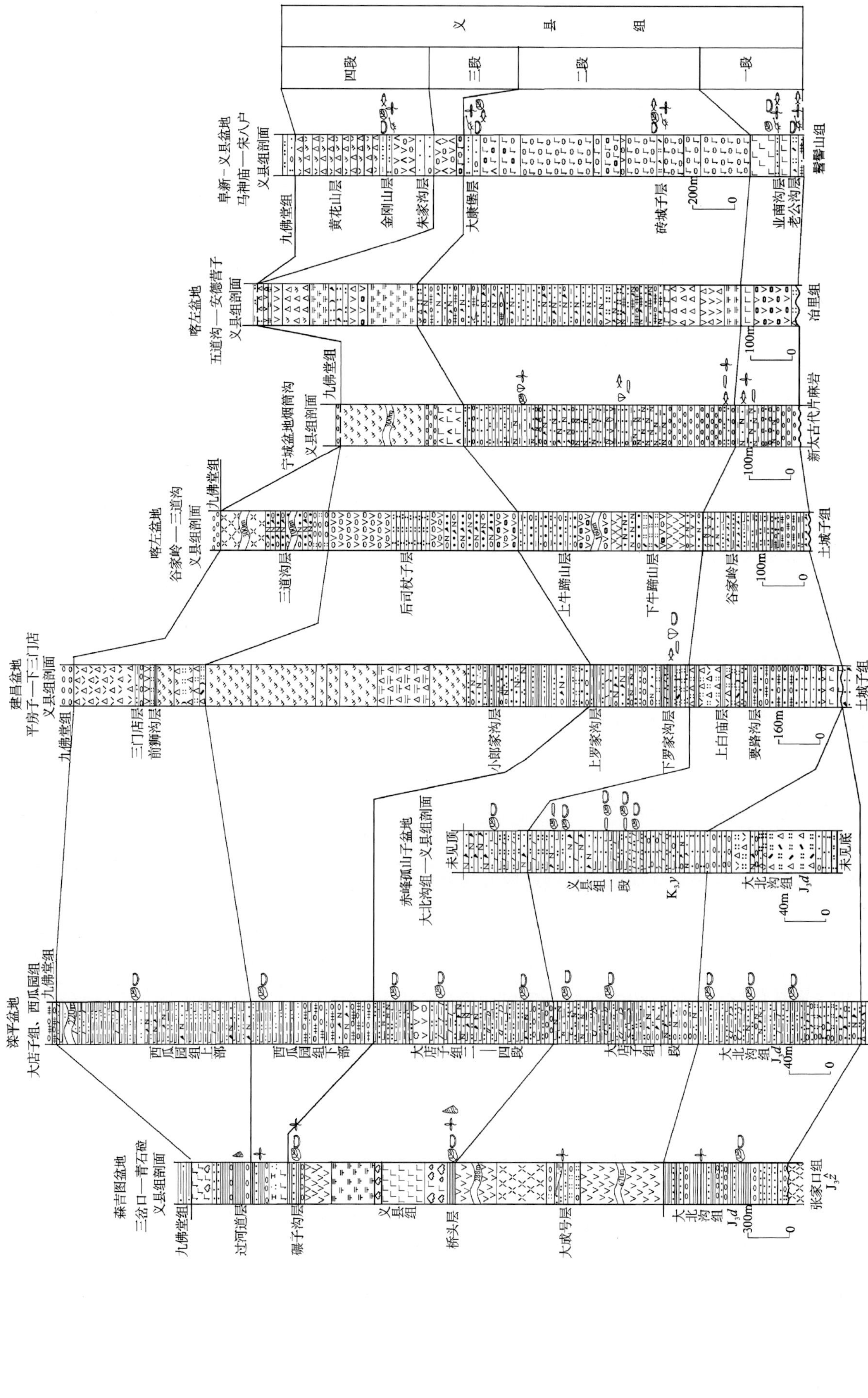

图 3-31　辽西—冀北地区义县组、大店子组、西瓜园组划分对比图

（盆地及主要剖面分布见图 3-1、图 3-12，花纹图例参见图 3-28）

第四章 辽西义县组与冀北大店子组及相关地层的生物-年代地层对比

第一节 辽西地区义县组生物地层特征

辽西地区义县组自东而西主要分布在阜新-义县盆地、北票四合屯盆地、紫都台(黑城子)盆地、新台门盆地、建昌盆地、大平房-梅勒营子(胜利)盆地、大城子-四官营子盆地、凌源盆地及地跨内蒙古自治区与辽宁省的宁城盆地(见图1-4 辽西地区中生代盆地分布图)。在这些盆地中,义县组广泛分布,多以火山岩夹沉积岩层为主,仅在部分地区沉积层总厚度大于或近等于火山岩层的总厚度,且在确切层位上主体表现为前者在下、后者在上。其中,阜新-义县、北票四合屯、建昌、大城子-四官营子和凌源等盆地的义县组最具代表性,并富含鸟类、恐龙、翼龙、有鳞类、离龙、哺乳类、龟鳖类、蛙类、蝾螈类、鱼类、介甲类(叶肢介)、介形类、虾类、昆虫类、鲎虫类、蜘蛛类、双壳类、腹足类、植物、孢粉、轮藻和藻类逾22个门类化石。义县组一般厚1000～2000m,最厚逾3000m,多以角度不整合覆盖在土城子组之上,在局部地区见其与下伏张家口组呈平行不整合接触。现按主要代表性盆地、分生物门类及其赋存层位将义县组生物地层特征叙述如下。

一、辽西义县组叶肢介化石产出特征

(一)义县组叶肢介化石分布

1. 阜新-义县盆地义县组标准剖面区的叶肢介化石

马神庙—宋八户义县组剖面是辽西义县组标准地层剖面,义县组沉积层自下而上可划分出老公沟层、业南沟层、砖城子层、大康堡层、朱家沟层、金刚山层6层。除朱家沟层外均产有叶肢介化石。老公沟层主要在三道壕南沟,产 *Eosestheria*(*Diformograpta*)*ovata*;业南沟层主要在尖山子西,产 *Eosestheria*(*Diformograpta*) cf. *gongyingziensis*;砖城子层、大康堡层、金刚山层是叶肢介化石的主要产出层。

(1)砖城子层主要产出地和叶肢介属种。

刀把地东:*Eosestheria*(*Filigrapta*) *zhuanchengzhiensis*,*E.*(*F.*)*jianshangouensis*;英窝山南、北沟:*Eosestheria*(*Diformograpta*) sp.,*Filigrapta*? sp.;金家沟南分水岭南坡:*Eosestheria*(*Filigrapta*) *taipinggouensis*,*E.*(*F.*) *phalosana*,*Eosestheria sihetunensis*,*Eosestheria*(*Diformograpta*) *gongyingziensis*;金家沟东北铁路边:*Eosestheria*(*Filigrapta*)*phalosana*,*E.*(*F.*) cf. *taipinggouensis*;腰马山沟:*Eosestheria*(*Filigrapta*)*jianshangouensis*,*E.*(*F.*) cf. *taipinggouensis*,*E.*(*F.*) sp.,*Eosestheria*(*Clithrograp*) cf. *lingyuanensis*,*Neimongolestheria*(*Zhaomengestheria*) sp.。

(2)大康堡层主要产出地和叶肢介属种。

靖家屯东沟:*Diestheria longinqua*,*D. yixianensis*,*Eosestheria*(*Filigrapta*)*jianshangouensis*;潘

家沟西：*Diestheria yixianensis*；*Jiliaoestheria* sp.；张家湾北：*Eosestheria*（*Diformograpta*）*gongyingziensis*，*Jiliaoestheria zhangjiawanensis*；陶南沟：*Eosestheria*（*Filigrapta*）cf. *jianshangouensis*，*E.*（*F.*）*taipinggouensis*；王家沟西炸药库：*Eosestheria*（*Dongbeiestheria*）cf. *siliqua*，*E.*（*D.*）*yushugouensis*，*Eosestheria*（*Filigrapta*）*jianshangouensis*，*Eosestheria*（*Asioestheria*）sp. 及小卵形薄壳似无饰叶肢介 *Diestheria subolonga*，*D. abnormis*；杨家沟：*Eosestheria*（*Diformograpta*）*gongyingziensis*；敖家沟北：*Eosestheria*（*Filigrapta*）sp.；李家沟：*Diestheria yixianensis*，*D. lijiagouensis*，*Eosestheria*（*Filigrapta*）*taipinggouensis*；河夹心：*Diestheria hejiaxinensis*，*Eosestheria*（*Dongbeiestheria*）*fuxingtunensis*，*E.*（*D.*）*yushugouensis*；破台子：*Eosestheria*（*Filigrapta*）sp.；王油匠沟：*Eosestheria*（*Clithrograpta*）cf. *lingyuanensis*，*Eosestheria*（*Filigrapta*）cf. *taipinggouensis*，*Eosestheria*（*Diformograpta*）*gongyingziensis*，*Diestheria*? sp.；白台沟：*Diestheria yixianensis*，*Eosestheria*（*Diformograpta*）sp.，*Eosestheria*（*Filigrapta*）sp.，*Eosestheria*（*Clithrograpta*）sp.；四方台：*Eosestheria*（*Filigrapta*）*taipinggouensis*；何家沟水库：*Eosestheria*（*Filigrapta*?）sp.。

（3）金刚山层主要产出地和叶肢介属种。

朱家沟东：*Eosestheria elliptica*；枣茨山：*Eosestheria jingangshanensis*，*E. elliptica*，*Eosestheria changshanziensis*，*E.*? *ovaliformis*，*Eosestheria*（*Diformograpta*）aff. *middendorfii*，*E.*（*D.*）*triformis*，*E.*（*D.*）*persculpta*，*Eosestheria*（*Dongbeiestheria*）*fuxingtunensis*，*E.*（*D.*）*tereovata*，*E.*（*D.*）*yushugouensis*；金刚山：*Eosestheria jingangsganensis*，*Eosestheri*（*Diformograpta*）*gongyingziensis*，*E.*（*D.*）sp.。

2. 北票四合屯盆地的叶肢介化石

义县组沉积层自下而上可划分出陆家屯层、下土来沟层和尖山沟层。后两层产有叶肢介化石，尤以尖山沟层为多。

上园地区下土来沟层产有 *Eosestheria*（*Diformograpta*）*ovata*，*Clithrograpta* cf. *lingyuanensis*。

四合屯地区尖山沟层主要产出地和叶肢介属种如下。

四合屯：*Eosestheria sihetunensis*，*Eosestheria*（*Diformograpta*）*ovata*，*E.*（*D.*）*gongyingziensis*，*Eosestheria*（*Clithrograpta*）*lingyuanensis*，*Neimongolesthria*（*Zhaomengestheria*）cf. *exmia*，*Jiliaoestheria ovata*，*J. longipoda*，*J. libalanggouensis*，*J.* sp.，*E.*（*D.*）aff. *middendorfii*（*Jones*），*E.*（*D.*）cf. *valida*，*Eosestheria*（*Filigrapta*）*taipinggouensis*，*E.*（*F.*）*taipinggouensis*? *E.*（*F.*）*jianshangouensis*，*Eosestheria*（*Dongbeiestheria*?）sp.；黄半吉沟北：*Eosestheria*（*Filigrapta*）*jianshangouensis*，*Eosestheria sihetunensis*，*Eosestheria*（*Diformograpta*）*ovata*，*E.*（*D.*）*gongyingziensis*，*Jiliaoestheria huangbanjigouensis*，*Diestheria*? sp.；黄半吉沟东山：*Eosestheria sihetunensis*，*Eosestheria*（*Diformograpta*）*gongyingziensis*，*E.*（*D.*）*ovata*，*Jiliaoestheria zhangjiawanensis*，*J. nematocomperta*，*J. libalanggouensis*，*J. clithroformis*，*J. hengdaoziensis*，*Eosestheria*（*Filigrapta*）aff. *jianshangouensis*，*E.*（*F.*）*taipinggouensis*，*E.*（*F.*）*phalosana* 及薄壳无饰叶肢介；尖山沟西、东山坡：*Eosestheria*（*Diformograpta*）*ovata*，*E.*（*D.*）*gongyingziensis*，*Eosestheria*（*Filigrapta*）*equilateralis*，*E.*（*F.*）*jianshangouensis*，*E.*（*F.*）*producta*，*E.*（*F.*）*phalosana*，*E.*（*F.*）*taipinggouensis*，*E.*（*F.*）*producta*，*E.*（*F.*）*corpulepta*，*Eosestheria*（*Dongbeiestheria*?）*nematocomperta*；瓜地沟西山坡：*Eosestheria*（*Filigrapta*）*jianshangouensis*，*E.*（*F.*）*taipinggouensis*，*Diestheria* ? sp.；横道子北山西坡：*Eosestheria*（*Diformograpta*）*ovata*，*Jiliaoestheria libalanggouensis*，*Eosestheria*（*Filigrapta*）*jianshangouensis*，*Eosestheria*（*Dongbeiestheria*）sp.；伍代沟北山：*Eosestheria* cf. *sihetunensis*，*Eosestheria*（*Dongbeiestheria*）*yushugouensis*，*Eosestheria*（*Filigrapta*）sp.，*Diestheria*? sp.；李八郎沟东沟：*Eosestheria sihetunensis*，

Eosestheria (*Clithrograpta*) *lingyuanensis*, *Eosestheria* (*Diformograpta*) *ovata* (*Chen*), *E.* (*D.* ?) aff. huanghuagouensis, E. (D.) gongyingziensis, Jiliaoestheria libalanggouensis, J. heitizigouensis, J. clithroformis, J. beipiaoensis, J. longipoda, Eosestheria (Filigrapta) jianshangouensis, E. (F.) taipinggouensis, Neimongolestheria (Zhaomengestheria?) sp., *Chaoyangestheria* (*Digrapta*) *zhangjiawanensis*, *C.* (*D.*) *luanpingensis* 及薄壳无饰、似无饰叶肢介；上园三家子：*Diestheria longingqua*, *D. shangyuanensis*, *Eosestheria* (*Diformograpta*) *gongyingziensis*, *E.* (*D.*) cf. *gongyingziensis*, *Eosestheria* (*Filigrapta*) *taipinggouensis*, *E.* (*F.*) *jianshangouensis*, *E.* (*F.*) *producta*, *Eosestheria* (*Dongbeiestheria*) *siliqua*, *Asioestheria*) sp., *Jiliaoestheria huangbanjigouensis*。

上述叶肢介以 *Eosestheria*(*Filigrapta*), *Eosestheria*(*Diformograpta*)为主，其次为 *Eosestheria* (*Clithrograpta*)，并有少量的 *Zhaomengestheria*, *Eosestheria*, *Diestheria*? *Chaoyangestheria*? 及 *Dongbeiestheria*?，值得指出还有不少 *Jiliaoestheria*。

3. 建昌盆地的叶肢介化石

(1) 在谷家岭地区义县组沉积层自下而上可划分出谷家岭层、牛蹄山层、后司杖子层和三道沟层。仅在谷家岭层发现叶肢介化石，主要有 *Eosestheria*(*Clithrograpta*)*gujialingensis*, *Orthestheria*? sp., *Eosestheria*(*Filigrapta*)*taipinggouensis*, *Eosestheria*(*Diformograpta*)*gongyingziensis*。

(2) 在上白庙地区义县组沉积层自下而上可划分出要路沟层、上白庙层、罗家沟层、小郎家沟层和前狮沟层，目前仅在罗家沟的罗家沟层发现有 *Eosestheria* cf. *opima*, *Jiliaoestheria ovata*, *Asioestheria* cf. *oblonga*, *Eosestheria* sp.；魏家岭南山有 *Asioestheria* aff. *tuanshanensis*；魏家岭东山有 *Eosestheria* sp., *Paraliograpta* sp.。

4. 凌源盆地的叶肢介化石

义县组沉积层自下而上可划分出黄土梁层、大新房子层、大东沟层和平房西层。目前在凌源范杖子大新房子层发现有 *Eosestheria* (*Diformograpta*) *ovata*, *Eosestheria* (*Clithrograpta*) *lingyuanensis*, *Paraliograpta* sp., *Chaoyangestheria* sp.。

5. 赤峰市大庙-孤山子盆地的叶肢介化石

义县组与大北沟组连续沉积，在沟脑村北沟相当义县组下部沉积层中，发现有 *Neimongolestheria* (*Zhaomengestheria*) *exmia*, *Neimongolestheria* (*Plocestheria*) *chifengensis*, *Eosestheria sihetunensis*, *Eosestheria* (*Clithrograpta*) *lingyuanensis sihetunensis*, *Yanjiestheria* sp.；张家沟南沟有 *Neimongolestheria* (*Plocestheria*) *chifengensis*, *N.* (*P.*) *zhangjiagouensis*, *N.* (*P.*) *damiaoensis*, *Neimongolestheria* (*Zhaomengestheria*) *exmia*, *Eosestheria sihetunensis*, *Eosestheria* sp., *Jiliaoestheria ovata*, *J.* cf. *striaris*, *Yanjiestheria duolunensis*, *Y.* cf. *duolunensis*。此外，在大庙有 *Eosestheria* (*Asioestheria*) *damiaoensis*。

(二) 义县组叶肢介化石组合分析

王五力等(1987, 1989)将义县组所含叶肢介总称为：*Eosestheria* 群。

自下而上划分为：① *Filigrapta* 亚群(早义县期)；② *Eosestheria* 亚群(晚义县期)。

陈丕基、沈炎彬(1976, 1985, 1999)自下而上总结为：*Eosestheria* 群(包括了义县组-阜新组的叶肢介)。

王五力(2004)将义县组的叶肢介总结为 *Eosestheria* - *Eosestheria* (*Filigrapta*) - *Eosestheria* (*Clithrograpta*) - *Diestheria* 组合，又细分为 3 个亚组合。

1. 义县组中、下部叶肢介亚组合

义县组中、下部叶肢介为 *Eosestheria* - *Diestheria* - *Jiliaoestheria* - *Chaoyangestheria* (*Digrapta*) -

Neimongolestheria(*Plocestheria*)亚组合。其中,自下而上可分为多个地方性亚组合:

(1) 义县期初期 *Eosestheria* (*Diformograpta*)- *Eosestheria* (*Clithrograpta*)- *Yanjiestheria* (*Yanshania*)- *Taeniestheria* 亚组合(老公沟层、下土来沟层、大店子层下部)。

(2) 义县期早期阜新—义县地区地方性 *Eosestheria*(*Filigrapta*)- *Eosestheria*(*Diformograpta*)- *Eosestheria*(*Clithrograpta*)亚组合(砖城子层);北票四合屯地区地方性 *Eosestheria*(*Filigrapta*)- *Eosestheria*(*Diformograpta*)- *Eosestheria*(*Clithrograpta*)- *Jiliaoestheria* 亚组合(尖山沟层);冀北滦平地区地方性 *Eosestheria*(*Clithrograpta*)- *Jiliaoestheria* - *Chaoyangestheria*(*Digrapta*)亚组合(大店子层上部)。

(3) 义县期早期赤峰孤山子地方性 *Eosestheria* - *Neimongolestheria* (*Zhaomengestheria*)- *Neimongolestheria*(*Plocestheria*)亚组合 。

2. 义县组中、上部叶肢介亚组合

义县组中、上部叶肢介为 *Eosestheria* - *Diestheria* 亚组合。地方性亚组合为阜新—义县地区地方性 *Eosestheria*(*Filigrapta*)- *Eosestheria*(*Diformograpta*)- *Diestheria* - *Eosestheria*(*Clithrograpta*)- *Dongbeiestheria* 亚组合(大康堡层);冀北滦平地区地方性 *Diestheria* 亚组合(大店子层顶部)。

3. 义县组上部叶肢介亚组合

义县组上部叶肢介主要产在金刚山层,为 *Eosestheria fuxinensis* - *Eosestheria jingangshanensis* - *Eosestheria changshanziensis* 亚组合。

义县组中、下部 *Eosestheria* - *Diestheria* - *Jiliaoestheria* - *Chaoyangestheria*(*Digrapta*)- *Neimongolesthria* (*Plocestheria*)亚组合和义县组中、上部 *Eosestheria* - *Diestheria* 亚组合,可与冀北地区大店子组的叶肢介组合大致对等对比。义县组上部 *Eosestheria fuxinensis* - *Eosestheria jingangshanensis* - *Eosestheria changshanziensis* 亚组合可与西瓜园组叶肢介组合大致对比。

本次研究将义县组叶肢介组合重新简化,自下而上划分为:

(1) *Eosestheria*(*Diformograpta*)*ovata* - *Eosestheria*(*Filigrapta*)*jianshangouensis* 组合(老公沟层—尖山沟层、砖城子层)。

(2) *Jiliaoestheria clithroformis* - *J. striaris* 组合(尖山沟层)。

(3) *Eosestheria*(*Diformograpta*)*gongyingziensis* - *Diestheria yixianensis* 组合(大康堡层)。

(4) *Eosestheria jingangshanensis* - *Eosestheria changshanziensis* 组合(金刚山层)。

二、辽西义县组介形类化石产出特征

(一) 义县组介形类化石分布

1. 阜新-义县盆地的介形类化石

该盆地义县组在盆地南部大凌河南、北地区发育较为典型,尤以马神庙—宋八户义县组剖面为代表。自下而上分为老公沟层、业南沟层、砖城子层、大康堡层、朱家沟层和金刚山层,其中除业南沟层和朱家沟层迄今未发现介形类化石外,其余 4 个沉积夹层均含介形类化石(表 4 - 1)。但该剖面的义县组底部出露不全,在义县头道河乡老虎沟北山至三道壕之西的平房子村一带,老公沟层之下出露了灰色含角砾安山岩、含集块安山质火山角砾岩和灰黑色玄武岩,厚约 240m,再下为绿灰色、灰色中—厚层砾岩、砂砾岩和灰白色、褐灰色粗粒岩屑长石砂岩,厚约 30m,呈角度不整合覆盖在髫髻山组之上。我们将此沉积层称为平房子层(目前尚未发现化石),并作为义县地区义县组最底部的沉积层,其层位与北票上园地区义县组底部的陆家屯层相当。

表 4-1　辽西—赤峰地区中生代主要盆地义县组介形类化石分布层位表

盆地及层位 / 属种名称	阜新-义县盆地				四合屯盆地（上园镇）		建昌盆地			大城子-四官营子盆地		凌源盆地	宁城及孤山子盆地	
	L	Zh	D	J	X	Jsh	S	Lj	Q	Sh	Wj	Dx	Xt	G
Cypridea(*C.*)*liaoningensis*						+							cf.	
C.(C.)*biventricostata*							+	+		+				
C(C.)*ganzhaoensis*								+		+	+	+		
C.(C.)*suborthocera*										+	+			
C.(C.)*venustata*										+				
C.(C.)*tubercularis*	cf.													
C(C.)*spatiosa*										+				
C.(C.)*sublaeva*										+				
C(C.)*luanpingensis*								+					+	
C.(C.)*rehensis*	+													
C.C.*dadianziensis*										+				+
C.(C.)*baimagouensis*										+				
C.(C.)*sulcata*								+		+		+		+
C.(C.)*priva*	+													
C.*laogonggouensis*	+													
C.(C.)*subgranulosa*										+				
C(C.)*sandaohaoensis*	+													
C.C.*lingyuanensis*										+				
C.(C.)*subactuosa*								+		+				
C.(C)*yingwoshanensis*		+												
C.(C.)*rostella*			+											
C.(C.)*veridica*			+											
C.(C.)*arrecta*			+											
C.(C.)*decorosa*			+											
C.(C.)*jingangshanensis*				+										
C.(C.)*zaocishanensis*				+										
C.(C.)*congenita*				+										
C.(C.)*placida*				+										
C(C.)*deplecta*				+										
C.(U.)*beipiaoensis*						+								
C.(U.)*muriculata*								+		+				
C.(U.)*semiovata*										+				
Yumenia cadida	+													

续表 4-1

盆地及层位 / 属种名称	阜新-义县盆地				四合屯盆地（上园镇）		建昌盆地			大城子-四官营子盆地		凌源盆地	宁城及孤山子盆地	
	L	Zh	D	J	X	Jsh	S	Lj	Q	Sh	Wj	Dx	Xt	G
Y. heitizigouensis						+								
Y. shangyuanensis						+		+						
Y. luojiagouensis							+	+	+					
Y. yaolugouensis							+	+						
Y. unidorsalta							+							
Daurina dabeigouensis						+							+	
Yanshanina postitruncata						+								+
Limnocypridea subplata	+				+	+	+	+	+	+		+	+	+
L. abscondida							+	+						
Mongolianell palmosa	+	+				+	+	+				+	+	
M. subtrapezoidea	+					+	+	+		+		+		+
M. yixianensis	+							+				+		+
M. sandaohaoensis	+							+						
M. breviscula	+							+				+		
M. gigantea								+						
M. ? laogonggouensis	+													
M. gracililonga								+						
Mantelliana cirideltata						+		+				+		
M. suboblonga						+		+						
M. beipiaoensis						+								
Clinocypris scolia	+													
Cl. parascolia	+													
Djungarica camarata	+							+		+	+			
D. procurva										+				
Eoparacypris dadianziensis	+													
E. jingshangensis								+						
Luanpingella postacuminata	+													
Jianchangella dorsicostata							+	+	+					
Damonella circulata						+	+	+		+	+			
D. extenda							+	+		+				
D. formosa						+								
D. sublongovata						+								
D. subsymmetrica	+									+				
Lycopterocypris debilis	+	+												

续表 4－1

盆地及层位 / 属种名称	阜新-义县盆地				四合屯盆地（上园镇）		建昌盆地			大城子-四官营子盆地		凌源盆地	宁城及孤山子盆地	
	L	Zh	D	J	X	Jsh	S	Lj	Q	Sh	Wj	Dx	Xt	G
L. infantilis	+		+	+		+				+				
Ziziphocypris linchengensis				+			+	+		+				
Candona yingwoshanensis		+												
C. humifusa			+											
Candoniella simplica			+											
Jinzhouella longissima		+												
J. longirenaria		+												
Rhinocypris subechinata	+								+	+				+
Rh. jurassica						+								
Rh. echinata													+	
Timiriasevia eminula								+						
T. jianshangouensis						+								
T. fenestrata			+											
Timiriasevia pusilla										+				
T. cf. *polymorpha*	+													
T. corcava			+											
Darwinula contracta	+				+	+		+		+			+	
D. leguminella						+		+		+				
D. dadianziensis	+					+				+				
D. mashenmiaoensis	+					+	+	+						
D. oblonga						+								
D. liaoxiensis	+					+								

注：L. 老公沟层；Zh. 砖城子层；D. 大康堡层；J. 金刚山层；X. 下土来沟层；Jsh. 尖山沟层；S. 上白庙层；Lj. 罗家沟层；Q. 前狮沟层；Sh. 上三官庙层；Wj. 王家营子层；Dx. 大新房子层；Xt. 西台子北沟层；G. 沟脑层。

1）义县组下部老公沟层介形类化石

老公沟层的介形类化石主要分布在义县头道河乡老公沟至金家沟之西一线。其中，老公沟（马神庙—宋八户剖面第 7 层、第 8 层）和三道壕（南沟剖面第 1—9 层）两地介形类化石属种和个体数量较多，保存较好，赋存在紫灰色、紫红色、绿灰色粉砂质泥岩和泥质粉砂岩中，迄今共发现 13 属逾 32 种（表 4－1），归属于 *Cypridea*（*C.*）*liaoningensis* － *Daurina dabeigouensis* － *Djungarica camarata* 组合带下部的 *Cypridea*（*C.*）*rehensis* － *Limnocypridea subplana* － *Djungarica camarata* 亚组合带（张立君等，2004）。除亚组合带的代表分子外，个体数量较多的还有 *Cypridea*（*C.*）*laogonggouensis*，*Mongolianella palmosa*，*M. yixianensis*，*M. sandaohaoensis*，*Damonella circulata* 等；个体数量相对少的有 *Cypridea*（*C.*）*priva*，，*C. sandaohaoensis*，*C.* cf. *tubercularis*，*Eoparacypris dadianziensis*，*Luanpingella postacuminata*，*Damonella subsymmetrica*，*D. formosa*，*D. extenda*，*Darwinula nashengmiaoensis*，*D. liaoxiensis*，*D. dadianziensis* 等。该亚组合带的主要特征是：①*Cypridea* 属的 5 个种均为左瓣大于右瓣，个体大小为中等或近中等，壳面纹饰较简单，以壳面仅具网纹、网纹伴有小结节或小刺型为主，壳面

光滑类型占少数，壳喙较小，凹痕浅而短；②*Mongolianella* 属的成员较多，个体较大，在组合中居重要地位；③*Darwinula* 和 *Damonella* 属的分子略多，出现少量由大北沟组延续上来的 *Eoparacypris dadianziensis* 和 *Luanpingella postacuminata*；④*Yumenia*，*Rhinocypris* 和 *Timiriasevia* 等属的分子仅少量出现。

2）义县组砖城子层介形类化石

该层介形类化石主要产于义县头道河乡刀把地和英窝山一带（王五力等，2004）的灰色泥灰岩、黄绿色含钙粉砂质泥岩，以 *Cypridea*（*C.*）*yingwoshanensis*，*Candona yingwoshanensis*，*Jinzhouella longissima*，*J. longirenaria*，*Lycopterocypris infantilis* 为主，曾被称为 *Cypridea*（*C.*）*liaoningensis* - *Daurina dabeigouensis* - *Djungarica camarata* 组合带的 *Cypridea*（*C.*）*yingwoshanensis* - *Jinzhouella* 亚组合。该亚组合的主要特征是：①以中等个体为主，*Candona*，*Jinzhouella* 属的成员壳体长均超过壳高的两倍；②壳面纹饰简单，除 *Cypridea* 的代表壳面具网纹外，其余类群壳面均光滑；③属种类型较少，个体数量较多，即分异度低而丰度高。

3）义县组大康堡层介形类化石

该层介形类化石分布在义县头台乡亮甲山和于家沟一带，在后一产地介形类化石不但类型多，而且个体颇丰富。张立君（1985）曾将产于于家沟的介形类层位划归九佛堂组下部，后在头台乡荒地一带见义县组上部的粗安岩层整合覆盖在大康堡层之上，因该地大康堡层上部与于家沟含介形类化石层位相当，故将于家沟一带含介形类化石的层位改划为大康堡层上部，遂建立以 *Cypridea*（*C.*）*rostella* - *Timiriasevia fenestrata* 为代表的介形类化石组合带。该组合带除组合的代表分子外，尚有 *Cypridea*（*C.*）*veridica*，*C.*（*C.*）*arrecta*，*C.*（*C.*）*decorosa*，*Candona humifusa*，*Candoniella simplica*，*Lycopterocypris infantilis*，*Darwinula contracta*，*Timiriasevia corcava* 等。该组合的主要特征是：①*Cypridea*属的分子在组合中占主要地位，个体中等大小，侧视壳体呈卵形、椭圆形或圆矩形，均为左瓣大于右瓣类群，壳面纹饰较弱，分为网纹及网纹具稀疏小点刺两种类型，其中 *Cypridea*（*C.*）*rostella* 和 *C.*（*C.*）*veridica* 个体数量最多；②*Timiriasevia* 属成员在组合中居次，尤其 *T. fenestrata* 丰度高；③组合中出现少量 *Candona* 和 *Candoniella* 等属的代表。该组合除 *Timiriasevia fenestrata* 与北票四合屯地区义县组尖山沟层的 *Timiriasevia jianshangouensis*，*Candona humifusa* 和义县地区义县组砖城子层的 *Candona yingwoshanensis* 有些相似外，其他属种易与下伏介形类化石组合相区别。

4）义县组金刚山层介形类化石

该层介形类化石主要产于义县前杨乡枣茨山村南部和西北部以及锦州英城子一带的灰色、灰白色灰岩，泥灰岩和灰黑色粉砂质泥岩中，以 *Cypridea*（*C.*）*arquata* - *C.*（*C.*）*jingangshanensis* 组合为代表，除组合代表分子外，尚有 *Cypridea*（*C.*）*zaocishanensis*，*C.*（*C.*）*placida*，*C.*（*C.*）*deflecta*，*Ziziphocypris linchengensis* 以及 *Lycopyerocypris infantilis* 等。该组合 *Cypridea* 属的成员个体中等，左瓣均大于右瓣，壳面具网纹，网纹具小锥刺和小结节状装饰，壳喙小而清楚，凹痕短浅；个别属种，如 *Ziziphocypris linchengensis*，壳面纹脊发育，并具稀少肋脊。

2. 北票四合屯盆地的介形类化石

北票四合屯盆地是在金岭寺-羊山盆地基础上形成的早白垩世上叠盆地。该盆地义县组发育不全，缺失义县组上部，自下而上分为陆家屯、下土来沟和尖山沟 3 个含化石沉积层。其中陆家屯层至今未见介形类化石。

1）义县组下土来沟层介形类化石

该层主要分布在北票市上园镇下土来沟一带，厚达 55m，其中灰黑色、灰色粉砂质泥岩含介形类 *Cypridea* sp. 和 *Darwinula contracta* 等，均系内膜，难以进一步鉴定。

2）义县组尖山沟层介形类化石

该层在盆地内广泛分布，在上园镇四合屯、伍代沟、庙沟、横道子、西尖山子、尖山沟、黄半吉沟、大北沟和章吉营子乡黑蹄子沟等地的灰黑色、绿灰色、黄褐色、灰白色泥岩，粉砂质泥岩与泥灰岩中含丰富介形类化石。其中，尖山沟层下部小沉积旋回比上部小旋回的属种分异度和个体数量丰度均高，且化石保存较好。该层介形类以 *Cypridea*(*C.*)*liaoningensis* - *Daurina dabeigouensis* - *Timiriasevia jianshangouensis* 组合带为代表，由 13 属逾 25 种组成(见表 4 - 1)。其主要成员除组合代表分子外，重要的还有 *Cypridea* (*Ulwellia*) *beipiaoensis*, *Limnocypridea subplana*, *Mongolianella subtrapezoidea*, *Mantelliana cirideltata* 等。该组合带主要特征为：①*Cypridea* 属的分子分为左瓣大于右瓣和右瓣大于左瓣两种类型，近椭圆形，个体中等且数量多，壳喙和凹痕清晰，壳面网纹和小结节或结节状刺较发育，为本组合的重要标志性特征之一；② 大、中型个体的 *Daurina dabeigouensis*, *Limnocypridea subplana*, *Mongolianella subteapezoidea* 个体数量不多，但在组合中居重要地位，其中前者前、后背角处脊状隆起明显；③*Yumenia*, *Mantelliana*, *Damonella* 等属的一些分子构成本组合内容的多彩性；④ *Darwinula* 属分异度较高，但丰度较低。值得说明的是，在尖山沟层上部，介形类以 *Damonella* 和 *Darwinula* 两属的成员较为常见，其他属很少见。

3. 建昌盆地的介形类化石

建昌盆地义县组主要分布在盆地的中西部，以盆地南部要路沟上平房—三门店、魏家岭—牛角沟和盆地北部南公营子谷家岭—上胡仙沟 3 条义县组剖面为代表。前一条剖面义县组含化石沉积层较发育，自下而上分为要路沟层、上白庙层、罗家沟下部层、罗家沟上部层、小郎家沟层和前狮沟层。其中，罗家沟层是该盆地义县组的主要化石层，含珍稀的鸟类、恐龙、离龙类、龟类以及被子植物等多门类化石。

1) 义县组要路沟层介形类化石

该层分布在建昌县要路沟乡青石岩至喀左南公营子镇谷家岭一线。在谷家岭村南东相当于要路沟层上部(谷家岭剖面第 11 层)的黄褐色粉砂质泥岩中含保存不佳的介形类化石，主要有 *Cypridea* sp. 和 *Yumenia shangyuanensis*。

2) 义县组上白庙层介形类化石

该层分布同要路沟层，在要路沟乡上白庙村东南山剖面第 9 层和第 16 层深灰色、绿灰色与黄褐色粉砂质泥岩中产 *Yumenia unidorsalta* sp. nov., *Limnocypridea abscondida*, *Jianchangella dorsocostata* gen. et sp. nov., *Mongolianella subtrapezoidea*；在上平房南山青石岩翠绿色沉凝灰岩层之上相当于上白庙剖面第 9 层产 *Cypridea*(*C.*)*biventricostata*, *Yumenia yaolugouensis* sp. nov., *Y. luojiagouensis* sp. nov., *Limnocypridea subplana*, *L. abscondida*, *Mongolianella subtrapezoidea*, *Jianchangella dorsicostata* gen. et sp. nov., *Rhinocypris* sp., *Darwinula mashenmiaoensis*；在魏家岭剖面第 17 层灰白色泥灰岩和绿灰色钙质泥岩中含 *Cypridea*(*C.*)*biventricostata*, *Mongolianella palmosa*, *Damonella extenda*, *D. circulata*, *Ziziphocypris linchengensis* 等。该层介形类化石可称为 *Cypridea*(*C.*)*biventricostata* - *Yumenia luojiagouensis* 亚组合带，归属于建昌盆地义县组 *Cypridea* (*C.*)*biventricostata* - *Yumenia luojiagouensis* - *Djungarica camarata* 组合带下部。该亚组合带的主要特征是：①*Cypridea* 属的分异度低，目前仅见个体数量颇多的 *C.* (*C.*)*biventricostata*，壳面具网纹、小结节状刺和两瓣腹侧有细脊；②出现 *Yumenia* 属的一些代表，其壳饰多样，如有的壳面具网纹，有的还具较多小疣，有的壳面光滑；③*Limnocypridea*, *Mongolianella*, *Damonella* 等属的分子分布不均衡，其中 *Limnocypridea subplana*, *Mongolianella subtrapezoidea* 较常见。

3) 义县组罗家沟层介形类化石

该层分布同要路沟层，以上白庙—罗家沟剖面第 19—25 层为罗家沟层的代表层位。罗家沟北山的介形类主要有 *Cypridea*(*C.*)*biventricostata*, *C.* (*C.*) *ganzhaoensis*, *C.* (*C.*) *luanpingensis*, *C.* (*C.*) *subactuosa* sp. nov., *C.* (*Ulwellia*)*muriculata*, *Yumenia shangyuanensis*, *Y. yaolugouensis* sp. nov., *Y. luojiagouensis* sp. nov., *Y. unidorsalta*, *Limnocypridea subplana*, *L. abscondidai*, *Mongolianella gracililonga* sp. nov., *Djungarica camarata*, *Eoparacypris jingshangensis*, *Mantelliana suboblonga*, *Jianchangella dorsicostata* gen. et sp. nov., *Timiriasevia eminula* 等。魏家岭剖面第 19—24 层相当于

罗家沟层，介形类化石为 *Cypridea*（*C.*）*sulcata*，*C.*（*C.*）*luanpingensis*，*Mongolianella palmosa*，*Darwinula leguminella* 等。谷家岭剖面第 18—22 层相当于罗家沟层，介形类有 *Cypridea*（*C.*）*biventricostata*，*C.*（*C.*）*luanpingensis*，*Limnocypridea subplana*，*Mongolianella subtrapezoidea*，*M. gigantean*，*M. yixianensis*，*M. breviscula*，*Rhinocypris* sp.，*Darwinula contracta* 等。该层介形类化石以 *Cypridea*（*C.*）*luanpingensis* - *Yumenia unidorsalta* - *Djungarica camarata* 亚组合带为代表，由 11 属逾 23 种组成，归属于建昌盆地义县组 *Cypridea*（*C.*）*biventricostata* - *Yumenia luojiagouensis* - *Djungarica camarata* 组合带中部。该亚组合带的特征为：①*Cypridea*，*Yumenia* 两属的成员居优势地位，其分异度和丰度均较高，壳面以具网纹和网纹加瘤刺类群为主，壳面光滑类型占少数，而在盆地北部，*Mongolianella* 属的分异度虽较高，但个体数量不多；② 与之伴生的有 *Limnocypridea*，*Mongolianella*，*Djungarica*，*Timiriasevia* 等属的成员，其中 *Limnocypridea subplana*，*Mongolianella subtrapezoidea* 较为常见，*Djungarica camarata* 个体较多；③出现了过去常见于低层位或高层位的类型，如 *Eoparacypris jingshangensis* 多见于大北沟组，在本亚组合中仅见一个个体，*Limnocypridea abscondida* 和 *Timiriasevia eminula* 多见于九佛堂组，在本亚组合分布的局部层位中出现多个个体。需要说明的是，该亚组合中的 *Cypridea luanpingensis* 在建昌盆地的义县组中曾被定为 *Cypridea* ex gr. *sinensis* 或 *C. sinensis*，从该盆地多处该种内核标本保留的壳饰上来看，其特征与 *Cypridea luanpingensis* 近同，而有别于 *C. sinensis*。罗家沟层介形类亚组合与下伏上白庙层介形类亚组合的差别在于前者 *Cypridea* 和 *Mongolianella* 属的成员较多，*Damonella* 属的类型减少，新出现个体数量较多的 *Timiriasevia eminula*。

4）义县组前狮沟层介形类化石

该层主要分布在建昌盆地南部，以上白庙—三门店义县组剖面上部火山岩层中的沉积夹层为代表（第 38 层）。因含爬行类、鱼类、介形类和昆虫化石，在前狮沟东北山梁发育较好，故称之为前狮沟层。该层绿灰色、深灰色粉砂质泥岩中含少量介形类化石，主要有 *Yumenia luojiagouensis* sp. nov.，*Limnocypridea subplana*，*Jianchangella dorsicostata*，*Rhinocypris subechinata*，*Timiriasevia* sp. 等。为便于盆地内义县组的划分与对比，暂将此层的介形类称为 *Yumenia luojiagouensis* - *Jianchangella dorsicostata* 亚组合，归属于 *Cypridea*（*C.*）*biventricostata* - *Yumenia luojiagouensis* - *Djungarica camarata* 组合的上部。其主要特征表现为属种单调，多为下伏介形类亚组合延续上来的类型，但缺失 *Cypridea* 属和 *Djungarica camarata* 及 *Mongolianella subtrapezoidea* 等义县组下部介形类重要成员，可与该盆地义县组下部的两个介形类亚组合相区别。

4. 大城子-四官营子盆地的介形类化石

该盆地义县组分布在盆地的西部，以喀左县水泉镇上三官庙、凌源市刘家窝铺和四官营子白马沟 3 条剖面为代表，主要含双壳类、腹足类、叶肢介和介形类等化石。义县组含介形类化石层自下而上分为上三官庙层和王家营子层。

1）义县组上三官庙层介形类化石

该层分布在喀左县水泉镇上三官庙至凌源市四官营子镇白马沟一线。在上三官庙义县组剖面下部第 4—13 层含丰富的介形类化石，主要有 *Cypridea*（*C.*）*biventricostata*，*C.*（*C.*）*ganzhaoensis*，*C.*（*C.*）*suborthocera*，*C.*（*C.*）*subgranulosa*，*C.*（*C.*）*lingyuanensis* sp. nov.，*C.*（*C.*）*baimagouensis* sp. nov.，*C.*（*C.*）*sulcata*，*C.*（*C.*）*huodoushanensia* sp. nov.，*C.*（*Ulwellia*）*muriculata*，*Limnocypridea subplana*，*Mongolianella subtrapezoidea*，*M. palmosa*，*Djungarica camarata*，*D. procurva*，*Damonella circulata*，*D. extenda*，*D. subsymmetrica*，*Daurina* sp.，*Rhinocypris subechinata*，*Ziziphocypris linchengensis*，*Darwinula contracta*，*D. leguminella* 等。在凌源市刘家窝铺地区，该层产介形类化石 *Cypridea*（*C.*）*biventricostata*，*C.*（*C.*）*venustata*，*C.*（*C.*）*sulcata*，*C.*（*C.*）*tubercularis*，*C.*（*C.*）*spatiosa*，*C. subactuosa* sp. nov. *C.*（*Ulwellia*）*muriculata*，*Limnocypridea* sp.，*Mongolianella subtrapezoidea*，*Djungarica camarata*，*D. procurva*，*Damonella circulata*，*Ziziphocypris linchengensis*，*Rhinocypris* sp.，

Lycopterocypris infantilis, *L. debilis*, *Darwinula contracta*, *D. mashenmiaoensis*, *Timiriasevia* sp. 等。在凌源市四官营子镇白马沟村西侧至该村南山，该层下部和上部(中部被掩盖)介形类化石主要有 *Cypridea*(*C.*) *tubercularis*, *C.*(*C.*) *ganzhaoensis*, *C.*(*C.*) *sulcata*, *C.*(*C.*) *spatiosa*, *C.*(*C.*) *dadianziensis*, *C.*(*C.*) *baimagouensis*, *C.*(*C.*) *pangi* sp. nov., *C.*(*C.*) *lingyuanensis* sp. nov., *C.*(*Ulwellia*) *muriculata*, *Limnocypridea subplana*, *Mongolianella subtrapezoidea*, *Damonella circulate*, *D. extenda*, *D. subsymmetrica*, *Ziziphocypris linchengensis*, *Lycopterocypris infantilis*, *Darwinula contracta*, *D. leguminella*, *D. dadianziensis* 等。综合上述，该层的介形类以 *Cypridea*(*C.*) *biventricostata* - *C.*(*Ulwellia*) *muriculata* - *Djungarica camarata* 组合带为代表，由 11 属逾 30 种组成。组合带的主要特征是：①*Cypridea* 属共 10 余种，在组合中占优势，个体中等，左瓣大于右瓣者居多，仅个别种右瓣大于左瓣，壳面以网纹具小刺或瘤刺类型为主，网纹类型居次；②与女星介伴生的有 *Limnocypridea*, *Mongolianella*, *Djungarica*, *Daurina*, *Damonella*, *Ziziphocypris* 和 *Darwinula* 等属的成员，其中 *Damonella* 和 *Darwinula* 属的分子稍多；③组合的优势种有 *Cypridea*(*C.*) *biventricostata*, *C.*(*C.*) *ganzhaoensis*, *C.*(*C.*) *tubercularis*, *C.*(*Ulwellia*) *muriculata*, *Limnocypridea subplana*, *Mongolianella subtrapezoidea*, *Djungarica camarata* 等。

2) 义县组王家营子层介形类化石

该层介形类产于喀左县甘招镇王家营子东山，目前仅发现 4 属 5 种，皆为下伏上三官庙层介形类组合带的部分属种上延分子，类群较为单调。主要有 *Cypridea*(*C.*) *ganzhaoensis*, *C.*(*C.*) *suborthocera*, *Mongolianella subtrapezoidea*, *Djungarica camarata* 和 *Damonella circulata*，其中第一种、第三种和第四种为优势种。该层的介形类可暂称为 *Cypridea*(*C.*) *ganzhaoensis* - *Djungarica camarata* 亚组合，作为上三官庙层介形类组合带上延衰减的一个补充性亚组合。其特征表现为 *Cypridea*, *Djungarica* 和 *Damonella* 属的成员明显少于上三官庙层介形类组合带，加之上三官庙层介形类组合带的重要分子 *Cypridea*(*C.*) *biventricostata*, *C.*(*C.*) *muriculata*, *C.*(*C.*) *tubercularis*, *Limnocypridea subplana* 以及 *Ziziphocypris*、*Darwinula* 等属的代表不再出现，据此可与上三官庙层的介形类化石组合相区别。

5. 凌源盆地的介形类化石

该盆地义县组沉积夹层自下而上分为黄土梁层、大新房子层、东大沟层和平房西层，其中大新房子层含介形类化石。

该层分布在凌源市小城镇大新房子至松岭镇西北沟村一带，介形类化石产于大新房子、大王杖子郭家沟小东沟、帽子山梁南部和松岭西北沟村附近。主要有 *Cypridea*(*C.*) *sulcata*, *C.*(*C.*) *ganzhaoensis*, *Limnocypridea subplana*, *Mongolianella subtrapezoidea*, *M. palmosa*, *M. yixianensis*, *M. breviscula*, *Mantelliana cirideltata* 等，可暂称为 *Cypridea*(*C.*) *sulcata* - *Limnocypridea subplana* 组合带。该组合带的特征是 *Cypridea* 属的成员颇少，壳面为刺与结节型；*Limnocypridea* 属的分子很单调，*Mongolianella* 属分异度略高，*Mantelliana* 的个体数量较少，除女星介外，其他属种壳面均光滑。该层介形类化石有时成层出现，但均为单瓣，且多为内模。

6. 宁城盆地的介形类化石

该盆地地跨内蒙古和辽宁两省区，义县组主要分布在建平县和宁城县境内，介形类化石多产于义县组下部第二沉积旋回中。在宁城县山头乡西土门子西台子北沟层产 *Cypridea*(*C.*) *luanpingensis*, *Daurina dabeigouensis*, *Mongolianella palmosa*, *Rhinocypris echinata*；在宁城县必斯营子乡水泉沟一带产 *Cypridea*(*C.*) cf. *liaoningensis*, *C.*(*C.*) *luanpingensis*, *Limnocypridea subplana*, *Daurina dabeigouensis*。该层 *Cypridea* 属的介形化石壳面均具网纹和瘤刺，*Daurina* 属左瓣前、后背角处有似脊状隆起。该层也含鸟类、恐龙等珍稀化石。

7. 赤峰市大庙-孤山子盆地的介形类化石

该盆地义县组原被辽宁省第二区测队在20世纪70年代1:20万地质调查时划为J_3^4,其中包括了相当于大北沟组或白音高老组及义县组的地层,后以行政区划为界,将相当于义县组的地层改称为梅勒图组。鉴于大庙-孤山子盆地与宁城盆地毗邻,本书将大庙-孤山子盆地相当于义县组的地层统称为义县组。

大庙-孤山子盆地义县组以赤峰市孤山子乡那不打沟脑剖面、大庙乡张家沟门剖面和大庙乡张家营子南沟剖面为代表,这3条剖面的义县组上部均被汉诺坝组呈角度不整合覆盖,仅见义县组中、下部。在那不打柳条沟—沟脑剖面的第17—32层含介形类化石,主要有*Cypridea*(*C.*)*dabeigouensis*,*C.*(*C.*)*dadianziensis*,*C.*(*C.*)*sulcata*,*Daurina dabeigouensis*,*Yanshanina postitruncata*,*Limnocypridea subplana*,*Mongolianella subtrapezoidea*,*M. yixianensis*,*Rhinocypris subechinata*,*Darwinula contracta* 等;张家沟门剖面第10层、第20层含介形类化石,前者有*Daurina dabeigouensis*,*Limnocypridea subplana*,*Damonella* sp.,*Rhinocypris* sp.,*Darwinula contracta* 等;张家营子南沟的介形类化石保存欠佳,见有*Cypridea*(*C.*)cf. *dadianziensis* 等。综合大庙盆地义县组的介形类化石,可以沟脑层的*Cypridea*(*C.*)*dabeigouensis*-*Daurina dabeigouensis*-*Mongolianella subtrapezoidea* 组合带为代表,由7属10种组成。其主要特征是:①*Cypridea*,*Limnocypridea* 和*Mongolianella* 3属的介形分子在组合中占主导地位,其中*Cypridea* 属的成员左瓣均大于右瓣,壳面具网纹和结节或小刺状装饰;②组合带的优势种为*Cypridea*(*C.*)*dabeigouensis*,*C.*(*C.*)*dadianziensis*,*Limnocypridea subplana*,*Mongolianella subtrapezoidea*;③伴生的属有*Daurina*,*Yanshanina*,*Rhinocypris*,*Darwinula*,其中*Daurina dabeigouensis*,*Rhinocypris subechinata* 较为常见。

(二)义县组介形类组合序列及对比

辽西地区阜新-义县盆地、北票四合屯盆地、建昌盆地、大城子-四官营子盆地、凌源盆地和宁城盆地在早白垩世义县组沉积时期均属陆相火山-沉积盆地。从各盆地义县组基本层序、火山喷发旋回、生物化石组合等特征分析,义县组分层对比如表4-2所示。由于各盆地被分隔,火山活动频繁,沉积环境多变,加之受小生境影响,介形类分布不均衡,各盆地介形类类群和生态群落不尽相同,导致各盆地义县组介形类化石组合的代表性分子有所差异。尽管如此,利用一些分布广、特征明显和演化迅速的类群,结合岩石地层基本层序,仍可恢复和建立不同盆地间的义县组下部介形类组合时空分布关系。各盆地义县组沉积的中晚期,由于火山喷发相对频繁,火山喷发间歇期河湖相沉积时间长短不一,相应地层体分隔加剧,当时生活的介形类辐射迁移受阻,造成各盆地间介形类化石组合可对比性较差。阜新-义县盆地与北票四合屯盆地毗邻,这两个盆地义县组的介形类化石组合具有一定的代表性,辅以大城子-四官营子盆地义县组介形类,以此作为建立辽西地区义县组介形类组合序列和进行不同盆地间义县组介形类化石组合带对比的基础。

1. *Cypridea*(*C.*)*liaoningensis*-*Daurina dabeigouensis*-*Djungarica camarata* 组合带

该组合带分布在辽西地区义县组下部,原称*Cypridea*(*C.*)*lianingensis*-*C.*(*Ulwellia*)*muriculata*-*Djungarica camarata* 组合带(张立君,1985),后改称现用组合名称(张立君等,2004),并进一步分成下部老公沟层*Cypridea*(*C.*)*rehensis*-*Limnocypridea subplana*-*Djungarica camarata* 亚组合带与上部尖山沟层*Cypridea*(*C.*)*liaoningensis*-*Daurina dabeigouensis*-*Timiriasevia jianshangouensis* 亚组合带。老公沟层与尖山沟层的介形类有一些相同属种,如*Limnocypridea subplana*,*Mongolianella palmosa*,*M. subtrapezoidea*,*Damonella circulata*,*D. formosa*,*Darwinula leguminella*,*D. contracta*,*D. mashengmiaoensis*,*D. liaoxiensis*,*D. dadianziensis* 等,表明这两个层位关系较密切,但根据其他门类化石,义县地区义县组砖城子层与北票地区义县组尖山沟层层位相当,暂将砖城子层*Cypridea*(*C.*)*yingwoshanensis*-*Jinzhouella* 亚组合归入该组合带的上部,但介形类化石无相同的分子。建昌盆地义

表 4-2 辽西中生代主要盆地义县组含介形类化石组合层位对比表

<table>
<tr><th colspan="2">盆地
地层
与化石组合</th><th>阜新-义县盆地</th><th>北票四合屯盆地</th><th>建昌盆地</th><th>大城子-四官营子盆地</th><th>凌源盆地</th></tr>
<tr><td rowspan="16">义县组</td><td></td><td>黄花山层</td><td></td><td>火山岩层</td><td rowspan="3">火山岩层</td><td>火山岩层</td></tr>
<tr><td>C. a-C. j</td><td>金刚山层</td><td></td><td>前狮沟层</td><td>平房西层</td></tr>
<tr><td rowspan="4"></td><td>火山岩层</td><td></td><td>火山岩层</td><td rowspan="2">火山岩层</td></tr>
<tr><td rowspan="2">朱家沟层</td><td rowspan="2">大靰鞡草沟层</td><td rowspan="3">小郎家沟层</td><td rowspan="3">王家营子层</td></tr>
<tr><td>大东沟层</td></tr>
<tr><td>火山岩层</td><td>火山岩层</td><td rowspan="3">火山岩层</td></tr>
<tr><td>C. r-T. f</td><td>大康堡层</td><td rowspan="4">尖山沟层</td><td>凝灰岩层</td><td>凝灰岩层</td></tr>
<tr><td rowspan="2"></td><td rowspan="2">火山岩层</td><td rowspan="3">罗家沟层</td><td rowspan="7">上三官庙层</td></tr>
<tr><td rowspan="2">大新房子层</td></tr>
<tr><td>C. l-D. c</td><td>砖城子层</td></tr>
<tr><td></td><td>火山岩层</td><td rowspan="3">火山岩层</td><td>凝灰岩层</td><td rowspan="4">火山岩层</td></tr>
<tr><td></td><td>业南沟层</td><td>上白庙层</td></tr>
<tr><td></td><td>火山岩层</td><td>凝灰岩层</td></tr>
<tr><td>C. r-D. c</td><td>老公沟层</td><td>下土来沟层</td><td rowspan="3">要路沟层</td></tr>
<tr><td></td><td>火山岩层</td><td>火山岩层</td><td rowspan="2">砂砾岩及凝灰岩层</td><td rowspan="2">黄土梁层</td></tr>
<tr><td></td><td>平房子层</td><td>陆家屯层</td></tr>
</table>

注：*C. r*-*D. c* 代表 *Cypridea* (*C.*) *rehensis*-*Limnocypridea subplana*-*Djungarica camarata* 亚组合带；*C. l*-*D. c* 代表 *Cypridea* (*C.*) *liaoningensis*-*Daurina dabeigouensis*-*Djungarica camarata* 组合带；*C. r*-*T. f* 代表 *Cypridea* (*C.*) *rostella*-*Timiriasevia fenestrata* 组合带；*C. a*-*C. j* 代表 *Cypridea* (*C.*) *arquata*-*Cypridea* (*C.*) *jingangshanensis* 组合带。

县组下部的 *Cypridea*(*C.*)*biventricostata*-*Yumenia luojiagouensis*-*Djungarica camarata* 组合带包括了自下而上的上白庙层 *Cypridea* (*C.*) *biventricostata*-*Yumenia luojiagouensi* 和罗家沟层 *Cypridea*(*C.*)*luanpingensis*-*Yumenia unidorsalta*-*Djungarica camarata* 两个介形类亚组合。这两个介形类亚组合含有 *Yumenia shangyuanensis*, *Limnocypridea subplana*, *Mongolianella subtrapezoidea*, *M. yixianensis*, *M. sandaohaoensis*, *M. breviscula*, *Mantelliana cirideltata*, *Djungarica camarata*, *Damonella circulata* 和 *Darwinula mashenmiaoensis* 等分子。它们在义县和北票上园地区义县组下部 *Cypridea*(*C.*)*liaoningensis*-*Daurina dabeigouensis*-*Djungarica camarata* 组合带中常见，且要路沟层含产于北票地区尖山沟层的 *Yumenia shangyuanensis*，表明建昌盆地义县组下部上白庙层和其上的罗家沟层与义县、北票四合屯盆地的老公沟层、尖山沟层的介形类化石组合带基本可相对比。不同之处在于建昌盆地义县组下部介形类化石组合带 *Yumenia* 属的新类型发育，*Cypridea* 属除 *Cypridea*(*C.*)*biventricostata* 与 *C.* (*C.*)*liaoningensis* 具可比性外无相同成员，且存在以往多见于九佛堂组的 *Limnocypridea abscondidai* 和 *Timiriasevia eminula*。大城子-四官营子盆地义县组下部上三官庙层的 *Cypridea*(*C.*)*biventricotata*-*C.* (*Ulwellia*) *muriculata*-*Djungarica camarata* 组合带与建昌盆地义县组下部上白庙层、罗家沟层的 *Cypridea*(*C.*)*biventricostata*-*Yumenia luojiagouensis*-*Djungarica camarata* 组合易于对比，二者的共有分子较多，如 *Cypridea* (*C.*)*biventricostata*, *C.* (*C.*) *ganzhaoensis*, *C.* (*C.*) *sulcata*, *C.* (*C.*) *subactuosa* sp. nov., *C.* (*U.*) *muriculata*, *Limnocypridea subplana*, *Mongolianella subtrapezoidea*, *Djungarica camarata*,

Damonella circulate，*D. extenda*，*Ziziphocypris linchengensis* 等。但也存在一些差异，如大城子-四官营子盆地义县组下部介形类化石组合带中 *Cypridea* 属的类型较多；相反，建昌盆地义县组下部较发育的 *Yumenia* 属的分子却在上三官庙层介形类化石组合中不见或很少见。凌源盆地大新房子层介形类化石 *Cypridea* (*C.*) *sulcata* - *Mongolianella subtrapezoidea* - *Limnocypridea subplana* 组合带，除 *Cypridea*(*C.*)*sulcata* 和 *Cypridea*(*C.*)*ganzhaoensis* 外，大多数种群均见于阜新-义县、北票四合屯盆地义县组下部的老公沟层与尖山沟层，如 *Limnocypridea subplana*，*Mongolianella subtrapezoidea*，*M. breviscula*，*Mantelliana cirideltata* 等。大新房子层介形类化石组合与建昌盆地义县组下部介形类化石组合特征甚为相近，二者均有 *Cypridea* (*C.*) *sulcata*，*C.* (*C.*) *ganzhaoensis*，*Limnocypridea subplana*，*Mongolianella subtrapezoidea*，*M. yixianensis*，*M. breviscula*，*Mantelliana cirideltata* 等。区别是后者 *Cypridea* 属的成员相对较多，*Yumenia* 发育，属种类型多样，兼具义县地区和建昌地区义县组下部介形类化石组合带的一些特征。宁城盆地义县组下部西台子北沟层的介形类化石兼具北票四合屯盆地义县组尖山沟层和滦平盆地大店子组一段、二段介形类化石特点，如既含尖山沟层的 *Cypridea* cf. *liaoningensis*，*Daurina dabeigouensis*，*Limnocypridea subplana*，又含大店子组一段、二段的 *Cypridea luanpingensis*，*Limnocypridea subplana* 和 *Daurina dabeigouensis* 等分子，显示西台子北沟层与尖山沟层的介形类化石可以对比。

2. *Cypridea* (*C.*) *rostella* - *Timiriasevia fenestrata* 组合带

该组合带主要分布在义县地区义县组大康堡层，其代表分子 *Cypridea*(*C.*)*rostella* 除分布在义县地区外，亦曾见于通辽地区开鲁盆地的义县组。组合中的 *Timiriasevia fenestrata* 和 *Cypridea* (*C.*) *arrecta* 迄今尚未在其他地区发现，而该组合中 *Cypridea*(*C.*)*veridica* 和 *C.* (*C.*)*decorosa* 等却在义县桑土营子、旧陵及朝阳波罗赤地区的九佛堂组下部不同程度地出现。可见，本组合虽具独立特征，代表义县组大康堡层介形类基本面貌，其与义县组下部介形类化石组合特征相对疏远，而与义县组金刚山层及九佛堂组第一段的介形类化石组合特征有些接近。目前在辽西和冀北地区尚未发现可与之确切对比的介形类化石组合。

3. *Cypridea* (*C.*) *arquata* - *Cypridea* (*C.*) *jingangshanensis* 组合带

该组合带分布在义县组上部金刚山层，组合的代表分子及 *Cypridea* 属的其他大部分成员均为本组合的特有类群，只有 *Ziziphocypris linchengensis* 和 *Lycopterocypris infantilis* 来自义县组下部介形类化石组合，并在辽宁省内上延至沙海组。*Cypridea*(*C.*)*unicostata* 从本组合开始出现并上延至阜新组，*Lycopterocypris infantilis* 分布于义县组至阜新组。目前，这一以"土著"分子为主的介形类化石组合尚未在其他盆地发现，从辽西中生代地层层序和岩石组合特征等方面来看，本组合所在层位与建昌盆地义县组前狮沟层介形类亚组合层位大致相当。

三、辽西义县组双壳类和腹足类化石产出特征

辽西地区义县组双壳类化石比较单调，主要分布于北票地区四合屯、李八郎沟及黄半吉沟等地的尖山沟层及凌源、建昌地区的相当层位，在义县地区只零星见于三道壕(老公沟层)。尖山沟层双壳类化石比较丰富且保存较好，但分异度较低，只有 *Sphaerium*，*Arguniella* 两属，在生物地层单位上可称为 *Arguniella lingyuanensis* - *Sphaerium jeholense* 组合(陈金华，1999)。凌源、建昌地区的义县组亦见有 *Sphaerium*，*Arguniella* 两属，但出露于赤峰地区的大北沟组、义县组只有 *Arguniella* 一属(表 4 - 3)。

同双壳类一样，研究区义县组腹足类化石也很贫乏。化石主要见于北票地区尖山沟层(四合屯地区最发育)及凌源、建昌地区，有 11 属：前鳃亚纲的 *Amplovalvata* sp.，*Probaicalia vitimensis* Martinson 和 *Viviparus*? cf. *matumotoi*，*Bithynia haizhouensis*，*Bellamya* sp.，*Tulotomoides* sp.；肺螺亚纲基眼目耳螺科的 *Ptychostylus harpaeformis* (Koch and Dunker)，*Ptychostylus* cf. *Philippii* (Dunker)，

Zaptychius(*Omozaptychius*) *angulatus* Yu*, *Zaptychius* sp., *Rhytophorus*? sp. 和扁卷螺科的 *Gyraulus* sp.;椎实螺科的 *Galba* aff. *pseudopalustris*, *G. minuta*。其中,肺螺亚纲占有优势,褶柱螺(*Ptychostylus*)为该腹足动物群的优势种(潘华璋等,1999),*Probaicalia* 属是东亚地区上侏罗统至下白垩统中特有分子,在我国北部和东南部地区均有广泛分布(余汶,潘华璋,1980;朱国信,1976,1980),是热河生物群的常见分子,在研究区内广泛分布,故将该腹足类化石归纳为 *Ptychostylus harpaeformis* - *Probaicalia vitimensis* 组合。

表 4-3　辽西地区义县组软体动物化石层位分布表

地层分布 / 属种名称	义县				北票	凌源	建昌	赤峰	
	老公沟层	业南沟层	砖城子层	金刚山层	尖山沟层	大新房子层	罗家沟层	义县组	大北沟组
双壳类									
Sphaerium jeholense					+	+	+		
S. anderssoni					+		+		
S. subplanum					+	+			
S. cf. *subplanum*							+		
S. cf. *anderssoni*							+		
Arguniella lingyuanensis					+	+	+	+	+
A. quadrata						+			
A. yanshanensis					+	+		+	+
A. curta					+				
A. sibirica							+		
A. aff. *borejensis*							+		
A. sp.	+	+					+		
腹足类									
Probaicalia vitimensis					+		+		
P. sp.	+				+				
Ptychostylus harpaeformis					+				
P. cf. *Philippii*					+				
Amplovalvata sp.					+				
Gyraulus sp.					+				
Zaptychius(*Omozaptychius*)*angulatus*					+				
Rhytophorus ? sp.					+	+			
Viviparus ? cf. *matumotoi*				+					
Bithynia haizhouensis				+					
Galba aff. *pseudopalustris*						+			
G. minuta						+			
G. sp.					+				
Bellamya sp.							+		
Tulotomoides sp.							+		

在义县地区双壳类和腹足类化石只零星见于三道壕(老公沟层)及刀把子—王户台、杏子山(金刚山层)等地。见于金刚山层的 *Viviparus* ? cf. *matumotoi* 和 *Bithynia haizhouensis* 两属种分别见于辽西地区的九佛堂组、沙海组。另外,凌源县刘家窝铺义县组下部见有 *Gulba* aff. *pseudopalustris*, *Gulba*

minuta（于希汉等，1987），建昌罗家沟层见有 *Bellamya* sp.，*Tulotomoides* sp.。

四、辽西义县组昆虫化石产出特征

辽西地区义县组昆虫化石已做过系统总结，在生物地层单位上称为 *Ephemeropsis trisetalis* - *Sinaeschnidia cancellosa* 组合（王五力等，2004）。此次工作在赤峰地区孤家子盆地义县组及大北沟组中发现昆虫化石，但属种单调且保存不好，可鉴定的只有 *Ephemeropsis trisetalis*，*Coptoclava longidopa* 两属种。

五、辽西义县组脊椎动物化石产出特征

（一）义县组的脊椎动物化石分布

1. 北票市上园镇陆家屯一带的脊椎动物化石

化石沉积层为义县组一段底部陆家屯层，岩性为棕褐色沉凝灰岩（图 4－1），产蜥臀目驰龙类 *Graciliraptor lujiatunensis* Xu et Wang（陆家屯纤细盗龙），伤齿龙科的 *Mei long* Xu et al.（龙寐龙），*Sinovenator changii* Xu et al.（张氏中国猎龙），*Sinusonasus magnodens* Xu et Wang（大牙窦鼻龙），窃蛋龙科的 *Incisivosaurus gauthieri* Xu et al.（戈氏切齿龙），暴龙超科的 *Dilong paradoxus* Xu et al.（奇异帝龙），鸟臀目的 *Hongshanosaurus houi* You et al.（侯氏红山龙），*Psittacosaurus lujiatunensis* Zhou，Gao et al.（陆家屯鹦鹉嘴龙），*Jeholosaurus shangyuanensis* Xu et al.（上园热河龙）；哺乳动物爬兽科的 *Repenomamus robustus* Li et al.（强壮爬兽），*R. giganticus* Hu et al.，三尖齿兽类戈壁兽科的 *Gobicondon zofiae* Li et al.（索菲娅戈壁兽），*Meemannodon lujiatunensis* Meng et al.（陆家屯弥曼齿兽）。

图 4－1 北票陆家屯一带的含珍稀化石层——棕褐色沉晶屑凝灰岩层

2. 北票市上园镇燕子沟一带的脊椎动物化石

化石沉积层为义县组一段底部陆家屯层，产鸟臀类恐龙 *Liaoceratops yanzigouensis* Xu et al.（燕子沟辽角龙），*Hongshanosaurus houi* You et al.（侯氏红山龙）。

3. 北票市上园镇山嘴、横道子南山、大片石砬子至义县六台一带的脊椎动物化石

化石沉积层为义县组一段底部陆家屯层，产 *Hongshanosaurus houi* You et al.（侯氏红山龙）。

4. 北票市上园镇四合屯地区的脊椎动物化石

化石沉积层为义县组二段尖山沟层下部沉积旋回，产古鸟亚纲孔子鸟目的 *Confuciusornis sanctus* Hou et al.（圣贤孔子鸟），*C. sunae* Hou et al.（孙氏孔子鸟），今鸟亚纲辽宁鸟目的 *Liaoningornis longiditris* Hou（长趾辽宁鸟），真初鸟类 *Jixiangornis orientalis* Ji et al.（东方吉祥鸟）；蜥臀目美颌龙科的 *Sinosauropteryx prima* Ji et al.（原始中华龙鸟），未定科的 *Protachaeopteryx robusta* Ji et al.（粗壮原始祖鸟）；镰刀龙超科的 *Beipiaosaurus inexpectus* Xu et al.（意外北票龙），驰龙超科的 *Sinornithosaurus milleni* Xu et al.（千禧中国鸟龙），虚骨龙超科的 *Shenzhousaurus orientalis* Ji et al.（东方神州龙），鸟臀目的 *Psittacosaurus* sp.（鹦鹉嘴龙未定种）；翼龙目翼手龙科的 *Haopterus gracilis* Wang et al.（秀丽郝氏翼龙），梳颌翼龙科的 *Beipiaopterus chenianus* Lü（陈氏北票翼龙）；有鳞类 *Dalinghosaurus longidigitus* Ji（长趾大凌河蜥）；龟鳖目中国龟科的 *Manchurochelys liaoxiensis* Ji（辽西满洲龟）；两栖纲无尾目的 *Liaobatrachus grabaui* Ji et al.（葛氏辽蟾），*Callobatrachus sanyanensis* Wang et al.（三燕丽蟾）；哺乳动物纲真三尖齿兽目的 *Jeholodens jenkinsi* Ji et al.（金氏热河兽）。

5. 北票市上园镇张家沟一带的脊椎动物化石

化石沉积层为义县组二段尖山沟层第一沉积旋回，产蜥臀目尾羽龙科的 *Caudipteryx zoui* Ji et al.（邹氏尾羽龙），*C. dongi* Zhou et al.（董氏尾羽龙），未定科的 *Protachaeopteryx robusta* Ji et al.（粗壮原始祖鸟）；喙嘴龙亚目蛙嘴龙科的 *Dendrorhynchoides curvidentatus* Ji et al.（弯齿树翼龙），翼手龙科的 *Pterodactyloidea* sp. indet；龟类 *Manchurochelys* sp. 。

6. 北票市上园镇团山沟一带的脊椎动物化石

化石沉积层为义县组二段尖山沟层第一沉积旋回，产翼龙目翼手龙科的 *Eosipterus yangi* Ji et al.（杨氏东方翼龙）。

7. 北票市上园镇尖山沟一带的脊椎动物化石

化石沉积层为义县组二段尖山沟层第一沉积旋回，产孔子鸟目的 *Confuciusornis sanctus* Hou et al.（圣贤孔子鸟），*Changchengornis hengdaoziensis* Ji et al.（横道子长城鸟）；有鳞目的 *Yabeinosaurus tenuis* Endo et Shikama（细小矢部龙）；离龙目的 *Monjurosuchus splendens* Endo（楔齿满洲鳄）；龟鳖目中国龟科的 *Manchurochelys liaoxiensis* Ji（辽西满洲龟）；哺乳动物纲对齿兽目张和兽科的 *Zhangheotherium quinquecuspidens* Hu et al.（五尖张和兽），*Maotherium sinensis* Rougier et al.（中国毛兽）。该地尖山沟层第二沉积旋回下部亦产 *Manchurochelys liaoxiensis* Ji。

8. 北票市上园镇横道子北部的脊椎动物化石

化石沉积层为义县组二段尖山沟层第一沉积旋回，产孔子鸟目的 *Changchengornis hengdaoziensis* Ji et al.（横道子长城鸟）。

9. 北票市上园镇黄半吉沟一带的脊椎动物化石

化石沉积层为义县组二段第一沉积旋回，产孔子鸟目的 *Confuciusornis chuanzhous* Hou（川州孔子鸟）；并伴有珍稀被子植物 *Archaefructus liaoningensis* Sun et al.（辽宁古果），*A. eoflora* Ji et al.（始花古果），*Hyrcantha decussata*（=*Sinocarpus decussata* Leng et Friis，2003）（十字里海果）。

10. 北票市章吉营乡李八郎沟和黑蹄子沟一带的脊椎动物化石

化石沉积层为义县组二段尖山沟层第一沉积旋回，产孔子鸟目的 *Confuciusornis dui* Hou et al.（杜氏孔子鸟），*Jinzhouornis zhangjiyingia* Hou et al.（张吉营锦州鸟），始反鸟目始反鸟科的 *Eoenantiornis buhleri* Hou et al.（步氏始反鸟）；中国龟科的 *Manchurochelys* sp.（满洲龟未定种）；无尾两栖类的 *Mesophyne beipiaoensis* Gao（北票中蟾）；翼龙类的 *Feilongus youngi* Wang et al.（杨氏飞龙）。

11. 北票市上园镇伍代沟、庙沟和大板沟一带的脊椎动物化石

化石沉积层为义县组二段尖山沟层第一沉积旋回，产孔子鸟目的 *Confuciusornis* sp.；角龙类 *Psittacosaurus* sp.；龟类 *Manchurochelys* sp.。大板沟还产有 *Huaxiagnathus orientalis* Hwang et al.（东方华夏颌龙）。

12. 义县头道河乡三道壕和老虎沟一带的脊椎动物化石

三道壕北沟和老虎沟东北沟均位于阜新-义县盆地中段的西缘。含化石层为义县组一段老公沟层，自上而下为灰绿色、灰紫色长石岩屑砂岩，粉砂岩夹膨润土（产鹦鹉嘴龙 *Psittacosaurus* sp. 和狼鳍鱼 *Lycoptera* sp.），紫灰色夹绿灰色砾岩、砂砾岩，灰紫色凝灰质粉砂岩和泥岩，总厚 50m 左右。

13. 义县头道河乡腰底家沟创业队南沟的脊椎动物化石

该地位于阜新-义县盆地中段西缘。含化石层为义县组一段业南沟层，岩性为浅黄绿色凝灰质钙质粉砂岩及泥晶灰岩，产角龙类 *Psittacosaurus* sp.（鹦鹉嘴龙未定种），兽脚类 *Huaxiagnathus orientalis* Hwang et al.（东方华夏颌龙）。

14. 义县头道河乡金家沟南山分水岭处的脊椎动物化石

该地位于阜新-义县盆地中段西缘。含化石层为义县组二段下部的砖城子层，岩性为灰黄色钙质粉砂岩、页岩夹凝灰岩，含鸟类、鸟羽毛、昆虫、叶肢介、植物等化石。

15. 义县头道河乡王家沟西山的脊椎动物化石

该地位于阜新-义县盆地中段西侧。含化石层为义县组二段上部的大康堡层，产翼龙类、甲龙类、离龙类等化石。岩性为灰色泥岩、粉砂质泥页岩与灰白色钙质粉砂岩互层，夹泥灰岩，含手盗龙类 *Yixianosaurus longimanus* Xu et Wang（长掌义县龙），甲龙类 *Liaoningosaurus paradoxus*（奇异辽宁龙），鸟掌龙类 *Boreopterus cuiae* Lü et al.（崔氏北方翼龙，产地待核实）；离龙类 *Hyphalosaurus baitaigouensis* Ji et al.（白台沟潜龙）；虾类 *Liaoningogriphus quadripartitus*。

16. 义县头台乡破台子一带的脊椎动物化石

化石点位于义县大凌河北破台子村北东向约 700m。含化石层为义县组二段上部的大康堡层，岩性为深灰色页岩，产反鸟亚纲长翼鸟目的 *Longirostravis hani* Hou et al.（韩氏长嘴鸟）；离龙类 *Hyphalosaurus baitaigouensis* Ji et al.（白台沟潜龙）。

17. 义县头台乡王油匠沟一带的脊椎动物化石

化石点位于王油匠沟村北西向约 300m。含化石层为义县组二段上部的大康堡层，岩性为浅灰色钙质粉砂岩、深灰色泥质页岩互层，夹藻灰岩，含离龙类 *Hyphalosaurus baitaigouensis* Ji et al.（白台沟潜龙）、翼龙类、反鸟类及虾类 *Liaoningogriphus quadripartitus* 等化石。

18. 义县头台乡白台沟一带的脊椎动物化石

化石点位于白台沟下坎村 SE142°约 1.2km。含化石层为义县组二段上部的大康堡层，产恐龙、鸟类化石。在附近王垮沟一带，大康堡层自下而上为灰色、深灰色和灰白色粉砂质泥质页岩夹粉砂岩和多层杏黄色薄层沉凝灰岩，黄褐色沉凝灰岩，黑灰色凝灰质粉砂岩，杏黄色角砾状凝灰岩，灰白色凝灰质页岩夹浅绿灰色膨润土，总厚度达 100m。产虾类 *Liaoningogriphus quadripartitus*，禽龙类 *Jinzhousaurus yangi* Wang et Xu(杨氏锦州龙)，离龙类 *Hyphalosaurus baitaigouensis* Ji et al. 及反鸟类和翼手龙化石。

此地大康堡层下部还产有蜥臀目兽脚类恐龙 *Shenzhouraptor sinensis* Ji et al.（中华神州鸟），*Sinornithosaurus haoiana* Liu et al.（郝氏中国鸟龙）。

19. 义县头台乡河夹心北山的脊椎动物化石

化石点位于北山村东侧和北侧。含化石层为义县组二段大康堡层下部，岩性为灰白色页岩、浅黄色凝灰质粉砂岩(图 4－2)，产鸟类、离龙类 *Hyphalosaurus* sp. 及蛙类 *Yizhoubatrachus macilentus* Gao et Chen(细弱宜州蟾)等化石。

图 4－2　义县河夹心珍稀化石沉积层——凝灰质粉砂岩与粉砂质泥页岩互层

20. 义县头道河乡四方台南山的脊椎动物化石

化石点位于四方台南沟东山。含化石层为义县组二段大康堡层上部，岩性为灰白色灰岩与黄绿色膨润土互层，夹灰色、灰绿色凝灰质泥页岩，产潜龙 *Hyphalosaurus* sp.，满洲龟 *Manchurochelys* sp. 等化石。

21. 义县头台乡何家沟的脊椎动物化石

该点位于何家沟北部。含化石层为义县组二段大康堡层上部，在泥页岩中产离龙类潜龙 *Hyphalosaurus* sp. 和叶肢介化石。

22. 义县前杨乡枣茨山一带和大定堡乡金刚山鱼石梁一带的脊椎动物化石

含化石层为义县组四段的金刚山层上部，产有鳞类 *Yabeinosaurus tenuis* Endo et Shikama(细小矢部龙)；离龙类 *Monjurosuchus splendens* Endo(楔齿满洲鳄)；中国龟科的 *Manchurochelys manchuensis*

Endo et al.（满洲满洲龟）；翼龙胚胎化石，反鸟类和被子植物化石。

23. 阜新县大五家子乡三吉窝铺各么沟（南梁）的脊椎动物化石

该地位于紫都台盆地近东缘。含化石层为义县组二段伞托花沟层，产鸟和龟类化石。区内义县组下部为玄武岩和安山岩夹砂岩、粉砂岩和页岩；中、上部为安山岩、凝灰角砾岩、凝灰岩，夹玄武岩和砾岩。该组总厚度大于2000m，不整合于土城子组或花岗岩之上。在各么沟（南梁）伞托花沟一带（图4-3），含鸟、龟化石层的岩性自下而上：灰色流纹质凝灰角砾岩，灰色、灰白色细砾砂砾岩和含砾中粗粒长石岩屑砂岩、长石岩屑细砂岩，灰色、灰白色泥岩、页岩和粉砂岩，含孔子鸟目的 *Confuciusornis sanctus* Hou et al.（圣贤孔子鸟）及中国龟科的 *Manchurochelys* sp.，沉积层总厚度大于15m。

图4-3　阜新县大五家子乡各么沟珍稀化石产地远景

24. 建平县沙海镇小苏子沟之西棺材山的脊椎动物化石

该地位于宁城盆地东南部。含化石地层为义县组，产蝾螈类化石。义县组之下的地层为海房沟组粗碎屑沉积岩层夹沉凝灰岩和薄煤层或煤线，髫髻山组玄武安山岩夹安山质火山角砾岩，暗灰色含角砾黑耀岩、浅紫灰色与灰白色凝灰角砾岩。义县组以黄褐色薄层中细砾砾岩与下伏灰白色带绿色角砾的凝灰角砾岩分界。砾岩层之上为灰褐色粉砂岩、粉砂质页岩，含小型爬行类（待研究）和叶肢介化石，再上为安山岩夹灰色、灰白色沉凝灰岩和灰黑色泥质粉砂岩，含植物化石——辽宁枝。

25. 宁城县山头乡西台子北沟的脊椎动物化石

该地含化石层为义县组二段下部的西台子北沟层，产鸟类等化石。义县组角度不整合于土城子组紫红色砂砾岩与泥岩、砂岩之上。义县组底部为褐灰色、灰白色复成分中粗砾砾岩、砂砾岩，向上为砂岩、泥岩和页岩夹沉凝灰岩，中厚层含砾砂岩与粉砂质泥、页岩，含古鸟亚纲孔子鸟目的 *Confuciusornis* sp.（孔子鸟未定种），今鸟亚纲红山鸟目的 *Hongshanornis longicresta*（长冠红山鸟），角龙类 *Psittacosaurus* sp.（鹦鹉嘴龙未定种）及蜥脚类化石；在灰色粉砂质泥岩中含介形类化石 *Cypridea* (*Cypridea*) *liaoningensis*, *C.* sp., *Yanshanina dabeigouensis*, *Y. subovata*, *Djungarica camarata*,

Mongolianella palmosa，*Mantelliana* sp.，*Rhinocypris echinata*。总厚度大于 60m。再上为安山岩及其火山碎屑岩夹沉积层。

26. 凌源市大王杖子乡范杖子一带的脊椎动物化石

该地位于凌源盆地东部。含化石层为义县组二段大新房子层，产恐龙和鸟类等化石。义县组不整合在张家口组或土城子组之上。其下部的大新房子层自下而上可分为 2 个主要的沉积旋回，脊椎动物化石产于上部，即第二沉积旋回。主要有孔子鸟目的 *Confuciusornis sanctus* Hou et al.（圣贤孔子鸟），反鸟类辽西鸟目的 *Liaoxiornis delicatus* Hou et al.（娇小辽西鸟）；蜥臀目美颌龙科的 *Sinosauropteryx prima* Ji et al.（原始中华龙鸟），驰龙科的 *Sinornithosaurus* sp.（中华鸟龙未定种），手盗龙类擅攀鸟龙科的 *Scansoriopteryx heilmanni* Czerkas et Yuan（赫氏擅攀鸟龙），鸟臀目角龙类 *Psittacosaurus* sp.（鹦鹉嘴龙未定种），离龙类 *Hyphalosaurus lingyuanensis* Gao et al.（凌源潜龙）；*Monjurosuchus splendens* Endo（楔齿满洲鳄）；有鳞类 *Yabeinosaurus tenuis* Endo et Shikama（细小矢部龙），*Dalinghosaurus longidigitus* Ji（长趾大凌河蜥）；哺乳动物纲真三尖齿兽目的 *Jeholodens jenkinsi* Ji et al.（金氏热河兽），多瘤齿兽目始俊兽科的 *Sinobaatar lingyuanensis* Hu et al.（凌源中国俊兽），具胎盘的原始真兽类 *Eomaia scansoria* Ji et al.（攀援始祖兽），有袋类 *Sinodelphys szalayi* Luo et al.（沙氏中国袋兽）。另外，伴有珍稀被子植物 *Archaefructus sinensis* Su et al.（中华古果），*Hyrcantha decussate*（=*Sinocarpus decussata* Leng et Friis，2003）（十字里海果）。

27. 凌源市牛营子和塔南沟一带的脊椎动物化石

义县组下部产离龙类 *Monjurosuchus splendens* Endo（楔齿满洲鳄）。需要说明的是，远藤隆次（Endo，1940）研究的凌源塔南沟（Tanankou）楔齿满洲鳄化石标本很可能产于范杖子一带的义县组大新房子层，因为当地居民将十八里堡古塔至大王杖子的一条大沟统称塔南沟，而非后人称的“大南沟”，更何况当地没有“大南沟”地名。

28. 建昌县魏家岭至罗家沟一带的脊椎动物化石

含化石层位于建昌盆地南部的义县组二段罗家沟层之底，产始反鸟类、离龙类、翼龙及龟类等化石。建昌盆地义县组下部的地层曾被卢崇海（2000）称为要路沟组，被李有生等（2000）称为魏家岭组。

29. 葫芦岛市新台门镇和水口子一带的脊椎动物化石

该地位于新台门盆地南缘。含化石层为义县组，产蝾螈化石。该盆地的义县组多呈角度不整合覆盖于寒武系或更老的地层之上，只在盆地北缘角度不整合在中侏罗统海房沟组或髫髻山组之上。盆地内的义县组以安山岩和玄武安山岩为主，碎屑沉积岩夹层多于 4 层，其中新台门层（在下）和水口子层（在上）均含有尾两栖类蝾螈 *Liaoxitriton zhongjiani* Dong et al.（钟健辽西螈），总厚度超过 1000m。水口子含蝾螈沉积层曾被划归九佛堂组。鉴于水口子层之上仍有溢流相安山岩，且二者产状一致，水口子层之下的新台门层亦产 *Liaoxitriton zhongjiani* Dong et al.，且有义县组特有的叶肢介 *Eosestheria ovata*（卵形东方叶肢介）和植物化石 *Liaoningocladus boii*（薄氏辽宁枝），水口子层与新台门层之间仍有安山岩夹碎屑沉积层，新台门层之下为安山岩夹碎屑沉积层。可以认为这些碎屑沉积层均是义县组火山喷发间歇期的产物，故将含蝾螈化石的水口子层划归义县组。

（二）义县组脊椎动物组合划分

1. *Jeholosaurus*-*Repenomamus*-*Psittacosaurus* 脊椎动物组合

该动物群（热河龙-爬兽-鹦鹉嘴龙）产于义县组底部，在北票地区，主要成员有鸟臀类的 *Jeholosaurus shangyuanensis*（上园热河龙），*Liaoceratops yanzigouensis*（燕子沟辽宁角龙）和

Psittacosaurus sp.，蜥臀类 *Sinovenator changii*（常氏中国猎龙），*Incisivosaurus gauthieri*（高氏切齿龙），哺乳类 *Repenomamus robustus*（强壮爬兽）和 *Gobiconodon zofiae*（索菲娅戈壁兽）等。在义县地区主要成员有 *Psittacosaurus*（鹦鹉嘴龙），并伴有鱼类 *Lycoptera davidi*（戴氏狼鳍鱼）和 *Sinamia* sp.（中华弓鳍鱼）。

2. *Confuciusornis* - *Sinosauropteryx* 脊椎动物组合

该脊椎动物群（孔子鸟-中华龙鸟组合）集中分布于北票尖山沟层下部沉积旋回（双壳类、腹足类和介形类化石富集层之上）和凌源地区大新房子层中部。在尖山沟层下部重要成员有鸟类 *Confuciusornis sanctus*，*C. sunae*，*C. chuanzhous*，*C. dui*，*Changchengornis hengdaoziensis*，*Jinzhouornis zhangjiyingia*，*Eoenantiornis buhleri*，*Liaoningornis longiditris*；兽脚类恐龙 *Sinosauropteryx prima*，*Protarchaeopteryx robusta*，*Caudipteryx zoui*，*C. dongi*，*Beipiaosaurus inexpectus*，*Sinornithosaurus millenii*；角龙类 *Psittacosaurus* sp.；翼龙类 *Eosipterus yangi*，*Haopterus gracilis*，*Dendrorhynchoides curvidentatus*；有鳞类 *Yabeinosaurus tenuis*，*Dalinghosaurus longidigitus*；离龙类 *Monjurosuchus splendens*；龟类 *Manchurochelys liaoxiensis*；蛙类 *Liaobatrachus grabaui*，*Callobatrachus sanyanensis*；哺乳类 *Zhanghotherium quinquecupidens*，*Jeholodens jenkinsi*。凌源地区大新房子层中部主要化石有鸟类 *Confuciusornis sanctus*，*Liaoxiornis delicatus*；兽脚类 *Sinosauropteryx prima*，*Sinornithosaurus* sp. 和驰龙类的成员，角龙类 *Psittacosaurus* sp. 和翼龙类；有鳞类 *Yabeinosaurus tenuis*；离龙类 *Monjurosuchus splendens*，*Hyphalosaurus lingyuanensis*；哺乳类 *Jeholodens jenkinsi*，*Sinobaata lingyuanensis*，尤其出现了早期具胎盘的真兽类 *Eomania scansoria*（攀援始祖兽）等。

该动物群中伴随有大量的鱼类 *Lycoptera davidi*（戴氏狼鳍鱼）和 *Sinamia* sp.（中华弓鳍鱼），*Peipiaosteus pani* Liu et Zhou（潘氏北票鲟）等。

3. *Longirostravis* - *Jinzhousaurus* - *Yixianosaurus*（长嘴鸟-锦州龙-义县龙）脊椎动物组合

该动物群主要分布在义县地区的大康堡层，脊椎动物化石以个体较大的 *Jinzhousaurus*（锦州龙），*Yixianosaurus*（义县龙），个体数量颇多的 *Hyphalosaurus*（潜龙）以及反鸟类、翼手龙类较繁盛为特征。主要代表有反鸟类 *Longirostravis hani*（韩氏长嘴鸟）；兽脚类恐龙 *Sinornithosaurus haoiana*（郝氏中国鸟龙），*Yixianosaurus longimanus*，*Shenzhouraptor sinensis*；禽龙类 *Jinzhousaurus yangi*（杨氏锦州龙）；甲龙类 *Liaoningosaurus paradoxus*（奇异辽宁龙）；离龙类 *Hyphalosaurus baitaigouensis*（白台沟潜龙）；无尾两栖类 *Yizhoubatrachus macilentus*（细弱宜州蟾）。

4. *Manchurochelys manchuensis* - *Monjurosuchus splendens*（满洲满洲龟-楔齿满洲鳄）脊椎动物组合

该动物群主要成员有爬行类 *Manchurochelys manchuensis* Endo et Shikama，*Yabeinosaurus tenuis* Endo et Shikama，*Monjurosuchus splendens* Endo，伴有鱼类 *Lycoptera muroii*。

六、辽西义县组鱼类化石产出特征

辽西地区义县组鱼类化石极为丰富，在北票及义县地区义县组中、下部主要有 *Lycoptera sinensis*，*L. davidi*，*Peipiaosteus pani*，*Sinamia zdanskyi* 等。在凌源地区以 *Lycoptera*，*Protopsephurus*，*Yanosteus*（狼鳍鱼、原白鲟、燕鲟）为代表。主要成员有 *Lycoptera davidi*，*Protopsephurus liui*，*Yanosteus longidorsalis*，*Peipiaosteus fengningensis*，*P. pani*，*Sinamia zdanskyi*。在义县组上部产有大量的 *Lycoptera muroii*。

自下而上可划分两个鱼类化石组合。

1. *Lycoptera sinensis* –*Peipiaosteus* –*Sinamia*（中华狼鳍鱼-北票鲟-中华弓鳍鱼）组合（图 4 – 4）

图 4 – 4　义县组下部的鱼化石

1. 中华狼鳍鱼 *Lycoptera sinensis* Woodward；2. 潘氏北票鲟 *Peipiaosteus pani* Liu et Zhou；2a. *Peipiaosteus pani* 复原图；3. 中华弓鳍鱼 *Sinamia zdanskyi* Stensiö（1、2a 据吴启成，2002；3 据张弥曼等，2001）

图中蓝色、红色标尺分别为 1cm

该化石组合在义县组下部、中部和上部均有分布，主要分子有 *Lycoptera sinensis*，*L. davidi*，*Peipiaosteus pani*，*Sinamia zdanskyi*，*Yanosteus longidorsalis*，*Peipiaosteus fengningensis*。

2. *Lycoptera muroii* 顶峰带

该组合产于义县组金刚山层，以 *Lycoptera muroii*（图 4 – 5）的大量出现为特征，其他鱼类化石极少。

七、辽西义县组植物化石产出特征

本次工作在辽西地区义县组采集植物化石：苔藓类 *Thallites* sp.；真蕨类 *Cladophlebis acuta* Fontaine；苏铁类 *Neozamites verchojanensis* Vachrameev；银杏类 *Czekanowskia* sp.，*Solenites* cf. *orientalis* Sun，Zheng et Mei，*Solenites orientalis* Sun，Zheng et Mei，*Solenites murrayana* Lindley et

图 4-5 金刚山层的鱼化石
室井氏狼鳍鱼 *Lycoptera muroii* Takai
图中蓝色、红色标尺分别为 1cm

Hutton,*Baiera furcata*(L. et H.)Braun,*Baiera valida* Sun et Zhang;松柏类 *Elatocladus* cf. *pinnatus* Sun et Zheng,*Cephalotaxopsis leptophylla*(Wu)Sun et Zheng,*Pityolepis larixiformis* Wang,共计 9 属 12 种。上述属种类型多见于辽西义县组的尖山沟和黄半吉沟沉积层。

此外,本次工作在建昌盆地义县组中、下部采集了如下植物化石:

(1) 要路沟层:*Baiera valida* Sun et Zhang(强劲拜拉),*Solenites orientalis* Sun,Zheng et Mei(东方似管状叶)。

(2) 上白庙层:*Solenites orientalis* Sun et Zhang(东方似管状叶)。

(3) 罗家沟层:*Solenites murrayana* Lindley et Hutton(穆雷似管状叶),*Neozamites verchojanensis* Vachrameev(维尔霍扬似查米羽叶)。

上述这些化石在北票尖山沟层也有产出。

根据本次工作采集的植物化石和前人在辽西地区已报道的植物化石研究成果(吴舜卿,1999;孙革等,1998,2000,2001,2002,2003,2008),加上沈阳地质矿产研究所(1999—2002 年)在义县等 4 幅 1:5万区调工作中,在上园镇四合屯、义县金家屯、英窝山等地的义县组湖泊相沉积层中采集到的丰富植物化石资料,作者认为义县组植物化石主要产自 5 个层位(老公沟层,业南沟层,砖城子层,大康堡层及尖山沟层)的 11 个产地(表 4-4),对辽西义县组的植物化石特征综合总结如下。

表 4-4 义县—北票地区义县期植物化石分布的主要层位表

属种名称	义县地区								北票地区		
	1	2	3	4	5	6	7	8	9	10	11
Thallites jianshanguoensis Sun et Zheng						+			+		
Thallites riccioides Wu	+								+		
Thallites dasyphyllus Wu									+		
Thallites sp. (sp. nov.)	+										
Metzgerites multiramea Sun et Zheng									+		

续表 4 - 4

属种名称	义县地区								北票地区		
	1	2	3	4	5	6	7	8	9	10	11
Muscites meterioides Sun et Zheng									+		
Muscites tenellus Wu						+			+		
Selaginellites fausta (Wu) Sun et Zheng			+						+		
Equisetites exiliformis Sun et Zheng			+						+		
Equisetites longevaginatus Wu	+	+	+		+	+	+		+		
Equisetites linearis Sun et Zheng									+		
Equisetites sp.	+	+	+	+	+	+	+	+	+	+	+
Botrychites reheensis Wu									+	+	
Coniopteris burejensis (Zal.) Seward	+								+		
Coniopteris angustiloba Brick									+	+	
Coniopteris simplex (L. et H.) Harris									+	+	
Coniopteris sp.									+	+	
Dictyophyllum? sp.									+		
Eboracia lobifolia (Phillips) Thomas									+		
Eboracia uniforma Sun et Zheng					+				+		
Gymnogrammitites ruffordioides Sun et Zheng									+		
Onychiopsis elongata (Geyler) Yokoyama									+		
Todites major Sun et Zheng									+		
Xiajiajienia mirabila Sun, Zheng et Mei			+			+			+		
Botrychites reheensis Wu					+				+	+	
Cladophlebis asiatica Chou et Yeh			+								
Sphenopteris hymenophylla Sun et Zheng								+			
Taeniopteris sp.						+					
Tyrmia acrodonta Wu			+		+	+			+	+	
Otozamites anglica (Seward) Harris									+		
Otozamites beani (L. et H.) Brongniart					+						
Otozamites turkestanica Turtanova - Ketova					+						
Zamites yixianensis sp. nov.					+						
Neojamites verchojanensis Vachrameev					+	+			+		
Rehezamites anisolobus Wu											
Weltrichia huangbanjigouensis Sun et Zheng									+		
Williamsonia bella Wu					+				+		
Williamsonia sp. 1			+		+	+					
Williamsonia sp. 2			+								
Williamsonia sp. 3					+						

续表 4-4

属种名称	义县地区								北票地区		
	1	2	3	4	5	6	7	8	9	10	11
Williamsoniella jianshangouensis(Sun et Zheng)Zheng et Zhang					+	+			+		
Ginkgoites sp. 1					+						
Ginkgoites sp. 2					+	+					
Ginkgoites ex gr. sibiricus(Heer) Seward					+						
Baiera sp. 1						+					
Baiera sp. 2					+	+					
Baiera furcata(L. et H)Braun								+			
Baiera manchurica Yabe et Oishi									+		
Baiera valida Sun et Zheng						+			+		
Sphenobaiera sp. 1									+		
Sphenobaiera sp. 2					+						
Eretmophyllum sp. 1						+					
Eretmophyllum sp. 2									+	+	
Pseudotorellia sp.										+	
Stenorachis beipiaoensis Sun et Zheng					+	+			+	+	
Antholithus sp. 1						+				+	
Antholithus sp. 2									+		
Antholithus sp. 3					+						
Antholithus sp. 4			+		+	+					
Czekanowskia rigida Heer	+	+	+		+	+	+	+	+	+	+
Czekanowskia setacea Heer								+	+		
Phoenicopsis angustissima Prynada					+		+	+			
Phoenicopsis sp.					+						
Solenites sp. 1			+								
Solenites sp. 2						+					
Solenites murrayana L. et H.			+		+	+			+		
Solenites orietalis Sun,Zheng et Mei					+	+			+	+	
Sphenarion sp.					+	+				+	
Sphenarion parilis Wu						+			+	+	
Leptostrobus sp.					+						
Leptostrobus sinensis Sun et Zheng	+	+			+	+			+		
Ixostrobusdelicates Sun et Zheng									+		
Pityophyllum lindstroemi Nathorst						+			+		
Pityophyllum staratschini(Heer) Nathorst					+	+					
Pityospermum nanseini Nathorst					+				+		

续表 4-4

属种名称	义县地区								北票地区		
	1	2	3	4	5	6	7	8	9	10	11
Pityolepis lariciformis Wang									+		
Pityolepis pseudotsugaoides Sun et Zheng						+			+		
Pityolepis sp.					+	+					
Pityocladus densifolius Wu					+	+			+		
Pityocladus abiesoides Sun et Zheng									+		
Pityocladus jianshangouensis Sun et Zheng						+			+		
Schizolepis chilitica Sun et Zheng				+		+			+		
Schizolepis moelleri Seward					+	+			+		
Schizolepis jeholensis Yabe et Endo			+		+	+	+	+	+	+	
Schizolepis sp.					+						
Cupressinocladus sp.									+	+	
Cupressinocladus heterophyllum Sun et Zheng					+				+		
Cyparissidium blackii (Harris) Harris					+	+			+		
Cyparissidium rudlandium Harris					+	+			+		
Cyparissidium opimum sp. nov.									+		
Scarburgia hillii Harris									+		
Araucarites minor Sun et Zheng									+		
Athrotaxopsis sp.									+		
Cephalotaxopsis leptophylla (Wu) Sun et Zheng			+	+	+	+			+		
Cephalotaxopsis sinensis Sun et Zheng									+		
Podocarpites reheensis (Wu) Sun et Zheng					+				+		
Elatocladus sp.						+			+		
Elatocladus pinnatus Sun et Zheng									+		
Drapanolepis sp.										+	
Pagiophyllum sp.									+		
Liaoningocladus boii Sun et al.				+		+			+	+	
Pseudolarix sp.											
Brachyphyllum sp.									+		
Brachyphyllum longispicum Sun, Zheng et Mei					+				+		
Ephedrites chenii (Cao et Wu) Guo et Wu									+		
Ephedrite Guozhongiana Sun et Zheng									+		
Gurvanella exquisite Sun et Zheng									+		
Archaefructus liaoningensis Sun et al.									+	+	
Archaefructus sp.									+		
Shangyuannia caii Zheng, Gao et Bo									+		

续表 4-4

属种名称	义县地区								北票地区		
	1	2	3	4	5	6	7	8	9	10	11
Zhouia beipiaoensis Zheng, Gao et Bo									+		
Beipiaoa parvaDilcher, Sun et Zheng									+		
Beipiaoa rotunda Dilcher, Sun et Zheng									+		
Beipiaoa spinosa Dilcher, Sun et Zheng						+			+		
Antholithus ovatus Wu									+		

注：1. 上底家沟；2. 三道壕南；3. 业南沟；4. 尖山沟；5. 英窝山；6. 金家沟；7. 王油匠沟；8. 王家沟；9. 黄半吉沟；10. 四合屯；11. 黑蹄子沟。

义县组二段的植物大化石总计 60 属 120 种（见表 4-4）。在不同产地均产有 *Equisetites longevaginatus* Wu, *Baiera gracilis*（Bean MS）Bunbury, *Liaoningocladus boii* Sun et al., *Gurvanella exquisite*。特别是 *Liaoningocladus boii* 和 *Gurvanella exquisite* 为义县组中的特征分子，在不同地点的沉积层中均有产出。通过两地植物群的对比，可以认为北票四合屯盆地和阜新-义县盆地所产的植物化石为义县期的同一个植物群。该植物群的组成（表 4-5）特征是：①植物群分属于苔藓植物，蕨类植物的石松类、有节类和真蕨类，裸子植物的苏铁类、银杏类和松柏类，以及被子植物。②植物群组成以松柏类为主，多为线状叶、针状叶和鳞片状叶类型。其次为银杏类和茨康类，多为线状叶类型。真蕨类和苏铁类植物也有一定含量，有节类、石松类和被子植物等较少，类型单调，居次要地位。③植物群的植物种类丰富，几乎包括了中生代所有化石门类，生态类型也多种多样。但属种的分异度较低。④买麻藤类和被子植物开始出现，新类型（包括新属和新种）和老类型近相等，是一个新的、门类齐全的、前所未有的植物群。

表 4-5　辽西地区义县组二段植物群各类群组成特征表

类群	属数	属百分含量	种数	种百分含量
苔藓类	3	5.00	7	5.83
石松类	1	1.67	1	0.83
有节类	1	1.67	4	3.33
真蕨类	11	18.33	19	15.83
种子蕨类	1	1.67	1	0.83
苏铁类	7	11.67	14	11.67
银杏类	13	21.67	31	25.83
松柏类	16	26.67	32	26.67
买麻藤类	2	3.33	3	2.50
被子植物	4	6.67	7	5.83
其他	1	1.67	1	0.83
总计	60	100.00	120	100.00

八、辽西义县组孢粉化石产出特征

本次工作在辽西建昌盆地和冀北森吉图盆地的义县组中采集了如下孢粉化石（表 4-6）：蕨类植物孢子 *Todisporites minor* Couper, *Torisporis crassiexinus*（Krutzsch）Song et Zheng, *Granulatisporites* sp., *Densoisporites* sp., *Osmundacidites* sp., *Cicatricosisporites australiensis*（Cookson）Potonié, *Cicatricosisporites minor*（Bolchovitina）Pocock, *Schizaeoisporites certus*（Bolchovitina）Gao et Zhao 和 *Bayanhuasporites membranceus* Yu；裸子植物花粉 *Cycadopites* spp., *Classopollis* sp., *Jiaohepollis* verus Li, *Protoconiferus flavus* Bolchovitina, *Pseudopinus cavernosa* Bolchovitina, *Protopinus* sp., *Quadraeculina limbata* Maljawkina, *Pinuspollenites liaoxiensis* Pu et Wu, *Pinuspollenites insignis* (Naumova) Pu et Wu, *Pinuspollenites enodatus* (Bolchovitina) Li, *Abietineaepollenites* sp., *Piceaepollenites* sp., *Abiespollenites* sp., *Protocarpidites multesimus* (Bolchovitina) Pocock 及一些不能鉴定的无肋双囊类花粉。

孢粉组合以裸子植物花粉为主，约占组合的 75%，其中大多数为无肋双囊类花粉，包括 *Quadraeculina*, *Protoconiferus*, *Protopinus*, *Pseudopinus* 等中生代成分，*Classopollis* 花粉罕见。蕨类植物孢子约占组合的 25%，主要有 *Cicatricosisporites australiensis*, *C. minor* 和 *Schizaeoisporites certus* 自早白垩世兴起的类群。组合中未见有被子植物花粉。整个组合面貌与北票义县组尖山沟层和义县砖城子层的孢粉组合很相似，其时代应为早白垩世贝利亚斯期。

根据本次工作采集的孢粉化石和前人在辽西地区已报道的孢粉化石研究成果（蒲荣干等，1985；黎文本等，1999；王宪增等，2000；丁秋红等，2004；黎文本，2010），将孢粉化石的产地、种属和孢粉图谱分列于表 4-7 中，对辽西义县组的孢粉化石特征综合总结如下。

表 4-6　本次工作采集义县组孢粉化石统计表

地点		谷家岭南沟				罗家沟层	要路沟青石梁	森吉图桥头
样品号		YDP5 BF10	YDP5 BF11	YDP5 BF18	YDP5 BF18-2	YDP6 B25	9YD 10BF	9YD 32BF
三角光面孢	*Leiotriletes*		1		2			
托第孢	*Todisporites*				2			
具唇孢	*Toroisporis*				5			
粒面三缝孢	*Granulatisporites*				2			
紫萁孢	*Osmundacidites*				1			
无突肋纹孢	*Cicatricosisporites*				4			
拟套环孢	*Densoisporites*	1			4			
石松孢	*Lycopodiumsporites*		1					
巴彦花孢	*Bayanhuasporites*				2			
希指蕨孢	*Schizaeoisporites*				5			
苏铁粉	*Cycadopites*	3	2		3			
克拉梭粉	*Classopollis*	1	1		1			
四字粉	*Quaedraeculina*				2			
开通粉	*Caytonipollenites*	1		1				
原始松柏粉	*Protoconiferus*	1			5			1
原始松粉	*Protopinus*				4			1
假松粉	*Pseudopinus*	7	6		11		2	16
双束松粉	*Pinuspollenites*	58	56		4		30	74
单束松粉	*Abietineaepollenites*		5		2		2	9
云杉粉	*Piceaepollenites*		1		2			3
冷杉粉	*Abiespollenites*	2			2		3	3
罗汉松粉	*Podocarpidites*	3			3			1
不能鉴定的无肋双囊类花粉		25	22		29		5	
统计孢粉数量（粒）		102	95	1	95	0	42	108

表 4－7　义县组孢粉谱

产地	李八郎沟	四合屯	黄半吉沟			金家沟			谷家岭南沟	金家沟北沟						孢粉谱
样号 / 孢粉属种	Cs12－2	A	B	P17－14f－②	P17－22f	金-①	金-②	金-③		02NE 10a	02NE 10b	02Ne 10c	02Ne 10d	02NE 11a	02NE 11b	最低含量(平均含量)最高含量
Stereisporites	1.19		0.03		2.88	1.41	0.34	0.2								0(0.403)2.88
Leiotriletes sp.			0.32						1.02							0(0.089)1.02
Deltoidospora	0.79			2.21		2.35	0.34	0.41								0(0.407)2.35
Deltoidos pora perpusi										0.64	0.76	0.7	0.83	0.68		0(0.241)0.83
Deltoidosporairregularis										0.64				0.68		0(0.088)0.68
Cyathidites minor											0.76		1.67	0.68	2.42	0(0.369)2.42
Tripartina variabilis										0.64	0.76					0(0.093)0.76
Maculatisporites granulatus														1.36		0(0.091)1.36
Todisporites									0.68							0(0.045)0.68
Toroisporis sp.			0.63		0.96	0.16			1.71							0(0.231)1.71
Punctatisporites sp.			0.25			0.16										0(0.027)0.25
Acanthotriletes sp.														0.68		0(0.045)0.68
Acanthotriletes varispinosus			0.03													0(0.002)0.03
Baculatisporites comaumensis			0.07							0.64		0.7		0.68	0.81	0(0.193)0.81
Neoraistrickia equalis														0.68		0(0.045)0.68
Verrutetraspora cf. *elegans*														0.68		0(0.045)0.68
Granulatisporites sp.			0.13						0.68				0.83	0.68		0(1.55)0.83
Osmundacidites		2.04							0.34							0(0.159)2.04
O. wellmanii	3.16		1.04		1.92	0.16	0.68	0.2		0.64	0.76	0.7	1.67	0.68	0.81	0(0.828)3.16
Leptolepidites sp.											0.76	0.7		0.68		0(0.143)0.76
Foveosporites				0.74				0.2								0(0.063)0.74
Ischyosporites punctatus											0.76	0.7		0.68		0(0.143)0.76
Januasporites spinulosus														0.68		0(0.043)0.68

续表 4-7

产地	李八郎沟	四合屯	黄半吉沟			金家沟			谷家岭南沟	金家沟北沟						孢粉谱
样号 孢粉属种	Cs12-2	A	B	P17-14f-②	P17-22f	金-①	金-②	金-③		02NE 10a	02NE 10b	02Ne 10c	02Ne 10d	02NE 11a	02NE 11b	最低含量(平均含量)最高含量
Klukisporites sp.										0.64						0(0.043)0.64
Klukisporites pseudoretriculatus	0.4		0.39			1.88	1.02	1.02		0.64	0.76	0.7	0.83	0.68	0.81	0(0.609)1.88
Lygodiumsporites subsimplex											0.76		0.83			0(0.106)0.83
Lygodiumsporites cf. *subsimplex*						0.16	0.17									0(0.022)0.17
Aequitriadites		1.59														0(0.045)1.59
Impardecispora minor														0.68		0(0.045)1.59
Crybelosporites		0.45														0(0.030)0.45
Concavissimisporites		0.68			0.96											0(0.109)0.96
Udulatispora					0.45											0(0.030)0.45
Lycopodiumsportites	0.4	1.59	0.22						0.34							0(0.170)1.59
L. austroclavatidites			0.09								0.76					0(0.057)0.76
L ycopodiumsporites laevigatus														0.68		0(0.045)0.68
Densoisporites									1.71							0(0.207)1.71
Densoisporites microrugulatus										0.64	0.76					0(0.093)0.76
Hsuisporites multiradiatus										0.64	0.76					0(0.093)0.76
Couperisporites complexus										0.64	0.76					0(0.093)0.76
Bayanhuasporites									0.68							0(0.045)0.68
Triporopsporites		0.23														0(0.015)0.23
Angiopteris		0.23														0(0.015)0.23
Leptolepidites		0.45														0(0.030)0.45
Cicatricosisporites	3.16			2.21		5.81	3.24	2.85	1.37	1.28		0.7	0.83	0.68	0.81	0(1.529)5.81
Cicatricosisporites australiensis			0.16	0.74	7.69	0.94	0.68	1.22		2.56	1.52	2.11	1.67	0.68	0.81	0(1.385)7.69
Cicatricosisporites pacificus													0.83			0(0.055)0.83

续表 4-7

产地	李八郎沟	四合屯	黄半吉沟			金家沟			谷家岭南沟	金家沟北沟						孢粉谱
样号 / 孢粉属种	Cs12-2	A	B	P17-14f-②	P17-22f	金-①	金-②	金-③		02NE 10a	02NE 10b	02Ne 10c	02Ne 10d	02NE 11a	02NE 11b	最低含量(平均含量)最高含量
Cicatricosisporites minor										1.28				0.68	0.81	0(0.185)1.28
Polycingulatisporites sp.										0.64						0(0.043)0.64
Fixisporites solidus										0.64		0.7		0.68		0(0.135)0.70
Schizaeoisporites									1.71							0(0.114)1.71
Ginkgoites		0.23														0(0.015)0.23
Cycadopites		0.91							2.73	3.21	1.52	1.41	0.83	0.68	1.61	0(0.860)3.21
Chasmatosporites sp.										1.28						0(0.085)1.28
Ginkgocycadophytus	13.04			16.91	1.92	11.15	4.77	6.71								0(3.633)16.91
G. nitidus			2.46													0(0.164)2.46
Monosulciles		0.23					0.34	0.81								0(0.092)0.81
Psophosphaera	3.16	5.22	0.48	5.15	2.88	2.2	5.28	3.25								0(1.841)5.28
Cerebropollenites sp.										1.92	0.76	1.41	0.83	0.68		0(0.373)1.92
Taxodiaecaepollenites		0.68														0(0.045)0.68
Perinopollenites	2.37			8.82	11.54	7.22	12.95	8.74				0.70	0.83			0(3.545)12.95
Perinopollenites granulatus										19.87	14.39	12.68	10.00	10.20	9.68	0(5.121)19.87
Perinopollenites elatoides			6.5								2.27	4.93	9.17	6.12	2.42	0(2.094)9.17
Classopollis	0.79	0.91		9.56		3.3	1.7	0.81	1.02							0(1.206)9.56
Classopollis annulatus			0.5			1.1	0.68	1.22			1.52			0.68		0(0.380)1.52
Classopollis classoides			0.09								0.76					0(0.057)0.76
C. parvus			0.14													0(0.009)0.14
Brevilaesuraspora perinata											1.52	0.70		1.36	1.61	0(0.346)1.61
Concentrisporites fragilis															1.61	0(0.107)1.61
Paleoconiferus		2.72														0(0.181)2.72

续表 4 - 7

产地	李八郎沟	四合屯	黄半吉沟			金家沟			谷家岭南沟	金家沟北沟						孢粉谱
孢粉属种 \ 样号	Cs12 - 2	A	B	P17 - 14f -②	P17 - 22f	金-①	金-②	金-③		02NE 10a	02NE 10b	02Ne 10c	02Ne 10d	02NE 11a	02NE 11b	最低含量(平均含量)最高含量
Protoconiferus	23.72	4.99		14.71	22.12	16.64	19.08	20.53	2.05							0(8.256)23.72
Protoconiferus flavus										1.92	0.76	0.70	0.83	2.72	0.81	0(0.516)2.72
P. funarius			12.44													0(0.829)12.44
Protopicea		1.13														0(0.075)1.13
Protopicea firma												0.70	0.83			0(0.102)13.97
Protopinus	11.46	0.91	11.24	5.88	8.65	11.93	13.97	11.59	1.37							0(5.133)13.97
Protopinus latebrosa										0.64			0.83	1.36		0(0.189)1.36
Cedripites	0.4	3.63			0.96	2.67	2.39	4.47								0(0.968)4.47
Cedripites pusillus			0.52							6.41			4.17	0.68	0.81	0(0.839)6.41
Cedripites minutus												0.70	0.83	0.68	1.61	0(0.255)1.61
C. microsaccoides			0.34													0(0.023)0.34
Pseudopinus		1.36														0(0.091)1.36
Pseudopicea	11.07	4.08		12.5	24.04	8.01	9.54	7.32	8.19							0(5.65)24.04
Pseudopicea variabiliformis			21.22							1.28	2.27	1.41	0.83	2.04		0(1.937)21.22
P. rotundiformis			1.08													0(0.072)1.08
Piceites	7.11	15.42		2.21		3.45	2.9	5.89								0(2.465)15.42
Piceites arxanensis														1.36		0(0.091)1.36
Protopodocarpus neimonggolensis														0.68		0(0.045)0.68
Pristinuspollenites		0.45											0.83			0(0.085)0.83
Abiespolleniles		2.49							1.37							0(0.257)2.49
Abiespollenites diversus											3.03	4.23	5.83	5.44	3.23	0(1.451)5.83
Piceaepollenites	7.91	9.3		3.68	0.96	5.97	6.3	9.35	1.02							0(2.966)9.35
Pinuspollenites	7.51	8.16		8.09	6.73	4.08	6.98	8.54	40.27	10.90	9.85	9.15	11.67	12.24	7.26	0(10.095)40.27

续表 4-7

产地	李八郎沟	四合屯	黄半吉沟			金家沟			谷家岭南沟	金家沟北沟						孢粉谱
孢粉属种 \ 样号	Cs12-2	A	B	P17-14f-②	P17-22f	金-①	金-②	金-③		02NE 10a	02NE 10b	02Ne 10c	02Ne 10d	02NE 11a	02NE 11b	最低含量(平均含量)最高含量
Pinuspollenites insignis										3.21	2.27	2.11	0.83			0(0.561)3.21
P. divulgatus			4.92													0(0.328)4.92
Piceaepollenites multigrumus										1.92	4.55	7.04	3.33	1.36	8.06	0(1.751)8.06
Abietineaepollenites		7.26							2.39	2.56	3.03	0.70		2.72	2.42	0(1.405)7.26
A. pectinellus			27.92													0(1.861)27.92
Podocarpites	1.58	3.4		3.68		3.3	4.09	1.83	2.05	0.64		0.70	2.50		1.61	0(1.692)4.09
Podocarpidites multicinus			0.87								0.76	0.70	0.83	0.68		0(0.256)0.87
Podocarpidites unicus											0.76	0.70		0.68		0(0.143)0.76
Podocarpidites paulus													0.83			0(0.055)0.83
P. ornatus		0.23	0.17													0(0.027)0.23
Rugubivesiculites sp.												1.41	1.67			0(0.205)1.67
Quadraculina		0.45				0.63			0.68							0(0.117)0.68
Quadraeculina limbata										2.56	2.27	0.70	2.50	1.36	2.42	0(0.787)2.56
Quadraeculina minor											0.76		0.83			0(0.106)0.83
Q. anellaeformis			0.26													0(0.017)0.26
Caytonipollenites									0.68							0(0.045)0.68
Alisporites minutisaccus											0.76		0.83	0.68		0(0.151)0.45
Inaperturopollenites		0.45														0(0.030)0.45
Eucommidites		0.23														0(0.015)0.23
Ephedripites		0.68	0.11			1.26	1.02	0.2								0(0.218)1.26
Ephedripites cf. *ovaliformis*												0.70		0.68	0.81	0(0.146)0.81
Welwitschiapites		1.13														0(0.075)1.13
Gnetaceae			4.22													0(0.281)4.22

续表 4-7

产地	李八郎沟	四合屯	黄半吉沟			金家沟			谷家岭南沟	金家沟北沟						孢粉谱
孢粉属种 \ 样号	Cs12-2	A	B	P17-14f-②	P17-22f	金-①	金-②	金-③		02NE 10a	02NE 10b	02Ne 10c	02Ne 10d	02NE 11a	02NE 11b	最低含量(平均含量)最高含量
Jugella claribaculata	0.79		0.77	2.94	0.96	1.26					0.76	3.52	2.50	0.68	0.81	0(0.999)3.52
Jiaohepollis					1.92	0.63	0.51	0.41								0(0.231)1.92
J. flexuosus			0.05													0(0.003)0.05
? *Erlianpollis*			0.4			2.2	1.02	2.24								0(0.391)2.24
不能鉴定的无肋双囊类花粉									25.94	28.85	34.85	34.51	25.00	30.61	42.74	0(14.833)42.74
Protolticolpiles		1.13														0(0.075)1.13
? *Magnoliapollis*		6.8														0(0.453)6.80
Clavatipollenites		0.23														0(0.015)0.23
Liliacdites		1.13														0(0.075)1.13
Asteropollis		0.91														0(0.061)0.91
Knemapollis		1.36														0(0.091)1.36
Chloranthus		0.23														0(0.015)0.23
圆形瘤形无孔沟类		2.95														0(0.197)2.95
Perdium type		0.45														0(0.030)0.45
Granodiscus		0.68														0(0.045)0.68
Schizosporis spriggi			0.03													0(0.002)0.03
藻类		1.13	0.51													0(0.109)1.13
苔藓类植物孢子	1.19		0.03		2.88	1.41	0.34	0.2								0(0.403)2.88
蕨类植物孢子	7.91	7.71	3.34	5.88	14.42	11.62	6.13	5.89		12.82	10.61	7.75	10.00	13.61	10.48	0(8.545)14.42
裸子植物花粉	90.91	76.42	96.11	94.12	82.69	86.97	93.53	93.9		87.18	89.39	92.25	90.00	86.39	89.52	0(83.292)96.11
被子植物花粉		14.74														0(0.983)14.74
统计孢粉数量(粒)	253	441	1373	136	104	637	587	492	293	156	132	142	120	147	124	

根据黎文本等(1999)产自北票市黄半吉沟剖面义县组尖山沟层孢粉资料;王宪增等(2000)产自北票四合屯义县组尖山沟层的孢粉资料;王五力等(2003)产自李八郎沟(Cs-12-2)、黄半吉沟(P17-14f、P17-22f)的义县组尖山沟层,金家沟(金-①、金-②、金-③)义县组砖城子层的孢粉资料;黎文本(2010)产自金家沟(02NE10a,02NE10b,02Ne10c,02Ne10d,02NE11a,02NE11b)义县组砖城子层的孢粉资料,经过分析统计共发现孢粉化石 86 属 131 种,藻类化石 3 种(表 4-7)。

研究表明,该孢粉组合的基本特征是:

(1) 松柏类双气囊花粉占绝对优势(0～96.11%),蕨类植物孢子较少(0～14.42%),被子植物花粉偶见(0～14.74%)。

(2) 苔藓植物孢子仅 1 属 1 种 *Stereisporites*(0.40%)。

(3) 蕨类植物孢子含量较低(平均 8.54%),种类比较单调,仅 40 属 50 种。其中,普遍含有海金砂科的 *Cicatricosisporites*(2.90%),其次为 *Osmundacidites*(0.82%),*Deltoidospora*(0.40%),*Klukisporites*(0.61%),同时,还有少量和零星的 *Todisporites*,*Lycopodiumsporites*,*Aequitriadites*,*Lygodiumsporites* cf. *subsimplex*,*Concavissimisporites*,*Leptolepidites* 等。

(4) 裸子植物花粉 45 属(83.29%)。其中,气囊与本体分化不完善的(古老类型)花粉占优势(23.02%),包括 *Protoconiferus*(8.25%),*Protopinus*(5.13%),*Pseudopicea*(1.93%),*Piceites*(2.46%)等;气囊与本体分化完善的新型花粉占 13.88%,包括 *Pinuspollenites*(10.09%),*Picepaepollenites*(2.96%),*Abietineaepollenites*(1.45%),*Podocarpidites*,*Cedripites* 等。

(5) 银杏苏铁类的单沟花粉 6 种,为 *Ginkgoites*,*Cycadopites*,*Ginkgocycadophytus*,*Monosulciles*,其中 *Ginkgocycadophytus* 在样品中分布较为普遍,个别样品具有较高含量,如在黄半吉沟该种孢粉含量达 16.91%。

(6) 掌鳞杉科的 *Classopollis* 也有一定含量。其他反映干旱气候的裸子植物花粉类型还有 *Ephedripites*,*Gnetaceae*,*Jugella*。此外,裸子植物花粉还有 *Perinopollenites*,*Psophosphaera* 以及少量的 *Taxodiacae pollenites*,*Jiaohepollia*,*Quadraculina* 等。

(7) 早期被子植物花粉中以无孔沟类型为主,其次为单远极沟类和少量原始三沟类。

值得指出的是,王宪曾等(2000)在北票四合屯含鸟层剖面中所取得的孢粉组合中,首次发现了目前为止世界上最古老的被子植物花粉的代表。其中有 8 属,包括有 3 个大类:第一类为无孔沟粉类(有的中央有薄壁区),以拟红光树粉类(*Paraknemapollis* type)和圆形瘤面粉类(*Cyclolophopollis* type)为代表;第二类为原始远极沟粉类,以木兰粉属(*Magnoliapollites*),百合粉属(*Liliacidites*)以及棒纹粉属(*Clavatipollenites*)为代表;第三类为原始三沟粉类,以原始三沟粉(*Prototricolpites*)为代表。

第二节　辽西地区义县组年代地层特征

辽西地区义县组产 20 余门类陆相生物化石,各门类化石显示的时代不尽相同,甚至不同研究者对同一门类、同一层位的生物化石时代持不同意见,导致迄今仍存在义县组时代为晚侏罗世、晚侏罗世—早白垩世和早白垩世 3 种观点。通过近几年综合研究,多数人已趋向将义县组时代置于早白垩世。

一、义县组叶肢介化石组合时代

义县组叶肢介自下而上总体分为 *Eosestheria* - *Diestheria* 及 *Eosestheria jingangshanensis* - *Eosestheria fuxinensis* 两个组合,其时代如下。

1. *Eosestheria* - *Diestheria*（东方叶肢介-叠饰叶肢介）组合时代

王五力等(2004)建立的 *Eosestheria* - *Eosestheria*(*Filigrapta*) - *Eosestheria*(*Clithrograpta*) - *Diestheria*(东方叶肢介-线雕东方叶肢介-网雕东方叶肢介-叠饰叶肢介)组合相当于陈丕基等(1998,1999)建立的 *Eosestheria* - *Diestheria* 叶肢介组合,主要分布在辽西各主要盆地义县组的老公沟层—大康堡层及其相当层位。重要成员有 *Eosestheria sihetunensis*, *E.* (*Diformograpta*) *ovata*, *E.* (*D.*) *gongyingziensis*, *E.* (*Filigrapta*) *jianshangouensis*, *E.* (*F.*) *taipinggouensis*, *E.* (*Clithrograpta*) *lingyuanensis*, *E.* (*Dongbeiestheria*) *yushugouensis*, *Diestheria yixianensis*, *D. longinqua*, *D. shangyuanensis* 等。根据辽西义县组中、下部叶肢介化石组合可与滦平盆地大店子组中、上部叶肢介化石对比,而整合伏于大店子组之下大北沟组的 *Nestoria* 叶肢介群时代为晚侏罗世 Kimmeridgian 期,并有可能延入提塘期,故将义县组中、下部 *Eosestheria* - *Diestheria* 叶肢介组合时代确定为晚侏罗世晚期提塘期—早白垩世贝里阿斯期。

2. *Eosestheria jingangshanensis* - *Eosestheria fuxinensis*(金刚山东方叶肢介-阜新东方叶肢介)组合时代

该组合分布在义县组上部金刚山层,除组合代表分子外,主要还有 *Eosestheria elliptica*, *E. changshanziensis*, *E.* (*Diformograpta*) *triformis*, *E.* (*D.*) *persculpta*, *E.* (*D.*) aff. *middendorfii*, *E.* (*Dongbeiestheria*) *tereovata*, *E.* (*D.*) *yushugouensis* 等。由于组合中既有由义县组中、下部延续上来的 *Eosesstheria*(*Dongbeiestheria*) *fuxingtunensis* 等,又有常见于九佛堂组的 *Eosestheria fuxinensis* 等,表现出金刚山层叶肢介组合具有晚侏罗世与早白垩世叶肢介组合过渡的特点,且较亲近于时代为早白垩世的九佛堂组 *Eosetheria* - *Yanjiestheria* - *Chifengestheria* - *Fengninggrapta* 组合,故将金刚山层叶肢介组合时代定为早白垩世早期,大致相当于贝里阿斯期。

二、义县组介形类化石组合时代

义县组介形类化石自下而上分为义县组下部 *Cypridea liaoningensis* - *Daurina dabeigouensis* - *Djungarica camarata* 组合,义县组中部大康堡层上部的 *Cypridea* (*C.*) *rostella* - *Timiriasevia fenestrata* 组合及义县组上部金刚山层的 *Cypridea* (*C.*) *arquata* - *Cypridea* (*C.*) *jingangshanensis* 组合。前一组合或与其相当的组合时代曾被定为晚侏罗世晚期(提塘晚期)或提塘期至贝里阿斯期(张立君,1985,1988,2004;曹美珍,1999,2003),后两个组合时代被定为早白垩世(张立君,1985,2005)。

1. *Cypridea liaoningensis* - *Daurina dabeigouensis* - *Djungarica camarata*（辽宁女星介-大北沟达乌里亚介-拱准噶尔介）组合时代

该介形类组合主要分布在阜新-义县盆地和北票四合屯盆地义县组的老公沟层—尖山沟层、建昌盆地义县组的上白庙层和罗家沟层,大城子-四官营子盆地义县组的上三官庙层以及凌源盆地义县组的大新房子层,由 17 属 近 70 种和相似种组成,其中 *Cypridea* 属 22 种,在组合中居优势,且以左瓣大于右瓣者为主,仅 3 种右瓣大于左瓣。就 *Cypridea* 属全球地史分布而言,虽在欧洲、亚洲、美洲和非洲一些地区自中、晚侏罗世(主要是晚侏罗世)开始出现,但丰度和分异度均较低,而早白垩世为该属发育的鼎盛期,其地理分布范围明显扩大。辽西地区义县组下部介形类组合中 *Cypridea* 属的分异度和丰度均较高,壳面具刺瘤等特征的类型较多,显示出其特征与欧洲普尔别克层(Purbeck bed)及其相当层位、我国华北、西北等地区以及蒙古东部以女星介为主的早白垩世早期或晚侏罗世一早白垩世临界期的非海相介形类动物群的总体特征相近。组合中的 *Cypridea priva* 首见于蒙古东部查干察布组;*Cypridea sulcata* 在蒙古东部查干察布组、准巴音组和俄罗斯东外贝加尔地区早白垩世沉积中均有分布(любимовапс,1956),亦见于冀北滦平盆地大店子组二至四段;*Cypridea luanpingensis*, *C. rehensis*, *C. spatiosa*, *C. tubercularis*, *C. subgranulosa* 等在大店子组均有不同程度分布。组合中的 *Limnocypridea subplana* 最初见于蒙古东部下白垩统查干察布组，后在滦平盆地大北沟组上部和大店子组均有发现；*Limnocypridea abscondida* 在蒙古东部下白垩统准巴音组和辽西地区九佛堂组一段、三段均可见及。*Mongolianella gigantea* 在蒙古东部沙里林组(шарилинская свита)和查干察布组以及冀北滦平盆地大北沟组、大店子组均有分布；*Mongolianella subtrapezoidea* 亦见于大北沟组上部和大店子组中、下部。组合中的 *Djungarica camarata* 分布在大北沟组上部和大店子组一、二段，*D. procurva* 见于大店子组二段。组合中有些属种与英国等西欧国家中、下普尔别克层的部分属种相近，如 *Cypridea liaoningensis* 与英国中普尔别克层的 *Cypridea granulosa granulosa* 特征比较相近，*Cypridea baimagouensis*，*C. subactuosa* 分别与英国中普尔别克层的 *Cypridea sagena* 及 *C. lata senilis* 相近；北票地区义县组尖山沟层的 *Mantelliana cirideltata* 与英国下普尔别克层的 *Mantelliana purbeckensis* 近似。该组合在部分地区偶含繁盛于冀北滦平盆地大北沟组的孑遗份子，如 *Eoparacypris dadianziensis*、*E. jingshangensis* 等，同样在局部地区亦产多见于九佛堂组的 *Limnocypridea abscondida* 和 *Timiriasevia eminula*。组合中的 *Daurina dabeigouensi* 曾见于冀北滦平盆地大北沟组和大店子组，而在大店子组一段、二段、三段该种有时成层出现，其特征与俄罗斯东外贝加尔地区图尔金组的 *Daurina eggeri Sinitsa* 甚相似。*Daurina* 属在东外贝加尔地区主要分布在图尔金组(Тургинская свита)底部、玛雅科组(Маякская свита)和乌斯季卡尔组(усть－карская свита)。C. M. Синица(1973)认为，这几个组的火山-沉积岩层的时代均为晚侏罗世，但有些研究者认为它们的时代为早白垩世或晚侏罗世—早白垩世，迄今尚未达成共识。尽管滦平盆地大北沟组时代还存在晚侏罗世、晚侏罗世—早白垩世、早白垩世 3 种观点，但我国从事陆相生物化石研究者目前多认为该组时代为晚侏罗世中、晚期或晚期，这就意味着义县组下部介形类组合尚有一些晚侏罗世晚期色彩，有些研究者认为该组合时代为提塘晚期—贝里阿斯期。鉴于国际地层委员会于 1996 年将北方古生物地理区的梁赞阶只作为贝里阿斯阶上部，英国南部中普尔别克层的 Cinder 海相层不再作为白垩系底界，欧洲一些介形类化石研究者将位于 Cinder 层之下、含 *Cypridea dunkeri* 带及 *Cypridea granulosa granulosa* 带的中、下普尔别克层全部划归早白垩世贝里阿斯期沉积。由于辽西地区九佛堂组的部分较重要介形类化石在义县组陆续被发现，义县组的 *Cypridea* 属分异度和丰度均较高，本书将义县组下部介形类组合时代定为早白垩世贝里阿斯期，更接近于贝里阿斯早、中期。

2. *Cypridea rostella* –*Timiriasevia fenestrata*（小喙女星介-窗格季米里亚介）组合时代

该组合分布在义县头台地区义县组大康堡层上部，其中 *Cypridea* 属的成员在组合中居优势，左瓣均大于右瓣，壳饰为具网纹和网纹具小钝刺两种类型。该组合中的 *Cypridea veridica* 和 *Cypridea decorosa* 个体数量较多，并上延至阜新-义县、大城子盆地九佛堂组的下部，其中前者壳形和壳饰与英国上普尔别克层的 *Cypridea dolabrata dolabrata*(Anderson)(Anderson F W et al，1971，p. 59，pl. XVI，fig. 7)甚相似。由于英国上普尔别克层的介形类化石组合时代被 Anderson 等(1971，1973，1985)等确定为贝里阿斯晚期，并得到许多古生物学者认同，加之九佛堂组下部介形类化石组合时代始于早白垩世凡兰吟期(张立君，1985)，故将本组合时代定为早白垩世贝里阿斯晚期。

3. *Cypridea arquata* –*Cypridea jingangshanensis*（弓形女星介-金刚山女星介）组合时代

该组合赋存于义县组上部的金刚山层，以 *Cypridea* 属在组合中占优势，仅见少量 *Ziziphocypris linchengensis* 和 *Lycopterocypris infantilis* 等。其中 *Cypridea arquata* 个体数量颇多，其壳形、壳饰和两瓣叠覆关系等特征与义县组大康堡层上部的 *Cypridea veridica*，*C. arrecta* 亲缘关系密切；*Cypridea zaocishanensis* 似由义县组下部 *Cypridea venustata* 演化而来，并进一步演化成九佛堂组下部的 *Cypridea trispinosa*；*Cypridea jingangshanensis* 演化成壳面小刺增多而产于九佛堂组下部的 *Cypridea dorsobispina*。可见，该组合具有义县组中、下部介形类组合向九佛堂组下部介形类组合过渡的特点。该组合尚含少量广布于东亚地区，以早白垩世中期为主的 *Cypridea unicostata*。据此，将本组合主体时代确定为早白垩世贝里阿斯末期，时代近等于或略晚于大康堡层上部介形类组合，但不排除有进入凡兰吟早期的可能。

三、义县组昆虫化石组合时代

义县组昆虫以 *Ephemeropsis trisetalis* - *Sinaeschnidia cancellosa* 组合为代表，由蜉蝣目、蜻蜓目、竹节虫目、蜚蠊目、直翅目、同翅目、异翅目、鞘翅目、脉翅目、长翅目、蛇蛉目、双翅目和膜翅目共 13 目逾 80 属 100 多种组成。该组合地方性和地域性昆虫发育，对其时代认识不尽相同，主要有晚侏罗世晚期(任东等，1994，1995，1996，1998，2002，2003；张俊峰，1999；王五力等，2005)、晚侏罗世晚期—早白垩世早期(王五力等，2004；谭京晶等，2009)和早白垩世(洪友崇，2003)3 种观点。我们根据义县组尖山沟层、砖城子层含有一部分索伦霍芬层的代表性昆虫，如 *Kalligramma*，*Protonemestrius*，*Aboilus* 和 *Karatavoblatta* 等属群，但其种群特征却比索伦霍芬层的进步；义县组下部产的 *Karatavoblatta formosa*，*Kalligramma liaoningensis* 和 *Sibirobittacus atalus* 等与哈萨克斯坦卡拉套地区上侏罗统的一些类群可相对比(任东等，1995，1996，1997)；义县组下部蛇蛉目、双翅目和膜翅目颇发育，蛇蛉类总体表现出比早白垩世的蛇蛉类原始，将以 *Alloraphidia* - *Florinemestrius* - *Angaridyela* 为代表的义县组下部昆虫化石时代置于晚侏罗世晚期。义县组大康堡层因发现 *Abrohemeroscopus mengi*(刘金远，2004)，时代被确定为早白垩世。这样，义县组的昆虫组合总体时代为晚侏罗世晚期至早白垩世早期。

四、义县组双壳类和腹足类化石组合时代

1. *Arguniella lingyuanensis* - *Sphaerium jeholense*(凌源额尔古纳蚌-热河球蚬)组合时代

该组合主要分布在义县组尖山沟层，以类型单调的 *Arguniella* 和 *Sphaerium* 两属均较发育为特征，其成员有 *Arguniella lingyuanensis*，*A. yanshanensis*，*A. curta*，*Sphaerium jeholense*，*Sph. Anderssoni* 等。其中 *Arguniella* 属的前两个种由大北沟组上延至本组合及滦平盆地大店子组，*Sphaerium* 属的两个种在东亚地区早白垩世沉积中广泛分布，因此将该组合时代置于晚侏罗世晚期至早白垩世早期较为合适。

2. *Ptychostylus harpaeformis* - *Probaicalia vitimensis*(钩形褶柱螺-维季姆前贝加尔螺)组合时代

该组合主要分布在北票地区义县组尖山沟层和凌源—喀左地区义县组上三官庙层，重要属种有 *Ptychostylus harpaeformis*，*P.* cf. *philippii*，*Zaptychius*(*Omozaptychius*)*angulatus*，*Gyraulus* sp.，*Amplovalvata* sp. 及 *Probaicalia vitimensis* 等。其中 *Ptychostylus harpaeformis*，*P.* cf. *philippii* 分布在德国西北部 *Serpulite* 层和英国南部普尔别克层中部，前一种在冀北滦平盆地大北沟组三段和大店子组二段均存在(田树刚等，2006)，*Probaicalia vitimensis* 在我国北方、蒙古及俄罗斯东外贝加尔等地多出现在侏罗纪与白垩纪之交时期或早白垩世沉积中(尚未见于大北沟组)。因此，潘华璋等(1999)将这一组合时代确定为早白垩世贝里阿斯期，我们赞同这一时代意见。义县组金刚山层产少量腹足类化石，主要为 *Bithynia haizhouensis* 和 *Viviparus* cf. *matumotoi*，它们多出现在早白垩世。基于此，我们将义县组腹足类化石时代置于早白垩世早期。

五、义县组脊椎动物化石组合时代

1. 孔子鸟类群

孔子鸟类群在义县组中非常发育，鸟类化石主要为 *Confuciusornis sanctus*(圣贤孔子鸟)，*Confuciusornis sunae*(孙氏孔子鸟)，*C. chuanzhous*(川州孔子鸟)，*Changchengornis hengdaoziensis*(恒道子长城鸟)，*Liaoningornis longiditris*(长趾辽宁鸟)，*Eoenantiornis buhleri*(步氏始反鸟)，*Jibeinia luanhuera*(滦平冀北鸟)，*Jinfengopteryx elegans*(华美金凤鸟)，*Protopteryx fengningensis*(丰宁原

羽鸟)，*Vescornis hebeiensis*(河北细弱鸟)。该鸟类群的最大特征是出现了大量相对原始的古鸟亚纲(Sauriurae)的孔子鸟，同时也出现了进步的今鸟亚纲(Ornithurae)的辽宁鸟，鸟类达到了空前的发展。与德国晚侏罗世始祖鸟比较，这一组合既保留了其原始性，又显示其进步性和分异性，是一个前所未有的鸟类新类群，生存时代应明显晚于始祖鸟时代。结合其他共生的脊椎动物特征，将孔子鸟类群的形成时代定为早白垩世更为合理。

2. 带毛的恐龙类

在义县组二段中产有一系列的带毛的蜥臀目小型兽脚类恐龙化石：*Sinosauropteryx prima*(原始中华龙鸟)，*Caudipteryx zoui*(邹氏尾羽鸟)，*Protarchaeopteryx robusta*(粗壮原始祖鸟)，*Beipiaosaurus inexpectus*(意外北票龙)，*Sinornithosaurus millleni*(千禧中国鸟龙)。这些带毛的恐龙或发育有纤维状毛，或具有完善的羽毛，使得鸟和龙的界线更加模糊。恐龙化石研究者认为原始中华龙鸟与德国 Tithonian 期的索伦霍芬层的美颌龙相似，但原始中华龙鸟比美颌龙进步，生存时代相对偏晚。2003 年徐星等报道了义县地区的长掌义县龙(*Yixianosaurus longimanus*)，该种恐龙是最新发现的一种带羽毛的兽脚类恐龙，层位相当于义县组二段。这一发现增加了热河生物群兽脚类恐龙的分异度。这些带羽毛的恐龙和孔子鸟产在同一地区、同一地层，形成时代也应当是相同的，时代为早白垩世。

3. 鹦鹉嘴龙及其他爬行类

在义县组一段的沉凝灰岩层和二段沉积层中产有丰富的 *Psittacosaurus*(鹦鹉嘴龙)化石。与鹦鹉嘴龙伴生的恐龙化石还有 *Jeholosaurus shangyuanensis*(上园热河龙)，*Haopterus gracilis*(郝氏翼龙)，*Dendrorhynchiodes curvidentatus*(树翼龙)和 *Jinzhousaurus yangi*(杨氏锦州龙)。鹦鹉嘴龙是一类小型鸟臀类恐龙，广泛分布于中国北方、蒙古、西伯利亚、韩国、日本及泰国的早白垩世地层中。脊椎动物学家将郝氏翼龙和树翼龙与欧洲晚侏罗世的恐龙对比后发现，它们具有较大的进步性，应当生存于早白垩世初期。杨氏锦州龙属于禽龙类，是大型的双脚行走的食植性恐龙，也主要生存在早白垩世。上园热河龙产自义县组底部的沉凝灰岩中，属鸟臀目鸟脚亚目恐龙，徐星等确认其形成时代为早白垩世。

4. 哺乳动物类

在义县组中产哺乳动物的最低层位为一段的沉凝灰岩夹层，地点为北票上园镇陆家屯，化石为 *Repenomamus robustus*(强壮爬兽)，与鹦鹉嘴龙伴生。在北票四合屯、尖山沟、李八郎沟、黄半吉沟、水泉沟、大北沟和凌源大新房子等地的义县组二段内陆湖泊相沉积层中，见有下列哺乳类动物：*Zhanghetherium quinquespidens*(五尖张和兽)，*Jeholodens jenkins*(金氏热河兽)，*Sinobaatar lingyuanensis*(凌源中国俊兽)，在冀北森吉图西瓦窑产 *Yanoconodon allini*(阿氏燕兽)。这些哺乳动物分别属于对齿兽类、三尖齿兽类和多瘤齿兽类，它们在同一时期出现，已经具有了一定的分异度。中国俊兽隶属于俊兽科，其齿列特征介于晚侏罗世与晚白垩世的类型之间，而且已知始俊兽类仅发现于早白垩世地层中，中国俊兽化石的发现表明热河生物群时代更可能为早白垩世(胡耀明，2002)。此外，在凌源义县组中还发现了最早的有胎盘类动物 *Eomaia scansoria*(攀缘始祖兽)和最原始的有袋类 *Sinodelphys szalayi*(中国袋鼠)(季强，2003)。所有这些资料表明，这一时期的哺乳动物已经出现了明显的分化，其生存时代置于早白垩世更为合理。

5. 锦州龙-义县龙-长嘴鸟(*Jinzhousaurus*-*Yixianosaurus*-*Longirostriornis*)脊椎动物群

该脊椎动物群分布于义县组的大康堡层，主要成员有鸟臀类恐龙 *Jinzhousaurus yangi*，蜥臀类恐龙 *Yixianosaurus longimanus*；离龙类 *Hyphalosaurus* sp.；鸟类 *Longirostriornis hani*，*Shenzhouraptor sinensis*；龟类 *Manchurochelys* sp.，还有翼龙类。锦州龙虽具有已知禽龙不具有的原始特征，但也具有一些很进步的特征，如颧骨前缘接近眼眶前缘且不参与眼眶的形成，眼前孔不发育，与繁盛于晚白垩世的鸭嘴龙类颇相似。长嘴鸟属于反鸟类，在白垩纪尤其早白垩世较繁盛。神州鸟虽以其尾巴比德国始祖鸟略长等特征显示出较浓的原始性，但它不具牙齿，前肢比后肢长得多，表明其比始祖鸟进步，因而出现的时代亦应略偏晚。基于此，将 *Jinzhousaurus - Yixianosaurus - Longirostriornis*（锦州龙-义县龙-长嘴鸟）脊椎动物群时代定为早白垩世早期较为合适。

6. 满洲满洲龟-矢部龙脊椎动物群

该动物群分布在义县组金刚山层，主要分子为有鳞类 *Yabeinosaurus tenuis*，离龙类 *Monjurosuchus splendens*，龟类 *Manchurochelys manchouensis*，翼龙胚胎化石和反鸟类。其中细小矢部龙和楔齿满洲鳄自义县组下部延续上来，满洲满洲龟开始出现。因此，将这一脊椎动物群的时代置于早白垩世早期。

7. 两栖类

义县组的两栖类化石有葛氏辽蟾 *Liaobatrachus grabaui* Ji et Ji，1998，三燕丽蟾 *Callobartachus sanyanensis* Wang et Gao，1999，北票中蟾 *Mesophyne beipiaoensis* Gao et Wang，2002，孟氏大连蟾 *Dalianbartachus mengi* Gao et al.，2003，钟健辽西螈 *Liaoxitriton zhongjiani* Dong et Wang，1998，东方塘螈 *Laccotriton subsolanus*。与早白垩世 *Lycoptera* 群和 *Eosestheria* 群及 *Cypridea* 群共生，时代属早白垩世无疑

8. 鱼类

义县组的鱼类化石异常丰富，为 *Lycoptera - Peipiaosteus*（狼鳍鱼-北票鲟）组合，共计 4 属 6 种，组成分子包括：*Peipiaosteus pani* Liu et Zhou（潘氏北票鲟），*P. fengningensis*（丰宁北票鲟），*Lycoptera davidi*（*Sauvage*）（戴氏狼鳍鱼），*Lycoptera muroii*（Takai）（室井氏狼鳍鱼），*Lycoptera sinensis* Woodward（中华狼鳍鱼），*Yanosteus longidorsalis*（长背鳍燕鲟），*Sinamia* sp.（中华弓鳍鱼未定种），*Protopsephurus* liui（刘氏原白鲟）。该鱼群的特点是 *Lycoptera* 和 *Peipiaosteus* 大量出现，*Lycoptera* 类群特别繁盛是早白垩世的特点。

六、义县组植物化石组合时代

本书根据义县期植物群性质、组合特征，以及与国内、外相关植物群的对比，认为义县期植物群的时代为早白垩世。具体依据为：

第一，从义县组植物群与其下伏层位植物群的对比看，义县组植物群与晚侏罗世植物群不同，它是从辽西中、晚侏罗世植物群演化而来的。义县组植物群与辽西土城子组植物群不同，土城子组植物群以松柏类占绝对优势，真蕨类、苏铁类和银杏类化石少见。义县组植物群与辽西中、晚侏罗世植物群的差别不仅在类型和数量上，而且它们的优势类群不同，最为明显的是义县组植物群出现了买麻藤类和被子植物。因此，义县组植物群不同于辽西的侏罗纪植物群。

第二，从植物群的组成分子及其已知种的时代分布看，义县组植物群有 60 属 120 种(见表 4-4、表 4-5)，其中，5 个新属，47 个新种，老种只有 27 个。在 27 个老种中，以往仅见于世界各地的侏罗纪的分子有 *Coniopteris angustiloba* Brick，*Cladophlebis asiatica* Chou et Yeh，*Solenites murrayana* L. et H.，*Scarburgia hillii* Harris；以往常见于我国晚侏罗世至早白垩世的分子有 *Coniopteris burejensis* (Zalessky) Seward，*Eboracia lobifolia*（*Philips*）*Thomas*，*Onychiopsis elongata*（Geyler）Yokoyama，*Neozamites verchojianensis*? *Varchrameev*，*Ginkgoites digitata*（Brongniart）Heer，*Baiera gracilis* (Bean MS) *Bunbury*，*B. furcata*（L. et H.）Braum，*B. manchuria* Yabe et Oishi 等。由此看来，义县组植物群是一个新老分子混合，而又面貌全新的植物群。它不仅出现了买麻藤类和被子植物等新类型，而且在其老属之中，数量众多的新类型也是前所未有的；老分子的存在说明了植物演化的继承性和延续性，新分子的大量涌现表明植物群的演变已经达到了新的程度，这就是义县组植物群与以往侏罗纪植物群的区别。植物群化石组合以 *Neozamites verchojanensis - Archaefructus liaoningensis* 为代表分子。

七、义县组孢粉化石组合时代

义县组孢粉化石组合的时代前人有过详细的报道，并且在提供对比资料和确定时代依据方面，意见基本一致，现简单介绍如下。

蒲荣干等(1985)曾对产自辽西喀左谷家岭等地，相当于义县组下部地层中的一些孢粉化石进行研究，并建立了 *Densoisporites* - *Cicatricosisporites* - *Aequitriradites* 组合。其组合特征是以裸子植物花粉占优势(平均占 69.8%)，主要是松柏类的双囊粉；蕨类植物孢子以卷柏类最多(平均占 10.8%)，有 *Densoisporites*，*Hsuisporites* 和 *Heliosporites* 等属；其次为海金砂科孢子，以 *Cicatricosisporites* 属常见(平均占 4.4%，最高达 8.1%)，包括 *C. minutaestriatus* 等 8 种，少量出现 *Impardecispora apiverrucata*，*Concavissimisporites punctatus*，*Klukisporites pseudoreticulatus* 和 *Lygoliumsporites subsimpler*；此外还见有少量的 *Aequitriradites spinulosus* 等，*Couperisporites complexus*，*Triporoletes reticulatus* 和 *Fixiporites tortus* 等比较特征的白垩纪成分，故其时代定为早白垩世早期。

余静贤(1989)在北票炒米甸子的义县组下部建立了 *Cicatricosisporites* - *Densoiporite* - *Jugella* 组合。其特征是以裸子植物花粉占优势(80%～90%)，主要是松柏类的双囊粉，另有个别的 *Jiaohepollis verus*，*Ouadraeculina limbata*，*Classopollis classoides* 和 *Jugella sibirica* 等；蕨类植物孢子主要是卷柏类 *Densoiporites* 属(占 9%～16%)，有 *D. perinatus* 等 2 种，海金砂科孢子只有 *Cicatricosisporites australiensis* 等 2 种，分布普遍，其他有 *Cyathidites minor*，*Cibotiumspora juncta*，*Dictyotriletes granulat* 等。她特别强调其中的 *Cicatricosisporites* 属孢子，在高加索北部、西伯利亚、远东的布列亚盆地及加拿大北部，侏罗纪—白垩纪孢粉化石的系统研究中，都是初现在白垩纪早期地层中，而在侏罗纪地层中均无记录。此外，组合中 *Jugella* 和 *Jiaohepollis* 两属花粉已有记录都是在白垩纪。据此，她将义县组下部孢粉化石组合时代归入早白垩世最早期贝里阿斯期(Berriasian)。

黎文本等(1999)将北票黄半吉沟剖面尖山沟层的孢粉化石组合与英国南部的普尔别克层(Purbeck bed)孢粉组合进行对比，认为尖山沟层的孢粉化石组合时代应为早白垩世贝里阿斯期。同时，认为余静贤(1989)的义县组下部 *Cicatricosisporite* - *Densoisprites* - *Jugella* 组合与英国的普尔别克层下部的 B 组合孢粉类群相似，时代为早白垩世早期。然而，在确定这个孢粉植物群的时代方面也有不同看法。王宪曾等(2000)将义县阶的孢粉植物群时代定为晚侏罗世提唐期(Tithonian)。

黎文本(2010)将金家沟义县组砖城子层孢粉化石组合与北票黄半吉沟义县组尖山沟层的孢粉化石组合对比，认为时代同属早白垩世贝里阿斯期。

本书研究认为，在孢粉化石组合中较有生物地层对比意义的分子有蕨类植物孢子 *Cicatricosisporites*，*Dicyotriletes granulatus*，*Bayanhuaspora orbiculata*，*Aequitriadites*；裸子植物花粉 *Jugella claribaculata*，*Jiaohepolis verus*；被子植物花粉 *Clavatipollenites*，*Liliacidites*，*Asteropollis* 等，这些分子以往常见于早白垩世地层中，有些分子在侏罗纪中未见报道。这些类型在辽西义县组中或多或少的出现，对于确定地层的时代非常重要。其中，*Cicatricosisporites*(无突肋纹孢)属具有世界性广泛分布的特征，是目前划分侏罗系—白垩系界线的重要的标志化石。这一属的孢子，在英国南部的 Purbeck 层、德国北部、高加索北部、远东地区的布利亚盆地以及加拿大北部等晚侏罗世—早白垩世孢粉组合中，普遍出现在早白垩世早期的地层中。尽管在晚侏罗世晚期也有零星出现，但它的生物地层意义在白垩世地层(表 4-8)。

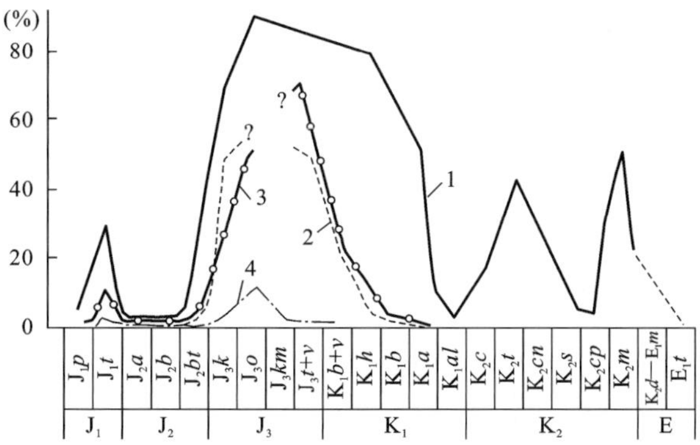

图 4-6 侏罗纪—白垩纪地层中 *Classopollis* 花粉含量的曲线(据瓦赫拉梅耶夫，1980)

1. 苏联南部地区；2. 俄罗斯地台的中部；3. 西西伯利亚及中西伯利亚；4. 苏联亚洲部分的北部

此外，掌鳞杉科 *Classopollis* 花粉的分布规律，也反映了孢粉组合的时代特征(图 4-6)。据瓦赫拉梅耶夫(1980)的研究，*Classopollis* 花粉在中侏罗世卡落期(*Callovian*)至晚侏罗世牛津期(*Oxfordian*)达到最高峰(50%～80%以上),认为牛津期是晚侏罗世气候最热的时期,牛津期之后,*Classopollis* 花粉急剧下降。义县组孢粉化石组合中 *Classopollis* 花粉含量为 2.75%,这与晚侏罗世的 *Classopollis* 花粉高含量特征截然不同。

表 4-8　义县组主要孢粉化石地质时代分布表

时代 / 孢粉名称	晚侏罗世	早白垩世(Neocomian)		
	Tithonian	Berriasian	Valanginian	Hauterivian
Cibotiumspora juncta	——	——	——	——
Densoisporites	——	——	——	——
Klukisporites pseudoretriculatus	——	——	——	——
Leptolepidites	——	——	——	——
Lycopodiumsporites	——	——	——	——
Lygodiumsporites cf. *subsimplex*	……	——	——	——
Concavissimisporites	——	——	——	——
Cicatricosisporites	…——	——	——	——
Cicatricosisporites australiensis		——	——	——
Cicatricosisporites apiteretus		——	——	——
Aequitriadites		——	——	——
Cybelosporites		——	——	——
Bayanhuaspora		——	——	——
Tiporopsporites		——	——	——
? *Gnetaceae* gen. sp.		——		
Eucommidites	——	——	——	——
Jiaohepollia	——	——	——	——
Taxodiacae		……	……	——
? *Erlianpollis*		……	……	……
Jugella claribaculata		……	……	——
Ephedripites	——	——	——	——
Magnoliapollis	——	——	——	——
Clavatipollenites		……	……	……
Liliacidites				……
Asteropolli				……
Knemapollis				……
Chloranthus		……		

第三节　冀北地区大店子组及相关地层的生物地层特征

冀北地区大店子组、西瓜园组和花吉营组主要分布在滦平盆地、丰宁盆地、花吉营盆地、围场半截塔盆地以及清泉等盆地。这些盆地的大店子组、西瓜园组和花吉营组曾在不同时期被不同研究单位或不同研究者冠以多种岩石地层单位名称，且划分与对比的意见颇为分歧。鉴于该区盆地分隔较甚，组级岩石地层单位的岩石组合特征不尽相同，本书除暂时保留滦平盆地自下而上划分的大店子组、西瓜园组和九佛堂组外，将其他盆地与辽西地区义县组层位相当的火山-沉积岩系且含义县期生物化石的地层统称义县组。特别加以说明的是，滦平盆地李营—王家沟西瓜园组一段至四段剖面曾被作为西瓜园组和义县阶单位层型剖面，但根据岩石组合与介形类化石特征，可以肯定该剖面西瓜园组第一段当属大店子组（介形类化石名单见后文）。同样，被作为西瓜园组或义县阶界线（底界）层型的滦平县拉海沟马圈子剖面，界线被划在大店子组一段与二段分界之处。本书按新的地层划分与对比方案，将滦平盆地大店子组及其他盆地义县组生物化石特征总结于下。

一、冀北大店子组及相关地层中叶肢介化石产出特征

（一）各盆地大店子组和西瓜园组叶肢介化石分布

1. 滦平盆地张家沟下营—上营地区大店子组的叶肢介化石

在滦平县火斗山乡张家沟下营-上营大店子组标准地层剖面上，大店子组共分4段，下营为一段，上营为二段—四段。

一段叶肢介化石：*Eosestheria zhangjiagouensis*，*E.*（*Diformograpta*）*donggouensis*，*Abrestheria semireticulata*，*A. subovata*，*A. ovata*。

二段叶肢介化石：*Eosestheria*（*Diformograpta*）*donggouensis*，*E.*（*Dongbeiestheria*）*bella*，*E.*（*Clithrograpta*）*lingyuanensis*，*Jiliaoestheria longipoda*，*Abrestheria linearis*，*A. subovata*，*Yanjiestheria*（*Yanshania*）*dabeigouensis*，*Yanjiestheria*（*Yanshania*）cf. *subquadrata*。

三段叶肢介化石：*Eosestheria*（*Clithrograpta*）*lingyuanensis*，*Eosestheria* sp.，*Diestheria* sp. *Jiliaoestheria gujialingensis*，*J. clithroformis*，*J. florovalvaris*，*J. striaris*，*J. polyreticulata*，*Jiliaoestheria longipoda*，*Chaoyangestheria*（*Digrapta*）*zhangjiagouensis*，*Ch.*（*Di.*）*luanpingensis*，*Yanjiestheria*（*Yanshania*）*dabeigouensis*，*Y.*（*Y.*）*subquadrata*，*Diestheria* sp.。

四段叶肢介化石：*Eosestheria*（*Clithrograpta*）*lingyuanensis*，*Eosestheria* sp.，*Diestheria* sp.，*Jiliaoestheria striaris*，*J. libalanggouensis*，*J. gujialingensis*，*Yanjiestheria*（*Yanshania*）*dabeigouensis*，*Y.*（*Y.*）*subquadrata*，*Y.* sp.，*Diestheria* sp.。

大店子组一段—二段的其他叶肢介化石产地有滦平拉海沟、大北沟：*Eosestheria* cf. *sihetunensis*，*Eosestheria*（*Clithrograpta*）*gujialingensis*，*E.*（*C.*）*lingyuanensis*，*E.*（*Dongbeiestheria.*）*bella*，*E.*（*Diformograpta*）*gibba*，*Yanjiestheria*（*Yanshania*）*dabeigouensis*，*Y.*（*Y.*）*xishunjingensis*，*Y.*（*Y.*）*subquadrata*，*Abrestheria* cf. *xishunjingensis*；滦平井上—大店子东沟：*Eosestheria*（*Clithrograpta*）*lingyuanensis*，*Eosestheria*（*Diformograpta*）*donggouensis*，*E.*（*D.*）*lahaigouensis*，*E.*（*D.*）*ramulosa*，*E.*（*D.*）*gibba*，*Diestheria dadianziensis*，*Yanjiestheria*（*Yanshania*）*dabeigouensis*，*Y.*（*Y.*）*subquadrata*；滦平大店子东沟：*Eosestheria* aff. *opima*，*Eosestheria*（*Diformograpta*）cf. *primitiva*，*Eosestheria*（*Filigrapta*）*phalosana*，*Asioestheria* cf. *sandaogouensis*，*Taeniestheria suboblonga*，*T. subququadrata*，*Jiliaoestheria* sp.；滦平大店子东沟、胡家沟东山：*Eosestheria*（*Diformograpta*）*ovata*；

证实。

就冀北义县组的叶肢介化石而言，*Abrestheria* 仅见于大店子组一、二段；*Yanshania* 发育于大店子组一、二段，但延续到三、四段和西瓜园组；*Jiliaoestheria* 发育于大店子组三、四段，但在一、二段仍有少量发现。

因此，相对而言，可将大店子组和西瓜园组的叶肢介组合总结如下。

(1) 大店子组一段—二段：*Eosestheria* - *Abrestheria*（优美叶肢介）组合（下营、上营）；
Eosestheria - *Yanshania* 组合（大北沟）；
Eosestheria - *Diestheria*（叠饰叶肢介）组合（李营）；
Eosestheria - *Neimongolestheria*（*Zhaomengestheria*）-
Neimongolestheria（*Plocestheria*）组合（赤峰孤山子）。

上述组合可称为 *Eosestheria* - *Abrestheria* - *Diestheria* - *Neimongolestheria* 组合带。

(2) 大店子组三段—四段：*Eosestheria* - *Jiliaoestheria* 组合（上营、围场上石匣沟）。

(3) 西瓜园组：*Eosestheria* aff. *middendorfii*（米氏东方叶肢介）- *E. jingangshanensis*（金刚山东方叶肢介）组合（李营）。

二、冀北大店子组及相关地层中介形类化石产出特征

（一）各盆地大店子组和西瓜园组介形类化石分布

1. 滦平盆地的介形类化石

滦平盆地大店子组自下而上分为一段至四段，即蜂窝梁砾岩层底部至龙层砾岩底部为一段，龙层砾岩底部至安山岩层底部为二段，安山岩及其相当层位为三段，安山岩层顶部至拉海梁砾岩底部为四段，其中第一段和第二段，尤其后者介形类化石分异度和丰度均较高，第三段和第四段介形类化石较为单调，多为由第二段介形类延续上来的少数属种。据庞其清等（1984，2002，2006）、杨仁泉（1981，1985）、侯祐堂等（2002）和本书研究，现将大店子组介形类化石名单列入表 4-9。

表 4-9 冀北滦平盆地大北沟组、大店子组介形类化石分布层位表

层位 / 属种	大北沟组	大店子组			
	三段	一段	二段	三段	四段
Luanpingella postacuta	+				
L. postacuminata	+				
Ocrocypris obesa	+	+			
O. sandaogouensis	+	+			
O. chengdeensis	+	+			
O. luanpingensis		+			
Eoparacypris jingshangensis	+				
E. dadianziensis	+				
Cypridea dabeigouebsis		+	+		
C. stenolonga		+	+		cf.
C. xitaiyangpoensis		+			
C. luanpingensis		+	+		

续表 4-9

层位 / 属种	大北沟组	大店子组			
	三段	一段	二段	三段	四段
C. tubercularis		+	+	cf.	cf.
C. dadianziensis		+	+		+
C. obliquoblonga		+	+		
C. subluozhangziensis			+		
C. dorsotuberlosa			+		
C. pangi			+		
C. huodoushanensis			+		
C. chengdeensis			+	+	+
C. sulcata			+	+	+
C. subsulcata			+		
C. rehensis			+		+
C. subgranulosa			+		
C. altidorsangulata		+	+		
C. baimagouensis			+		
C. sublaeva			+	+	
C. subspatiosa			+		
C. spatiosa		+	+		
C. shangyingensis					+
C. vitimensis			+		
C. curticostata					+
Yumenia cadida			+		
Y. jibeiensis			+		
Daurina dabeigouensis	+	+	+	+	+
Yanshanina subovata			+		
Y. elongata		+	+	+	+
Y. postitruncata	+	+	+	+	+
Limnocypridea subplana	+	+	+	+	+
Mongolianella palmosa		+	+	+	
M. subtrapezoidea	+	+	+		
M. gigantea	+		+		
M. yixianensis			+		
Djungarica camarata	+	+	+		
D. elongata		+	+		
D. procurva			+		
Damonella circulata		+	+		

subechinata，*Darwinula leguminella*，*D. lahailiangensis*，*D. contracta*，*Timiriasevia polymorpha*，*T. opinabilis* 等。田树刚等(2004)和庞其清等(2006)在上营剖面主要是第 22 层采到介形类化石 *Cypridea sulcata*，*Yanshanina elongata*，*Y. postitruncata*，*Y. dabeigouensis*(即本书的 *Daurina dabeigouensis*)，*Darwinula leguminella*，*D. contracta*，*Timiriasevia opinabilis*，在生物地层划分与对比中又增加了 *Timiriasevia polymorpha* 和 *Darwinula dadianziensis* 两种。大店子东沟剖面安山岩层之上的第 33 层(本项目组测制)含 *Cypridea*(*C.*)*rehensis*，*C.* sp.，*Darwinula contracta* 等，庞其清(1984)在该层报道了 *Cypridea vitimensis*，*C. chengdeensis*，*C.* sp.，*Darwinula dadianziensis*，*D. lahailiangensis*，*Timiriasevia polymorpha*，*T. opinabilis* 等。其中庞其清(1984)在大店子东沟和大北沟剖面定名的 *Cypridea vitimensis* 已被侯祐堂等(2002)修订为 *Cypridea subluozhangziensis*。作者测制洋麻地沟—大店子盖子梁剖面(图 3-15)时，在第 29 层既发现了 *Cypridea subluozhangziensis*，又见到 *Cypridea sublaeva* sp. nov.，且后者与大北沟剖面原被定为 *Cypridea vitimensis*(庞其清，2004，图版 29，图 3)的特征基本相同。因未见大店子东沟剖面第 20 层 *Cypridea vitimensis*(庞其清，1984)标本或其照片，故难以进一步确定究竟属于哪一种。

4) 大店子组四段介形类化石

该段介形类化石见于上营剖面第 30 层、31 层、32 层、33 层和 34 层，主要有 *Cypridea*(*C.*)*sulcata*，*C. chengdeensis*，*C. curticostata* sp. nov.，*C.* cf. *tubercularis*，*C.* cf. *stenolonga*，*C.* sp.，*Daurina dabeigouensis*，*Yanshanina postitruncata*，*Limnocypridea subplana*，*Mongolianella* sp.，*Rhinocypris* sp.，*Darwinula contracta*，*D. lahailiangensis*，*D. dadianziensis*，*Timiriasevia polymorpha* 等。田树刚等(2004)和庞其清等(2006)在该剖面第 30—34 层见有 *Cypridea sulcata*，*C. dadianziensis* *C.* cf. *spatiosa*，*C. chengdeensis*，*C. shangyingensis*，*C.* sp.，*Yanshanina dabeigouensis*，*Y. elongata*，*Y. postitruncata*，*Lycopterocypris* sp.，*Darwinula leguminella*，*D. dadianziensis*，*Timiriasevia polymorpha*，*T. opinabilis* 等。在大店子东沟剖面(本项目组测制)第 33 层见 *Cypridea rehensis* 和 *Darwinula contracta*。该段介形类共 9 属逾 17 已知种和相似种。

2. 花吉营盆地的介形类化石

丰宁县花吉营盆地义县组由下部安山岩、中部沉积岩和上部安山岩为主的地层组成，自下而上曾分别被称为大北沟组、西瓜园组和花吉营组(河北省第二区域地质测量大队，1975)。本书将该盆地原划归西瓜园组的地层改称义县组花吉营层。

在花吉营乡磨石沟，该层中、下部产介形类化石 *Cypridea*(*C.*)*dabeigouensis*，*C.*(*C.*)*dorsotuberosa*，*C. chengdeensis*，*Daurina dabeigouensis*，*Limnocypridea subplana*，*Rhinocypris subechinata*，*Lycopterocypris infantilis*，*Darwinula contracta*，*D. leguminella* 等。其中 *Cypridea*(*C.*)*dorsotuberosa* 仅见于滦平盆地大店子组二段，*Cypridea*(*C.*)*dabeigouensis* 与 *Limnocypridea subplana* 伴生出现在大店子组一、二段。因此可将花吉营层的介形类化石归于大店子组二段 *Cypridea huodoushanensis*-*C. luanpingensis*-*Djungarica camarata* 组合带，表明花吉营盆地义县组花吉营层与滦平盆地大店子组二段层位相当。

3. 森吉图盆地的介形类化石

河北省区域地质调查大队在 20 世纪 90 年代 1∶5万区调报告中将森吉图盆地相当于义县组的地层统称花吉营组，自下而上分为 9 段，其中第四段、六段和八段含化石，且依次称为桥头层、碾子沟层和过河道层。本书将该盆地花吉营组改称义县组。

1) 义县组桥头层介形类化石

该层以森吉图乡东北桥头一带含鸟类和鱼类等化石的沉积层为代表，毕子威等(1997)称之为花吉营组四段，即桥头层。我们在该地目前尚未发现介形类化石。杨仁泉(1985)在白石砬等地采到 *Cypridea subovata*，*Mongolianella palmosa*，*Clinocypris scolia* 等介形类化石。

2）义县组过河道层介形类化石

该层介形类化石产于森吉图乡过河道村西南沟，属种较少，保存欠佳，有 *Cypridea* sp.，*Mongolianella palmosa*，*Damonella circulata*，*Timiriasevia opinabilis* 等。

4. 围场清泉盆地的介形类化石

该盆地晚中生代地层自下而上曾被划分为张家口组、广义大北沟组、西瓜园组、花吉营组、下店组（南店组）和青石砬组。本书划分为张家口组、大北沟组（狭义）、义县组（包括西瓜园组和花吉营组）、下店组和青石砬组。义县组含化石层我们称之为石匣沟层。该层主要分布在清泉盆地石匣沟和沙林沟一带，在石匣沟剖面第 5 层和第 6 层含介形类 *Lycopterocypris infantilis*；在沙林沟产 *Cypridea luanpingensis*（即杨仁泉 1985 年在此区定名的 *Cypridea sinensis*）。

5. 赤城样田盆地的介形类化石

王思恩等（2009）将样田盆地样田乡水磨窑剖面晚中生代地层自下而上划分为张家口组、大北沟组、大店子组和花吉营组（义县组）。其中大店子组下部为厚度超过 210m 的安山岩和安山角砾岩，上部为泥岩、页岩夹砂岩，含介形类、双壳类和腹足类等化石，厚 150m；花吉营组为安山岩夹厚 50m 的页岩、泥岩和砂岩，总厚度大于 650m。大店子组上部的介形类主要有 *Cypridea tubercularis*，*C. xiyaiyangpoensis*，*C. granulosa protogranulosa*，*Djungarica saidovi*，*Lycopterocypris infantilis*，*Rhinocypris subechinata*，*Yanshanina postitruncata*，*Y. dabeigouensis*，*Damonella* sp.，*Darwinula dadianziensis* 等。从介形类化石名单看，该剖面大店子组上部应相当于滦平盆地大店子组一段，综合考虑地层层序、接触关系、岩石组合与生物化石组合特征，我们认为样田盆地大店子组与花吉营组之和相当于辽西地区义县组中、下部，故建议将水磨窑剖面的大店子组与花吉营组合并统称义县组，并将含化石层位称为义县组水磨窑层。

（二）大店子组和西瓜园组介形类化石组合序列与对比

冀北地区大店子组及其相当层位的介形类化石组合序列可以滦平盆地大店子组一段至四段化石为代表，自下而上分为 4 个组合带。

1. *Cypridea stenolonga* - *C. xitaiyangpoensis* - *Djungarica camarata* 组合带

该组合带（窄长女星介-西台阳坡女星介-拱准噶尔介组合带）分布在滦平盆地大店子组一段，即蜂窝梁砾岩与龙层砾岩之间，相当于庞其清等（1984，2006）所称 *Yanshanina* - *Cypridea* - *Rhinocypris* 组合带，主要有 *Cypridea stenolonga*，*C. xitaiyangpoensis*，*C. dabeigouensis*，*C. luanpingensis*，*C. subgranulosa*，*C. tubercularis*，*C. dadianziensis*，*C. obliquoblonga*，*C. spatiosa*，*Daurina dabeigouensis*，*Y. elongata*，*Y. postitruncata*，*Limnocypridea subplana*，*Mongolianella palmosa*，*M. subtrapezoidea*，*Djungarica camarata*，*D. elongata*，*Ocrocypris obesa*，*O. sandaugouensis* sp. nov.，*O. chengdeensis* sp. nov.，*O.* sp.，*Damonella circulata*，*Lycopterocypris infantilis*，*L. debilis*，*Rhinocypris subechinata*，*Rh. echinata*，*Timiriasevia polymorpha*，*T. opinabilis*，*Darwinula contracta*，*D. leguminella*，*D. oblonga*，*D. lahailiangensis*，*D. dadianziensis*，*D. mashenmiaoensis*。

上述滦平盆地大店子组一段介形类化石组合由 12 属 33 种组成，其特征为：①其中 8 属逾 12 种由下伏大北沟组延续上来（见表 4 - 9），而新出现的大部分属种却延续到大店子组二段，仅 *Cypridea xitaiyangpoensis* 为该层特有的种。②*Cypridea* 属在大店子组一段首现，其成员达 9 种，主要为左瓣大于右瓣类群，个体中等，壳面以网纹并具小刺、结节类型为主，仅具网纹者居次，它们在组合中占重要地位，其中 *Cypridea stenolonga* 在下营剖面大店子组底部首现，个体略多，并在大店子东沟上延至大店子组二段，在上营剖面大店子组四段偶见其相似种；*Cypridea dabeigouensis* 在大北沟和大店子东沟等剖壳饰虽与大店子组三段介形类组合类似，但新出现了每瓣下腹侧中部具一短翼状脊的 *Cypridea curticostata* 和高背角壳面光滑的 *Cypridea shangyingensis*；②*Daurina* 和 *Yanshanina* 两属的分子明显减少乃至在本段顶部消失；③*Cypridea stenolonga* 和 *Limnocypridea subplana* 孑遗分子在组合中个别或少量出现。根据这些特征可将其与大店子组三段介形类化石组合相区别。由于本组合中的 *Cypridea curticostata* sp. nov. 特征明显，易于识别，目前仅见于本组合，故选其为本组合的代表分子之一。

三、冀北大店子组及相关地层中双壳类和腹足类化石产出特征

与辽西地区义县组相比，冀北地区大店子组双壳类化石比较丰富（表 4－10），除含有 *Arguniella lingyuanensis*－*Sphaerium jeholense* 组合分子外，还见有 *Nakamuransia* cf. *subnotunda*，*N.* cf. *elongate* 等，另外在围场清泉盆地还见有特征的 *Weichangella* 几个种，但大北沟组只见 *Arguniella* 1 属。

冀北地区大店子组共有腹足类化石 8 属，其中 5 属与辽西地区义县组所共有，故将其归入 *Ptychostylus harpaeformis*－*Probaicalia vitimensis* 组合。

表 4－10　冀北地区大北沟组、义县组软体动物化石化石层位分布表

地层分布 / 属种名称	滦平盆地					围场-清泉盆地		丰宁-森吉图盆地			
	大北沟组	大店子组				大北沟组	义县组	大北沟组	义县组（花吉营组）		
		一段	二段	三段	四段				桥头层	碾子沟层	过道河层
双壳类											
Sphaerium jeholense		+							+		
S. sp.		+							+		
S. luanpingensi							+				
Arguniella lingyuanensis	+	+	+	+	+		+		+		
A. yanshanensis	+		+	+	+						
A. sibirica，		+	+			+	+		+		
A. subcentralis	+	+	+			+	+		+		
A. curta		+	+				+		+		
A. quadrata							+		+		
A. cf. *quadrata*		+	+								
A. tomiensis		+	+				+				
A. estheriaeformis		+	+								
A. cf. *jorekensis*									+		
A. heneiensis									+		
Nakamuransia cf. *subnotunda*		+	+								
N. cf. *elongate*									+		
N. sp.									+		
N. cf. *elongate antique*							+				
Weichangella shalinggouensis							+				

续表 4-10

地层分布 / 属种名称	滦平盆地					围场-清泉盆地		丰宁-森吉图盆地			
	大北沟组	大店子组				大北沟组	义县组	大北沟组	义县组(花吉营组)		
		一段	二段	三段	四段				桥头层	碾子沟层	过道河层
W. qingquanensis							+				
W. oblonga							+				
W. angularia							+				
W. trapezoidalis							+				
W. caelata							+				
腹足类											
Probaicalia vitimensis	+	+	+						+		
P. cf. *rammelmegri*									+		
Valvata turgebsis		+	+								
Valvata sp.							+		+		
Ptychostylus harpaeformis	+	+	+								
Ptychostylus cf. *philippii*											
Amplovalvata sp.	+	+	+								
Gyraulus sp.		+	+						+		
G. cf. *laeris*		+	+	+	+						
Lymnaea guyangensis							+		+		
Phasa sp.									+		+
Galba pseudopalustria									+		

四、冀北大店子组及相关地层中昆虫化石产出特征

冀北地区昆虫化石远不及辽西地区丰富(表 4-11)。滦平盆地、围场-清泉盆地大店子组、大北沟组昆虫化石只见有 *Ephemeropsis trisetalis* 和 *Coptoclava longipoda* 两属,丰宁-森吉图盆地除上述两属外,还见有 *Sinaeschnidia cancellosa* 和 *Chironomopsis gracilis* 等。

表 4-11　冀北地区大北沟组、义县组昆虫化石化石层位分布表

地层分布 / 属种名称	滦平盆地					围场-清泉盆地		丰宁-森吉图盆地				
	大北沟组	大店子组				大北沟组	义县组	大北沟组	义县组(花吉营组)			
		一段	二段	三段	四段				桥头层	五段	碾子沟层	过道河层
Ephemeropsis trisetalis	+	+				+	+	+	+	+		+
Coptoclava longipoda	+	+				+						
Chironomopsis gracilis								+	+	+		+
Sinaeschnidia cancellosa								+	+			
Weichangicoris sp.								+	+			

五、冀北大店子组及相关地层中脊椎动物化石产出特征

冀北地区脊椎动物化石发现的较少。

1. 冀北丰宁县森吉图盆地义县组下部桥头层脊椎动物化石

丰宁县森吉图盆地义县组下部桥头层的中部，相当于辽西地区大新房子层和尖山沟层，产鸟类化石（西土窑）*Jibeinia luanhuera*，*Jinfengopteryx elegans*，*Protopteryx fengningensis*，（白石砬桥头）*Vescornis hebeiensis*；驰龙 *Dromaeosaurus* sp. 和兽类 *Yanoconodon allini*（西土窑）；丰宁县瓦房芥菜沟义县组产鸟类化石 *Confuciusornis* sp. 。

2. 冀北滦平盆地火斗山乡大店子组中、下部脊椎动物化石

冀北滦平盆地火斗山乡大店子东沟北山梁，大店子组二段底部砂砾岩中产鹦鹉嘴龙化石 *Psittacosaurus* sp. 。

3. 冀北凤山盆地凤山煤矿沟义县组脊椎动物化石

冀北凤山盆地凤山煤矿沟义县组产蝾螈类化石 *Laccotriton subsolanus* 及恐龙肋骨碎片。

六、冀北大店子组及相关地层中鱼类化石产出特征

在森吉图盆地，丰宁县森吉图乡白石砬桥头义县组下部产鱼类化石 *Yanosteus longidorsalis*，*Peipiaosteus fengningensis*；丰宁县森吉图乡骡子沟口，石洞子义县组下部产鱼类 *Lycoptera* sp. ，*L. davidi*，*L. tokunagai*，*L. polypondylus*，*L. longicephalus*，*Peipiaosteus* sp. ，*P. fengningensis*；丰宁县森吉图乡过道河西白石砬义县组产 *Lycoptera* sp. ，*L. davidi*，*L. tokunagai*；丰宁县森吉图乡青石砬义县组产 *Lycoptera* sp. ，*L. tokunagai*；丰宁县森吉图乡东土窑-西土窑义县组产 *Lycoptera davidi*，*L. tokunagai*，*L. polypondylus*，*L. longicephalus*，*Peipiaosteus pani*；丰宁四岔口水磨-柳条沟义县组产 *Lycoptera davidi*，*Peipiaosteus pani*；围场-清泉盆地交车道沟—夹皮川义县组产 *Lycoptera davidi*，*L. tokunagai*，*L. polypondylus*，*L. longicephalus*；围场清泉杨树林义县组产 *Lycoptera davidi*，*L. tokunagai*，*L. polypondylus*，*L. longicephalus*；凤山盆地凤山东头营三道沟义县组产 *Lycoptera davidi*，*L. polyspondylus*；滦平盆地大店组产 *Lycoptera davidi*，*L. polyspondylus*，*Peipiaosteus pani*。

冀北地区所产鱼类化石与辽西地区义县组中、下部的鱼类化石组合基本相当，均属于 *Lycoptera sinensis* - *Peipiaosteus* - *Sinamia*（中华狼鳍鱼-北票鲟-中华弓鳍鱼）组合。

七、冀北大店子组及相关地层中植物化石产出特征

（一）前人研究成果

据《华北地区区域地层表》(1979)的资料，在丰宁县花吉营、围场大院等地的西瓜园组中产植物化石 *Equisetites* cf. *noktongensis*（洛东木贼比较种），*Podozamites lanceolatus*（披针苏铁杉），*Otozamites* sp.（耳羽叶），*Baiera furcata*（叉状拜拉），*B.* cf. *minsteriana*（敏斯特拜拉比较种），*Sphenobaiera* sp.（楔拜拉未定种），*Coniopteris burejiensis*（布列亚锥叶蕨），*Pityophyllum* sp.（松型叶），*Pterophyllum* sp.（侧羽叶）。

据田树刚等（2008）资料，西瓜园组三段产 *Solenites murrayan*（穆雷管状叶），*Schizolepis beipiaoensis*（北票裂鳞果）。

（二）本次工作结果

冀北地区义县组植物化石相对较少，保存也不好，本次工作仅采集了少量植物化石。

（1）丰宁县花吉营地区义县组产 *Cladophlebis acuta* Fontaine（急尖枝脉蕨）。

（2）森吉图盆地义县组产 *Pityolepis larixiformis* Wang（落叶松型松型果鳞）。

上述植物化石在辽西地区义县组尖山沟层也有产出。

八、冀北大店子组及相关地层中孢粉化石产出特征

根据余静贤(1989)的研究结果，产自河北滦平县大北沟组中段(6—9 层)(注：相当于大店子组下部)的孢粉化石有：蕨类植物孢子(占 5%～25%) *Cyathidites minor*，*Osmundacidites wellmanii*，*Densoisporites microrugulatus*，*Leptolepidites verrucatus*，*Undulatisporites undulapolus*，*Lycopodiumsportites*，*Schizaeoisporites certus*，*Cicatricosisporites*，*C. mirabilus*，*C. impleyus*，*Impardecispora* cf. *minor*，*Klukisporites pseudoretriculatus*，*Luanpingspora*，*L. dabeigouense*；裸子植物花粉(占 75%～95%) *Abietineaepollenites*，*Alisporites*，*Pinuspollenites*，*Cedripites*，*Piceaepollenites*，*Podocarpidites*，*Cycadopites*，*Araucariacites*，*Classopollis*，*Callialasporites*，*Perinopollenites*，*Jiaohepollis*，*Quadraeculina*，*Concentrisporites*，*Jugella*。

根据张望平(1989)的研究结果，产自大北沟组上段(5—13 层)(注：相当于大店子组下部)的孢粉化石有：蕨类植物孢子 *Deltoidospora*，*Biretisporites*，*Biretisporites otoniaei*，*Cyathidites*，*Cyathidites minor*，*Gleichniidites*，*G. delicatus*，*Undulatisporites*，*Cibotiumspora*，*Dictyophyllidites*，*Todisporites*，*T. rotundiformis*，*Grannulatisporites*，*Cyclogranisporites*，*Osmundacidites*，*Osmundacidites wellmanii*，*Verrucosisporites*，*Leptolepidites*，*L. verrucatus*，*Neoraistrickia*，*Dictyosporites*，*Impardecispora*，*Impardecispora* cf. *minor*，*Luanpingspora*，*L. dabeigouense*，*Cicatricosisporites*，*C. mirabilus*，*C. impleyus*，*Densoisporites*，*D. velatus*，*Schizaeoisporite*，*S. certus*；裸子植物花粉 *Cycadopites*，*Jugella*，*Jugella sibirica*，*Ephedripites*，*E. anibonoides*，*Perinopollenites*，*Callialasporites*，*C. dampieri*，*Jiaohepollis*，*J. annulatus*，*J. flexosus*，*Cerebropollenites*，*Psophosphera*，*Inaperturepollenites*，*Sphaeripollenites*，*Classopollis*，*Protoconiferus*，*Pinuspollenites*，*Piceites*，*Piceaepollenites*，*Podocarpidites*，*Cedripites*，*Quadraeculina*，*Pristinuspollenites*。

本次工作在冀北地区共采集分析孢粉化石 34 块，见有孢粉化石的地点及样品如下。

1. 地点：滦平县火斗山乡下营村大店子组

共采集 5 块样品，含孢粉化石稀少，且保存极差，能鉴定的只有水藓孢？(*Sphagnumsporites*?)，单束松粉(*Abietineaepollenites*)和罗汉松粉(*Podocarpidites*)各 1 粒，没有确定的时代意义。名单如下：

YD18BF-4(K1d-22)——水藓孢？(*Sphagnumsporites*?)　1 粒

YD18BF-8(K1d-24-1)——单束松粉(*Abietineaepollenites*)　1 粒

——罗汉松粉(*Podocarpidites*)　1 粒

2. 地点：滦平县火斗山乡上营村大店子组

共 7 块样品，含孢粉化石情形同下营村样品，名单如下：

YD21BF5——*Pinuspollenites*?（双束松粉?）　1 粒

YD21BF7——*Pinuspollenites*?（双束松粉?）　1 粒

3. 地点：滦平县洋麻地沟—大店子盖子梁剖面大店子组

共 4 块样品，含较少的孢粉化石。YDP3BF30——孢粉较多，名单如下：

水藓孢(*Sphagnumsporites*)　2 粒
光面三角孢(*Leiotriletes*)　1 粒
小无突肋纹孢(*Cicatricosisporites minor*)　1 粒
层环孢(*Densoisporites*)　6 粒
苏铁粉(*Cycadopites*)　2 粒
真蛟河粉(*Jiaohepollis verus*)　1 粒
有边四字粉(*Quadraeculina limbata*)　1 粒
原始松柏粉(*Protoconiferus*)　5 粒
双束松粉(*Pinuspollenites*)　7 粒
单束松粉(*Abietineaepollenites*)　2 粒
冷杉粉(*Abiespollenites*)　2 粒
云杉粉(*Piceaepollenites*)　3 粒

上述孢粉都是中生代的常见分子,只有 *Cicatricosisporites minor* 和 *Jiaohepollis verus* 指示其时代应为早白垩世。

4. 地点:赤峰市孤山子盆地那不打北山大北沟组

共 1 块样品(编号:YDP1BF28),含少量孢粉:
Classopollis(克拉梭粉)　13 粒
Pseudopicea(假云杉粉)　1 粒
Pinuspollenites(双束松粉)　2 粒
Piceaepollenites(云杉粉)　1 粒

孢粉太少,从 *Classopollis* 的高出现率看,其时代属晚侏罗世的可能性较大。

5. 地点:滦平县火斗山乡铃铛木沟西瓜园组

在铃铛木沟西瓜园组剖面采集 9 块孢粉样品(表 4-12),其中 6 块样品含极少裸子植物花粉,大部分属种都是中生代的常见分子,只有 *Jiaohepollis verus* 或可指示其时代为早白垩世。

表 4-12　冀北西瓜园组孢粉化石

样品号码 / 孢粉名称	YDP4 BF17	YDP4 BF18	YDP4 BF19	YDP4 BF19-1	YDP4 BF3-1	YDP4 BF5	YDP4 BF6-1	YDP4 BF9	YDP4 BF10
环圈克拉梭粉 *Classopollis annulatus*	1	5		5					4
破隙杉粉 *Taxodiaceaepollenites hiatus*	1	2							
真蛟河粉 *Jiaohepollis verus*	1	1		2					
原始松柏粉 *Protoconiferus*				1					2
假云杉粉 *Pseudopicea*				1					4
双束松粉 *Pinuspollenites*		2		2	1			1	2
单束松粉 *Abietineaepollenites*									1
冷杉粉 *Abiespollenites*		1		1					1
云杉粉 *Piceaepollenites*		1							
罗汉松粉 *Podocarpidites*	1			1					

第四节 冀北地区大店子组及相关地层的年代地层特征

一、冀北大店子组及相关地层的介形类化石组合时代

1. 大北沟组 *Luanpingella postacuta* - *Ocrocypris obesa* - *Eoparacypris jingshangensis* 组合时代

该组合分布在大北沟组上部，曾被称为 *Darwinula* - *Luanpingella* - *Eoparacypris* 组合（杨仁泉，1981，1985；时代为早白垩世，晚侏罗世—早白垩世），*Luanpingella* - *Torinina* - *Eoparacypris* 组合（或类似组合名称，庞其清等，1984，2002，2006；时代为晚侏罗世）。我们认为该组合晚侏罗世色彩略浓于早白垩世色彩，故将其时代暂置于晚侏罗世提塘晚期，但不排除该组合时代全部属于早白垩世的可能。

2. 大店子组介形类化石组合时代

大店子组介形类化石自下而上分为 4 个组合，即一段的 *Cypridea stenolonga* - *C. xitaiyangpoensis* - *Djungarica camarata* 组合，二段的 *Cypridea huodoushanensis* - *C. luanpingensis* - *Djungarica camarata* 组合，三段的 *Cypridea*(*C.*)*sulcata* - *C.*(*C.*)*sublaeva* - *Daurina dabeigouensis* 组合，四段的 *Cypridea*(*C.*)*sulcata* - *C.*(*C.*)*curticostata* - *Daurina dabeigouensis* 组合。这 4 个介形类组合，均以 *Cypridea* 属的成员为主，自第一段开始该属就达 8 种，尤其第二段该属达 19 种，分异度和丰度较高，表现出早白垩世女星介动物群的特点。二段有一些属种与英国等西欧国家普尔别克层（Purbeck bed）及其相当层位的介形类近似，如 *Cypridea huodoushanensis* 与英国中普尔别克层的 *Cypridea granulosa granulosa* 颇相近，*Cypridea baimagouensis* 与英国中普尔别克层的 *Cypridea sagena* 相近。*Cypridea vitimensis* 产于蒙古东部下白垩统查干察布组和准巴音组、俄罗斯西西伯利亚低地海陆交互相地层中的欧特里夫阶以及辽西地区下白垩统九佛堂组。组合中的 *Daurina dabeigouensi* 在大北沟组三段少量出现，而在大店子组各段出现较多，其特征与俄罗斯东外贝加尔地区图尔金组的 *Daurina eggeri* Sinitsa 甚相似。*Daurina* 属在东外贝加尔地区主要分布在图尔金组（Тургинская свита）底部、玛雅科组（Маякская свита）和乌斯季卡尔组（устькарская свита），С. М. Синица（1973）认为这几个组的火山一沉积岩层的时代均为晚侏罗世，有些研究者认为它们的时代为早白垩世或晚侏罗世一早白垩世。*Limnocypridea subplana* 最初见于蒙古东部下白垩统查干察布组，在滦平盆地大北沟组上部和大店子组均有分布，亦见于辽西地区义县组。*Mongolianella gigantea* 首见于蒙古东部沙里林组（шарилинская свита）和查干察布组，在滦平盆地大北沟组上部和大店子组中下部均有分布。*Ocrocypris obesa* 在大北沟组上部常见，在局部地段大店子组底部其个体亦较多，该种与俄罗斯东外贝加尔地区图尔金组的 *Ocrocypris tersa*（Sinitsa）甚相似。基于以上分析和大店子组三、四段大部分介形类属种由该组第二段延续上来，笔者将大店子组 4 个介形类化石组合时代均置于早白垩世贝里阿斯期。

二、冀北大店子组及相关地层的叶肢介化石组合时代

虽然在叶肢介化石 *Eosestheria* 动物群中建立具体属种化石带比较困难，但冀北地区义县期的叶肢介在不同部位表现出不同的特点。比如 *Abrestheria* 仅见于大店子组一、二段；*Yanshania* 发育于大店子组一、二段，但延续到三、四段和西瓜园组；*Jiliaoestheria* 发育于大店子组三、四段，但在一、二段仍有少量发现。在刘院—王家沟剖面的西瓜园组发育 *Eosestheria* aff. *middendorfii* - *E. persculpta* 组合带。

因此，可将大店子组和西瓜园组的叶肢介化石组合总结如下。

表 4-14 孢粉化石地层对比表

<table>
<tr><td colspan="6">冀北</td><td colspan="2">辽西</td></tr>
<tr><td colspan="2">大北沟建组剖面(1:20 万)</td><td>本书</td><td colspan="2">滦平大北沟组剖面</td><td>本书</td><td colspan="2">本书</td></tr>
<tr><td colspan="2" rowspan="2"></td><td rowspan="2"></td><td colspan="2" rowspan="2"></td><td rowspan="2">西瓜园组</td><td rowspan="4">义县组</td><td>金刚山层</td></tr>
<tr><td>朱家沟层</td></tr>
<tr><td rowspan="2">大北沟组上段</td><td rowspan="2">5—13 层</td><td rowspan="2">大店子组</td><td>大北沟组上段</td><td></td><td rowspan="2">大店子组</td><td>大康堡层</td></tr>
<tr><td>大北沟组中段</td><td>6—9 层</td><td>尖山沟层</td></tr>
<tr><td>大北沟组下段</td><td>1—4 层</td><td>大北沟组</td><td>大北沟组下段</td><td></td><td>大北沟组</td><td colspan="2"></td></tr>
<tr><td colspan="2">孢粉资料:张望平,1989</td><td></td><td colspan="2">孢粉资料:余静贤,1989</td><td></td><td colspan="2">孢粉化石采自尖山沟层</td></tr>
</table>

辽西地区义县组和冀北地区大店子组的孢粉化石具有共同的特征分子,孢粉组合以裸子植物花粉为主(约占组合的 75%),其中大多数为无肋双囊类花粉,蕨类植物孢子较少,被子植物花粉罕见。

主要孢粉组成分子有:蕨类植物桫椤科的 *Cyathidites minor*,紫萁科的 *Osmundacidites wellmanii*,卷柏科的 *Densoisporites microrugulatus*,凤尾蕨科的 *Leptolepidites verrucatus*,石松科的 *Lycopodiumsportites*,海金砂科的 *Cicatricosisporites*,*C. mirabilus*,*C. impleyus*,*Impardecispora* cf. *minor*,*Klukisporites pseudoretriculatus* 等,还有 *Undulatisporites undulapolus*,*Schizaeoisporites certus* 等;裸子植物花粉包括杉科的 *Perinopollenites*,松科的 *Abietineaepollenites*,*Pinuspollenites*,*Cedripites*,*Piceaepollenites*,罗汉松科的 *Podocarpidites*,苏铁纲的 *Cycadopites*,*Araucariacites*,掌鳞杉科的 *Classopollis*,以及亲缘关系不明的 *Callialasporites*,*Jiaohepollia*,*Quadraeculina*,*Alisporites* 等。同时共同具有新类型 *Jugella* 等。

二、年代地层对比

(一)义县阶的含义、划分与对比的不同方案

义县阶由中国第三届全国地层委员会白垩系工作组于 1999 年 12 月提出,暂时将辽西义县地区马神庙-宋八户义县组剖面作为义县阶单位候选层型剖面。王五力等(2004)根据马神庙-宋八户标准地层剖面和北票地区辅助标准地层剖面、冀北滦平盆地火斗山乡张家沟下营义县阶界线层型剖面建立了义县阶,其底界为义县组(大店子组)与下伏大北沟组的分界线,顶界线为义县枣茨山西北部义县组金刚山层之底,时代为提塘晚期至贝里阿斯期,倾向于提塘晚期,并认为其层位相当于滦平盆地大店子组。李佩贤等(2000)、柳永清等(2002)将辽西地区义县组与滦平盆地大店子组三、四段对比,时代为早白垩世。田树刚等(2006)将滦平盆地大店子组划为义县下亚阶,将冀北西瓜园组和花吉营组与义县组对比,称为义县上亚阶。庞其清等(2006)把滦平盆地大店子组划为义县下亚阶,将西瓜园组划为义县上亚阶。田树刚等(2008)以滦平盆地下营和上营大店子组剖面为单位层型建立张家沟阶,将李营-王家沟西瓜园组剖面作为义县阶单位层型剖面、将马圈子大店子组四段和西瓜园组一段剖面视为义县阶底界层型剖面与辽西地区全部义县组及其相当层位地层对比,时代均为早白垩世。

(二)本书的建议方案

1. 调整部分层段的组级岩石地层单位或年代地层单位归属

1)将辽西地区义县组上部金刚山层和黄花山层划归义县阶

王五力等(2004)曾将义县组金刚山层和黄花山层划归九佛堂阶下部。根据金刚山层介形类组合与

大康堡层上部介形类组合有一些联系，金刚山层一部分脊椎动物（如细小矢部龙 *Yabeinosaurus tenuis*，*Monjurosuchus splendens* 等）由义县组下部延续而来，滦平盆地西瓜园组三、四段存在较多金刚山层叶肢介，如 *Eosestheria* aff. *middendorfii*，*E. triformis*，*E. persculpta*，*E. jingangshanensis* 等，故建议将金刚山层和黄花山层划归义县阶。

2）补充义县地区义县组（阶）底部层位

王五力等（2004）所测马神庙-宋八户义县组（阶）单位层型剖面底部不全，缺失老公沟层之下的火山岩层及底部沉积岩层，现将义县头道河乡三道壕、老虎沟一带义县组（阶）底部剖面补充于下：

上覆老公沟层紫灰色、紫红色砂岩、粉砂岩

——————整合——————

3. 灰色、黄灰色含安山质火山角砾、集块凝灰质岩屑杂砂岩，夹沉火山集块、角砾岩	厚约 200m
2. 灰黑色玄武安山岩	3.00m
1. 灰色、绿灰色复成分砾岩、砂砾岩、岩屑杂砂岩（平房子层）	27.00m

~~~~~~~~~~ 角度不整合 ~~~~~~~~~~

下伏地层：中侏罗统髫髻山组灰色、灰白色流纹质凝灰熔岩

3）滦平盆地马圈子剖面原大店子组四段改划为大店子组一段

田树刚等（2008）将马圈子剖面下部第 75—87 层划为大店子组四段，根据该剖面岩石组合序列和下部含介形类化石特点（属于大店子组一、二段而绝非四段组合特征，详见前述），将 75—87 层改归大店子组一段，将整合于其上的原西瓜园组一段改划为大店子组二段。

4）李营剖面原西瓜园组一段改划为大店子组

河北省第二区域地质测量大队于 1975 年根据滦平盆地西台-蔓子沟剖面将原大北沟组二段（安山岩段）之上至石门铁路隧道花吉营组（浅灰色砂砾岩、安山岩等）之下的地层称为西瓜园组，其中包括了现今所称的拉海梁砾岩，并将建昌盆地魏家岭剖面大套火山岩之下的巨厚碎屑岩层（相当于现今义县组的中、下部）亦划为西瓜园组。杨坚等（1978）将滦平盆地狭义大北沟组和青石砬组之间的地层全部划归西瓜园组。杨仁泉（1981，1985）、庞其清（1984）、王思恩（1990，1999）等尽管对大北沟组至拉海梁砾岩层之下的地层划分以及地层名称使用上存在分歧，但都未将大北沟、大店子东沟剖面拉海梁砾岩层之下的地层划归西瓜园组。田树刚等（2008）重新测制和研究了李营一王家沟西瓜园组剖面，在组级岩石地层单位顶、底界线确定上与河北省第二区域地质测量大队（1975）一致。显而易见，上述研究者对滦平盆地大店子组安山岩层至拉海梁砾岩层之下地层的划分、对比存在着分歧。经研究上营剖面、大店子东沟剖面、大北沟剖面及李营—王家沟剖面，并结合地层层序、接触关系、剖面结构、岩石组合特征，尤其介形类化石等属种分布特点，我们认为应将原西瓜园组一段（田树刚等，2008）划归大店子组。

2. 辽西地区和滦平盆地的义县期地层

生物地层资料表明，辽西地区义县组与滦平盆地大店子组＋西瓜园组（二至四段）的层位相当，同属义县阶。

如同上述，辽西地区义县组老公沟层、业南沟层叶肢介化石与滦平盆地大店子组一、二段叶肢介化石可相对比，尖山沟层叶肢介化石与大店子组三、四段叶肢介化石基本可以对比，义县组大康堡层和金刚山层叶肢介与滦平盆地西瓜园组叶肢介化石总体可以对比。辽西地区义县组下部（老公沟层至尖山沟层）介形类化石组合与滦平盆地大店子组一、二段，尤其二段介形类化石组合主体可以对比。上三官庙层中、下部介形类化石组合与尖山沟层下部介形类化石组合特征基本吻合，上三官庙层最顶部含较多 *Cypridea sulcata*，而该层中、下部大多数介形类化石属种未延续上来。这与尖山沟层下部绝大多数介形类化石属种未延续到该层上部的情况类似，亦与大店子组三段介形类组合特征类似。因此，义县组尖山沟层上部至大康堡层下部的层位有可能相当于大店子组三、四段。大康堡层上部至金刚山层介形类化石组合特征与大店子组三、四段及西瓜园组（尤其西瓜园组二至四段介形类化石甚少）明显不同也为
~~~~~~~~~~

这一推测提供了支持。双壳类 *Arguniella* - *Sphaerium* 组合表明辽西地区义县组与滦平盆地大店子组可以对比。腹足类 *Ptychostylus harpaeformis* - *Probaicalia vitimensis* 组合，前一属种自大北沟组开始出现，向上仅延至大店子组二段，该属种在辽西地区最高层位出现在义县组尖山沟层下部；大店子组一、二段的腹足类化石组合与义县组下部的腹足类化石组合特征一致，其所在层位亦相当。辽西建昌盆地义县组罗家沟层、凌源盆地义县组大新房子层、滦平盆地马圈子剖面大店子组二段（原西瓜园组一段）、滦平盆地李营剖面下部均产环足虾类化石（图 4 - 7）*Cricodoscelosus aethus*，表明辽西地区义县组下部与滦平盆地大店子组二段有可比性。滦平盆地大店子组 *Cicatricosisporites* - *Luanpingspora* - *Jugella* 孢粉组合与辽西义县组下部 *Cicatricosisporites* - *Densoisporites* - *Jugella* 孢粉组合特征基本相同，其所在层位相当。

图 4 - 7　滦平县李营大店子组剖面（原西瓜园组一段）第 3 层泥质粉砂岩中产环足虾化石

综合上述各门类化石特征，可将辽西地区义县组与滦平盆地大店子组＋西瓜园组对比，进而表明冀北、辽西地区的大北沟阶和九佛堂阶之间只存在一个义县阶，即辽西地区的新意义县阶等于滦平盆地的张家沟阶＋义县阶（西瓜园组二至四段）。根据近年研究，义县阶的叶肢介、双壳类化石组合时代为晚侏罗世提塘晚期至早白垩世贝里阿斯期；介形类、腹足类、古植物和孢粉化石组合时代为早白垩世早期（以贝里阿斯期为主，或可能延至凡兰吟期）；恐龙类、有鳞类、离龙类、有尾和无尾两栖类、鸟类、哺乳类、鱼类化石的形成时代以及锆石同位素年龄均为早白垩世。综合考虑，我们将冀北、辽西地区义县阶时代确定为早白垩世早期。

3. 义县阶的候选单位层型和界线层型剖面

1）义县阶的候选单位层型剖面

冀北滦平盆地义县阶的候选单位层型剖面由火斗山乡张家沟下营剖面第 6—41 层、上营剖面第 1—34 层（田树刚等，2004）和李营-王家沟西瓜园组剖面第 22—98 层（田树刚等，2008，因该剖面第 1—21 层属于大店子组的重复，故予以剔出）拼合而成。该拼合剖面最大的可取之处在于沉积地层连续出露，含化石层位较多，研究程度较高，其上覆和下伏地层清楚，但严重不足的是生物化石门类过于单调，尤其李营-王家沟剖面仅建立了叶肢介化石组合带，其他门类化石较少。辽西义县、北票地区义县阶候选单位层型剖面以马神庙-宋八户剖面为主，北票新开岭-四合屯和义县老虎沟剖面为辅，其最大的优势在于生物化石多达 20 个门类，爬行类、鸟类和哺乳类化石保存精美，生物类群分异度和丰度较高，同位素测年数据较多，国内、外知名度大，但致命的缺点是剖面中火山岩层发育，沉积岩层不连续。鉴于上述两种候选层型剖面各具特色，又不可相互完全取代，应按候选正、副单位层型剖面加以使用。

2）义县阶的底界候选界线层型剖面

义县阶底界候选层型剖面选用滦平县火斗山乡张家沟下营大北沟组三段一大店子组一段剖面。该剖面曾由柳永清、田树刚、庞其清和牛绍武等(2001，2002，2003，2006)先后做过多次深入系统研究，王五力等(2004)也选用该剖面作为义县阶的底界候选层型剖面，除对大店子组岩石地层底界和大店子组时代有些分歧外，在生物地层单位划分与选用等方面基本一致。

(1) 界线上、下的介形类化石组合。

义县阶下部(大店子组一段)为 *Cypridea stenolonga* - *C. xitaiyangpoensis* - *Djungarica camarata* 组合，大北沟阶上部为 *Luanpingella postacuta* - *Ocrocypris obesa* - *Eoparacypris jingshangensis* 组合。这两个阶的界线，通常位于 *Luanpingella postacuta* 开始消失和 *Cypridea* 始现之间的层位。需要说明的是，前一组合中的 *Cypridea stenolonga* 虽在下营剖面大店子组一段始现，但在大店子东沟和大北沟等剖面该种并非始现在 *Cypridea* 出现的最低层位，常在大店子组二段乃至四段出现。考虑到一个化石组合或亚组合的建立，至少在同一盆地的分布层位要相对稳定，并具有可操作性和实用性，故不宜单独用该种建立大店子组一段介形类化石亚组合。

本次研究和王五力等(2004)一样，将大店子组一段与其下伏大北沟组的岩石地层界线置于下营剖面第 6 层与第 5 层之间，两组呈整合接触。义县阶生物地层单位底部界线位于该剖面第 9 层和第 4 层之间，前者含介形类 *Cypridea stenolonga*，*C. dabeigouensis*，*Daurina dabeigouensis* (= *Yanshanina dabeigouensis*)，*Yanshanina postitruncata*，*Y. elongata*，*Limnocypridea subplana*，*Djungarica elongata* 等，属于大店子组一段即义县阶下部 *Cypridea stenolonga* - *C. xitaiyangpoensis* - *Djungarica camarata* 组合带范畴。下营大店子组一段剖面第 18—25 层的介形类化石均属于该组合范畴，除上述第 9 层介形类化石外，尚有 *C. xitaiyangpoensis*，*C. luanpingensis*，*C. tubercularis*，*C. dadianziensis*，*C. subgranulosa*，*C. obliquoblonga*，*Djungarica camarata*，*Rhinocypris subechinata*，*Rh. echinata*，*Rh. dadianziensis*，*Timiriasevia polymorpha*，*T. opinabilis*，*Darwinula contracta*，*D. leguminella*，*D. oblonga*，*D. lahailiangensis*，*D. dadianziensis*，*D. mashenmiaoensis* 等。该剖面第 4 层(下接榆树下大北沟组剖面)含大北沟阶上部 *Luanpingella postacuta* - *Ocrocypris obesa* - *Eoparacypris jingshangensis* 介形类化石组合，其与上覆义县阶下部(即大店子组一段)介形类化石组合的最大区别是 *Luanpingella postacuta* 自大北沟组三段底部延续到该段顶部，如榆树下剖面、井上洋麻地沟剖面和拉海沟三道沟西山剖面，但未上延至义县阶，义县阶的近底部始现 *Cypridea* 属的成员，如 *C. stenolonga* 和 *Cypridea dabeigouensis* 等。因此，义县阶底界层型可以下营大北沟组—大店子组剖面为代表，两个阶的具体界线暂置于第 6 层之底或第 5 层之顶。虽然庞其清(2002)在该剖面第 7 层发现了 *Yanshanina postitruncata*，但该种在大北沟阶上部和义县阶下部(大店子组)均存在，难以其单独出现作为生物地层单位划分这两个阶的界线。在滦平盆地，以往仅见 *Ocrocypris obesa* (= *Torinina obesa*，= *Eoparacypris obesa*)产于大北沟组上部，本次在拉海沟三道沟西山剖面大店子组一段中部(即第 7 层，厚 23.44m)自下而上 3 个样品的介形类化石如下：YDP8H7 - 1 *Ocrocypris obesa*，*O. sandaogouensis* (亦见于大北沟组上部)，*Daurina dabeigouensis*，*Yanshanina elongata*，*Mongolianella subtrapezoidea*，*Djungarica camarata*，*Rhinocypris subechinata*，*Timiriasevia polymorpha*；YDP8H7 - 2 *Cypridea dabeigouensis* (偶见)，*Ocrocypris obesa*，*O. chengdeensis*，*Daurina dabeigouensis*，*Yanshanina postitruncata*，*Djungarica camarata*，*Rhinocypris sunechinata*；YDP8H7 - 3 *Cypridea dabeigouensis*，*C. stenolonga*，*Damonella circulata*，*Darwinula leguminella*。前两个样品 *Ocrocypris* 的分异度和丰度均较高，从化石埋藏状态和保存情况分析，基本属于原地或近原地埋藏类群，不是经风化剥蚀被搬运再沉积的产物。该剖面第 7 层之底距大店子组之底尚有 44.80m 厚的第 6 层。这一发现表明在滦平盆地 *Ocrocypris obesa* 从大北沟组已上延至大店子组中、下部或下部，或多或少反映了大北沟阶与义县阶介形类组合间具有一些过渡性。但该剖面大店子组一段内是否存在大北沟阶与义县阶的生物地层界线，目前研究程度还不够，暂将第 7 层的介形类化石

全部归入义县阶下部即大店子组一段介形类化石组合。

(2) 界线上、下的叶肢介化石组合。

大北沟阶候选单位层型剖面为滦平县火斗山乡张家沟榆树下村剖面(李佩贤等,2004;田树刚等,2004;牛绍武,2008)。

大北沟阶叶肢介化石组合、亚组合先后被划分为 *Nestoria* - *Keratestheria* 群(陈丕基等,1976,1985),下部 *Nestoria* - *Sentestheria* 亚群落和上部 *Keratestheria* 亚群落(王思恩,1999);牛绍武等(2002)将叶肢介化石组合划分为下部 *Nestoria* - *Jibeilimnadia* 组合划带和上部 *Nestoria* - *Keratestheria* 组合带;王五力等(2004)将 *Nestoria* - *Keratestheria* 组合划分了下部 *Nestoria* - *Jibeilimnadia* - *Sentestheria* 亚组合及上部 *Nestoria* - *Keratestheria* 亚组合;田树刚等(2004)自下而上划分了 *Nestoria pissovi* - *Jibeilimnadia ovata* 及 *Nestoria pissovi* - *Keratestheria gigantea* 两个组合带;牛绍武(2008)自下而上划分了 *Nestoria pissovi* - *Jibeilimnadia ovata* 共存延限带(大北沟组二段),*Nestoria pissovi* - *Keratestheria gigantea* 共存延限带(三段下部)、*Yanshania xishunjingensis* - *Y. subovata* 顶峰带(三段上部);王思恩等(2009)将大北沟阶叶肢介统称 *Nestoria pissovi* 组合带,并进一步自下而上划分了 *Ambonella lepida* - *Jibeilimnadia ovata*(二段)和 *Keratestheria gigantea* - *Abrestheria rotunda*(三段)两个亚组合带。

上述大北沟阶 *Nestoria pissovi* 叶肢介群虽被分为不同的组合带或亚组合带,但其实质内容基本一致,本书选用牛绍武(2008)划分的 3 个共存延限带作为该阶叶肢介生物地层单位的代表。

义县阶下部(大店子组一段)叶肢介生物地层单位以 *Eosestheria zhangjiagouensis* - *Abrestheria semireticulata* 组合带为代表,除组合代表分子外,还有 *Eosestheria xiayingensis*, *E. oblonga*, *Abrestheria subovata*,在马圈子和大北沟剖面(大店子组一段),该组合尚包括 *Eosestheria* (*Clithrograpta*) *gujialingensis* 等。

大北沟阶与义县阶叶肢介生物地层单位之间的界线位于 *Yanshania xishunjingensis* - *Y. subovata* 顶峰带或 *Keratestheria gigantea* - *Abrestheria rotunda* 亚组合带与 *Eosestheria zhangjiagouensis* - *Abrestheria semireticulata* 组合带之间,最大的不同在于 *Nestoria* 属的分子仅出现在大北沟期,未上延至义县期,义县阶底部始现 *Eosestheria* 属的成员。具体的界线点位尚待研究,基本情况与这两个阶的介形类生物地层单位之间界线相同。

3) 义县阶顶部界线

义县阶顶部界线暂以马神庙-宋八户义县组顶部剖面(王五力等,2004)第 40 层即黄花山层顶部与九佛堂组底部岩石地层分界线为代表,由此向北接吴家沟-皮家沟九佛堂组剖面,或接义县旧陵北-桑土营子九佛堂组剖面。界线之下义县阶顶部以金刚山层的 *Eosestheria fuxinensis* - *E. jingangshanensis* - *E. changshanziensis* 叶肢介化石组合为代表,其重要成员尚有 *Eosestheria elliptica*, *E.* ? *ovaliformis*, *E. triformis*, *E.* aff. *middendorfii*, *E. persculpta*, *E. gongyingziensis* 等;介形类化石以 *Cypridea arquata* - *C. jingangshanensis* 组合为代表,主要成员还有 *Cypridea zaocishanensis*, *C. placida*, *C. deflecta*, *C. unicostata*, *Ziziphocypris linchengensis* 等;爬行类主要有 *Yabeinosaurus tenuis*, *Manchurochelys manchuensis*, *Monjurosuchus splendens*,尚有翼龙、翼龙胚胎和鸟类胚胎化石;鱼类化石有 *Lycoptera muroii*, *L. davidi*;孢粉化石以 *Cicatricosisporites* - *Foraminisporis* 组合为代表。在辽西地区,界线之上九佛堂阶叶肢介以 *Eosestheria* - *Yanjiestheria* - *Chifengestheria* - *Jibeiestheria* 组合为代表;介形类以下部 *Cypridea veridica* - *C. trispinosa* - *Yumenia acutiuscula* 和上部 *Cypridea koskulensis* - *Yumenia casta* - *Limnocypridea grammi* 组合为代表;双壳类以 *Menyinaia* - *Nakamuranaia* - *Sphaerium* 组合为代表;腹足类以 *Viviparus matumotoi* - *Amnicola chaoyangensis* 组合为代表;孢粉以 *Cicatricosisporites* - *Concavissimisporites* - *Piceaepollenites* 组合为代表;鸟类以 *Cathayornis* - *Chaoyangia* 鸟群为代表;恐龙类以 *Psittacosaurus meileyingensis* - *Microraptor zhaoianus* 恐龙群为代表,底部出现 *Sinotyrannus kazuoensis*;翼龙类以 *Sinopterus dongi* - *Nurhachius ignaciobritoi* 翼龙群为代表;离龙类以 *Ikechosaurus pijiagouensis* - *Philydosaurus proseilus* 为代表;鱼类以 *Jinanichthys longicephalus* - *Longdeichthys longicephalus* - *Lycoptera davidi* 鱼群为代表。因目前

尚未发现义县阶与九佛堂阶直接接触的生物组合界线，故暂以义县组与九佛堂组岩石地层界线作为义县阶的顶界。

三、冀北、辽西地区大北沟期、义县期介形类化石描述

女星介科 Family Cyprideidae Martin，1940

女星介属 Genus *Cypridea* Bosquet，1852

大北沟女星介 *Cypridea*(*Cypridea*)*dabeigouensis* Yang，1981

（介形类化石图版 1，图 1a—1c，图 2a—2b，图 3）

1981 *Cypridea dabeigouensis* Yang，杨仁泉，80 页，图版 2，图 4。

1984 *Cypridea dabeigouensis*，天津地质矿产研究所，123 页，图版 33，图 5—6，图版 37，图 5。

1985 *Cypridea dabeigouensis*，杨仁泉，215 页，图版 2，图 5。

2002 *Cypridea dabeigouensis*，侯祐堂，勾韵娴，陈德琼，443 页，图版 171，图 7—9。

以往仅据单瓣描述该种，现据完整壳体重新描述如下：

壳体中等，个别略大，侧视近宽卵形。左瓣背缘呈弓形外凸，中段近平直或微后倾，前背角圆钝，位于壳体前 1/3 处。右瓣背缘近直，平缓后倾。左瓣腹缘近直或微外凸，后部略收缩，右瓣腹缘近直。前端上部倾斜，中下部圆。后端上部斜圆，中下部圆。左瓣大，沿自由缘叠覆右瓣，腹缘明显叠覆，左瓣背缘高出于右瓣。壳喙较粗强，凹痕明显，且约占壳高的 1/3～1/4。壳面蜂网状，每瓣腹缘上侧有 5～6 个疣近平行于腹缘分布，疣之上至后背角的壳体中后部有 11～12 个刺状小结节，其中后背角下的 3～4 个前后排成一排，腹侧疣之上壳瓣中前部零星分布一些刺状小结节。左、右瓣背缘加厚呈脊状，左瓣前背角下具一平缓突起，右瓣背脊中后部尚有 4～5 个小刺，但左瓣背脊上无小刺。壳体两端有稀疏点刺。每瓣壳喙之后腹缘具有一腹脊。背视铰合区长槽状。壳体前 1/3 最高，中后部最厚。

登记号	型别	壳别	长(mm)	高(mm)	厚(mm)
SG11001	近模	完整壳体	1.15	0.74	0.57
SG11002	近模	完整壳体	1.17	0.75	0.58
SG11003	近模	左壳	1.15	0.76	

产地及层位：河北省滦平县拉海沟大店子东沟、大北沟、三道沟西山、张家沟下营，下白垩统大店子组一、二段；内蒙古赤峰市孤山子乡沟脑，下白垩统义县组下部。

火斗山女星介（新种）*Cypridea*(*Cypridea*)*huodoushanensis* Zhang sp. nov.

（图版 1，图 7a—7c；图版 2，图 1—3）

1984 *Cypridea granulosa granulosa*(J. de C. Sowerby，1836)，天津地质矿产研究所，118 页，图版 33，图 1，图版 38，图 17。

2002 *Cypridea subgranulosa*，侯祐堂，勾韵娴，陈德琼，443 页，图版 187，图 1—3。

词源：种名系指化石产地火斗山（乡）。

壳体中等，侧视近短椭圆形。背缘近直，微后倾，前背角圆钝，位近壳体前 1/4。右壳腹缘近直，左壳腹缘微外凸。前端上部倾斜，中下部圆。后端上部斜圆，中下部近圆。左壳大，沿自由缘弱叠覆右瓣，腹缘叠覆明显。壳喙小而清楚，凹痕短而浅。壳面蜂网状，多边形网孔较大。壳面具较多小结节，主要分布在前、后部和体中线下侧，其中自前背角至壳喙约有 15 个左右钝刺状小结节沿前缘分布，自背缘中部至后腹角约有 8 个钝刺状小结节沿壳缘分布，前背角下方约有 7 个结节，后背角前下方约有 4 个小结节，体中线下自前腹缘上至后腹缘上侧尚有 10 多个略大的结节前后排列。左瓣前背角下具一平缓突起。背视铰合区凹槽明显。壳体近前 1/4 最高，中后部最厚。

登记号	型别	壳别	长(mm)	高(mm)	厚(mm)
SG11008	正模	完整壳体	1.15	0.74	0.67
SG11009	副模	完整壳体	1.19	0.76	0.65
SG11010	副模	右壳	1.15	0.70	

比较:新种的壳形、个体大小和某些壳饰特征与英国南部中普尔别克层的 *Cypridea granulosa granulosa* Anderson(1971,66 页,图版 12,图 3—4)有相似之处,但前者壳面沿前、后缘具较多小钝刺,体中线下侧结节多,左瓣前背角下有一突起,且其上有时具小刺,二者可相区别。新种与 *Cypridea subgranulosa* Pang 的区别在于后者壳体较大,前背角明显抬高,背缘向后倾斜度较大,后腹缘向后端明显收缩,后端拉长,二者不同。

产地及层位:河北省滦平县拉海沟大店子东沟、大北沟,下白垩统大店子组二段;辽宁省凌源市四官营子镇白马沟,下白垩统义县组上三官庙层。

近颗粒女星介 *Cypridea subgranulosa* Pang

(图版 4,图 5—7)

1984 *Cypridea granulosa subgranulosa* Pang,天津地质矿产研究所,122 页,图版 33,图 2—4。

2002 *Cypridea subgranulosa*,侯祐堂,勾韵娴,陈德琼,443 页,图版 187,图 4—6。

登记号	型 别	壳别	长(mm)	高(mm)	厚(mm)
SG11026	近模	右壳	1.15	0.70	
SG11027	近模	左壳	1.19	0.73	
SG11028	近模	右壳	1.12	0.70	

比较:当前标本壳形、壳饰等特征与 *Cypridea granulosa subgranulosa* Pang 近同,只是前者壳体略小、前背角略高且背缘稍陡斜而与后者有些差异。

产地及层位:辽宁省喀左县上三官庙,下白垩统义县组上三官庙层。

斜长方形女星介 *Cypridea(Cypridea)obliquoblonga* Pang

(图版 5,图 1a—1c,图 2a—2c,图 3a—3b)

1984 *Cypridea obliquoblonga* Pang,天津地质矿产研究所,125 页,图版 32,图 1—5,图版 37,图 6—8。

1984 *Cypridea varians* Anderson,天津地质矿产研究所,119 页,图版 34,图 5。

2002 *Cypridea subgranulosa*,侯祐堂,勾韵娴,陈德琼,922 页(未附照片,同上 *C. varians*,图版 34,图 5)。

登记号	型 别	壳别	长(mm)	高(mm)	厚(mm)
SG11029	近模	完整壳体	1.30	0.73	0.57
SG11030	近模	完整壳体	1.09	0.68	0.51

比较:当前标本分别采自滦平县大北沟和大店子东沟大店子组二段,其主要特征与 *Cypridea obliquoblonga* Pang 的正、副模标本基本一致,而与产于英国上波倍克层的 *Cypridea varians* Anderson (Anderson,1971,90 页,图版 13,图 2)明显不同,即后者壳体小,左瓣后腹角处具一反射边,几个小结节仅分布在背部。

产地及层位:河北省滦平县拉海沟大店子东沟、大北沟,下白垩统大店子组二段。

庞氏女星介(新种)*Cypridea(Cypridea)pangi* Zhang sp. nov.

(图版 6,图 4a—4c,图 5)

1984 *Cypridea tumescens acrobeles* Anderson，天津地质矿产研究所，116 页，图版 30，图 1，图版 37，图 13。

2002 *Cypridea dadianziensis*，侯祐堂，勾韵娴，陈德琼，922 页（未附照片，同上 *C. acrobeles*，图版 30，图 1，图版 37，图 13）。

词源：种名赠予庞其清教授。

壳体中等，侧视近斜卵形。左壳背缘前段外凸，后段近直而后倾；右壳背缘近直且后倾；两瓣背缘呈似脊状。右瓣腹缘近直，左瓣腹缘微外凸，两瓣后腹缘向后均匀收缩。前端上部倾斜，后端近窄圆，与背、腹缘圆滑连接。左瓣大，沿自由缘叠覆右瓣，腹缘叠覆较明显，左瓣背缘高出于右瓣背缘。壳面蜂网状，具较多刺状小结节，其中自前端中上部经腹缘上侧至后腹缘前部共有 11 个左右的刺状小结节呈前弯的弧形排列，自中背部至后腹角有 6 对小刺状结节构成两排呈前、后排列，壳瓣中部有 4～5 个小刺状结节，前、后部有零星分布的点刺，左瓣前背角下有一平缓突起。壳喙小而清晰，凹痕短而浅。背视铰合区呈槽状。壳体近前 1/3 处最高，中后部最厚。

登记号	型 别	壳别	长(mm)	高(mm)	厚(mm)
SG11038	正模	完整壳体	1.05	0.67	0.50
SG11039	副模	左壳	1.07	0.68	

比较：新种壳形和壳饰与滦平盆地大店子组的 *Cypridea*（*C.*）*dadianziensis* Pang（庞其清，1984，116 页，图版 30，图 2—4；图版 37，图 14—15；图版 38，图 14）颇近似，但前者背缘中前部明显抬高，后背缘倾斜较陡，背缘加厚呈脊状，刺状小结节发育，二者不同。新种与英国波倍克层 *Cypridea tumescens acrobeles* Anderson（Anderson，1971，89 页，图版 8，图 1）的区别在于后者壳面不具刺状结节，后腹缘强烈收缩并具小的反射角。

产地及层位：河北省滦平县拉海沟大店子东沟、大北沟，下白垩统大店子组二段。

近长女星介（新种）*Cypridea*（*Cypridea*）*subspatiosa* Zhang sp. nov.

（图版 6，图 6）

词源：种名由拉丁词 sub -（近）与种名 spatiosa 复合而成。

壳体中等偏小，侧视近长圆矩形。背缘近直，平缓后倾，前背角圆钝，位近壳体前 1/3。腹缘波曲，中部微内凹，后部收缩。前端上部倾斜，中下部圆。后端近陡斜，后背角圆钝。左瓣大，沿自由缘叠覆右瓣，腹缘叠覆明显。壳喙小而清楚，凹痕短而浅。壳面蜂网状，体中线下侧有 10 几个小刺状结节，前后部散布一些点刺。铰合区呈槽状凹陷。壳体前 1/3 最高，背视壳体两侧近平行，中部或中略偏后最厚。

登记号	型 别	壳别	长(mm)	高(mm)	厚(mm)
SG11040	正模	完整壳体	0.84	0.50	0.42

比较：新种壳形和壳饰与 *Cypridea*（*Cypridea*）*spatiosa* Zhang（张立君，1985，23 页，图版 3，图 1、图 2）相似，但后者壳体较大，后端上部斜圆，下部近窄圆，不显后背角，壳体厚度较大，可相区别。

产地及层位：河北省滦平县大北沟，下白垩统大店子组二段。

近光滑女星介（新种）*Cypridea*（*Cypridea*）*sublaeva* Zhang sp. nov.

（图版 6，图 7a—7c，图 8a—8c）

词源：种名由拉丁词 Sub -（近）与种名 laeva 复合而成。

壳体中等，侧视近截卵形。背缘长直，平缓后倾，前、后背角圆钝，分别位于壳体前 1/4 和后 1/6。左瓣腹缘微外凸，后 1/3 向后端收缩。右瓣腹缘近直。前端上部中度倾斜，中下部近宽圆。后端呈宽斜圆伸向后背缘。左瓣大，沿自由缘叠覆右瓣，腹缘强烈叠覆，但左瓣后腹角呈自由边状。壳喙小而清楚，凹痕中度发育。壳面蜂网状，具较多点刺。点刺较分散，主要分布在前、后部和体中线下侧，背部仅零星分布。左瓣前背角下有一平缓突起。背视铰合区窄槽状。壳体前 1/4 最高，后 1/3 最厚。

登记号	型 别	壳别	长(mm)	高(mm)	厚(mm)
SG11041	正模	完整壳体	1.12	0.74	0.54
SG11042	副模	完整壳体	1.16	0.76	0.56

比较:新种壳形与蒙古人民共和国东部下白垩统准巴音组的 *Cypridea laeva* Gal.(Галеева,1955,35 页,图版 5,图 2;Любимова,1956,21 页,图版 5,图 1)相近,但后者前背角高耸,壳面光滑或偶具蜂网,壳体大,二者明显不同。

产地及层位:河北省滦平县拉海沟大店子东沟、张家沟上营,下白垩统大店子组二段。

白马沟女星介(新种)*Cypridea*(*Cypridea*)*baimagouensis* Zhang sp. nov.

(图版 7,图 1a—1c,图 2a—2b)

1984 *Cypridea sagena* Anderson,天津地质矿产研究所,119 页,图版 39,图 6。

词源:新种名源于该种产地白马沟。

壳体中等至大,侧视近卵圆形。背缘微外凸,其前半部近直而微后倾,后半部倾斜;前背角圆钝,位近壳体前 1/4。左瓣腹缘微外凸,右瓣腹缘近直。前端上部凹斜,中下部圆。后端低,近宽圆。左瓣大,沿自由缘叠覆右瓣,腹缘叠覆明显,左瓣背缘略高出右瓣背缘。壳面蜂网状。左瓣前背角下具一平缓突起。壳喙略粗大,凹痕明显。背视壳体铰合区呈槽状凹陷。壳体近前 1/4 最高,后 1/3 最厚。

登记号	型别	壳别	长(mm)	高(mm)	厚(mm)
SG11043	正模	完整壳体	1.19	0.73	0.54
SG11044	副模	完整壳体	1.30	0.78	0.57

比较:新种壳体大小和壳形与本区同层位及滦平盆地大店子组的 *Cypridea dadianziensis* Pang 相近,但后者壳面具一些小结节或小刺,二者不同。新种与英国南部中普尔别克层的 *Cypridea sagena* Anderson(Anderson and Bazley,1971,80 页,图版 10,图 1、图 2)主要区别在于后者左瓣后腹缘具明显反射边,壳喙相对纤细,后背缘斜圆。滦平盆地大店子组二段的 *Cypridea sagena* Anderson(天津地质矿产研究所,1984,119 页,图版 39,图 6)的壳形、壳饰、壳喙和凹痕等特征与新种基本相同,唯前者壳体略大,故将其归入本新种。

产地及层位:辽宁省凌源市四官营子镇白马沟,下白垩统义县组上三官庙层;河北省滦平县拉海沟大北沟,下白垩统大店子组二段。

近敏捷女星介(新种)*Cypridea*(*Cypridea*)*subactuosa* Zhang sp. nov.

(图版 7,图 3a—3c,图 4a—4b)

2012 *Cypridea*(*Cypridea*)*subactuosa* Zhang,张立君等,86 页,图版 1,图 1—2.

词源:种名由拉丁词 Sub -(近)与种名 actuosa 复合而成。

壳体中等,侧视近卵形。背缘直,明显后倾,前背角圆钝。右瓣腹缘直,而左瓣腹缘外凸。前端上部中度倾斜,中下部圆。后端略窄圆,与向后端均匀收缩的背、腹缘圆滑连接。左瓣大,沿自由缘叠覆右瓣,腹缘中前部叠覆较甚,左瓣背缘略高于右瓣。壳喙小,凹痕短而浅。左瓣凹痕后至腹缘中部有一腹脊。背视壳体铰合区呈槽状凹陷。壳面具细蜂网。壳体前 1/3 最高,中后部最厚。

登记号	型别	壳别	长(mm)	高(mm)	厚(mm)
SG11045	正模	完整壳体	0.96	0.57	0.42
SG11046	副模	完整壳体	0.94	0.56	0.42

比较:新种壳形和个体大小与义县土坌山地区下白垩统九佛堂组上部的 *Cypridea*(*Cypridea*)*actuosa* Zhang(张立君,1985,31 页,图版 8,图 1—3)相似,但后者左瓣无腹脊,后端上部斜圆,二者

不同。

产地及层位:辽宁省建昌县要路沟乡罗家沟北山,凌源市刘家窝铺,下白垩统义县组罗家沟层和上三官庙层。

凌源女星介(新种)*Cypridea*(*Cypridea*)*lingyuanensis* Zhang sp. nov.

(图版 7,图 5a—5c,图 6a—6b,图 7)

词源:种名源于该种产地凌源。

壳体大,侧视近卵形。背缘前半部呈阶状外凸并微后倾,背缘后半部向后倾斜,前背角圆钝,位于壳体前 1/3。左瓣腹缘平缓外凸,后部收缩;右瓣腹缘近直。前端上部倾斜,中下部圆。后端斜圆。左瓣大,沿自由缘叠覆右瓣,腹缘叠覆较甚,左瓣背缘明显高出于右瓣背缘。前缘下部壳喙小而清楚,凹痕短而浅。壳面蜂网状,左瓣后部有 16～18 个小结节平行于后缘和后腹缘分布;前半部小结节散布,其中约有 8 个小结节沿前缘分布,前背角下具一平缓疣状突起;左瓣中后腹缘上侧壳面膨胀,但右瓣与左瓣膨胀对应的位置却不显膨胀。右瓣壳面散布着小结节。背视壳体铰合区呈槽状凹陷。壳体前 1/3 最高,中后部最厚。

登记号	型别	壳别	长(mm)	高(mm)	厚(mm)
SG11047	正模	完整壳体	1.30	0.88	0.67
SG11048	副模	完整壳体	1.22	0.80	0.72
SG11049	副模	完整壳体	1.22	0.88	0.65

比较:新种壳体大小、壳形和壳饰与喀左县甘招镇大杖子地区义县组的 *Cypridea*(*C.*)*suborthocera* Zhang(张立君,1985,26 页,图版 4,图 5)近似,但后者前背缘不呈阶状外凸,后背缘与后缘呈斜圆形连接,左瓣后腹角处呈自由边超越右瓣,左瓣中后腹缘上侧不膨胀,二者可相区别。

产地及层位:辽宁省凌源市四官营子镇白马沟,下白垩统义县组上三官庙层。

短脊女星介(新种)*Cyprigea curticostata* Zhang sp. nov.

(图版 17,图 3、图 4)

词源:新种名由拉丁词 Curt -(短)与 cost -(脊、肋)缀合而成。

壳体中等,侧视近卵形。背缘前段明显拱曲,后段向后陡斜,前背角圆钝,位于壳体前 2/5。腹缘微凸。前端上部斜圆,下部圆。后端窄圆。左瓣大于右瓣。壳喙和凹痕短而清晰。壳面浅蜂网状,每瓣下腹侧具一近翼状短脊,脊居中并平行于腹缘分布,其长约占壳长的 1/3。壳体近前 2/5 最高,中后部最厚。

登记号	型别	壳别	长(mm)	高(mm)	厚(mm)
SG11120	正模	左壳	1.19	0.84	
SG11121	副模	右壳	1.14	0.76	

比较:新种壳形和下腹侧中间具一翼状短脊,与蒙古东部尼尔金盆地下白垩统准巴音组的 *Cypridea mundula* Lüb.(П. С. Люмова,1956,40 页,图版 8,图 3;图版 9,图 1)相近,但后者右瓣大于左瓣,凹痕不明显,仅右瓣下腹侧具一短的长椭圆形瘤,二者不同。

新种侧视壳形及两壳近腹缘中部各具一近翼状短脊,与内蒙古四子王旗、苏尼特右旗赛汉塔拉组一段、阿尔善组上段至腾格尔组的 *Cypridea*(*Cypridea*)*borhuaensis* Gou et Wang(勾韵娴等,1986,64 页,图版 22,图 9—12;李宏容,1989,41 页,图版 4,图 9—13)颇相近,但后者壳面具稀疏小结节,二者不同。

产地及层位:河北省滦平县火斗山乡张家沟上营,下白垩统大店子组四段。

湖女星介科 Familty Limnocyprididae Mandelstam,1948

玉门介属 Genus *Yumenia* Hou,1958

单背高玉门介(新种)*Yumenia unidorsalta* Zhang sp. nov.

(图版 9,图 2a—2c,图 3a—3c,图 4a—4c)

2012 *Yumenia unidorsalta* Zhang,张立君等,86 页,图版 1,图 3—5。

词源:新种名由拉丁词 Uni -(一个)与 dors -(背部),alt -(高的)复合而成。

壳体中等,侧视近椭圆形。两瓣异形,左瓣背缘微拱曲且略后倾,不显前、后背角;右瓣背缘近直而微后倾,前背角圆钝。腹缘中部微内凹。前端上部缓倾斜,中下部圆。后端上部近斜圆,中下部圆。左瓣大,沿自由缘叠覆右瓣,前、后端上部和腹缘中部叠覆明显,左瓣背缘显著高出于右瓣背缘。壳体凸度小,背视近纺锤形。壳面光滑。壳体前 1/3 最高,近中部最厚。

登记号	型别	壳别	长(mm)	高(mm)	厚(mm)
SG11058	正模	完整壳体	1.15	0.61	0.42
SG11059	副模	完整壳体	1.22	0.65	0.48
SG11060	副模	完整壳体	1.17	0.63	0.45

比较:该种壳形和左瓣背缘明显高出于右瓣背缘与甘肃玉门赤金堡组的 *Yumenia equimarginata* (Hou,1958)有些近似,但后者两壳背缘均高出铰合边,腹部具肋脊,二者易相区别。新种左瓣背缘明显高出右瓣且不叠覆右瓣,可与建昌县上胡仙沟九佛堂组的 *Limnocypridea rara* Zhang 区别。

产地及层位:辽宁省建昌县要路沟乡罗家沟北山,下白垩统义县组罗家沟层。

罗家沟玉门介(新种)*Yumenia luojiagouensis* Zhang sp. nov.

(图版 10,图 1a—1c,图 2a—2c,图 3a—3c,图 4)

2012 *Yumenia luojiagouensis* Zhang,张立君等,86 页,图版 2,图 1—4.

词源:新种名源于该种产地。

壳体中等至略大,侧视近长椭圆形。背缘长直,近平直或微后倾,前背角钝,位近壳体前 1/4。腹缘近直或中部微内凹,背、腹缘近平行。前端上部倾斜,中下部圆。后端宽斜圆。左瓣大,沿自由缘叠覆右瓣,腹缘叠覆较甚。壳面蜂网状,网孔较深,具较多小结节和疣。自背缘中部至后腹缘,有 10 个左右小结节沿壳缘分布;自前背角至前腹缘,前、后两排小结节近平行于壳缘分布,其中前排 8～11 个小结节,后排 4～5 个小结节。疣较高而略粗强,沿腹缘上侧自前而后排列,在前、后背部散布着一些疣。疣的顶部,常具不同方向和长短不一的浅裂沟。背视壳体铰合区呈槽状。壳体前 1/4 最高,后 1/3 最厚。闭肌痕前后两排共 6 枚,前排 4 枚背腹向排列成弧形,后排仅 2 枚。

登记号	型别	壳别	长(mm)	高(mm)	厚(mm)
SG11061	正模	完整壳体	1.30	0.76	0.61
SG11062	副模	完整壳体	1.30	0.76	0.63
SG11063	副模	完整壳体	1.28	0.76	0.63
SG11064	副模	完整壳体	1.15	0.73	0.58

比较:该种壳形、壳饰及两瓣叠覆特点与辽西义县等地九佛堂组的 *Yumenia casta* (Zhang)(= *Cypridea*(*Yumenia*)*casta* Zhang,1985,46 页,图版 17,图 1—6)近似,但前者背、腹缘近平行,壳面具较多疣,疣的排列及分布与后者不同,可相区别。这两个种的闭肌痕等内部构造均属于 *Yumenia* 型,不宜将其归入 *Scabriculocypris* 属。

产地及层位:辽宁省建昌县要路沟乡青石岩、上白庙村南山、前狮沟东北山梁,下白垩统义县组上白庙层、罗家沟层和前狮沟层。

要路沟玉门介(新种)*Yumenia yaolugouensis* Zhang sp. nov.

(图版 10,图 5a—5c,图 6a—6c)

2012 *Yumenia yaolugouensis* Zhang，张立君等，87 页，图版 2，图 5—6.

词源：新种名源于该种产地。

壳体略大，侧视近长椭圆形。背缘长直而微后倾，前背角圆钝，位近壳体前 1/4。腹缘近直，中部微内凹。前端上部倾斜，下部圆。后端宽斜圆。左瓣大，沿自由缘叠覆右瓣，腹缘叠覆明显。壳面蜂网状，在壳体中部和后背角前下方蜂孔大而深，向边缘变小。左瓣前背角下微突起。背视壳体铰合区呈浅槽状，两壳侧面中部微内凹。壳体前 1/4 最高，后 1/3 最厚。

登记号	型别	壳别	长(mm)	高(mm)	厚(mm)
SG11065	正模	完整壳体	1.30	0.73	0.65
SG11066	副模	完整壳体	1.30	0.73	0.65

比较：该种壳体大小、壳形和壳饰与建昌县上胡仙沟、义县地区下白垩统九佛堂组的 *Yumenia jianchangensis*(Su et Li)(＝*Limnocypridea jianchangensis* Su et Li，1985)相似，但后者背缘短直，后端下部向后拉长，背视壳体中部侧面不显内凹。这两个种亲缘关系密切，显示后者由前者演化而成。

产地及层位：辽宁省建昌县要路沟乡罗家沟北山，下白垩统义县组罗家沟层。

冀北玉门介(新种)*Yumenia jibeiensis* Zhang sp. nov.

(图版 17，图 5a—5b)

词源：新种名源于该种产地。

壳体中等，侧视近斜三角形。背缘短直，后倾；前背角圆钝，位于壳体前 2/5。左瓣腹缘近直，右瓣腹缘中部微内凹。前端上部倾斜，下部宽圆。后端上部斜圆，与背缘圆滑连接，下部近窄圆。左瓣略大，沿腹缘和后缘微叠覆右瓣，腹缘叠覆略明显。壳面具浅而细小的蜂网。壳体突度小，前 2/5 最高，中后部最厚。

登记号	型 别	壳别	长(mm)	高(mm)	厚(mm)
SG11122	正模	完整壳体	1.18	0.68	0.50

比较：新种壳形与甘肃玉门赤金堡组的 *Yumenia angulata*(Hou)(侯祐堂，1958，57 页，图版 13，图 1—4)相近，但后者左瓣明显大于右瓣，左瓣前背角凸起甚强，背缘呈肋脊状，二者易相区别。

产地及层位：河北省滦平县拉海沟大北沟，下白垩统大店子组二段。

建昌介(新属)*Jianchangella* Zhang 2012 gen. nov.

词源：新属名源于该属产地。

模式种：*Jianchangella dorsicostata* Zhang gen. et sp. nov.

属征：壳体中等，侧视近梯形，背、腹缘近平行，腹缘中部明显内凹，两端上部近陡斜，下部圆。左瓣大，沿自由缘叠覆右瓣，腹缘叠覆较甚。两瓣沿背缘各具一条背脊，此脊自前背角前下方经前背角和背缘止于后背角。两脊间沿铰合线为一宽深的长槽，此槽起于前背角前端，止于后背角。壳面蜂网状，散布着疹状小结节。左瓣前背角下为一平缓疣状突起。闭壳肌痕 6 枚，其中上部两枚肌痕为长椭圆形，其长轴沿壳长方向上、下排列；下部 4 枚肌痕长轴近垂直于上部两枚肌痕，中间两枚肌痕大，两端的肌痕小，它们前后排成一列分布在上部肌痕之下。闭肌痕的前腹方有两枚大颚肌痕。

讨论：新属壳形和腹缘叠覆特点颇与 *Limnocypridea* 属相似，但后者背缘叠覆且不具背脊与脊间长槽，二者易相区别。新属两壳背缘具脊、两脊间铰合区长槽平行于背脊以及闭壳肌痕排列特点与 *Yumenia* Hou(1958)，*Scabriculocypris* Anderson(1941)均不同。

分布及时代：中国，早白垩世。

背脊建昌介(新属、新种)*Jianchangella dorsicostata* Zhang gen. et sp. nov.

(图版 11，图 1a—1b，图 2a—2c，图 3)

2012 *Jianchangella dorsicostata* Zhang，张立君等，87 页，图版 3，图 1—3.

词源:新种名由拉丁词 Dors -(背)与 cost -(肋、脊)复合而成。

壳体中等,侧视壳体近梯形。背缘近直,前、后背角圆钝,前背角略高于后背角。腹缘中部明显内凹,腹缘与前、后端圆滑连接。背、腹缘近于平行。前、后端上部倾斜,下部圆。左瓣明显大于右瓣,沿自由缘叠覆右瓣,腹缘叠覆较甚。两瓣背缘各具一脊,脊起于前背角前下方,经背缘止于后背角处。左、右瓣背脊之间为一宽深的长槽,此槽自前背角前端沿铰合线直达后背角处。左瓣前背角下方有一平缓小隆起。壳面蜂网状,网孔较大而深。壳面具 30 个左右的疹状小结节。肌痕同属征。壳体前 1/4 最高,中后部最厚。

登记号	型别	壳别	长(mm)	高(mm)	厚(mm)
SG11067	正模	完整壳体	1.19	0.76	0.52
SG11068	副模	完整壳体	1.19	0.76	0.55
SG11069	副模	左壳	1.19	0.77	

产地及层位:辽宁省建昌县要路沟乡青石岩、罗家沟北山,下白垩统义县组罗家沟层;头道营子乡前狮子沟,下白垩统义县组前狮沟层。

湖女星介属 *Limnocypridea* Lübimova,1956

伸长湖女星介(新种)*Limnocypridea elongata* Zhang sp. nov.

(图版 12,图 8a—8b,图 9)

2012 *Limnocypridea elongata* Zhang,张立君等,88 页,图版 3,图 4—5.

词源:拉丁词 Elongat -(伸长),示壳体长。

壳体大,侧视壳体近矮长梯形。背缘平直,近平行于腹缘,前背角圆钝,位于壳体前 1/4。腹缘中部内凹。前端上部倾斜,下部圆。后端上部缓倾斜,下部圆。左瓣略大,沿周缘叠覆右瓣。壳面光滑,壳体突度小,近中部最厚。

登记号	型别	壳别	长(mm)	高(mm)	厚(mm)
SG11085	正模	近完整壳体	1.64	0.87	0.61
SG11086	副模	左壳	1.66	0.88	

比较:新种壳形和壳体大小与义县头台乡土垄山地区九佛堂组的 *Limnocypridea tulonshanensis* Zhang 有些相似,但后者后端上部陡斜而长,下部明显拉长而呈窄圆,且背缘叠覆较甚,依此可区别二者。

产地及层位:辽宁省建昌县要路沟乡罗家沟北山,下白垩统义县组罗家沟层。

准噶尔介科 Djungarididae Gou et Hou,2002

达乌里亚介 *Daurina* Sinitsa,1973

大北沟达乌里亚介 *Daurina dabeigouensis*(Yang)

(图版 11,图 4—7)

1981 *Mongolianella dabeigouensis* Yang,杨仁泉,81 页,图版 2,图 12。

1984 *Yanshanina dabeigouensis*,天津地质矿产研究所,164 页,图版 26,图 11—12(非图 9—10)

1985 *Mongolianella dabeigouensis*,杨仁泉,220 页,图版 2,图 21。

2002 *Yanshanina dabeigouensis*,侯祐堂,勾韵娴,陈德琼,642 页,图版 270,图 5—8。

2003 *Yanshanina dabeigouensis*,曹美珍,369 页,图版 23,图 12。

壳体大,侧视近矮长梯形。背缘近直,微后倾或有时近平,前、后背角圆钝,分别位于壳体近前 1/4 和后 1/4 处。腹缘中部微内凹,后部略收缩。前端上部倾斜,中下部圆。后端上部较陡斜,下部窄圆。左瓣大,沿自由缘弱叠覆右瓣,但腹缘叠覆明显,后端上部叠覆居次。每瓣前背角后至前端上部具一粗隆脊，左瓣自背缘中后部或后背角前至后背角下具一粗隆脊，但右瓣后背角下多不见隆脊，仅少数右瓣后背角下偶具粗隆脊。壳面浅蜂网状，有时光滑。壳体前背角处最高，但有时前、后背角近等高。壳体突度小，近中部最厚。

登记号	型别	壳别	长(mm)	高(mm)	厚(mm)
SG11071	近模	左壳	2.37	1.24	
SG11072	近模	左壳	2.33	1.20	
SG11073	记述标本	不完整右壳			
SG11074	记述标本	不完整左壳			

比较与讨论：该种壳体大小、壳形、壳饰和前、后背角处具粗隆脊，与俄罗斯东外贝加尔地区上侏罗统、下白垩统(原文为上侏罗统)乌斯基卡尔组、马雅克组和图尔金组下部的 *Daurina eggeri* Sinitsa (.C. M. Синица，1973，105 页，图版 1，图 1、图 3)相近，但后者后背缘后部明显抬高，后端急剧倾斜，并与腹缘连接呈窄圆或尖圆状，背缘具弱脊，二者不同。该种曾被归入 *Yanshanina* 属，但因前、后背角及其前、后均具粗脊状隆起，与 *Daurina* 属征基本吻合，故将其归入 *Daurina* 属。

产地及层位：河北省滦平县井上东，上侏罗统大北沟组三段；滦平盆地下白垩统大店子组；辽宁省北票市四合屯、内蒙古宁城县必斯营子，下白垩统义县组下部。

蒙古介属 *Mongolianella* Mandelstam，1955

巨大蒙古介 *Mongolianella gigantea* Galeeva

(图版 13，图 1a—1b)

2012 *Mongolianella gracililonga* Zhang，张立君等，88 页，图版 3，图 4—5.

以往多见该种单壳瓣，现据腹缘挤压变形的近完整壳体补充描述如下：

壳体巨大，侧视近不规则长肾形。背缘弓曲，中段近直而微后倾。腹缘中部内凹。前端上部倾斜，中下部圆。后端向后下方拉长，上部倾斜较长，下部窄圆。左瓣大，沿前、后缘弱叠覆右瓣，但腹缘叠覆明显，左瓣背缘明显高出于右瓣背缘。壳面呈浅蜂网状。背视壳体近梭形，中前部最厚，前、后部突度小，端部较尖。壳体前 1/3 最高。

登记号	型别	壳别	长(mm)	高(mm)	厚(mm)
SG11090	近模	近完整壳体	2.62	1.34	0.96

产地及层位：河北省滦平县拉海沟大店子东沟、大北沟、张家沟上营，下白垩统大店子组二段；辽宁省建昌县谷家岭，下白垩统义县组罗家沟层。

修长蒙古介(新种)*Mongolianella gracililonga* Zhang sp. nov.

(图版 13，图 3a—3c，图 4)

2012 *Mongolianella gracililonga* Zhang，张立君等，88 页，图版 3，图 6—7.

词源：新种名由拉丁词 Gracil -(细的)与 long -(长的)复合而成。

壳体中等，侧视近长肾形。背缘短直而后倾，前背角圆钝或不显，位于壳体前 2/5。腹缘中部均匀内凹。前端上部至前背角缓倾斜，中下部圆，向前下方拉长。后端略窄圆。左瓣大，沿自由缘弱叠覆右瓣，但腹缘中部叠覆稍明显。壳面光滑。壳体突度小，背视壳体扁平。壳体前 2/5 最高，近中部最厚。

登记号	型 别	壳别	长(mm)	高(mm)	厚(mm)
SG11092	正模	完整壳体	0.95	0.46	0.34
SG11093	副模	近完整壳体	1.05	0.42	0.34

比较：新种与义县地区义县组老公沟层的 *Mongolianella*? *laogonggouensis* Zhang(张立君，2004，

186 页，图版 24，图 21—23）的区别在于后者前 1/4 最高，背缘与腹缘近平行，壳体长而低矮，壳高与壳长比值为 0.36～0.39，而新种壳体前 2/5 最高，壳高与壳长比值为 0.40～0.48，且壳体前部向前下方明显拉长。

产地及层位：辽宁省建昌县要路沟乡罗家沟北山，下白垩统义县组罗家沟层。

脊星介属（新属）*Ocrocypris* Zhang gen. nov.

词源：新属名由希腊词 Ocr -（脊）与属名 Cypris 綴合而成。

模式种：*Ocrocypris obesa*（Pang）。

属征：壳体大，侧视斜圆三角形或近斧形。背缘直而后倾，前背角圆钝，位于壳体前 1/3～1/4；后背角圆钝或不显。腹缘中部微内凹。前端斜宽圆，或上部倾斜，下部近圆。后端上部倾斜，下部拉长呈尖圆形。左瓣大，沿自由缘叠覆右瓣，有些类型前缘和腹缘叠覆明显。壳面光滑或具浅蜂网。两瓣自后腹角至闭肌痕后部各有一条隆脊。壳体前 1/3～1/4 最高，近中部最厚。左瓣铰合为槽，右瓣铰合为细脊。闭肌痕 6 枚，其中前 4 枚呈前凸的弧形排列，后 2 枚位于其后下方。两枚大颚肌痕位于闭肌痕前下方。

讨论：新属每瓣自后腹角至闭肌痕后部有一条明显的隆脊，与 *Eoparacypris* 属截然不同。*Torinina tersa* Sinitsa（C. M. Синица，1992，30 页，图版 4，图 3、图 4）壳形和每瓣自后腹角向壳瓣中部伸延一条粗脊，与 *Ocrocypris* 属征相符，而与壳体呈高梯形、背缘长度仅为腹缘长度一半的 *Torinina* Sinitsa（1973）属征区别甚大，故将 *Torinina tersa* 归入 *Ocracypris* 属。

新属包括如下成员：

Ocracypris obesa（Pang，1984），*O. tersa*（Sinitsa，1992），*O. sandaogouensis* Zhang gen. et sp. nov.，*O. chengdeensis* Zhang gen. et sp. nov.。

分布及时代：中国和俄罗斯，晚侏罗世—早白垩世。

肥胖脊星介 *Ocrocypris obesa*（Pang）

（图版 14，图 1—5）

1984 *Eoparacypris obesa* Pang，天津地质矿产研究所，169 页，图版 24，图 1、图 2。

2002 *Eoparacypris jingshangensis*，侯祐堂，勾韵娴，陈德琼，645 页，图版 272，图 4—5（非图 1—3）

2003 *Eoparacypris obesa*，曹美珍，363 页，图版 9，图 3、图 4。

2003 *Eoparacypris jingshangensis*，曹美珍，364 页，图版 9，图 5、图 6。

2006 *Torinina obesa*，庞其清，田树刚，李佩贤，牛绍武，柳永清，349 页。

登记号	型别	壳别	长（mm）	高（mm）	厚（mm）
SG11100	近模	左壳	2.03	1.22	
SG11101	近模	左壳	1.98	1.17	
SG11102	近模	右壳	1.72	1.00	
SG11103	近模	左壳	1.88	1.12	
SG11104	近模	左壳	1.99	1.15	

该种特征虽已被描述（庞其清，1984，169 页），但未记述其后腹部具一隆脊这一重要特征。笔者观察了滦平盆地大北沟组和大店子组底部逾 50 个该种标本，均见壳瓣后腹部具一原生而非挤压形成的隆脊。该种壳形、后腹部具一隆脊等特征与俄罗斯东外贝加尔温基诺—达因盆地图尔金群列斯科夫段的 *Ocrocypris tersa*（Sinitsa）（=*Torinina tersa* Sinitsa，C. M. Синица，1992，30 页，图版 4，图 3、图 4）很相似，但后者背缘直而缓后倾，腹缘近直而中部微内凹，二者不同。

产地及层位：河北省滦平县拉海沟井上、张家沟榆树下，上侏罗统大北沟组三段；三道沟西山，下白垩统大店子组一段。

三道沟脊星介（新属、新种）*Ocrocypris sandaogouensis* Zhang gen. et sp. nov.

（图版 14，图 6；图版 17，图 9—13）

词源:新种名源于该种产地。

壳体大,侧视近长楔形。背缘近直或微拱曲而后倾,前背角圆钝,位于壳体前 1/3,后背角不明显。腹缘近直,中部微内凹。前端上部倾斜,中下部斜圆。后端上部缓斜,下部窄圆,后部显著拉长。每瓣后腹角至后 1/3 中腹区有一直而明显的棱状隆脊,脊的前端与壳侧面逐渐融合。壳面光滑或浅蜂网状。壳体前 1/3 最高,中后部最厚。闭肌痕 6 枚,其中前排 4 枚呈前凸的弧形排列,其后两枚上下斜列。两枚大颚肌痕位于闭肌痕前腹方。

登记号	型别	壳别	长(mm)	高(mm)	厚(mm)
SG11105	正模	右壳	1.53	0.76	
SG11106	副模	左壳	1.60	0.74	
SG11107	副模	右壳	1.60	0.80	
SG11108	副模	左壳	1.64	0.80	

比较:新种壳形及后腹部隆脊与 *Ocrocypris obesa* (Pang)相近,但后者前端上部陡斜,前背角位近壳体前 1/4,后端上部陡斜,下部则拉长呈尖圆形,壳体较大,二者不同。

产地及层位:河北省滦平县拉海沟三道沟西山,下白垩统大店子组一段。

承德脊星介(新属、新种)*Ocrocypris chengdeensis* Zhang gen. et sp. nov.

(图版 14,图 7—10)

词源:新种名源于该种产地。

壳体大,侧视近斜三角形或近斧形。背缘近直或微外凸,明显后倾,前背角圆钝,位于壳体前 1/4。腹缘近直,中部微内凹。前端陡斜呈斜宽圆形,显著高于后端。后端上部斜圆,下部近窄圆或尖圆。壳面浅蜂网状。后腹角至闭肌痕后下方有一明显隆脊,脊的前端与壳面逐渐融合。闭肌痕数量及排列形式同属征。壳体前 1/4 最高,突度小,近中部最厚。

登记号	型别	壳别	长(mm)	高(mm)	厚(mm)
SG11109	正模	左壳	1.34	0.92	
SG11110	副模	左壳	1.34	0.95	
SG11111	副模	左壳内模	1.23	0.84	

比较:新种虽与 *Ocrocypris obesa* (pang)颇似,但前者前端与背、腹缘前部构成斜方圆形,前端上部近垂直于背缘,与后者不同。

产地及层位:河北省滦平县拉海沟井上东部,上侏罗统大北沟组三段;三道沟西山,下白垩统大店子组一段。

滦平脊星介(新属、新种)*Ocrocypris luanpingensis* Zhang gen. et sp. nov.

(图版 14,图 11)

词源:新种名源于该种产地。

壳体大,侧视近长楔形。背缘近直而后倾,前背角圆钝,位近壳体前 1/4。腹缘中部微内凹。前端高于后端,前端上部倾斜,下部圆。后端上部斜圆,与背缘圆滑连接,下部近窄圆。壳瓣后腹角至闭肌痕后下方具一明显棱脊,脊长为壳长的 1/3 略强。壳面浅蜂网状。壳体前 1/4 最高,中后部最厚。

登记号	型别	壳别	长(mm)	高(mm)	厚(mm)
SG11113	正模	右壳	2.10	0.88	
SG11114	副模	右壳	1.99	0.88	

除非水体沉积的火山岩,将义县组沉积地层划分为7个沉积层,自上而下为:黄花山层、金刚山层、朱家沟层、大康堡层、砖城子层、业南沟层和老公沟层。除了黄花山层和金刚山层之间为整合接触之外,其余各沉积层之间均被火山岩分隔,可视为平行不整合接触。沉积层自下而上可以划分为6个三级沉积旋回,对应6个三级沉积层序(图5-1)。每个沉积旋回反映了一个湖扩张过程,其下部沉积物粒度较粗,往往有砂砾岩产出,代表了一个快速剥蚀、快速堆积的抬升构造背景;其上部缺乏高位体系域沉积,物源供给不充分,沉积物粒度较细,代表了相对平稳的构造背景。义县期6个三级沉积旋回反映了一种震荡性抬升(挤压)与下降(伸展)的构造环境。

第一沉积层序(SQ1):由老公沟层构成。老公沟层的底界以平行不整合关系与下伏的髫髻山组浅灰紫色石英粗面安山岩接触,其整体岩性以灰紫色泥质粉砂岩、杂砂岩、含砾粗砂岩和灰色晶屑岩屑凝灰岩、灰绿色膨润土为代表,顶部出现灰白色薄层泥灰岩及凝灰质粉砂岩。自下而上沉积粒度由粗逐渐变细,沉积层理由厚逐渐变薄,反映沉积湖盆的水体逐渐变深,沉积环境由滨浅湖相向半深湖相演化。沉积地层表现为退积型地层结构,组成湖扩张体系域(EST);其顶部的泥灰岩层代表半深湖相,达到最大湖泛面(mfs),而高位体系域(HST)不发育,组成一个不完整的三级沉积层序(SQ1)。

第二沉积层序(SQ2):由业南沟层构成。业南沟层厚度较小,与下伏的老公沟层呈平行不整合接触。其岩性由灰绿色、灰黄色凝灰质含砾细砂岩、细砂岩、粉砂岩、页岩夹薄层泥灰岩组成,顶部有一层灰黄色砂质结晶灰岩。自下而上沉积粒度逐渐变细、沉积层理逐渐变薄,沉积环境由滨浅湖相变为半深湖相,形成退积型地层结构,组成湖扩张体系域(EST);顶部的泥灰岩和结晶灰岩达到最大湖泛面(mfs),组成另一个不完整的三级沉积层序(SQ2)。

第三沉积层序(SQ3):由砖城子层和大康堡层构成,其总体相当于四合屯地区的尖山沟层。

砖城子层与下伏的业南沟层和上覆的大康堡层均为平行不整合接触,由于其厚度很小(仅2.05m),它和上覆的大康堡层共同构成一个三级沉积层序(SQ3)。该层序下部(相当于砖城子层)由浅灰绿色岩屑晶屑凝灰岩及泥灰岩组成,底部为灰色、灰黄色安山质火山角砾岩,顶部为浅灰绿色含钙凝灰质页岩、粉砂岩,自下而上沉积粒度由粗变细,沉积层理逐渐变薄,湖水逐渐变深,构成湖扩张体系域(EST)。其上部(相当于大康堡层)继续表现为由粗变细,沉积层理进一步变薄的湖扩张过程,顶部为灰白色凝灰质粉砂岩和页岩夹泥灰岩透镜体,达到最大湖泛面(mfs),沉积环境为半深湖相。由于高位体系域不发育,该沉积旋回形成了一个不完整的三级沉积层序。

第四沉积层序(SQ4):由朱家沟层构成,沉积厚度较大、岩性单一,主要为浅灰绿色含砾中粗粒砂岩与细砂岩互层,具有斜交层理和大型槽状交错层理。沉积环境应为滨湖相河流体系,其底界面为河床侵蚀面,其上由含砾中粗粒砂岩和细砂岩构成河床滞留沉积,形成侧向加积地层结构,代表湖泊发育早期的低位体系域(LST)。由于湖盆发育不充分并迅速夭折,该层序(SQ4)也是一个不完整的三级沉积层序。

第五沉积层序(SQ5):由金刚山层构成,其三级沉积层序由3个四级层序组成。岩性为灰绿色凝灰质砾岩、砂砾岩、含砾粗砂岩和钙质粉砂岩、粉砂质泥灰岩、凝灰质粉砂岩、泥页岩,含有丰富的化石。自下而上沉积粒度由粗变细,沉积层理由厚变薄,反映沉积湖盆的水体逐渐加深,沉积环境由滨湖相,经浅湖相,过渡为半深湖相,沉积地层表现为退积地层结构,代表湖扩张体系域(EST);顶部页岩达到最大湖泛面(mfs),构成一个不完整的三级沉积层序(SQ5)。

第六沉积层序(SQ6):由黄花山层构成,厚度巨大(446.72m),岩性为灰褐色含砂凝灰质胶结英安一流纹质沉火山角砾岩及含角砾粗砂岩。岩石中砾石呈棱角状,属中粗角砾,成分较为单一,分选及磨圆差,凝灰质胶结,块状构造。这些特征代表冲积扇体系的扇根部分,是泥石流沉积,属于近源快速堆积的产物。其地层结构表现为垂向加积,组成低位体系域(LST)的斜坡扇(Slope fan),为三级沉积层序SQ6。

义县地区义县组剖面的沉积结构,大多缺失高位体系域,形成不完整的三级沉积层序。这充分反映了火山盆地的特点,即火山喷发间歇期形成的湖盆规模很小且发育不充分,往往在湖盆发育的早期,尚未达到萎缩封闭阶段就被另一次火山喷发所掩没。这也说明了该地区火山活动的频繁。

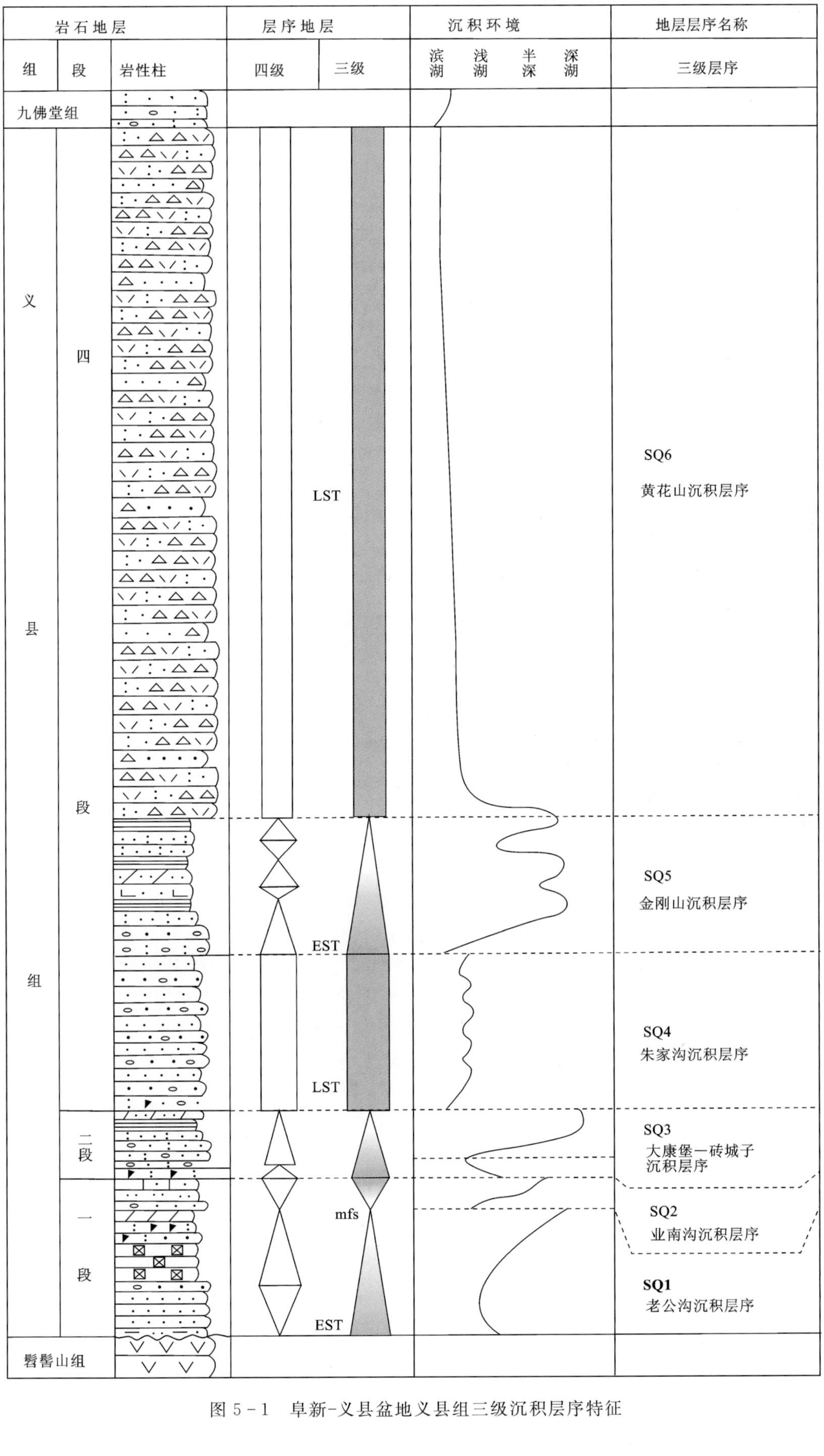

图 5-1　阜新-义县盆地义县组三级沉积层序特征

二、建昌盆地西南部的义县组层序地层特征

以建昌县要路沟乡青石岩-上白庙-罗家沟-后狮子沟-三门店义县组剖面为代表。该剖面由平房-青石岩剖面、上白庙-罗家沟北山剖面、小郎家沟北西山梁-后狮沟里南山剖面、后狮子沟-三门店剖面相互衔接而成。和义县地区相似，义县组火山岩较发育，火山喷发间歇期也有湖相沉积夹层。该地的沉积夹层厚度相对较大，湖盆发育时间相对较长，化石门类及个体数量较义县地区少。除去非水体沉积的火山岩，该地的义县组沉积地层可划分为6个沉积层，自上而下分别为：三门店层、前狮沟层、小郎家沟层、罗家沟层、上白庙层和要路沟层。其中，要路沟层和上白庙层之间，三门店层和前狮沟层之间，前狮沟层和小郎家沟层之间被火山岩分割，为平行不整合接触，其余各层之间均为整合接触。建昌盆地西南部的义县组沉积层自下而上也可以划分为6个三级沉积旋回，对应6个三级沉积层序(图5-2)。

第一沉积层序(SQ1)：尽管该段沉积层(要路沟层)底部与下伏的灰紫色安山岩呈平行不整合接触，但是总体上与下伏土城子组呈角度不整合接触。其湖扩张体系域(EST)由灰褐色复成分砾岩和含砾粗砂岩、粉砂岩夹页岩组成，自下而上沉积粒度由粗变细，沉积层理由厚变薄，湖水由浅变深，代表退积地层结构，顶部出现灰色、灰白色、灰绿色粉砂质页岩、微薄层凝灰质粉砂岩，为相对最大湖泛面(mfs)；高位体系域(HST)为灰褐色粉砂岩、含砾粗砂岩，自下而上沉积粒度由细变粗，湖水由深变浅，反映进积地层结构，组成一个完整的三级层序(SQ1)。沉积环境由滨湖相到半深湖相，再回到滨湖相。

第二沉积层序(SQ2)：由上白庙层构成，其岩性由灰色、灰绿色含角砾凝灰细砂岩、沉凝灰岩、晶屑凝灰岩、粉砂岩和页岩组成，最大湖泛面(mfs)出现在上白庙-罗家沟剖面的第9层附近，与下伏要路沟层之间有火山岩相隔，为平行不整合接触，与上覆罗家沟层之间也有少量火山岩相隔，总体表现为整合接触。总体为湖扩张体系域(EST)，是一个不完整的三级层序(SQ2)。

第三沉积层序(SQ3)：主要由罗家沟层构成。罗家沟层是义县组重要的化石层位。底部岩性主要为流纹质火山碎屑岩，如灰绿色流纹质角砾凝灰角砾岩、沉凝灰岩和晶屑凝灰岩，向上变为灰绿色、黄灰色钙质粉细砂岩、灰色含砾细粉砂岩、泥质粉砂岩、粉砂质泥岩、粉砂质页岩。自下而上沉积粒度逐渐变细，沉积层理逐渐变薄，沉积环境由滨湖相过渡为半深湖相，构成退积型地层结构，组成SQ3湖扩张体系域(EST)。高位体系域(HST)则由粉砂质页岩和页岩，向上过渡为泥质粉砂岩、含砂质泥灰岩、灰白色、灰黄色岩屑长石粗砂岩、灰白色含砾岩屑长石粗砂岩，代表进积型地层结构，显示沉积粒度由细变粗，沉积层理由薄变厚，沉积环境由半深湖相又回到滨浅湖相。其最大湖泛面(mfs)由上白庙-罗家沟剖面20—22层黄绿色、灰色泥质粉砂岩、粉砂质泥岩和页岩所代表。

第四沉积层序(SQ4)：由小郎家沟层构成。该层序由湖扩张体系域(EST)和高位体系域(HST)组成(小郎家沟-后狮沟里剖面20—28层)。SQ4的湖扩张体系域(EST)由绿灰色薄层泥质粉砂岩、深灰色薄层粉砂质泥岩、细砂岩等组成，最大湖泛面(mfs)出现在小郎家沟-后狮沟里剖面25层，岩性为含钙泥质粉砂岩、泥质粉砂岩与纸片状页岩互层。高位体系域(HST)岩性由灰褐色中细粒长石石英砂岩夹灰色泥质粉砂岩组成。代表进积型地层结构，沉积粒度由细变粗，沉积层理逐渐变厚，沉积环境由半深湖转变为浅湖相。

第五沉积层序(SQ5)：由前狮沟沉积层构成，相当于后狮子沟-三门店剖面中第38层，可以进一步细化为粗粒石英长石砂岩、细砂岩、粉砂岩、粗粒长石石英砂岩、杂砂岩、钙泥质页岩、粉砂质泥岩等岩性层。其中湖扩张体系域(EST)由灰白色粗粒长石砂岩、绿灰色含粗砂粉砂岩、细砂岩、褐灰色含细砾粗粒长石石英砂岩、杂砂岩，向上变为灰色钙泥质页岩与灰绿色粉砂质泥岩互层。形成退积型地层结构，自下而上沉积粒度变细，沉积层理变薄，沉积环境由滨浅湖相逐渐过渡为半深湖相，达到最大湖泛面(mfs)。高位体系域(HST)由绿灰色凝灰质粉砂岩向上过渡为灰白色含细砾粗粒石英长石砂岩、砂砾岩、含砾粗粒岩屑长石砂岩等，形成进积型地层结构，组成一个完整的三级沉积层序。

第六沉积层序(SQ6)：由三门店层构成，主要以三门店剖面为代表，沉积层与上覆的九佛堂组呈平行不整合接触，与下伏的SQ5之间被巨厚的火山岩分割，沉积地层很薄。主要为灰白色页岩、灰色泥质粉砂岩，底部为黄褐色细砂岩，代表湖扩张体系域(EST)，构成不完整的三级沉积层序。

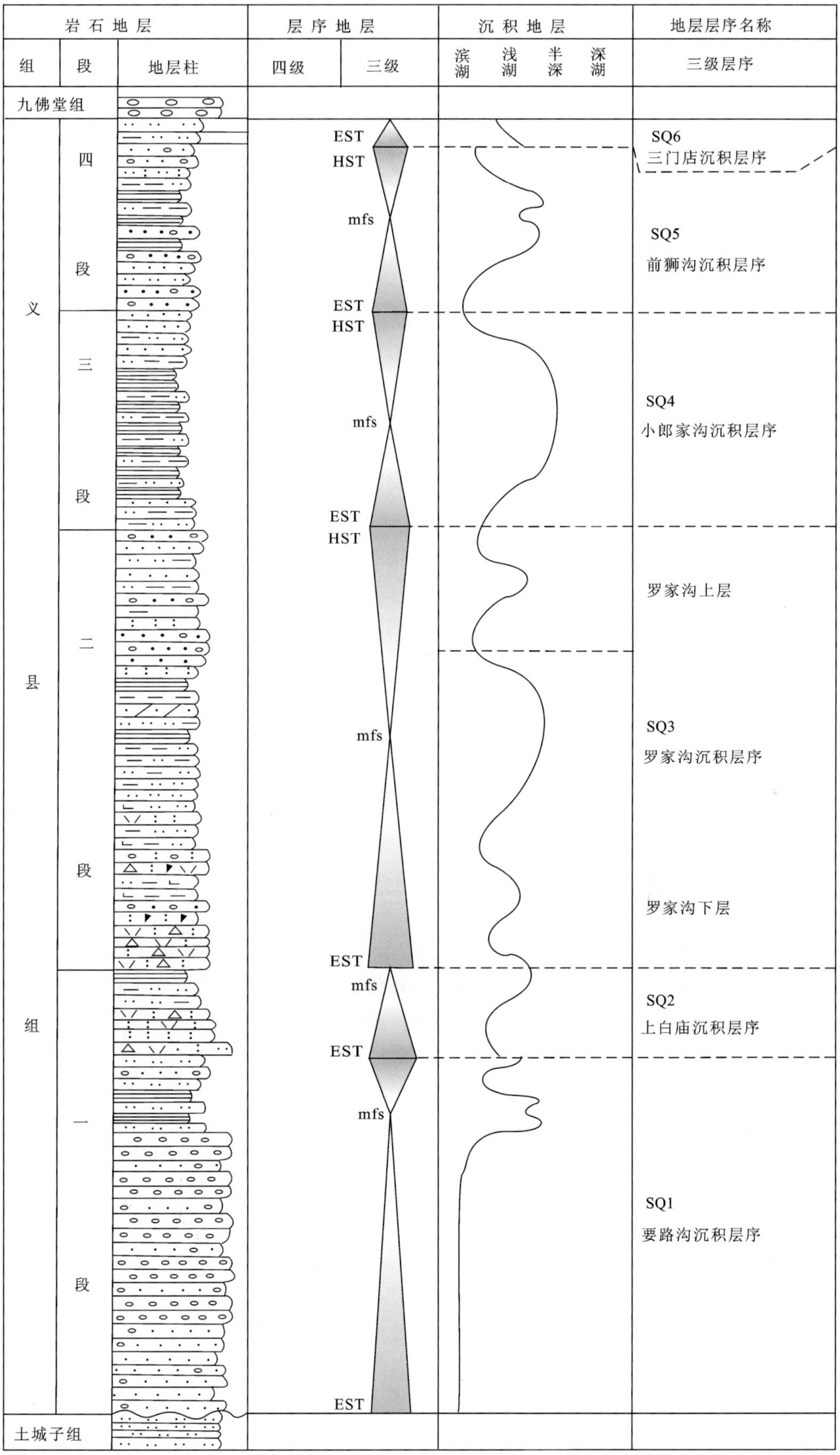

图 5-2　建昌盆地西南部要路沟—三门店地区义县组三级沉积层序特征

三、建昌盆地东北部谷家岭—三道沟地区义县组层序地层特征

以南公营子镇谷家岭-三道沟剖面为代表。因该剖面上部发育火山岩，义县组沉积地层发育不全，可以划分出5个沉积旋回，对应5个三级沉积层序（图5-3）。每个三级沉积旋回之间均被火山岩分割，火山岩主要为厚层—块状安山岩和气孔杏仁状安山岩，顶部出露灰绿色流纹岩。该地区义县组沉积岩普遍颗粒较粗，沉积环境为滨湖相和浅湖相，湖盆发育不够充分。

第一沉积层序（SQ1）：由谷家岭下部沉积层构成，包括谷家岭-三道沟剖面1—14层。该层序由湖扩张体系域（EST）和高位体系域（HST）组成。湖扩张体系域底部为灰绿色夹灰紫色薄层粉砂质泥岩，向上很快变为灰色、灰黄色复成分砾岩、砾质砂岩、钙泥质胶结粗粉砂岩、泥质粉砂岩和粉砂质泥岩，达到最大湖泛面（mfs），自下而上沉积粒度由粗变细，水体由浅变深，沉积环境由滨湖相变为浅湖相，形成退积型地层结构。高位体系域为灰色、黄褐色钙泥质岩屑杂砂岩夹灰色、深灰色页片状、薄板状钙泥质粉砂岩，向上变为灰褐色、灰色岩屑长石细砂岩。自下而上沉积粒度逐渐变粗，水体逐渐变浅，沉积环境由浅湖相又退回到滨湖相，构成进积型地层结构。

第二沉积层序（SQ2）：由谷家岭上部沉积层构成，包括谷家岭-三道沟剖面15—21层。该层序也由湖扩张体系域（EST）和高位体系域（HST）组成。湖扩张体系域由含砾粗砂岩夹细砂岩组成，中间夹有2层（9.6m，9.3m）灰褐色、黄褐色中厚一厚层状安山岩，上部出现泥质粉砂岩，代表最大湖泛面（mfs）。高位体系域由泥质粉砂岩、细砂岩、灰色、灰白色薄层晶屑沉凝灰岩组成。

第三沉积层序（SQ3）：包括牛蹄山下部和上部沉积层，即谷家岭-三道沟剖面22—23层和26层，由湖扩张体系域（EST）和高位体系域（HST）组成。湖扩张体系域底部为灰色厚层含砾粗砂岩，向上变为灰色薄层粗粉砂岩、泥质粉砂岩和粉砂质泥岩，达到最大湖泛面（mfs），沉积环境由滨湖相变为浅湖相，形成退积型地层结构。高位体系域下部为薄层泥质粉砂岩和粉砂质泥岩，向上变为含砾粗砂岩夹灰色薄层粗粉砂岩。自下而上沉积粒度由细变粗，沉积环境由浅湖相又回到滨湖相，形成进积型地层结构。

第四沉积层序（SQ4）：由后司杖子沉积层组成，包括谷家岭-三道沟剖面28—30层，发育一个完整的三级沉积层序。其下部发育135.5m厚的灰色厚—巨厚层砾质粗粒长石岩屑砂岩，岩性单一，其地层结构表现为垂向加积，组成低位体系域（LST）的斜坡扇（Slope fan）。向上变为灰绿色薄层凝灰质粉砂岩和凝灰质细砂岩，构成湖扩张体系域（EST）和高位体系域（HST），其中，凝灰质粉砂岩代表最大湖泛面（mfs）。低位体系域和湖扩张体系域之间被一层33.3m厚的灰色杏仁状安山岩分割开来。

第五沉积层序（SQ5）：由三道沟沉积层组成，包括谷家岭-三道沟剖面32—33层，表现为一个完整的三级沉积层序。其湖扩张体系域（EST）为灰色凝灰质胶结砾岩、细砂岩，向上变为浅灰色凝灰质粉砂岩、褐黄色透镜状钙质粉砂岩，达到最大湖泛面（mfs），沉积环境由滨湖相过渡为浅湖相，构成退积型地层结构。高位体系域（HST）岩性主要为褐黄色中厚层含砾中粗粒岩屑长石砂岩，形成于滨湖相沉积环境。

四、凌源盆地的义县组层序地层特征

以凌源市范杖子-平房剖面和大王杖子-山咀剖面为代表。义县组主要发育中酸性火山岩，局部夹橄榄玄武岩，在火山岩之间夹有（自下而上）大新房子层、大东沟层和平房西层等沉积层，化石丰富。3个沉积层被火山岩分隔，可视为平行不整合接触。但是，范杖子一平房一带的义县组发育和出露不够完整，大新房子层相当于义县地区义县组尖山沟层，大东沟层和平房西层相当于义县组上部，而义县组下部仅发育中酸性火山碎屑岩，缺少沉积地层。如果不考虑盆地的局部隆凹变化，河北东北部的黄土梁地区也应该是凌源盆地的重要组成部分，在该地义县组火山岩下部产出的砂砾岩层是义县组底部沉积层，我们称之为黄土梁层。综合各方面因素，可以在凌源盆地划分出5个三级沉积旋回，对应5个三级沉积层序（图5-4）。

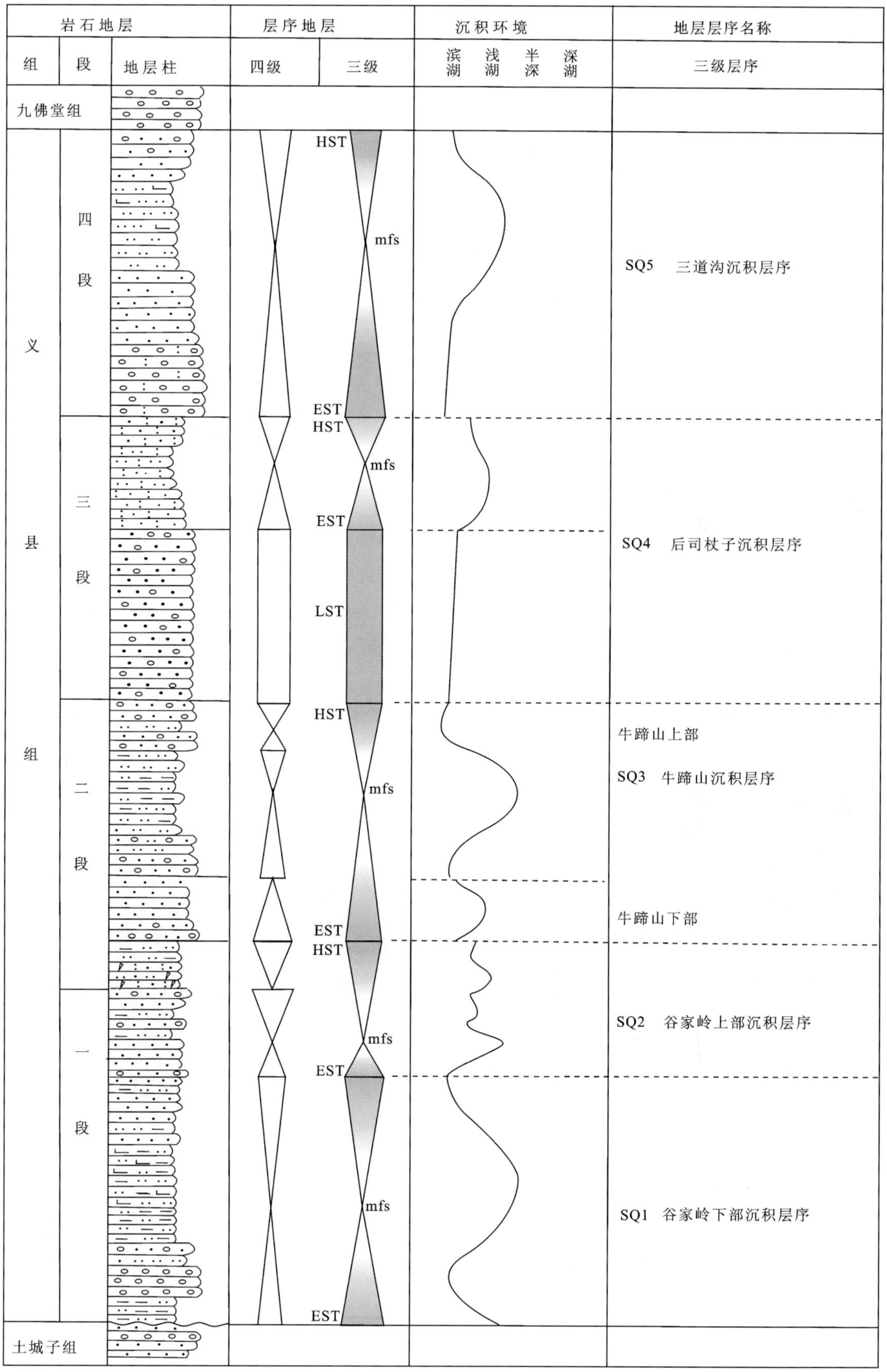

图 5-3　建昌盆地东北部谷家岭—三道沟地区义县组三级沉积层序特征

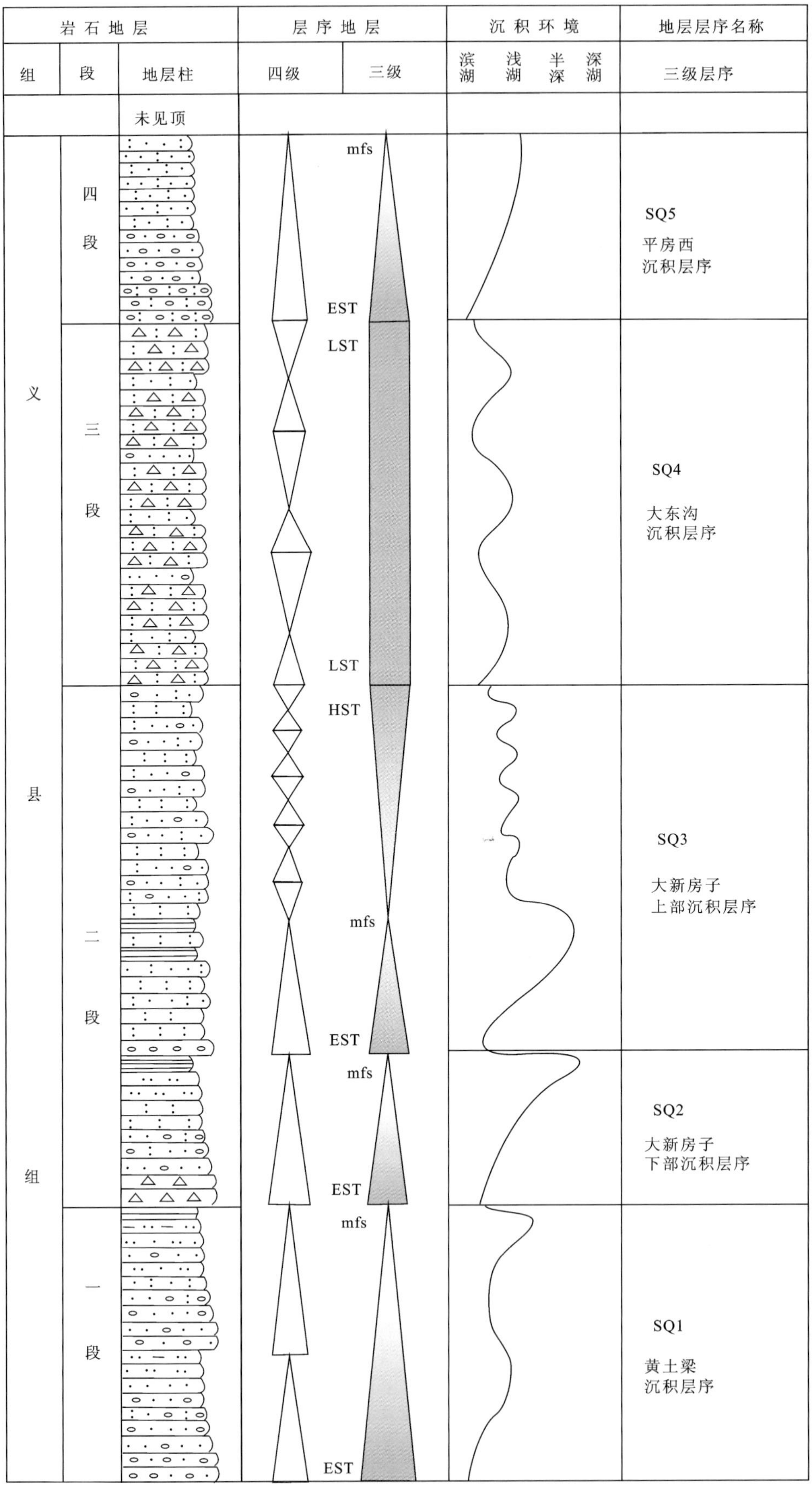

图 5-4　辽西凌源盆地义县组三级沉积层序特征

在黄土梁一带，义县组下部中酸性火山碎屑岩之下发育一套巨厚的灰色含砾砂岩、砂砾岩、砂岩，局部为砂质粉砂岩，构成了一个不完整的三级沉积层序——SQ1，由湖扩张体系域（EST）组成。

大新房子层下部以粗碎屑沉积为主，构成了第二个三级沉积层序（SQ2），仅由湖扩张体系域（EST）组成，下部为火山角砾岩、凝灰质砂砾岩、含砾凝灰质粗砂岩，向上变为灰绿色沉凝灰岩、灰色－灰黑色粉砂岩和页岩；沉积粒度由粗变细，水体由浅变深，沉积环境由滨湖相变为半深湖相，至页岩层达到最大湖泛面（mfs），形成退积地层结构。

第三沉积层序（SQ3）由大新房子层中上部沉积层构成，包括湖扩张体系域（EST）和高位体系域（HST）。湖扩张体系域由灰色砾岩、灰紫色、灰绿色凝灰岩、凝灰质砂岩，向上变为灰色、灰黑色、灰白色页岩夹凝灰岩，自下而上沉积粒度由粗变细，水体由浅变深，沉积环境由滨湖相过渡为半深湖相，顶部的页岩显示最大湖泛面（mfs），形成退积地层结构；高位体系域由页岩夹沉凝灰岩向上过渡为灰绿色、灰色凝灰质含砾粗砂岩和灰色、灰白色沉凝灰岩，自下而上沉积粒度逐渐变粗，沉积环境由半深湖相又回到滨浅湖相，形成进积型地层结构。大新房子中上部层可与四合屯盆地的尖山沟层对比。

第四沉积层序（SQ4）由大东沟层构成，厚度较大，岩性单一，主要为紫灰色沉火山碎屑岩夹凝灰质砂岩及紫红色含砾粉砂岩，形成垂向加积地层结构，代表低位体系域（LST），缺失湖扩张体系域和高位体系域。大东沟层可与义县地区的朱家沟层对比。

第五沉积层序（SQ5）由平房西层构成，主体为湖扩张体系域（EST）。其下部为细砾岩、砂砾岩，向上变为灰绿色凝灰质砂岩，沉积粒度逐渐变细，沉积环境由滨湖相过渡为浅湖相，形成退积型地层结构。平房西层可与义县地区的金刚山层对比。

五、赤峰市孤山子盆地的义县组层序地层特征

孤山子盆地以赤峰市初头朗镇沟脑村北沟剖面为代表，主体为义县组，下伏大北沟组。大北沟组和义县组的沉积环境主要为滨湖及浅湖相，沉积物以含砾砂岩、砂岩、粉砂岩为主，夹有少量的粉砂质泥岩和泥灰岩，化石较少。义县组和大北沟组均未划分段级单位，两组之间为连续沉积，整合接触。义县组仅发育中、下部地层，上部已经被剥蚀，被汉诺坝组玄武岩覆盖。

孤山子盆地义县组可划分 3 个三级沉积旋回，对应 3 个三级沉积层序（图 5－5）。

第一沉积层序（SQ1）：由湖扩张体系域（EST）和高位体系域（HST）组成。湖扩张体系域下部为黄褐色、灰绿色中厚—中薄层细砾岩、含砾粗粒长石岩屑砂岩与细粒长石砂岩互层，夹薄层凝灰质粉砂岩，构成多个韵律层，向上变为薄层状中细粒凝灰质砂岩和泥灰岩（沟脑村北剖面 15 层）。自下而上沉积粒度由粗到细，沉积层理由厚到薄，沉积环境由滨浅湖相演化为半深湖相，达到最大湖泛面（mfs），形成退积型地层结构。高位体系域由灰色薄层泥灰岩转化为灰色、黄褐色薄层含细砾粗砂岩，形成进积型地层结构，沉积环境又回到滨浅湖相。

第二沉积层序（SQ2）：也由湖扩张体系域（EST）和高位体系域（HST）组成。其湖扩张体系域下部为灰色、黄褐色含砾粗砂岩、灰白色薄层—巨厚层钙质中粗粒砂岩，向上变为粉砂质泥灰岩、钙质粉砂岩，顶部为灰色中薄—微薄层泥灰岩（沟脑村北剖面 21 层）。自下而上沉积粒度由粗到细，沉积层理由厚到薄，沉积环境由滨浅湖相演化为半深湖相，达到最大湖泛面（mfs），形成退积型地层结构。高位体系域由中薄—微薄层泥灰岩向上演化为浅绿灰色薄层泥质细砂岩和灰白色中薄层钙质砂岩互层，顶部为黄褐色中厚层含钙中粒长石砂岩。自下而上沉积粒度由细到粗，沉积层理由薄变厚，形成进积地层结构，沉积环境转为浅湖相。

第三沉积层序（SQ3）：该层序的湖扩张体系域（EST）由黄褐色中厚层中粒岩屑长石砂岩开始，向上出现灰白色薄层钙质细砂岩、粉砂岩、钙质粉砂岩，顶部为灰色薄层泥灰岩（沟脑村北剖面 30 层），达到最大湖泛面（mfs），形成退积型地层结构。高位体系域（HST）由灰色薄层泥灰岩向上变为灰色微薄层含粉砂质泥灰岩夹灰白色薄层钙质粉砂岩、黄褐色中薄层中细粒长石岩屑砂岩。由于其上被新近系中新统汉诺坝玄武岩不整合覆盖，顶部出露不完全。自下而上沉积粒度由细变粗，沉积环境由半深湖相变为浅湖相，形成进积型地层结构。

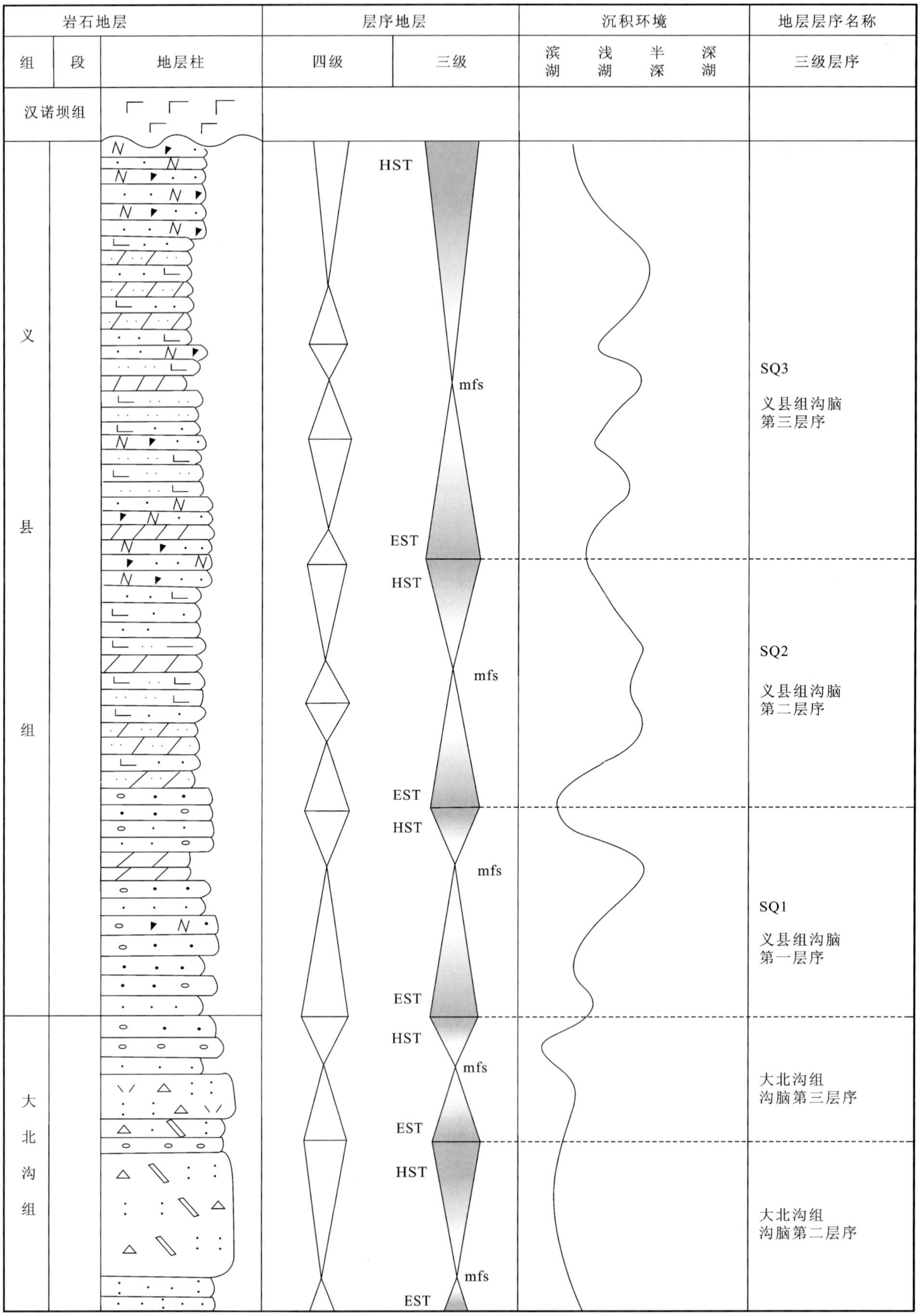

图 5-5　赤峰市孤山子盆地义县组三级沉积层序特征

六、赤峰市宁城盆地的义县组层序地层特征

以宁城县烟筒沟剖面为代表。义县组的沉积环境主要为滨湖相和浅湖相，沉积物以砾岩、含砾砂岩、砂岩、粉砂岩为主，夹有少量的粉砂质泥岩和泥岩，化石不多。火山岩较少，仅在顶部出现巨厚的橄榄玄武岩和英安岩，其间夹有一层砾岩。该砾岩与下伏地层以橄榄玄武岩相隔，可视为平行不整合接触。义县组底部与下伏的新太古代吉旺营子片麻岩呈异岩不整合接触，顶部与上覆的九佛堂组呈平行不整合接触。宁城盆地的义县组沉积层可以划分6个三级沉积旋回，对应6个三级沉积层序(图5-6)。

第一沉积层序(SQ1)：由湖扩张体系域(EST)和高位体系域(HST)组成，其代表地层为烟筒沟剖面1—12层。湖扩张体系域由灰黄色厚—巨厚层砾岩、含砾砂岩、长石砂岩构成。自下而上沉积粒度由粗变细，沉积层理逐渐变薄，代表退积型地层结构，沉积环境为滨浅湖相。向上变为浅灰色泥岩互层夹灰黄色细砂岩，含昆虫、鱼类、植物等化石，达到最大湖泛面(mfs)，沉积环境接近半深湖相。高位体系域由灰黄色中细粒长石砂岩夹粉砂质泥岩和粉砂岩组成。沉积环境变为浅湖相，沉积粒度变化不大，地层结构基本上为进积型。

第二沉积层序(SQ2)：由烟筒沟剖面13—19层构成。该沉积层序的湖扩张体系域(EST)由灰黄色砾岩、含砾细粒长石砂岩构成退积型地层结构，自下而上沉积粒度由粗变细，沉积环境为滨浅湖相。其最大湖泛面(mfs)岩性以灰色薄板—纹层状粉砂质泥岩与灰黄色薄层状含钙粉细砂岩互层为特征，代表浅湖相与半深湖相之间的过渡地带。高位体系域(HST)由灰白色细粒长石砂岩、浅灰色粉砂质泥岩渐变为灰黄色厚—巨厚层中粗粒长石砂岩。自下而上沉积粒度由细变粗，沉积层理逐渐加厚，代表浅湖相与滨湖相之间的沉积环境。地层结构为进积型。

第三沉积层序(SQ3)：由烟筒沟剖面20—30层构成。该沉积层序的湖扩张体系域(EST)由灰黄色巨厚层含砾粗砂岩、砂砾岩、细砾岩、中粗粒长石砂岩夹灰白色薄层粉砂岩、泥质粉砂岩组成。自下而上沉积粒度由粗变细，沉积层理逐渐变薄，沉积环境主要为滨湖-浅湖相，组成退积型地层结构。其最大湖泛面(mfs)为浅灰色泥岩夹灰黄色细砂岩，或两者互层，沉积环境主要为浅湖-半深湖相。高位体系域(HST)为灰黄色细砂岩与浅灰色泥岩互层、灰黄色长石砂岩夹灰白色粉砂岩和灰黄色细砂岩，向上变为巨厚层砾岩。自下而上沉积粒度由细变粗，沉积层理由薄变厚，沉积环境由浅湖相变为滨湖相。地层结构为进积型。

第四沉积层序(SQ4)：由烟筒沟剖面31—39层构成，该沉积层厚度较小(75.9m)，代表一个明显的沉积旋回。湖扩张体系域(EST)由灰黄色砾岩、粗粒岩屑长石砂岩夹粉砂质泥岩构成。自下而上沉积粒度由粗变细，形成退积型地层结构，代表滨浅湖相沉积环境。其最大湖泛面(mfs)为浅灰色泥岩夹细砂岩，处于浅湖相。高位体系域(HST)为灰白色含砾粗粒岩屑长石砂岩、细砂岩夹粉砂质泥岩，向上变为灰黄色砾岩，自下而上沉积粒度由细变粗，组成进积型地层结构，由浅湖相上升至滨湖相。

第五沉积层序(SQ5)：由烟筒沟剖面40—48层构成，其湖扩张体系域(EST)由灰黄色砾岩、含砾粗粒岩屑长石砂岩、细砂岩与灰白色粉砂岩互层组成。自下而上沉积粒度逐渐变细，沉积层理由厚变薄，形成退积型地层结构，代表滨浅湖相沉积环境。最大湖泛面(mfs)由灰色泥岩夹灰黄色薄层细砂岩及粉砂岩条带，局部夹碳质泥岩代表，产鱼类、叶肢介、双壳类和植物化石。主要反映半深湖相，局部为浅湖相沉积环境。高位体系域(HST)由灰黄色中粒长石砂岩夹粉砂质泥岩、泥岩、粉砂岩、细砂岩组成，形成进积型地层结构，代表滨浅湖相沉积环境。

第六沉积层序(SQ6)：由烟筒沟剖面49—53层构成，其湖扩张体系域(EST)由灰黄色厚—巨厚层细砾岩夹细砂岩和泥岩组成，向上变为灰绿色泥质凝灰质细砂岩与紫色粉砂质泥岩互层，达到最大湖泛面(mfs)；其高位体系域(HST)主要是巨厚的灰黄色砾岩，自下而上沉积粒度由细变粗，沉积层理由薄变厚，形成进积型地层结构，代表滨湖相沉积环境。

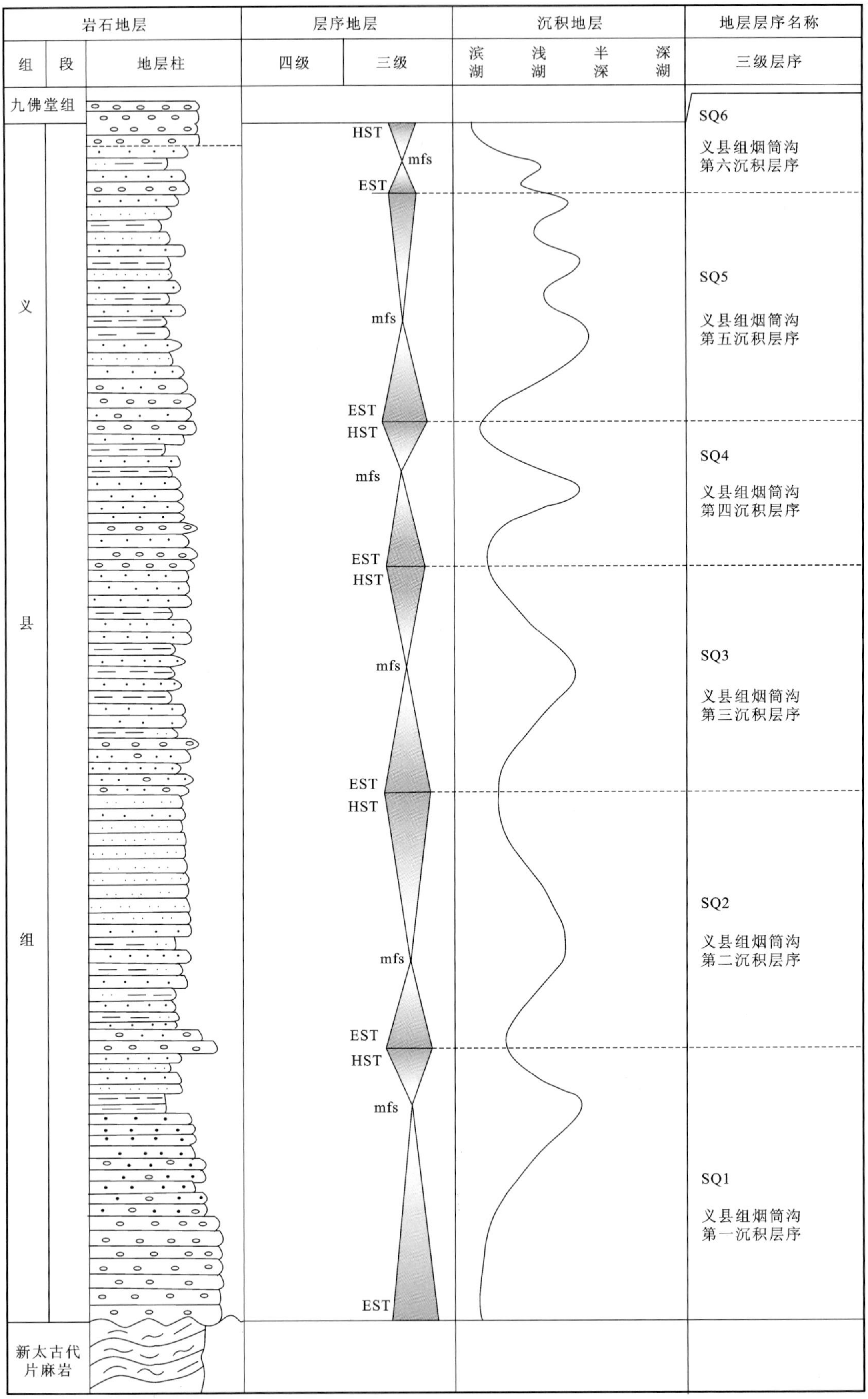

图 5-6　赤峰市宁城盆地义县组三级沉积层序特征

第二节　冀北地区大店子组及其相关地层的层序地层特征

冀北地区主要以承德滦平盆地、围场清泉盆地和丰宁森吉图盆地、花吉营盆地为研究对象。

一、滦平盆地的义县组层序地层特征

以滦平县火斗山乡榆树下村剖面和张家沟下营—上营剖面为代表。大北沟组和大店子组是典型的湖相沉积(包括滨湖、浅湖、半深湖和深湖等环境),以正常碎屑沉积为主,极少或没有火山物质,所含化石丰富,但门类较为单调(以叶肢介、介形类、双壳类、腹足类为主,另有少量的昆虫和鱼类)。大店子组划分为四段,各段之间连续沉积,整合接触。大店子组的上覆地层是西瓜园组,以滦平县火斗山乡铃铛木沟—鹞子梁剖面为代表。西瓜园组的沉积环境初期为滨、浅湖,随着湖水迅速加深,达到半深湖—深湖相,处于静水状态,局部水质为半咸水;在部分地段出现黄铁矿(风化为褐铁矿)结核,代表了一种还原缺氧环境;水体温度较高,总体呈弱碱性,$CaCO_3$ 含量达到饱和度,大量析出形成泥灰岩、钙质粉砂岩。这种环境不利于生物生长和化石保存,因而化石较少。西瓜园组和大店子组之间为遭受剥蚀的气孔杏仁状安山岩,代表明显的沉积间断。

大店子组可以划分 3 个三级沉积旋回,对应 3 个三级沉积层序(图 5－7)。其中,大店子组一段构成第一个三级沉积层序(SQ1)。SQ1 的湖扩张体系域(EST)由黄褐色含砾石英长石砂岩、长石岩屑砂岩、灰绿色粉砂质泥岩、钙质粉砂岩、泥质粉砂岩、钙质泥岩、细砂岩、中粗粒砂岩等组成,相互交替出现,但自下而上沉积粒度由粗到细,沉积层理由厚到薄。至 17—19 层(下营村大店子组一段剖面)岩性为灰黑色、灰褐色钙质粉砂质泥岩、页岩、泥灰岩透镜体,含丰富的介形类、叶肢介和双壳类化石,达到最大湖泛面(mfs),沉积环境由滨浅湖相渐变为半深湖相,构成退积型地层结构。高位体系域(HST)由黄褐色中粗粒和细粒石英长石砂岩、粉砂岩、泥质粉砂岩、含砾粗粒石英长石砂岩构成,自下而上沉积粒度由细变粗,沉积层理由薄变厚,构成进积型地层结构,沉积环境逐渐回到滨浅湖相。SQ1 相当于辽西义县组下部层位。

大店子组二段构成第二沉积层序(SQ2)。该层序仅由湖扩张体系域(EST)构成,缺失高位体系域(HST)。湖扩张体系域下部由黄褐色、灰褐色中细砾砾岩、泥质粉砂岩、中粗粒岩屑长石砂岩、含砾岩屑长石砂岩构成;中部为黄绿色、灰绿色钙质粉砂岩、钙质泥岩夹薄层细粒岩屑长石砂岩;上部为灰黑色钙质泥岩、钙质粉砂岩,产叶肢介、介形类、双壳类和腹足类等化石。自下而上沉积粒度逐渐变细,沉积层理由厚变薄,形成退积型地层结构,达到最大湖泛面(mfs)。SQ2 相当于辽西义县组的尖山沟层下部。

大店子组三段和四段共同组成第三沉积层序(SQ3)。该沉积层序的湖扩张体系域(EST)由黄褐色、灰绿色中细粒岩屑长石砂岩、灰褐色、灰黑色粉砂岩、粉砂质泥页岩、钙质泥质粉砂岩夹泥灰岩等组成,自下而上沉积粒度逐渐变细,沉积厚度逐渐变薄,形成退积型地层结构。至 31—32 层(上营村大店子组二段—四段剖面)变为深灰色粉砂质泥页岩、泥页岩、泥岩夹黄绿色薄层泥灰岩,达到最大湖泛面(mfs),沉积环境由浅湖相变为半深湖相。高位体系域(HST)由含钙粉砂质泥岩、泥页岩、泥灰岩、粉砂质泥岩组成,沉积粒度变化不大,沉积环境自下而上逐渐由半深湖相返回浅湖相。SQ3 相当于辽西义县组的尖山沟层上部层位,与大康堡层也大致相当。

大店子组上覆的西瓜园组(铃铛木沟-鹞子梁剖面)相当于义县组的上部,也具有 3 个三级沉积旋回,对应 3 个三级沉积层序(图 5－7)。

第四沉积层序(SQ4):由铃铛木沟-鹞子梁剖面 1—6 层构成,其湖扩张体系域(EST)下部为灰紫色、黄褐色厚—巨厚层火山岩质粗砾岩、中细砾复成分砾岩夹灰绿色薄层泥质粉砂岩、含砾细粒长石岩屑砂岩;向上变为黄褐色、灰绿色薄层钙泥质粗粉砂岩、钙质粉砂质泥岩、钙泥质粉砂岩,自下而上沉积

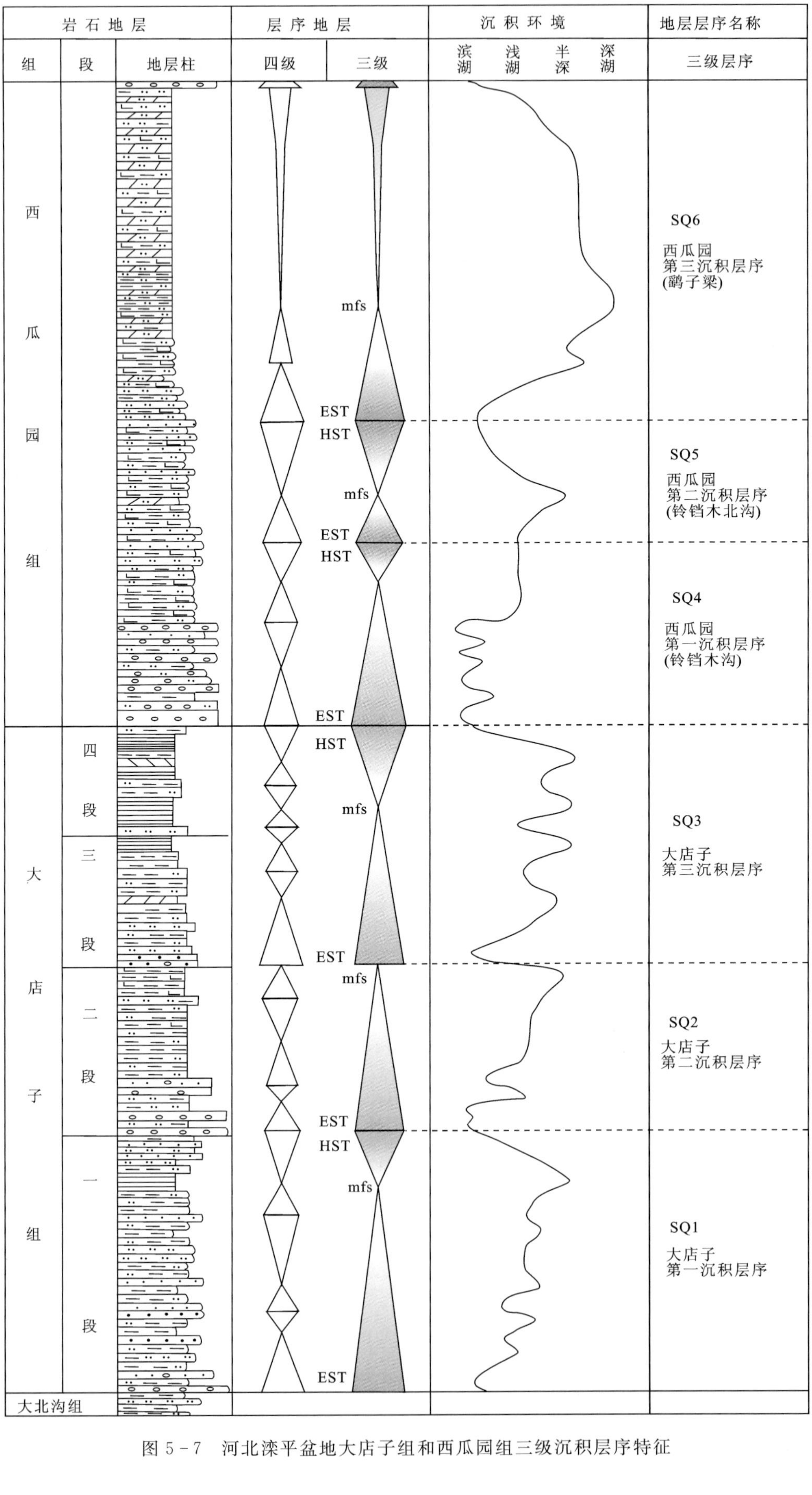

图 5-7　河北滦平盆地大店子组和西瓜园组三级沉积层序特征

粒度逐渐变细，沉积层理逐渐变薄，组成退积型地层结构。其高位体系域(HST)发育不够完全，仅由灰绿色、黄绿色泥质粉砂岩和细粒岩屑长石砂岩构成。剖面第5层黄褐色薄层—页片状钙质粉砂质泥岩代表最大湖泛面(mfs)。

第五沉积层序(SQ5)：由铃铛木沟-鹞子梁剖面7—11层构成。湖扩张体系域(EST)由薄—厚层细粒岩屑长石砂岩和薄层钙泥质粉砂岩互层组成，第8层为黄绿色、灰绿色薄层钙泥质粉砂岩和钙质粉砂质泥岩，偶夹深灰色薄层泥灰岩，达到最大湖泛面(mfs)，代表半深湖相沉积环境。高位体系域(HST)主要以灰绿色、橘黄色钙泥质粉砂岩、钙质粉砂质泥岩和灰色薄—中厚层钙质细粒岩屑长石砂岩互层为特征。自下而上沉积粒度逐渐变粗，沉积层理逐渐变厚，地层结构为进积型，沉积环境由半深湖转变为浅湖相。

第六沉积层序(SQ6)：由铃铛木沟—鹞子梁剖面12—19层构成。湖扩张体系域(EST)下部为黄褐色厚—巨厚层粗粉砂岩与灰绿色页片状钙质粉砂质泥岩互层，向上岩性组合为黄绿色、灰绿色薄层状钙质粉砂质泥岩、钙泥质粉砂岩与黄褐色粉砂质泥灰岩互层。第18层为灰绿色、灰黑色薄—页片状钙质粉砂质泥岩与黄褐色薄板—薄层状粉砂质泥灰岩组成厘米级韵律层，达到最大湖泛面(mfs)，代表深湖相沉积环境。高位体系域(HST)主要以灰绿色、黄绿色钙质粉砂质泥岩、泥质粉砂岩与灰色薄－中厚层粉砂质泥灰岩互层为特征，厚达198.3m，沉积层理有缓慢变厚的趋势，反映一种加积为主、进积为辅的地层结构，代表半深湖－深湖相的沉积环境；向顶部薄层钙质粉砂岩、泥质粉砂岩的厚度逐渐增大，粉砂质泥灰岩的厚度减小，泥灰岩中粉砂质含量增加，反映一种缓慢的进积地层结构，代表半深湖—浅湖相的沉积环境。上覆的鹞子梁砾岩代表后期沉积旋回的开始。

二、森吉图盆地的义县组层序地层特征

森吉图幅1：5万区调(河北省区域地质矿产调查研究所，1991)建立了下白垩统森吉图群，自下而上划分为茶棚组、花吉营组和青石砬组。其中，茶棚组含叶肢介 *Nestoria* 生物组合，应与滦平地区的大北沟组对比，花吉营组相当于义县组，青石砬组对应于九佛堂组。花吉营组与下伏的茶棚组和上覆的青石砬组均为整合接触。为了便于对比研究，我们将森吉图盆地的“花吉营组”直接称为义县组。义县组可划分为9段，其中1、3、5、7、9为安山岩段，2、4、6、8为沉积岩段。各沉积岩段之间均被安山岩段分割，可视为平行不整合接触。森吉图盆地沉积层可以划分6个三级沉积旋回，对应6个三级沉积层序(图5-8)。

第一沉积层序(SQ1)：由义县组二段(大成号沉凝灰岩)构成，主要岩石组合为流纹质凝灰岩、沉凝灰岩、石英粗面岩和流纹岩。底部的灰白色、浅灰绿色含砾沉集块凝灰岩厚达72m，成分单一，分选差，层理发育不明显。这些特征代表冲积扇体系的扇根部分，属于近源快速堆积的产物。其地层结构表现为垂向加积，组成低位体系域(LST)的斜坡扇(Slope fan)，视为三级沉积层序。该层序相当于辽西义县组老公沟层和业南沟层。

第二沉积层序(SQ2)：由义县组四段(桥头砂岩)构成，主要岩石组合为浅灰色、灰白色细砂岩、粉砂岩夹泥岩和页岩，底部有一层黄褐色、灰紫色砾岩，产丰富的动植物化石。厚度约50m。SQ2由湖扩张体系域(EST)和高位体系域(HST)组成。湖扩张体系域由砾岩、细砂岩和粉砂岩构成，自下而上沉积粒度逐渐变细，沉积层理逐渐变薄，形成退积型地层结构。中部的泥岩和页岩代表最大湖泛面(mfs)，反映半深湖相沉积环境。上部的泥岩、粉砂岩和细砂岩则代表高位体系域，形成进积型地层结构，沉积环境由半深湖相转变为浅湖相。该层序相当于辽西义县组砖城子层。

第三沉积层序(SQ3)：由义县组六段(碾子沟砂岩)构成，主要岩石组合为灰白色粉砂岩、砂岩、页岩及凝灰质砂岩，底部有一层砾岩。厚约120m。SQ3的湖扩张体系域(EST)由砾岩、砂岩、粉砂岩组成，自下而上沉积粒度由粗变细，沉积层理由厚变薄，形成退积型地层结构，主要代表浅湖相沉积环境。其最大湖泛面(mfs)岩性为页岩，代表半深湖相沉积环境。高位体系域(HST)则由凝灰质砂岩、砂岩和粉砂岩组成进积型地层结构，自下而上沉积粒度逐渐变粗，沉积环境为浅湖相。该层序相当于辽西义县组大康堡层。

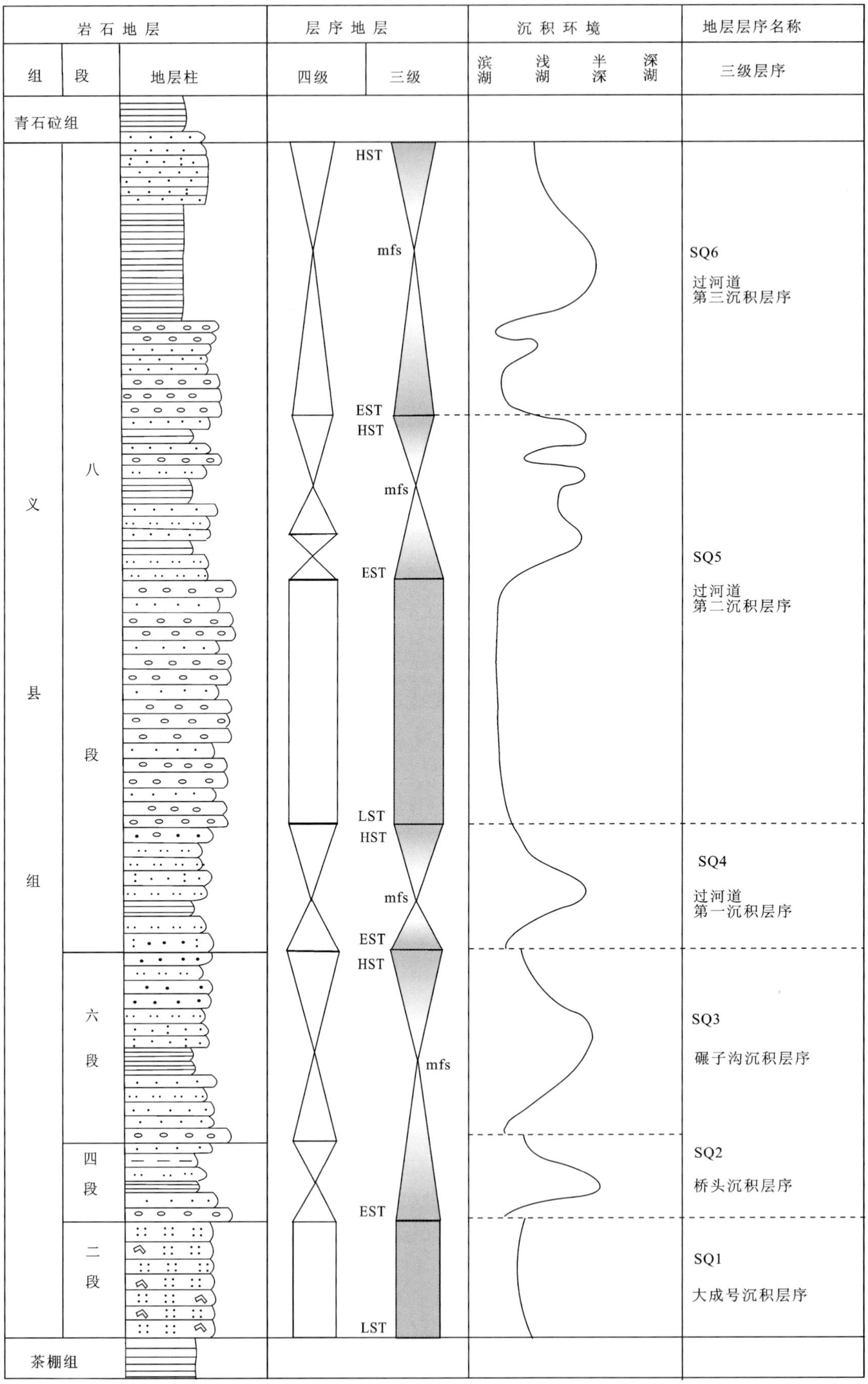

图 5-8　河北森吉图盆地义县组三级沉积层序特征

八段称过河道砂岩：下部为灰白色、黄褐色凝灰质含砾粗砂岩、砾岩夹页岩，上部为灰绿色、黄褐色砂岩、粉砂岩及页岩夹砾岩。厚达503m。该砂岩段可辨认出3个三级沉积旋回，对应3个三级沉积层序(SQ4，SQ5，SQ6)。

第四沉积层序(SQ4)：该沉积层序的湖扩张体系域(EST)由灰白色凝灰质砂岩、粉砂岩组成退积型地层结构，反映浅湖相沉积环境。向上渐变为页岩，代表最大湖泛面(mfs)。高位体系域(HST)则由粉砂岩、凝灰质砂岩和砂岩构成进积型地层结构，沉积环境又回到浅湖相。

第五沉积层序(SQ5)：该沉积层序的下部有156m厚的黄褐色砾岩夹砂岩，代表冲积扇体系的扇根部分，属于近源快速堆积的产物。其地层结构表现为垂向加积，组成低位体系域(LST)的斜坡扇(Slope fan)。其湖扩张体系域(EST)由砂岩、砾岩互层、粉砂岩、页岩夹砂岩组成退积型地层结构，反映滨浅湖相沉积环境。向上变为灰绿色细砂岩夹页岩，产丰富的化石，代表最大湖泛面(mfs)。高位体系域(HST)由褐黄色、灰白色砾岩、砂岩组成进积型地层结构，代表滨浅湖相沉积环境。

第六沉积层序(SQ6)：该沉积层序由湖扩张体系域(EST)和高位体系域(HST)组成。湖扩张体系域主要岩性为灰白色、黄褐色砾岩，代表滨湖相沉积环境。最大湖泛面(mfs)以灰绿色页岩为特征，反映半深湖相沉积环境。高位体系域由灰白色、黄褐色砂岩和凝灰质砂岩构成浅湖相沉积环境。

此外，我们对冀北围场县上石匣—清泉地区原定为西瓜园组的沉积地层详细采集了化石(相当于义县组尖山沟层)，但对其上部原划为花吉营组的火山岩及其夹层了解甚少。对丰宁县花吉营地区的相应地层也做了研究，在下部的砂砾岩层采集了化石，可是上部火山岩及其夹层尚未研究。目前对上述剖面未做层序地层研究。

第三节 辽西义县组与冀北大店子组及相关地层的层序地层对比

我们对辽西—冀北主要盆地的代表剖面做了岩石地层、层序地层和沉积环境的综合研究和对比，对比结果见表5-1。

根据沉积旋回分析，冀北滦平盆地的大店子组和西瓜园组与赤峰市宁城盆地、孤山子盆地的义县组在沉积旋回、岩性特征、沉积环境等方面，具有相似性。除了赤峰市孤山子盆地的义县组因顶部出露不全，仅见3个三级沉积层序外，其他两个盆地分别可以划分6个三级沉积层序，不同盆地之间的三级沉积层序，可以进行大致的相应对比。每个三级沉积层序由退积堆叠型式的湖泊扩展体系域(EST)开始，经过相对深水盆地相达到最大湖泛面(mfs)，结束于加积和进积堆叠型式的高位体系域(HST)。各层序之间，层序界面代表大小不等的沉积间断(SB2)。但是，从沉积物分析来看，滦平盆地的大店子组和西瓜园组沉积湖盆较大，湖水较深，沉积物粒度较细。而赤峰市宁城盆地、孤山子盆地的义县组沉积湖盆较小，湖水较浅，沉积物粒度较粗。

阜新-义县盆地和建昌盆地的义县组火山岩发育，火山岩之间分布沉积夹层，在沉积旋回、岩性特征、沉积环境等方面，也有明显的相似性。它们的沉积地层分别可以划分4个岩性段，6个三级沉积层序，两地之间的三级沉积层序，可以进行大致的对比。每个三级沉积层序由退积堆叠型式的湖泊扩展体系域(EST)开始，经过相对深水盆地相达到最大湖泛面(mfs)，结束于加积和进积堆叠型式的高位体系域(HST)。各层序之间，层序界面代表明显的沉积间断(SB2)。在阜新-义县盆地义县组四段下部和四段上部仅发育垂向加积或侧向加积的低位体系域(LST)，各自单独组成一个三级沉积层序。

辽西、赤峰地区的义县组与冀北地区的大店子组和西瓜园组分别充填在各具特色的中生代盆地中，盆地充填物的岩石类型和沉积环境有明显差别，进行对比有一定困难。阜新-义县盆地的义县组发育完整，代表了义县期的各种沉积物，而滦平盆地的大店子组仅相当于义县组的中、下部，其上覆的西瓜园组(例如铃铛木沟-鹞子梁剖面)可能相当于义县组的上部层位。同样，赤峰孤山子盆地的义县组上部发育不完全，被新近系汉诺坝玄武岩覆盖，也只相当于义县组的一部分。但是，各盆地充填的断续沉积层所

表5-1 辽西义县组—冀北大店子组及相关地层的层序对比

三级层序	阜新—义县盆地	北票四合屯盆地	建昌盆地谷家岭	建昌盆地要路沟	凌源盆地	冀北地区滦平盆地	森吉图盆地	赤峰地区孤山子盆地	宁城盆地烟筒沟剖面
	九佛堂组	第四系	九佛堂组	九佛堂组	第四系	九佛堂组	青石砬组	汉诺坝组	九佛堂组
SQ6	黄花山沉积层序		中性火山岩 酸性火山岩	流纹岩 三门店沉积层序	酸性火山岩	西瓜园第三沉积层序	粗面安山岩 过河道第三沉积层序		义县组烟筒沟第六沉积层序(49—53层)
SQ5	金刚山沉积层序		三道沟沉积层序	前狮沟沉积层序	平房西沉积层序	西瓜园第二沉积层序	过河道第二沉积层序		义县组烟筒沟第五沉积层序(40—48层)
SQ4	朱家沟沉积层序 基性火山岩	大靰鞡草沟沉积层序(砂砾岩层) 基性火山岩	后司杖子沉积层序 安山岩	小郎家沟沉积层序	大东沟沉积层序 中酸性火山岩	西瓜园第一沉积层序	过河道第一沉积层序 粗面岩 粗面安山岩		义县组烟筒沟第四沉积层序(31—39层)
SQ3	大康堡—砖城子沉积层序	尖山沟沉积层序	牛蹄山沉积层序	罗家沟沉积层序	大新房子上部沉积层序	大店子第三沉积层序(大店子组三—四段)	碾子沟沉积层序 桥头沉积层序	义县组沟脑第三沉积层序(25—34层)	义县组烟筒沟第三沉积层序(20—30层)
SQ2	业南沟沉积层序	下土来沟沉积层序	谷家岭上部沉积层序	上白庙沉积层序	大新房子下部沉积层序	大店子第二沉积层序（大店子组二段）	大成号沉积层序	义县组沟脑第二沉积层序(17—24层)	义县组烟筒沟第二沉积层序(13—19层)
SQ1	老公沟层	陆家屯层	谷家岭下部沉积层	要路沟沉积层	黄土梁沉积层	大店子组一段		义县组沟脑第一沉积层序(8—16层)	义县组烟筒沟第一沉积层序(1—12层)
	髫髻山组	土城子组	土城子组	土城子组	张家口组	大北沟组	茶棚组	大北沟组	太古宙片麻岩

表现的三级沉积层序还是为我们提供了相对大范围的地层对比依据。尤其在各个盆地或地区之间基于以生物化石对比、建立岩石地层和生物地层框架的基础上，以层序地层的方法加以验证会为我们提供较为稳妥的结论。

我们认为，晚中生代火山作用是地壳运动的重要热事件，火山活动使地壳抬升，在张性应力场的作用下，岩浆沿地壳裂隙上升，形成火山高地，使地壳处于剥蚀状态，从而形成一系列砂砾石沉积层。而火山活动的间歇期，地壳浅层开始处于收缩环境，随后转为拉张环境，地壳相对下降，形成大小不等的断陷或凹陷盆地，水体面积逐渐加大、加深，充填的各类沉积物表现出由粗到细的规律性变化；反之，地壳逐步抬升，沉积物表现出由细到粗的规律性变化。地壳周而复始地振荡性上升、下降就形成了不同级别的沉积旋回——层序，而三级沉积层序基本上反映了一个相对较大的区域性地壳变动。辽西—冀北地区的火山-沉积盆地形成于统一的大地构造背景，地壳活动具有一致性，三级沉积层序具有可比性。尤其是各个盆地的主沉降期具有可比性，它们与主要化石产出层位应该大体上是一致的。

第六章　辽西义县组与冀北大店子组及相关地层的同位素测年

第一节　辽西地区义县组同位素测年

义县组在辽西地区分布广泛，出露在一系列晚中生代断陷盆地中。主要盆地有阜新-义县盆地、北票四合屯盆地、建昌盆地、凌源盆地、赤峰市孤山子盆地、宁城盆地、喀左盆地、紫都台盆地等。在这些盆地中，义县组在阜新-义县盆地、北票四合屯盆地、建昌盆地、凌源盆地最为发育，尤其是在阜新-义县盆地、建昌盆地形成了巨厚的义县期火山-沉积地层。该套地层底部与土城子组形成了广泛的角度不整合接触，顶部与九佛堂组呈平行不整合或整合接触。义县组因含有丰富的热河生物群化石，尤其是鸟类、带毛恐龙类、原始被子植物等珍稀化石，广泛受到关注，而有关义县组形成时代的问题一直困扰着人们。

从 20 世纪 80 年代开始，很多地质学家针对义县组进行了同位素测年，采用的测年方法有全岩或单矿物 K－Ar、Rb－Sr、Ar－Ar 等时线，磷灰石 U－Pb，常规$^{40}Ar/^{39}Ar$，激光微区$^{40}Ar/^{39}Ar$，LA－ICP－MS 锆石 U－Pb，单颗粒锆石 SHRIMP 微区测年等。测年工作取得了一批年龄数据，数据变化在 147～97Ma 之间，主体在 139～115Ma 之间。

本次工作，为了开展盆地间的义县组对比研究，分别在辽西喀左盆地、建昌盆地和赤峰孤山子盆地，针对义县组火山岩夹层采集了全岩样品、锆石样品；在中国地震局地质研究所开展了全岩 K－Ar 测年，在中国地质科学院地质所进行了锆石 SHRIMP 微区测年。结果显示全岩 K－Ar 测年结果明显年轻化（与锆石测年相比年轻十至几十个百万年），数据无法利用；锆石 SHRIMP 微区测年效果较好，为地层对比提供了可靠数据。

一、北票四合屯盆地、阜新-义县盆地

（一）概略地质背景

从北票市四合屯至义县，义县组的产出层位逐渐变高。义县期火山作用形成了大量的火山岩及其碎屑岩层，从早期到晚期表现出由基性向中基性、中酸性演化的全过程，具有 4 个火山作用亚旋回。根据义县组火山作用的旋回性特征，并结合沉积作用和生物化石组合的研究成果，将义县组划分 4 个岩性段（张立东等，2002），其中每个岩性段对应义县火山旋回的一个亚旋回，而第一亚旋回又可以划分成 4 个次级小旋回。

（二）样品采集和测试

1999—2002 年，沈阳地质矿产研究所开展北票市、义县等 4 幅 1∶5万区域地质调查期间，针对义县组火山岩采集了系列新鲜全岩样品，进行了常规全岩 K－Ar、$^{40}Ar/^{39}Ar$ 阶段升温测年和激光$^{40}Ar/^{39}Ar$ 测年。2004 年，中国地质科学院地质研究所同位素实验室在义县地区采集了部分火山岩锆石样品，进行了 SHRIMP 测年。

常规 K－Ar 测试由中国科学院地质与地球物理研究所朱日祥研究员在中国地震局地质研究所的

表 6-3　义县组火山岩$^{40}Ar/^{39}Ar$阶段升温法年龄测定结果

样号	T(℃)	$(^{40}Ar/^{39}Ar)_m$	$(^{36}Ar/^{39}Ar)_m$	$(^{37}Ar/^{39}Ar)_m$	$^{39}Ar(10^{-14}mol)$	$^{40}Ar^*/^{39}Ar$	年龄(Ma)	^{39}Ar(cum%)
P2TW13 (J=0.016 226, W=164.98mg)	400	6.690 10	0.005 50	0.336 10	1331.86	5.083 20	143.0±1.9	18.52
	500	5.345 70	0.002 30	0.364 70	1063.42	4.702 20	132.6	33.30
	600	5.564 20	0.003 30	0.429 50	1553.37	4.606 10	130.0±2.7	54.89
	700	5.252 70	0.002 80	0.527 10	1726.34	4.447 40	125.7±1.5	78.89
	800	6.281 20	0.006 50	0.537 20	729.14	4.408 50	124.6±1.9	89.03
	900	7.105 40	0.009 30	0.512 60	496.83	4.376 20	123.8±1.8	95.94
	1000	8.592 10	0.014 30	0.899 20	292.17	4.434 60	125.3±2.2	100.0
P3TW20 (J=0.016 831, W=156.86mg)	400	7.893 50	0.011 50	0.475 00	966.78	4.520 90	132.3±3.6	10.69
	500	6.752 70	0.007 80	0.143 80	974.48	4.441 20	130.0±1.6	21.46
	600	6.792 70	0.007 50	0.125 40	790.99	4.578 20	133.9±2.3	30.20
	700	6.311 60	0.006 40	0.181 70	1059.65	4.435 90	129.9±1.7	41.92
	800	5.866 70	0.004 60	0.268 50	1298.26	4.517 30	132.2±2.2	56.27
	900	6.042 00	0.006 00	0.518 40	1002.37	4.310 40	126.3±3.2	67.35
	1000	6.746 60	0.007 30	0.734 70	684.61	4.644 70	135.8±2.0	74.92
	1100	4.642 60	0.001 40	2.226 30	2268.55	4.389 20	128.6±3.3	100.0

注:中国地质科学院地质研究所同位素地质实验室测试(2001)。

在四合屯北部,含珍稀化石的湖相沉积层中夹湖相枕状熔岩,枕状熔岩的围岩为石英岩屑杂砂岩和凝灰质粉砂岩夹沉凝灰岩,含有双壳类化石。对沉凝灰岩夹层的对比研究表明,枕状熔岩形成的层位稍高于产中华龙鸟和孔子鸟的层位,它们都是第二亚旋回火山-沉积作用的产物。作者采集枕状熔岩(橄榄玄武岩)全岩样品(1274TW)进行激光微区$^{40}Ar/^{39}Ar$法测年(表 6-2),该样品 5 个激光点的等时线(图 6-1-B)年龄结果为(126.1±1.7)Ma,初始氩$(^{40}Ar/^{36}Ar)_0$=292.0±9.9;在黄半吉沟珍稀化石层实测剖面上,含珍稀化石的湖相沉积层中有流纹质凝灰岩夹层,位于整个沉积层的上部层位,表明湖相沉积的晚期伴随着酸性火山活动,其时间也属于第二亚旋回。采集流纹质凝灰岩全岩样(p9TW12),进行激光微区$^{40}Ar/^{39}Ar$法测年(表 6-2),该样品 5 个激光点的等时线(图 6-1-C)年龄结果为(127.4±1.3)Ma,初始氩$(^{40}Ar/^{36}Ar)_0$=300.6±4.1,等时线相关性较好。

第三亚旋回的橄榄玄武岩分布广泛,穿侵了含珍稀化石的湖相沉积层。在四合屯北部,朱日祥采集了 3 个橄榄玄武岩样品 SHT-1、SHT-3、SHT-11,在中国地震局地质研究所的 MM1200 质谱仪上应用全岩 K-Ar 法测年,获得表面年龄分别为(124.2±2.4)Ma、(124.4±2.4)Ma、(124.9±2.4)Ma。

第四亚旋回的酸性火山岩分布在义县金刚山至大定堡一带。陈文(2004)在义县枣茨山村东义县组金刚山层英安岩中采样,选取锆石做离子探针原位 U-Pb 定年分析,获得 7 个点的年龄平均值为(122.4±2.0)Ma。

(四) 讨论

义县火山旋回第一亚旋回第一小旋回火山岩直接压盖在义县底砾岩上,其激光微区$^{40}Ar/^{39}Ar$年龄为 132.9Ma,$^{40}Ar/^{39}Ar$阶段升温坪年龄为(132.1±1.8)Ma,应代表义县组的起始年龄。第二亚旋回的枕状熔岩和流纹质凝灰岩$^{40}Ar/^{39}Ar$等时线年龄结果分别为(126.1±1.7)Ma、(127.4±1.3)Ma。Swisher C C,王筱林等(2009)在四合屯、横道子湖相沉积层中采集火山灰样品,对样品中的透长石单晶进行$^{40}Ar/^{39}Ar$全熔融分析,平均年龄值分别为[125.0±0.18(ISD)±0.04(SE)]Ma、[125.0±0.19(ISD)±0.04(SE)]Ma;王松山等(2001)在四合屯湖相沉积层中采集火山灰样品,挑选其中的锆石用 U-Pb 法测定,获得年龄为(125.2±0.9)Ma,与我们所测年龄结果非常接近。因此可认为第二亚旋回火山作用及期间形成的含珍稀化石湖相沉积层是在127～125Ma之间形成的。

在四合屯化石保护区采集穿切化石层的橄榄玄武岩样品，获得表面年龄在124.9～124.2Ma之间，代表了第三亚旋回火山作用年龄。

陈文(2004)在义县枣茨山村东获取义县组英安岩的锆石离子探针U-Pb年龄为(122.4±2.0)Ma，而同时获得全岩$^{40}Ar/^{39}Ar$阶段升温坪年龄为122.64Ma。Smith等(1995)在义县邹家沟测得义县组珍稀化石沉积层顶部的玄武岩全岩$^{40}Ar/^{39}Ar$坪年龄为(121.3±2.3)Ma、(121.4±0.7)Ma，在义县金刚山测得义县组四段金刚山化石沉积层上覆的火山角砾岩(黄花山角砾岩)$^{40}Ar/^{39}Ar$年龄为(121.5±0.9)Ma、(121.6±0.5)Ma。李佩贤(2001)在义县金刚山村东南测得义县组上部安山岩的K-Ar年龄为(120.1±2.0)Ma。因此，义县旋回第四亚旋回火山活动结束时间大约在120Ma。

北票—义县地区义县组形成时间大致在132.9～120Ma之间。如果考虑受后期蚀变等因素影响较小、误差相对较小的同位素测年方法，比如激光微区$^{40}Ar/^{39}Ar$和离子探针锆石U-Pb测年，义县组形成时间大致在132.9～122.4Ma之间。

二、喀左-建昌盆地

(一) 概略地质背景

在喀左-建昌盆地(简称建昌盆地)，义县组为一套典型的陆相火山-沉积地层。火山作用也具有4个亚旋回，第一亚旋回火山作用形成了底部基性火山岩，之后充填了河湖相沉积的以粗砂岩、砾岩为主的要路沟层，滨浅湖沉积的以细砂岩、泥质粉砂岩、凝灰质页岩为主的上白庙层；第二亚旋回火山作用较弱，断续地喷发了一套中酸性火山岩组合，其中以沉火山角砾岩、沉凝灰岩为主，另有少量熔岩，期间先后形成了罗家沟沉积层和小郎家沟沉积层；第三亚旋回喷出了大量的粗面—流纹质中酸性火山熔岩；第四亚旋回形成了碱性流纹岩及其角砾熔岩和凝灰岩。

(二) 样品采集和测试

为了确定喀左-建昌盆地的义县组形成年代，分别针对第一亚旋回、第二亚旋回和第三亚旋回火山岩采集了新鲜全岩K-Ar、锆石SHRIMP测年样品。

K-Ar测年样品采自辽宁省喀左县南公营子镇谷家岭-牛蹄山义县组中、下部实测地层剖面(YDP5)，产出的地质位置准确，具有明确的地质意义；测年样品为新鲜或受蚀变及表面风化作用较弱的细粒安山岩和流纹岩全岩样品，岩石致密坚硬，粒度细小，对氩的保存性强，满足测年方法的要求。

K-Ar测年工作由中国地震局地质研究所李大明研究员进行，测试方法为利用同位素稀释法在质谱仪上测定氩的同位素，利用火焰光度计或原子吸收光谱测定钾，然后根据年龄公式和测试数据计算年龄。测试结果误差较大，年龄数据明显偏离实际地质状况。

锆石SHRIMP测年样品采自建昌县要路沟乡上平房第一亚旋回玄武安山岩、喀左县南公营子镇谷家岭第二亚旋回安山岩、建昌县前狮子沟第三亚旋回斑状安山岩。锆石挑选由河北省区域地质矿产调查研究所完成。结果仅从南公营子镇谷家岭安山岩中挑选出了可供测试的足量锆石，从建昌前狮子沟第三亚旋回斑状安山岩获得少量锆石颗粒。

锆石测年在中国地质科学院地质研究所同位素实验室进行，采用高分辨率离子探针(SHRIMP)方法。本次测试制靶、显微照相和测定流程及实验条件可参考宋彪等(2002)发表的相关文章。测定中所用标准锆石TEMORA年龄推荐值为416.8Ma(Black et al,2003)，具有和谐年龄，用于校正所测定的样品年龄。测定样品之前，先测定2个TEMORA。在之后的测定中，TEMORA和待测定样品交替测定。每分析3个测定样品分析1个TEMORA。每个数据点由5次质量峰扫描构成。测定时，一次离子流(O^{2-})的强度范围为4.5nA，仪器的质量分辨率为5400。

因为所测定的锆石产自中生代火山岩，年龄偏小，^{207}Pb含量低，测定准确度较低，普通铅值校正误差较大，故取$^{206}Pb/^{238}U$年龄值作为每个点的测定值，取若干点的$^{206}Pb/^{238}U$年龄加权平均值作为这些锆石的年龄。普通铅按照Cumming等(1975)铅增长模式给出的普通铅组成(年龄取417Ma)，用实测的^{204}Pb含量进行校正。同位素比值的误差为1σ相对误差，单个点的$^{206}Pb/^{238}U$年龄误差为1σ绝对误差，$^{206}Pb/^{238}U$年龄加权平均值具95%置信度误差。

(三) 测试结果

南公营子镇谷家岭安山岩中锆石具有较好的晶形，发育振荡结晶环带，呈中等柱状。长度在100～300μm之间，一般为150μm。宽50～130μm，一般为80μm。有50%～70%的晶体发育较老的晶核。晶核一般为边部浑圆的柱状，少量为圆形—不规则状。测定时，离子束尽量打在结晶完好的振荡结晶边部环带，共测试了21个点(图6-2)。测试数据(表6-4)在和谐曲线上及附近形成了3个聚集区，分别是1224Ma、263～237Ma、135～118Ma。前两组数据所代表的晶体具有较大的残留老核，后期新生环带较窄，离子束打在了新老锆石环之间，年龄偏老，不具确切的地质意义。后一组由17个数据构成。进一步剔除有过剩^{204}Pb和离子束过于靠近晶体核部的数据，由12个数据点加权平均获得年龄数据为(129.0±1.5)Ma(图6-3)。

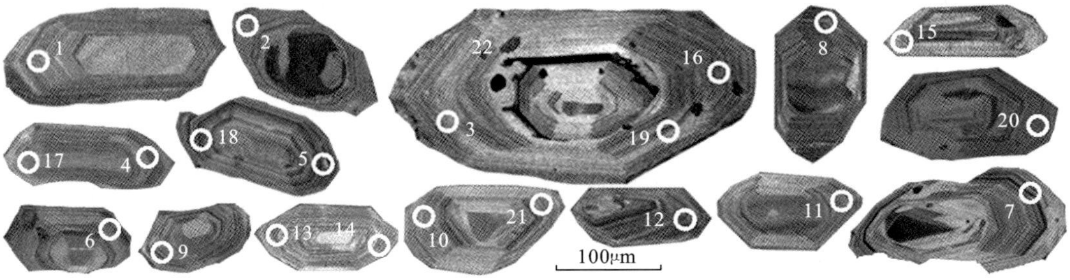

图6-2 南公营子谷家岭地区义县组下部
第二火山亚旋回安山岩中锆石(YDP5)阴极发光相片和SHRIMP测年点位

建昌县前狮子沟第三亚旋回斑状安山岩中的锆石一般呈具有浑圆边的长柱状晶体，振荡结晶环带明显，多数具有较老的内核残余，晶体较小，长度在50～150μm之间，宽度在20～50μm之间，仅测了5个数据点，数据明显偏老，有2个在187～180Ma之间，3个在2629～2574Ma之间，都反映的是捕获晶体年龄，说明岩浆作用有老基底物质混染。

(四) 讨论

谷家岭安山岩属于喀左-建昌盆地第二火山亚旋回，(129.0±1.5)Ma代表了该火山亚旋回的形成年龄，与阜新-义县盆地的义县组中、下部火山岩形成时代相当。在安山岩下部还有一套很厚的包含火山碎屑岩夹层的砂砾岩层(厚268m)，向建昌县要路沟方向，地层厚度进一步加大，在底部出现第一火山亚旋回的玄武安山岩层。由于该火山岩中锆石稀少，没有获得年龄数据，但根据两套火山岩之间存在的巨厚地质实体，可以推测年龄大于129.0Ma，可能接近阜新-义县盆地义县组底部年龄(132Ma)。

三、凌源盆地

(一) 概略地质背景

凌源-宁城盆地的义县组也是典型的陆相火山-沉积，其与下伏地层张家口组呈平行不整合接触。在义县期，首先形成了巨厚的类磨拉石沉积，之后火山强烈爆发，经历3个火山喷发亚旋回，堆积了大量偏碱的中性和中酸性火山岩、次火山岩，并在间歇期形成了含化石的沉积夹层；其中含原始鸟类、哺乳类等珍稀化石的沉积层(大新房子层)形成于第一亚旋回和第二亚旋回之间的火山间歇期。前人针对大新房子层及其下伏地层进行了锆石同位素测年工作，并获取了系列年龄数据。

表 6-4 南公营子谷家岭地区义县组下部第二火山亚旋回安山岩中锆石 SHRIMP 同位素测年数据表

测试点	$^{206}Pb_c$ (%)	U ($\times10^{-6}$)	Th ($\times10^{-6}$)	$^{232}Th/^{238}U$	$^{206}Pb^*$ ($\times10^{-6}$)	$^{207}Pb^*/^{206}Pb^*$	±%	$^{207}Pb^*/^{235}U$	±%	$^{206}Pb^*/^{238}U$	±%	$^{206}Pb/^{238}U$ 1σ(Ma)
YDP5-1	2.92	268	152	0.59	4.74	0.0574	15	0.158	15	0.02000	2.1	127.7±2.7
YDP5-2 ♠	0.05	519	74	0.15	93.3	0.1051	1.2	3.030	2.0	0.2091	1.6	1,224±18
YDP5-3	3.97	166	97	0.61	2.96	0.063	24	0.173	24	0.01996	2.8	127.4±3.5
YDP5-4	0.53	356	225	0.65	6.18	0.0528	7.9	0.146	8.1	0.02012	2.0	128.4±2.5
YDP5-5	0.46	1116	1050	0.97	19.9	0.0536	3.3	0.1526	3.7	0.02065	1.6	131.8±2.1
YDP5-6 ♠	1.14	594	542	0.94	19.3	0.0572	5.4	0.295	5.6	0.03745	1.7	237.0±3.9
YDP5-7	1.94	422	298	0.73	7.59	0.0588	11	0.167	11	0.02053	1.9	131.0±2.5
YDP5-8 ♠	0.23	645	366	0.59	23.2	0.0541	2.2	0.3118	2.7	0.04177	1.6	263.8±4.2
YDP5-9 ♠	0.21	370	378	1.06	12.0	0.0516	2.9	0.2689	3.4	0.03776	1.7	238.9±4.0
YDP5-10	3.81	255	176	0.71	4.50	0.073	15	0.198	16	0.01976	2.3	126.1±2.9
YDP5-11 ♠	0.92	287	198	0.72	5.15	0.0478	7.6	0.137	7.8	0.02070	1.9	132.1±2.5
YDP5-12 ♠	0.55	715	642	0.93	13.1	0.0546	4.1	0.1596	4.5	0.02120	1.7	135.2±2.2
YDP5-13	3.22	289	221	0.79	5.19	0.0446	18	0.124	18	0.02024	2.1	129.2±2.7
YDP5-14	5.27	272	168	0.64	4.90	0.051	32	0.141	32	0.01988	2.7	126.9±3.4
YDP5-15 ♠	0.48	211	210	1.03	9.53	0.0546	4.5	0.394	4.9	0.05229	1.8	328.6±5.8
YDP5-16	3.09	223	140	0.65	3.97	0.0649	13	0.180	13	0.02005	2.2	128.0±2.8
YDP5-17	1.07	234	155	0.68	4.13	0.0494	8.6	0.138	8.8	0.02033	1.9	129.7±2.5
YDP5-18 ♠	0.65	831	628	0.78	15.3	0.0517	5.0	0.1514	5.3	0.02124	1.7	135.5±2.2
YDP5-19 ♠	9.32	156	86	0.57	2.74	0.040	74	0.103	74	0.01850	4.1	118.2±4.8
YDP5-20	4.04	253	169	0.69	4.59	0.072	15	0.201	15	0.02025	2.2	129.2±2.8
YDP5-21	1.82	421	308	0.76	7.43	0.0589	10	0.164	10	0.02017	1.9	128.7±2.4

备注：Pb_c代表普通 Pb，Pb^*代表放射性成因 Pb，采用测定^{204}Pb值校正普通 Pb；带♠号测试点的数据为捕获锆石或高 Th/U 比和不和谐测试数据。

（二）前人同位素测年工作

2004 年，陈文针对凌源市大王杖子含化石沉积层进行了系列同位素测年，取得了较好的 SHRIMP 年龄数据。在二道梁子东沟，采集奔龙化石层下部的紫色中性火山岩锆石，锆石晶形完好，透明长柱状，具有完好的岩浆振荡结晶环带，采用离子探针质谱原位 U-Pb 定年，获得 8 个点的$^{206}Pb/^{238}U$年龄加权平均值为(126.3±2.7)Ma(MSWD=1.28)。该年龄代表了含珍稀化石沉积层（大新房子层）形成的下限年龄，是其下部火山岩形成的年龄。

采集大新房子层中奔龙化石采坑中灰白色沉凝灰岩的锆石，为短柱状或浑圆状，棱角处被磨圆，显示包括锆石在内的火山物质在沉积前经过了一定距离的搬运。阴极发光照片显示锆石有岩浆结晶振荡环带，无老锆石核，采用离子探针质谱原位 U-Pb 定年，获得 9 个点的$^{206}Pb/^{238}U$年龄加权平均值为(123.2±4.8)Ma(MSWD=2.11)。虽然误差较大，但给出了大新房子层的大致时代年龄。

在大新房子层之下，义县组还存在巨厚的火山-沉积层（大于 1900m），该套火山岩在凌源市帽子山之西与下部张家口组平行不整合接触。张宏等(2005)采集了 4 个张家口组锆石样品，采用 LA-ICP-MS 锆石 U-Pb 原位定年分析，在西北大学教育部大陆动力学重点实验室进行测年，获得 131.7～129.5Ma 的年龄数据。因此，推测义县组底部火山岩形成年龄接近 130Ma。

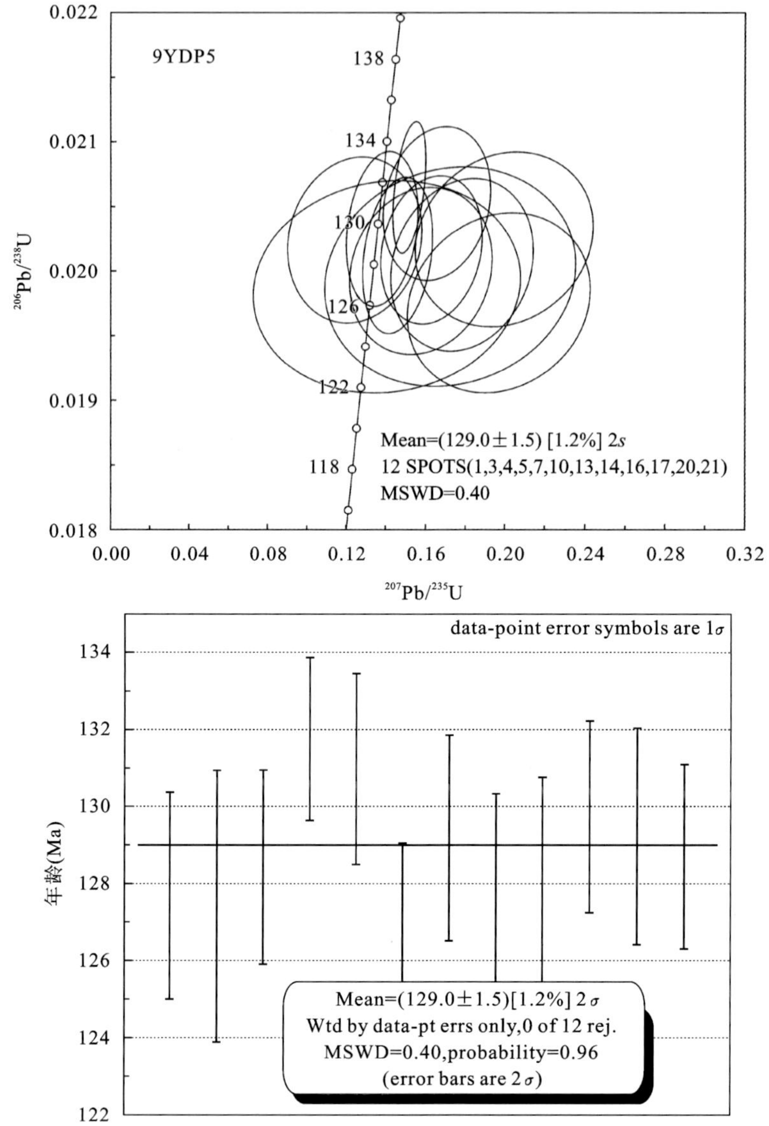

图 6-3　南公营子谷家岭地区义县组下部
第二火山亚旋回安山岩中锆石(YDP5)SHRIMP 测年谱和图

四、赤峰市孤山子盆地

(一)概略地质背景

孤山子盆地位于赤峰市北西西方向 40km 处,呈北东东方向展布,北西侧盆缘为石炭纪—二叠纪地层,东南缘为太古宙斜长角闪岩和变质片麻状侵入岩,盆缘断裂发育。盆地充填地层主要为中生代火山-沉积地层,主体为张家口组、大北沟组和义县组,顶部被新近系汉诺坝玄武岩覆盖。张家口组为灰白色中酸性火山岩及其碎屑岩;大北沟组为蓝灰色—灰色凝灰质细砂岩、凝灰质粉砂岩、粉砂质钙质泥岩,夹玄武安山岩和流纹质角砾凝灰岩;义县组为灰绿色—褐灰色凝灰质砂岩、含砾砂岩,夹灰色—灰白色钙质砂岩、粉砂岩、粉砂质泥岩和泥灰岩。张家口组、大北沟组和义县组地层之间呈整合接触。大北沟组和义县组之间,岩石呈渐变过渡,由黄褐色、灰绿色中厚—中薄层细砾岩、含砾粗砂岩与细砂岩、粉砂岩构成韵律层。

（二）样品采集和测试

在赤峰市初头朗镇沟脑村北沟大北沟组—义县组剖面，义县组与下伏大北沟组整合接触，分界处岩性为含砾粗砂岩与细砂岩、粉砂岩构成的韵律层。在分界之下 20.4m 处出现 19.1m 厚的浅紫色中厚层流纹质角砾凝灰岩。本次工作采集了流纹质角砾凝灰岩中的锆石进行测年，锆石分选由河北省区域地质矿产调查研究所完成；测年工作在中国地质科学院地质研究所同位素实验室进行，采用离子探针（SHRIMP）测年方法。具体测试流程和测试条件与本书喀左—建昌盆地的锆石 SHRIMP 测年相同，这里不再复述。

（三）测试结果

此次测定的锆石晶形完整，未见溶蚀边缘，发育岩浆结晶的振荡环带，呈中等柱状；长度 100～220μm，一般为 130～200μm，宽 60～80μm；有 30％的晶体发育不规则的较老锆石内核。测定时，离子束尽量打在结晶完好的结晶环带边部，共测试了 16 个点（图 6－4）。测试数据（表 6－5）在和谐曲线上形成一个明显的集聚区。剔除有过剩^{204}Pb 和离子束过于靠近晶体核部的数据，由 13 个点加权平均获得年龄数据为（130.7±1.3）Ma（MSWD＝0.73）（图 6－5）。

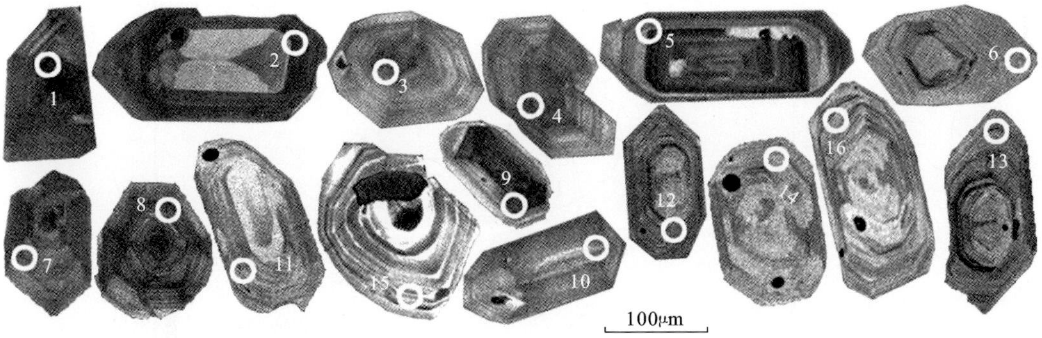

图 6－4　赤峰市孤山子盆地沟脑村北大北沟组顶部
流纹质角砾凝灰岩中锆石（P2TW4）阴极发光相片和 SHRIMP 测年点位

表 6－5　赤峰市孤山子盆地沟脑村北大北沟组顶部流纹质角砾凝灰岩中锆石 SHRIMP 同位素测年数据表

测试点	$^{206}Pb_c$ (%)	U (×10^{-6})	Th (×10^{-6})	^{232}Th/^{238}U	^{206}Pb* (×10^{-6})	^{207}Pb*/^{206}Pb*	±%	^{207}Pb*/^{235}U	±%	^{206}Pb*/^{238}U	±%	^{206}Pb/^{238}U 1σ(Ma)
P2TW4－1	0.71	509	656	1.33	8.86	0.0489	5.7	0.1355	5.9	0.02012	1.5	128.4±1.9
P2TW4－2	0.59	393	352	0.93	7.03	0.0481	4.8	0.1374	5.1	0.02071	1.6	132.2±2.1
P2TW4－3	0.80	450	354	0.81	7.99	0.0496	5.4	0.1402	5.6	0.02050	1.5	130.8±2.0
P2TW4－4	1.14	339	353	1.08	5.92	0.0466	7.5	0.1293	7.7	0.02010	1.6	128.3±2.1
P2TW4－5 ♠	0.25	997	417	0.43	20.9	0.0490	2.5	0.1646	2.8	0.02438	1.4	155.3±2.2
P2TW4－6 ♠	1.94	141	108	0.79	2.64	0.0479	15	0.142	15	0.02141	2.2	136.6±3.0
P2TW4－7	1.15	269	181	0.70	4.87	0.0480	6.6	0.1375	6.8	0.02079	1.7	132.6±2.2
P2TW4－8	0.50	440	287	0.67	7.93	0.0495	3.7	0.1424	4.2	0.02087	1.9	133.2±2.5
P2TW4－9 ♠	0.09	617	1469	2.46	11.4	0.0538	2.4	0.1591	2.8	0.02145	1.5	136.8±2.0
P2TW4－10	1.95	240	235	1.01	4.32	0.0542	13	0.154	13	0.02057	1.8	131.2±2.3
P2TW4－11	3.98	128	130	1.05	2.36	0.052	21	0.147	21	0.02053	2.3	131.0±3.0
P2TW4－12	2.40	199	182	0.94	3.56	0.0407	16	0.114	16	0.02026	1.9	129.3±2.5

续表 6-5

测试点	$^{206}Pb_c$ (%)	U ($\times10^{-6}$)	Th ($\times10^{-6}$)	$^{232}Th/^{238}U$	$^{206}Pb^*$ ($\times10^{-6}$)	$^{207}Pb^*/^{206}Pb^*$	±%	$^{207}Pb^*/^{235}U$	±%	$^{206}Pb^*/^{238}U$	±%	$^{206}Pb/^{238}U$ 1σ(Ma)
P2TW4-13	1.51	183	164	0.93	3.24	0.0542	7.4	0.152	7.6	0.02033	1.8	129.7±2.3
P2TW4-14	3.03	141	116	0.85	2.62	0.0569	17	0.165	17	0.02103	2.3	134.1±3.1
P2TW4-15	2.71	165	266	1.66	2.92	0.0430	17	0.119	18	0.02000	2.0	127.7±2.5
P2TW4-16	1.53	178	155	0.90	3.21	0.0571	9.9	0.163	10	0.02073	1.9	132.3±2.4

备注：Pb_c代表普通 Pb，Pb^*代表放射性成因 Pb，采用测定^{204}Pb值校正普通 Pb；带♠号测试点的数据为捕获锆石或高 Th/U 比和不和谐测试数据。

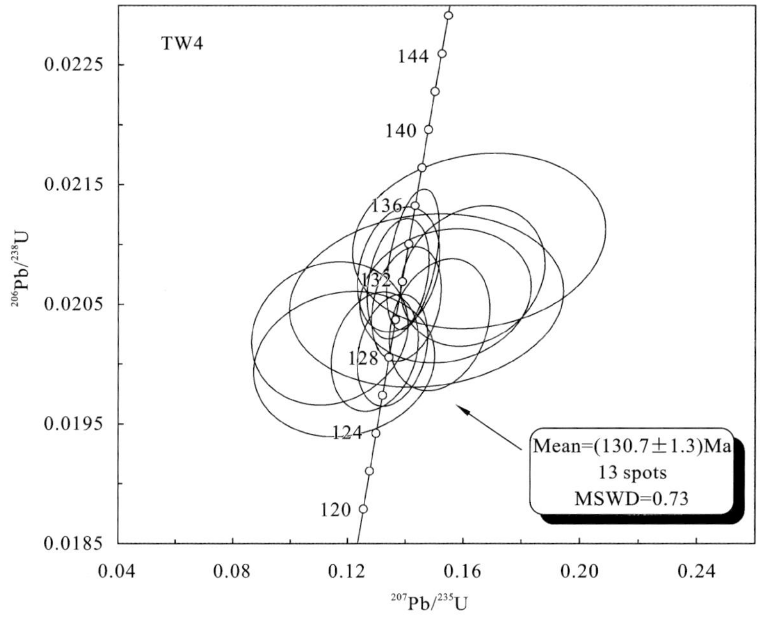

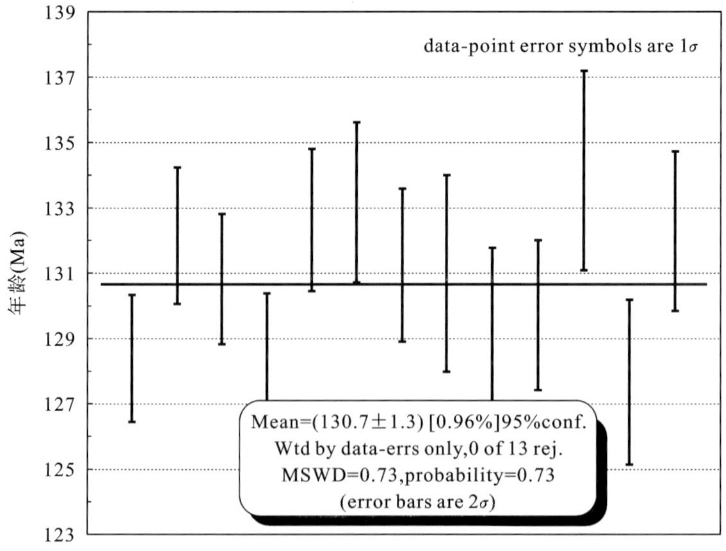

图 6-5　赤峰市孤山子盆地沟脑村北大北沟组顶部
流纹质角砾凝灰岩中锆石(P2TW4)SHRIMP 测年谐和图

（四）讨论

沟脑村北大北沟组顶部流纹质角砾凝灰岩层距离大北沟组与义县组交界仅 20.4m，所获得的(130.7±1.3)Ma 锆石 SHRIMP 年龄应当接近界线年龄，推测界线年龄更年轻些，在 130Ma 左右。该数据与滦平地区大北沟组顶部含角砾凝灰岩锆石 SHRIMP 年龄(131Ma)接近，因此赤峰地区大北沟组与义县组的地质界线同河北省滦平地区大北沟组与大店子组的地质界线基本可以对比。

第二节　冀北地区大店子组及相关地层的同位素测年

冀北地区的晚中生代地层分布比较广泛，主要出露于滦平盆地、森吉图盆地、凤山盆地、花吉营盆地、围场盆地和平泉盆地，其中滦平盆地出露的晚中生代地层比较连续，产有丰富的叶肢介、介形类等化石，为开展晚中生代年代地层的研究工作打下了基础。21 世纪以来，地质学家们针对滦平盆地张家口组、大北沟组、大店子组开展了系列同位素测年工作，采用的测年方法有全岩或单矿物 K－Ar 等时线，激光微区 $^{40}Ar/^{39}Ar$，LA－ICP－MS 锆石 U－Pb，单颗粒锆石 SHRIMP 微区测年等。所取得的年龄数据大部分具有可靠的地质学意义，为确定张家口组、大北沟组和大店子组形成时代提供了丰富的资料。

本次工作，主要在滦平盆地铃铛木沟、李营、西瓜园村分别对大店子组火山岩夹层和下伏、上覆地层的火山岩采集了全岩样品、锆石样品。在中国地震局地质研究所开展了全岩 K－Ar 测年，在中国地质科学院地质研究所同位素地质实验室开展了锆石 SHRIMP 微区测年。结果显示全岩 K－Ar 测年结果明显年轻化(与锆石测年相比年轻数十至几十个百万年)，数据无法利用；锆石 SHRIMP 微区测年效果较好，虽然有些数据也有较大误差，但大部分结果具有一定的地质意义。

一、概略地质背景

滦平盆地呈北东向展布，基底为太古宙变质杂岩，经历了中生代中、晚期的漫长发展阶段，由东南部最初的坳陷、盆地扩张、区域构造抬升导致火山喷溢形成了九龙山组、髫髻山组；之后，盆地转为剥蚀、进一步坳陷、断陷，逐渐向北西方向扩张，壳幔作用加剧导致大规模的火山喷发，形成了后城组、张家口组和大北沟组；盆地进一步断陷、向北西扩张，充填了大店子组、西瓜园组和九佛堂组。这些地层中，九龙山组、髫髻山组、后城组之间为整合接触关系；后城组与张家口组之间局部呈平行不整合接触，区域上为角度不整合接触；张家口组、大北沟组、大店子组、西瓜园组和九佛堂组之间为整合接触，在滦平李营地区大北沟组缺失或尖灭，张家口组与大店子组直接接触，呈平行不整合接触关系。在晚中生代地层中，张家口组以中酸性火山岩及其碎屑岩为主，大北沟组、大店子组、西瓜园组和九佛堂组以沉积岩为主，局部夹有火山岩及其碎屑岩层。

二、样品采集和测试

在滦平县火斗山乡榆树下，大北沟组与大店子组呈整合接触，主体为连续沉积的钙泥质粉砂岩、泥岩、页岩，少量砂岩和含砾砂岩。两组地层以灰黄色砾质粗砂岩或砂质砾岩层(蜂窝梁砾岩)的底界为界。在大北沟组三段底部见一层灰绿色含角砾凝灰岩，厚 1.77m，该凝灰岩层距离大北沟组和大店子组界线 68.94m。在大北沟村与大店子村之间，大店子组三段中部见一层灰绿色杏仁状安山岩，厚约 7m，横向上沿走向向西至铃铛木沟，安山岩层厚度渐薄，至三道沟一带，安山岩尖灭，取而代之出现少量灰绿色凝灰砂岩或砂质凝灰岩。在滦平县西瓜园村一带，西瓜园组逐渐过渡为九佛堂组，在九佛堂组底界附近出现一套巨厚层复成分砾岩，砾岩之上为褐色、粉灰色角砾状安山岩层，厚约 10m。本次工作分别对榆树下村大北沟组含角砾凝灰岩、铃铛木沟大店子组安山岩、西瓜园村北九佛堂组火山岩层采集了同位素测年样品。

此外，在李营村西，大店子组直接平行不整合在张家口组顶部玄武安山岩之上。在大店子组龙层砾岩之上，见有灰色含气孔安山岩和紫红色含角砾斑状流纹岩夹层。本次工作对张家口组顶部玄武安山岩和大店子组的流纹岩也采集了同位素测年样品。

测年样品的锆石分选由河北省区域地质矿产调查研究所完成。锆石测年采用锆石离子探针(SHRIMP)方法，在中国地质科学院地质研究所同位素实验室完成。具体测试流程和测试条件与本书喀左—建昌盆地的锆石 SHRIMP 测年相同，这里不再复述。

三、测试结果

1. 大北沟组含角砾凝灰岩

测定锆石呈板柱状，晶形完整，未见溶蚀边缘，发育岩浆结晶的振荡环带，但结晶环带比较宽，尤其最外环带(图 6-6)可达 10～20μm，可能代表锆石结晶期间比较稳定的物理化学条件，或者锆石的结晶速度相对较快。少量锆石具有不规则残留内核。锆石晶体长度为 130～240μm，宽度为 85～150μm。测定时，离子束尽量打在结晶完好的结晶环带边部，共测试了 17 个点，测试数据见表 6-6。剔除 1 个低 Th/U 比的数据，由 16 个点加权平均获得年龄数据为(131±1)Ma(MSWD=0.41)(图 6-7)。

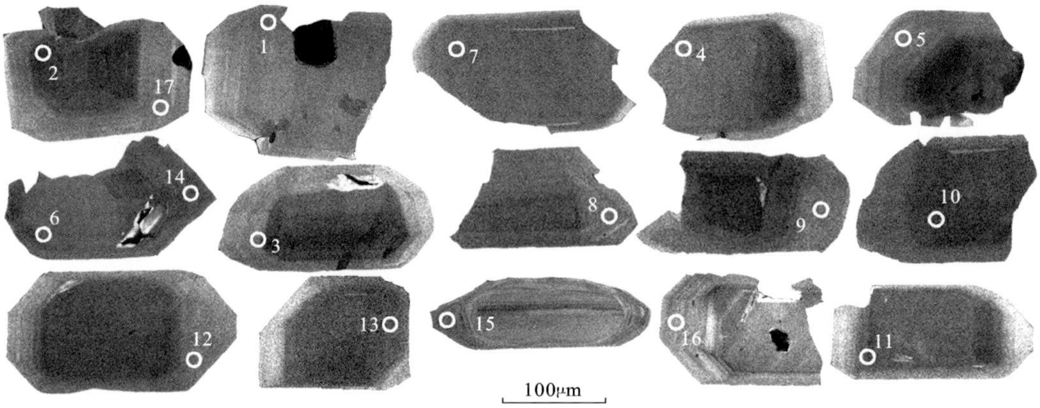

图 6-6 滦平县火斗山乡榆树下村大北沟组上部地层含角砾凝灰岩中锆石(YD17)阴极发光相片和 SHRIMP 测年点位

表 6-6 滦平县火斗山乡榆树下村大北沟组上部地层含角砾凝灰岩中锆石 SHRIMP 同位素测年数据表

测试点	$^{206}Pb_c$ (%)	U (×10⁻⁶)	Th (×10⁻⁶)	$^{232}Th/^{238}U$	$^{206}Pb^*$ (×10⁻⁶)	$^{207}Pb^*/^{206}Pb^*$	±%	$^{207}Pb^*/^{235}U$	±%	$^{206}Pb^*/^{238}U$	±%	$^{206}Pb/^{238}U$ 1σ(Ma)
YD17-1	1.24	409	228	0.58	7.37	0.0502	7.2	0.143	7.4	0.02072	1.6	132.2±2.0
YD17-2	0.19	1148	638	0.57	20.0	0.0511	2.6	0.1426	3.0	0.02024	1.4	129.2±1.8
YD17-3	0.87	774	478	0.64	13.8	0.0467	6.1	0.1323	6.3	0.02053	1.5	131.0±1.9
YD17-4	0.56	878	486	0.57	15.5	0.0474	3.1	0.1333	3.4	0.02040	1.4	130.2±1.8
YD17-5	1.26	323	195	0.62	5.72	0.0463	8.2	0.130	8.5	0.02035	2.0	129.8±2.5
YD17-6	0.41	959	520	0.56	16.9	0.0485	3.5	0.1366	3.8	0.02041	1.4	130.3±1.8
YD17-7	0.45	779	413	0.55	13.7	0.0465	4.1	0.1310	4.3	0.02044	1.4	130.4±1.9
YD17-8	1.21	246	141	0.59	4.43	0.0479	8.7	0.137	8.9	0.02070	1.7	132.1±2.2
YD17-9	2.29	220	114	0.54	4.07	0.0472	13	0.137	13	0.02105	1.9	134.3±2.5
YD17-10	0.58	588	291	0.51	10.4	0.0487	4.2	0.1382	4.5	0.02056	1.5	131.2±1.9

续表 6-6

测试点	$^{206}Pb_c$ (%)	U ($\times10^{-6}$)	Th ($\times10^{-6}$)	^{232}Th /^{238}U	$^{206}Pb^*$ ($\times10^{-6}$)	$^{207}Pb^*$ /$^{206}Pb^*$	±%	$^{207}Pb^*$ /^{235}U	±%	$^{206}Pb^*$ /^{238}U	±%	$^{206}Pb/^{238}U$ 1σ(Ma)
YD17-11	0.27	868	492	0.59	15.2	0.0491	3.2	0.1376	3.5	0.02034	1.4	129.8±1.8
YD17-12	0.87	257	114	0.46	4.62	0.0525	4.5	0.1502	4.8	0.02075	1.6	132.4±2.1
YD17-13	2.26	325	177	0.56	5.81	0.0424	13	0.119	13	0.02035	2.5	129.9±3.2
YD17-14	0.00	1721	1383	0.83	30.0	0.0501	1.3	0.1398	1.9	0.02026	1.4	129.3±1.8
YD17-15♠	0.75	415	107	0.27	13.3	0.0497	4.3	0.253	4.5	0.03689	1.5	233.5±3.3
YD17-16	1.25	191	107	0.58	3.42	0.0532	7.2	0.151	7.5	0.02056	1.9	131.2±2.4
YD17-17	1.42	328	184	0.58	5.93	0.0426	9.8	0.122	10.0	0.02070	1.6	132.1±2.1

备注：Pb_c代表普通 Pb，Pb^*代表放射性成因 Pb，采用测定^{204}Pb值校正普通 Pb；带♠号测试点的数据为捕获锆石或高 Th/U 比和不和谐测试数据。

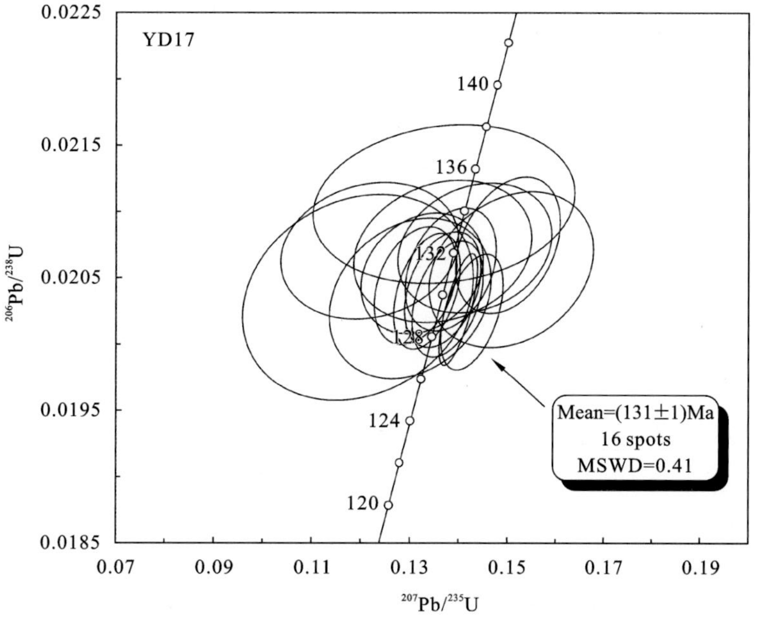

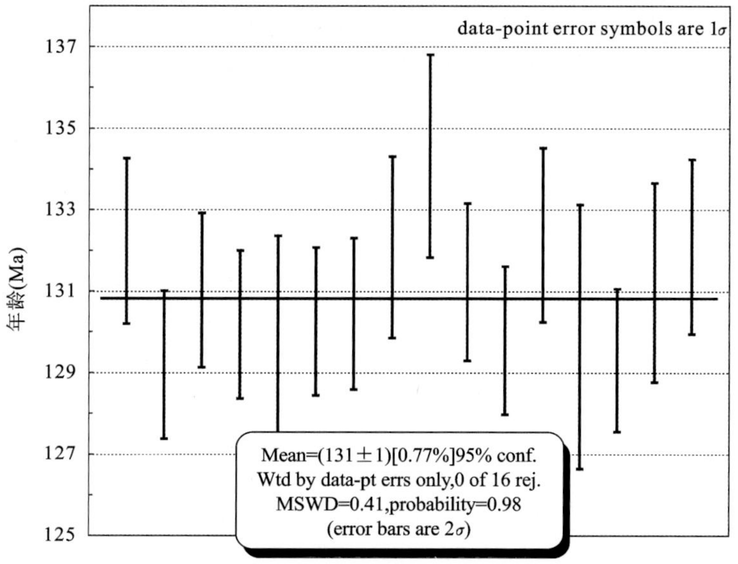

图 6-7　滦平县火斗山乡榆树下村大北沟组上部地层
含角砾凝灰岩中锆石(YD17)SHRIMP 测年谱和图

2. 铃铛木沟大店子组安山岩层

测定锆石种类较多，至少可见 3 种类型，阴极发光相片及测年点位见图 6－8。图 6－9 为锆石 SHRIMP 测年谐和图，明显具有 3 组年龄数据（表 6－7），其中有 2 个点在 200Ma 左右，2 个点在 950Ma 左右，10 个点集中在 129.8Ma 附近。

图 6－8　滦平县铃铛木沟大店子组安山岩中锆石（YD40）阴极发光相片和 SHRIMP 测年点位

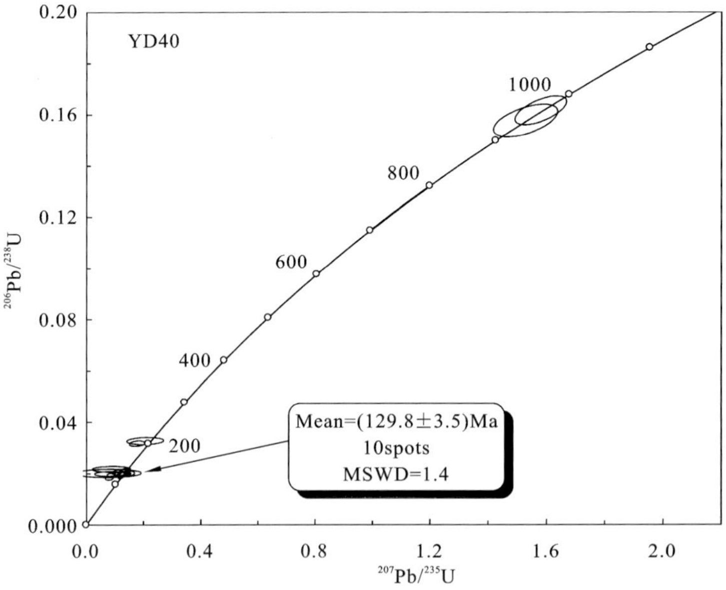

图 6－9　滦平县铃铛木沟大店子组安山岩（YD40）的锆石 SHRIMP 测年

表 6－7　滦平县铃铛木沟大店子组安山岩中锆石 SHRIMP 同位素测年数据

测试点	$^{206}Pb_c$ (%)	U (×10⁻⁶)	Th (×10⁻⁶)	$^{232}Th/^{238}U$	$^{206}Pb^*$ (×10⁻⁶)	$^{207}Pb^*/^{206}Pb^*$	±%	$^{207}Pb^*/^{235}U$	±%	$^{206}Pb^*/^{238}U$	±%	$^{206}Pb/^{238}U$ 1σ(Ma)
YD40－1 ♠	0.15	153	39	0.26	21.3	0.0708	2.9	1.579	3.7	0.1617	2.3	966±21
YD40－2 ♠	0.00	70	26	0.38	9.43	0.0703	3.9	1.528	4.8	0.1577	2.7	944±24
YD40－3 ♠	0.63	501	241	0.50	13.7	0.0407	9.7	0.178	10	0.03171	2.2	201.3±4.4

续表 6-7

测试点	$^{206}Pb_c$ (%)	U ($\times10^{-6}$)	Th ($\times10^{-6}$)	$^{232}Th/^{238}U$	$^{206}Pb^*$ ($\times10^{-6}$)	$^{207}Pb^*/^{206}Pb^*$	±%	$^{207}Pb^*/^{235}U$	±%	$^{206}Pb^*/^{238}U$	±%	$^{206}Pb/^{238}U$ 1σ(Ma)
YD40-4	2.49	139	80	0.60	2.40	0.0416	23	0.112	23	0.01956	3.2	124.9±4.0
YD40-5♠	2.47	168	49	0.30	4.85	0.0458	20	0.207	21	0.03273	2.8	207.6±5.7
YD40-6	0.71	275	177	0.67	4.77	0.0445	12	0.123	12	0.02005	2.4	128.0±3.1
YD40-7	1.33	282	193	0.71	5.03	0.0383	10	0.108	10	0.02052	2.9	130.9±3.8
YD40-8♠	2.61	409	713	1.80	6.55	0.0320	11	0.080	11	0.01817	2.3	116.1±2.7
YD40-9	0.88	394	399	1.05	6.81	0.0483	11	0.133	12	0.01994	2.3	127.3±2.9
YD40-10	0.00	267	166	0.64	4.91	0.04674	6.4	0.138	6.9	0.02141	2.4	136.6±3.2
YD40-11	4.10	154	97	0.65	2.74	0.030	42	0.081	42	0.01992	3.1	127.2±3.8
YD40-12	0.00	57	39	0.71	0.977	0.0506	14	0.140	14	0.01999	3.7	127.6±4.7
YD40-12	4.63	41	17	0.44	0.743	0.028	99	0.077	99	0.0202	5.3	128.7±6.7
YD40-13	3.59	105	51	0.50	2.04	0.029	51	0.088	51	0.02175	3.4	138.7±4.7
YD40-14♠	0.00	650	545	0.87	10.5	0.0469	4.4	0.121	4.9	0.01872	2.1	119.6±2.5

备注：Pb_c代表普通 Pb，Pb^*代表放射性成因 Pb，采用测定^{204}Pb值校正普通 Pb；带♠号测试点的数据为捕获锆石或高 Th/U 比和不和谐测试数据。

第一种锆石呈长板柱状，晶形不完整，一般为断裂的晶屑，但可以见到岩浆结晶的振荡环带，结晶环带比较宽，可达 10～30μm，可能代表锆石结晶期间比较稳定的物理化学条件，或者锆石结晶的速度比较高，少量锆石具有不规则残留内核。锆石晶屑大小一般在 100μm×50μm～150μm×160μm 之间，此种锆石铀含量较高，阴极发光照片呈暗黑色。测定时，离子束尽量打在结晶环带边部，共测试 10 个点。获得数据在 138.7～116.1Ma 之间，剔除有过剩^{204}Pb、离子束过于靠近晶体核部的不谐和数据，获得 7 个点加权平均年龄数据为(127.7±2.8)Ma(MSWD=0.22)(图 6-10)。

第二种锆石晶体结晶程度完好，呈短柱状，发育窄密的振荡结晶环带及较老结晶残核。锆石长度 60～100μm，宽度 30～50μm。此种锆石铀含量随着环带变更，在阴极发光照片上呈对比明显的明暗条带。此种锆石上打有 2 个点，获得数据为 207～201Ma。

第三种锆石，呈不完整晶屑，环带粗大，20～40μm 以上，直径 200μm 以上，打了 2 个点，数据为 966～944Ma。

3. 李营大店子组含角砾斑状流纹岩层

测定锆石大致有两种，阴极发光相片及测年点位见图 6-11，测试数据见表 6-8。第一种锆石晶体呈板柱状，180μm×100μm～210μm×120μm，晶形完整，棱角鲜明，边部发育振荡结晶环带，宽 5～10μm。晶体内部结晶环带不发育，铀含量相对边部有所提高，呈暗灰色。部分锆石具有不规则残留内核。针对此类锆石打了 14 个点，年龄数据变化在 131.19～127.78Ma 之间。剔除有过剩^{204}Pb、测点靠近晶核的不谐和数据，获得 12 个点加权平均年龄数据为(129.7±1.7)Ma(MSWD=0.20)(图 6-12)。

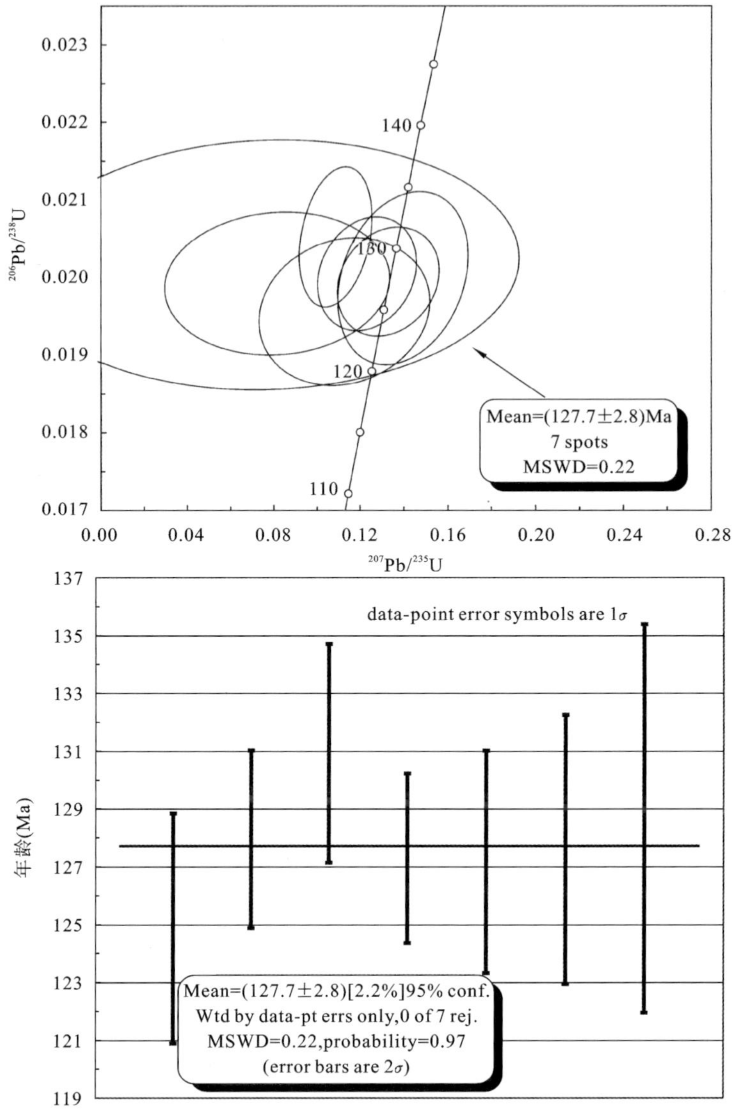

图 6-10　滦平县铃铛木沟大店子组
安山岩(YD40)的锆石 SHRIMP 测年谐和图

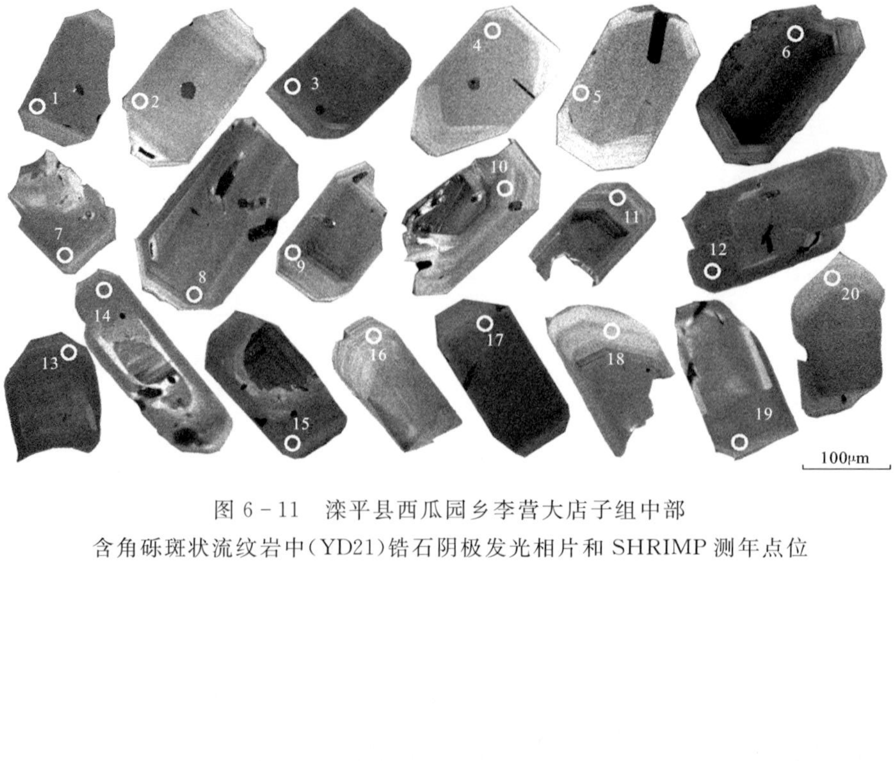

图 6-11　滦平县西瓜园乡李营大店子组中部
含角砾斑状流纹岩中(YD21)锆石阴极发光相片和 SHRIMP 测年点位

表 6-8　滦平县西瓜园乡李营大店子组中部含角砾斑状流纹岩中锆石 SHRIMP 同位素测年数据表

测试点	$^{206}Pb_c$ (%)	U ($\times10^{-6}$)	Th ($\times10^{-6}$)	$^{232}Th/^{238}U$	$^{206}Pb^*$ ($\times10^{-6}$)	$^{207}Pb^*/^{206}Pb^*$	±%	$^{207}Pb^*/^{235}U$	±%	$^{206}Pb^*/^{238}U$	±%	$^{206}Pb/^{238}U$ 1σ(Ma)
YD21-1	2.36	342	208	0.63	6.10	0.0557	6.8	0.1557	7.1	0.0203	2.0	128.2±2.5
YD21-2	4.17	259	158	0.63	4.66	0.0463	23.6	0.1278	23.7	0.0200	2.3	128.1±2.4
YD21-3♠	2.21	418	236	0.59	7.60	0.0524	11.1	0.1498	11.2	0.0207	1.9	131.6±2.3
YD21-4	1.00	151	115	0.78	2.74	0.0668	9.2	0.1922	9.5	0.0209	2.2	130.1±2.7
YD21-5	3.84	136	107	0.81	2.54	0.0611	20.6	0.1754	20.8	0.0208	2.6	130.7±2.9
YD21-6	2.30	489	590	1.25	8.82	0.0579	13.4	0.1637	13.5	0.0205	1.8	129.3±2.5
YD21-7	0.82	382	176	0.47	6.92	0.0588	4.9	0.1695	5.2	0.0209	1.8	131.7±2.3
YD21-8♠	1.82	335	279	0.86	6.11	0.0591	14.6	0.1699	14.8	0.0209	2.1	131.3±2.4
YD21-9	2.49	257	173	0.70	4.78	0.0687	10.1	0.1999	10.3	0.0211	2.0	131.3±2.6
YD21-10	8.23	215	199	0.96	4.02	0.0419	40.9	0.1155	41.0	0.0200	2.8	128.8±2.7
YD21-11	3.23	506	299	0.61	9.00	0.0525	12.2	0.1450	12.4	0.0200	1.9	127.3±2.2
YD21-12	3.14	243	129	0.55	4.45	0.0579	15.8	0.1649	15.9	0.0206	2.2	130.2±2.6
YD21-13♠	4.78	342	190	0.57	6.57	0.0677	13.7	0.1986	13.8	0.0213	2.1	132.4±2.4
YD21-14	2.62	288	164	0.59	5.25	0.0593	15.4	0.1689	15.5	0.0207	2.1	130.1±2.5
YD21-15♠	3.62	361	236	0.68	7.06	0.0667	12.1	0.2017	12.3	0.0219	2.0	136.8±2.5
YD21-16♠	4.78	147	95	0.67	2.88	0.1100	10.5	0.3293	10.8	0.0217	2.5	127.9±2.8
YD21-17	1.09	443	297	0.69	7.93	0.0639	6.6	0.1817	6.8	0.0206	1.8	129.2±2.3
YD21-18♠	8.51	111	48	0.45	2.24	0.0887	26.6	0.2629	26.8	0.0215	3.4	130.2±3.6
YD21-19♠	1.25	299	174	0.60	5.67	0.0670	10.6	0.2013	10.7	0.0218	1.9	135.9±2.7
YD21-20♠	8.15	102	62	0.63	2.05	0.0752	27.0	0.2232	27.2	0.0215	3.3	132.8±3.3

备注：Pb_c代表普通 Pb，Pb^* 代表放射性成因 Pb；$^{206}Pb/^{238}U$ 年龄为用^{207}Pb 进行普通 Pb 校正的年龄，此时假设$^{206}Pb/^{238}U-^{207}Pb/^{235}U$ 年龄谐和；带♠号测试点的数据为捕获锆石或高 Th/U 比和不和谐测试数据。

第二种锆石也呈板柱状，大小与第一种相当，但阴极发光相片中晶体边部振荡结晶环带相对较弱，多数具有较多包体和较老的残留锆石内核，晶体有较弱的熔蚀现象。针对此类锆石打了 6 个点，年龄数据变化在 136.24～132.13Ma 之间，获得 6 个点加权平均年龄数据为(133.3±2.5)Ma(MSWD＝0.5)。显然，此类锆石为相对较老的捕获锆石，或者为岩浆先期结晶锆石。

4. 西瓜园村北九佛堂组角砾状安山岩层

测定锆石至少有 4 种类型，阴极发光相片及测年点位见图 6-13，测试数据见表 6-9。第一种锆石呈较好的板柱状，完整板柱在平面上可见 6 个晶棱，没有明显的结晶环带，铀含量偏高，在阴极发光照片上呈暗黑色。晶体大小变化在 130μm×70μm～180μm×100μm 之间。针对此类锆石测试了 11 个数据点，获得数据变化在 129.9～110.4Ma 之间，剔除有过剩^{204}Pb、离子束过于靠近晶体核部的不谐和数据，获得 8 个点加权平均年龄数据为(122.7±3.9)Ma(MSWD＝3.4 图 6-14、图 6-15)。

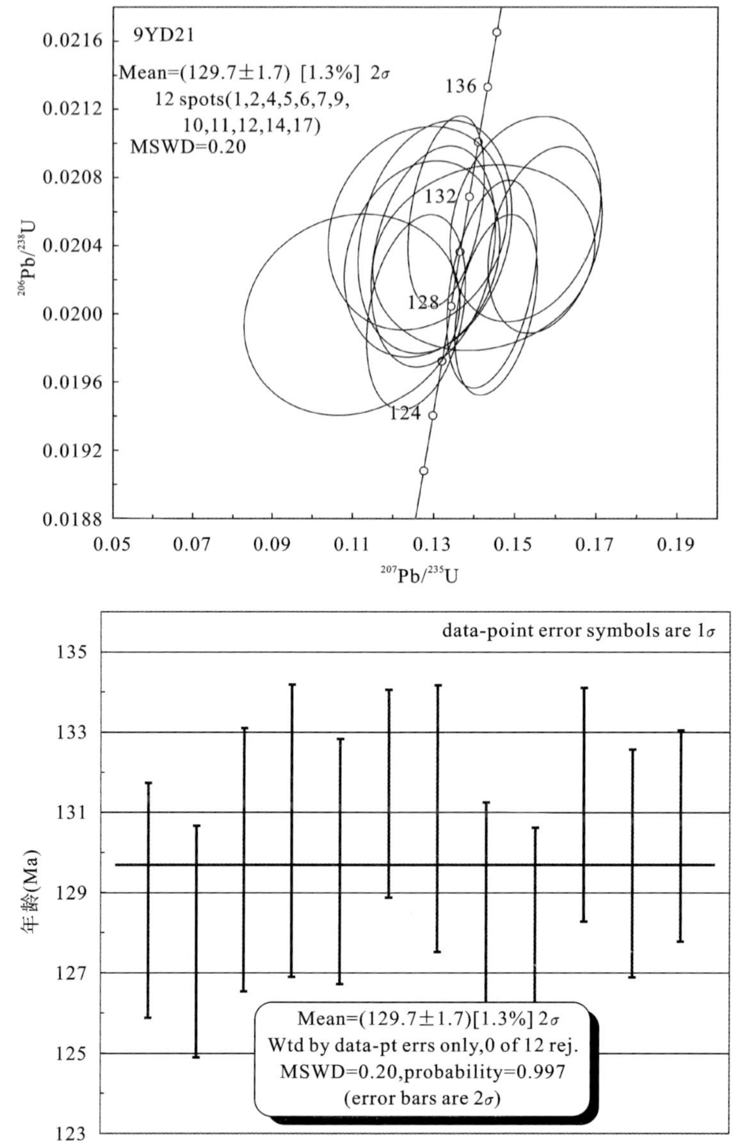

图 6-12　滦平县西瓜园乡李营大店子组中部
含角砾斑状流纹岩中锆石(YD21)SHRIMP 测年谱和图

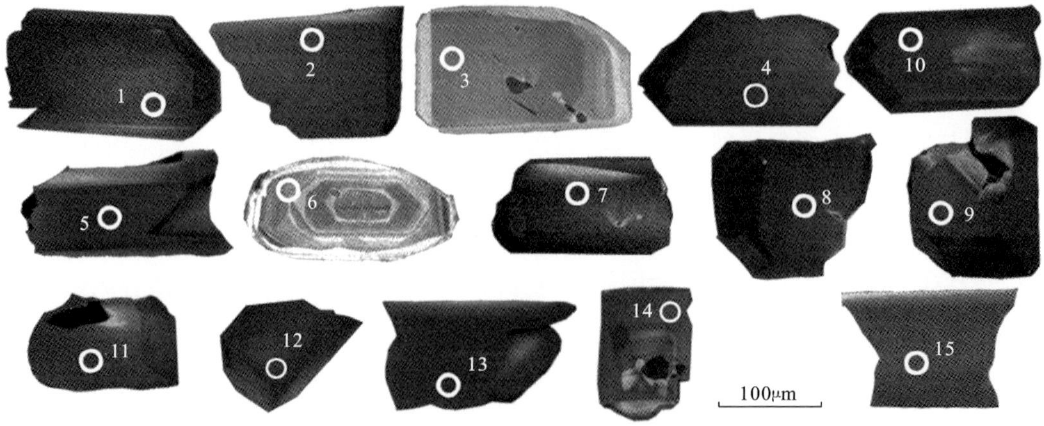

图 6-13　滦平县西瓜园村北—干沟门一带九佛堂组底部
角砾状安山岩层中锆石(YD42)阴极发光相片和 SHRIMP 测年点位

表 6-9　滦平县西瓜园村北九佛堂组底部角砾状安山岩层中锆石 SHRIMP 同位素测年数据表

测试点	$^{206}Pb_c$ (%)	U ($\times10^{-6}$)	Th ($\times10^{-6}$)	$^{232}Th/^{238}U$	$^{206}Pb^*$ ($\times10^{-6}$)	$^{207}Pb^*/^{206}Pb^*$	±%	$^{207}Pb^*/^{235}U$	±%	$^{206}Pb^*/^{238}U$	±%	$^{206}Pb/^{238}U$ 1σ(Ma)
YD42-1 ♠	2.45	1930	4582	2.45	29.7	0.0424	9.3	0.1023	9.6	0.01749	2.0	111.7± 2.2
YD42-2 ♠	0.00	918	1898	2.14	16.3	0.0466	3.1	0.1329	3.7	0.02069	2.0	132.0± 2.6
YD42-3 ♠	0.26	77	80	1.07	20.3	0.1032	2.4	4.33	3.4	0.3045	2.4	1,714±36
YD42-4	0.45	1141	2712	2.46	19.4	0.0442	4.6	0.1200	5.0	0.01969	2.0	125.7± 2.5
YD42-5	0.00	763	2028	2.75	13.3	0.0515	3.3	0.1447	4.2	0.02036	2.6	129.9± 3.4
YD42-6 ♠	0.00	301	134	0.46	115	0.1623	0.74	9.91	2.2	0.4430	2.0	2,364±41
YD42-7	0.37	1412	2898	2.12	24.1	0.0438	6.2	0.1195	6.5	0.01980	2.0	126.4± 2.5
YD42-8	0.00	1497	2813	1.94	25.2	0.0502	2.3	0.1358	3.0	0.01962	2.0	125.3± 2.4
YD42-9	0.21	1263	3170	2.59	20.6	0.0466	3.8	0.1216	4.2	0.01894	2.0	121.0± 2.4
YD42-10 ♠	10.43	1795	5617	3.23	29.7	0.044	26	0.106	26	0.01727	2.3	110.4± 2.5
YD42-11 ♠	0.00	880	2049	2.41	15.9	0.0486	3.2	0.1411	3.8	0.02103	2.0	134.2± 2.7
YD42-12	0.96	1371	3263	2.46	22.1	0.0470	5.0	0.1207	5.5	0.01862	2.3	118.9± 2.7
YD42-13 ♠	0.00	1990	8246	4.28	30.7	0.04684	2.1	0.1160	2.9	0.01796	1.9	114.7± 2.2
YD42-14	0.00	1141	2830	2.56	19.5	0.0481	2.9	0.1323	3.8	0.01993	2.5	127.2± 3.1
YD42-15	0.58	1095	2639	2.49	18.6	0.0441	4.8	0.1199	5.2	0.01971	2.0	125.8± 2.5

备注：Pb_c代表普通 Pb，Pb^*代表放射性成因 Pb，采用测定^{204}Pb值校正普通 Pb；带♠号测试点的数据为捕获锆石或高 Th/U 比和不和谐测试数据。

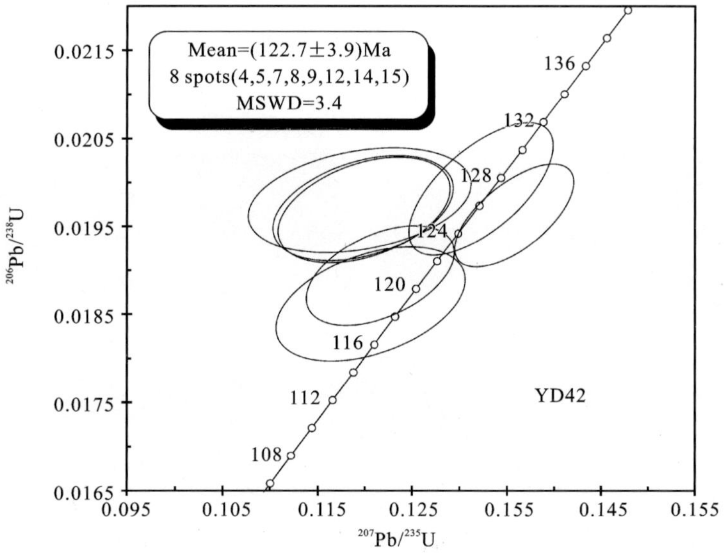

图 6-14　滦平县西瓜园村北九佛堂组角砾状安山岩层中锆石(YD42)SHRIMP 测年谐和图

第二种锆石呈长柱状晶屑，阴极发光照片未见结晶环带，呈暗黑色。晶屑大小 110μm×70μm 左右。测试 2 个数据点，获得年龄数据 132Ma、134.2Ma。推测此类锆石为较老的捕获晶体。

第三种锆石呈具有浑圆边的长柱状，阴极发光照片发育明暗相间的结晶环带，部分晶体有较老的残留内核，晶体大小为 150μm×80μm～180μm×100μm。进行了 2 个点测试，年龄为 1713.6Ma 和 2363.9Ma，应当属于古老捕获晶。

第四种锆石呈晶屑，棱角鲜明，晶体大小在 50～150μm 之间。阴极发光照片具有不规则的明暗条

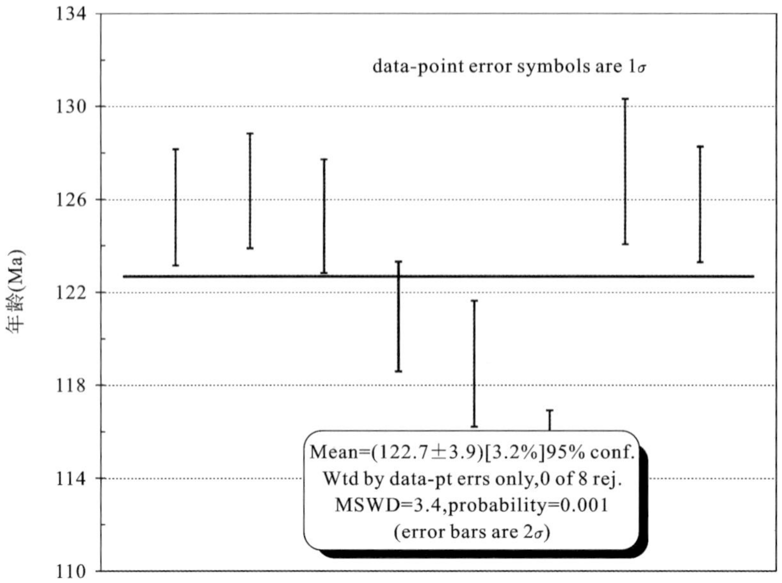

图 6-15 滦平县西瓜园村北九佛堂组角砾状安山岩层中锆石 SHRIMP 测年加权平均值

带和较老的残留内核，部分晶屑具有熔蚀的浑圆边，推测为较老的捕获晶体，没有进行测试。

5. 李营张家口组顶部玄武安山岩层

测定锆石类型较多，至少存在 4 种，阴极发光相片及测年点位见图 6-16，同位素测试数据见表 6-10。第一种锆石呈短板柱状，完整的晶体在平面上具有 6～8 个晶棱，阴极发光照片具有明显的细密结晶振荡环带，往往具有不规则较老内核，且内核具有较高含量的铀。晶体长 100～150μm，宽 40～80μm。针对此类锆石将离子束尽量打在结晶环带边部，共测试 13 个点，剔除有过剩 ^{204}Pb、离子束过于靠近晶体核部的不谐和数据，获得 11 个点加权平均年龄数据为(128±2)Ma(MSWD=0.34)(图6-17、图 6-18)。

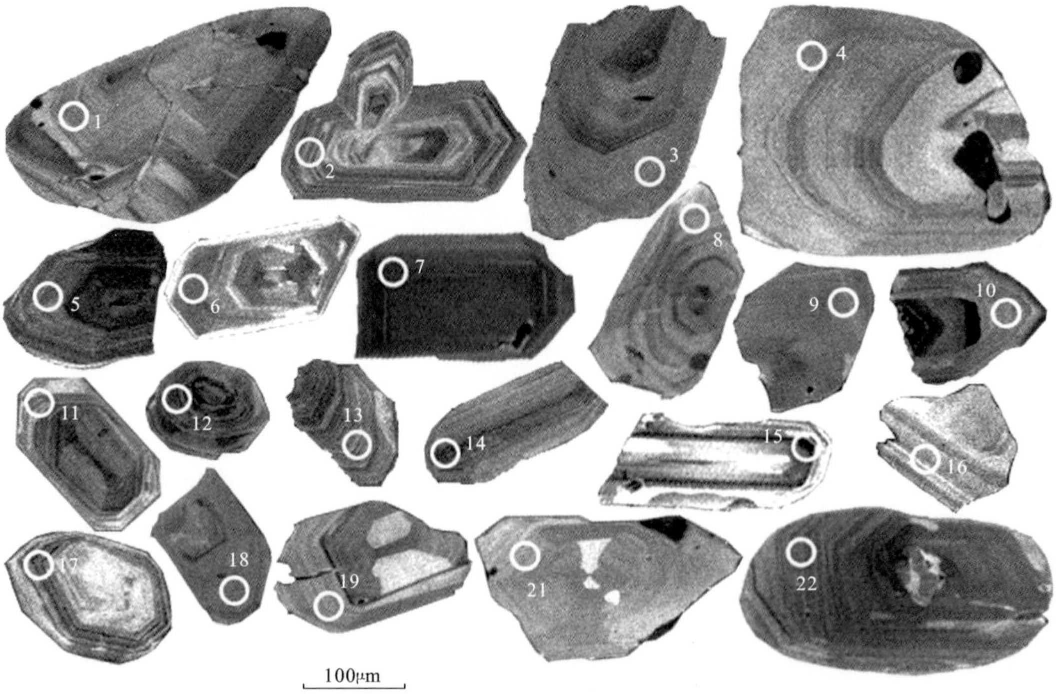

图 6-16 滦平县西瓜园乡李营村西张家口组顶部
玄武安山岩中锆石(YD41)阴极发光相片和 SHRIMP 测年点位

表 6－10　滦平县李营村西张家口组顶部玄武安山岩中锆石同位素 SHRIMP 测年数据表

测试点	$^{206}Pb_c$ (%)	U ($\times10^{-6}$)	Th ($\times10^{-6}$)	$^{232}Th/^{238}U$	$^{206}Pb^*$ ($\times10^{-6}$)	$^{207}Pb^*/^{206}Pb^*$	±%	$^{207}Pb^*/^{235}U$	±%	$^{206}Pb^*/^{238}U$	±%	$^{206}Pb/^{238}U$ 1σ(Ma)
YD41－1 ♠	0.97	266	268	1.04	4.46	0.0448	15	0.119	15	0.01932	2.5	123.4± 3.1
YD41－2	0.00	330	261	0.82	5.58	0.0487	5.7	0.1320	6.2	0.01967	2.3	125.5± 2.8
YD41－3	1.65	107	57	0.56	1.93	0.039	26	0.112	26	0.02073	3.2	132.3± 4.1
YD41－4 ♠	0.00	99	91	0.95	1.87	0.0522	10	0.158	11	0.02199	3.3	140.2± 4.5
YD41－5 ♠	0.06	807	60	0.08	224	0.11388	0.60	5.07	2.2	0.3230	2.1	1,804±33
YD41－6 ♠	0.00	620	772	1.29	10.1	0.0510	4.0	0.1335	4.5	0.01898	2.1	121.2± 2.5
YD41－7	0.61	394	743	1.95	6.89	0.0428	7.4	0.1195	7.9	0.02024	2.8	129.2± 3.6
YD41－8	0.00	178	111	0.64	3.05	0.0527	7.6	0.145	8.5	0.01991	3.8	127.1± 4.8
YD41－9	0.73	269	139	0.53	4.73	0.0456	11	0.128	12	0.02034	2.9	129.8± 3.7
YD41－10 ♠	0.12	521	115	0.23	26.5	0.0510	2.9	0.416	3.6	0.0592	2.0	370.7± 7.3
YD41－11	1.50	681	675	1.02	12.0	0.0376	13	0.105	14	0.02020	2.3	128.9± 3.0
YD41－12 ♠	0.00	310	241	0.80	18.3	0.0528	3.0	0.500	3.7	0.0686	2.1	427.8± 8.6
YD41－13 ♠	0.84	346	75	0.22	40.0	0.0635	5.2	1.170	5.6	0.1337	2.1	809±16
YD41－14 ♠	0.44	147	52	0.37	8.67	0.0529	6.7	0.497	8.2	0.0682	4.8	425±20
YD41－15 ♠	0.00	239	419	1.81	7.92	0.0553	4.4	0.294	5.1	0.03858	2.6	244.0± 6.2
YD41－16 ♠	0.67	147	94	0.66	17.6	0.0636	5.4	1.214	6.0	0.1383	2.5	835±20
YD41－17	0.72	350	204	0.60	6.12	0.0487	7.5	0.135	7.9	0.02017	2.3	128.7± 2.9
YD41－18	0.00	154	82	0.55	2.63	0.0644	7.3	0.176	7.8	0.01986	2.7	126.7± 3.4
YD41－19 ♠	2.58	262	318	1.25	4.57	0.038	32	0.104	32	0.01976	2.7	126.1± 3.4
YD41－20 ♠	0.36	1360	2522	1.92	19.8	0.0469	4.0	0.1089	4.5	0.01686	2.0	107.8± 2.1
YD41－21	18.95	108	139	1.32	2.28					0.0199	6.9	126.7± 8.7
YD41－22	0.69	426	160	0.39	7.26	0.046	7.0	0.1269	7.4	0.01971	2.2	125.8± 2.7

备注：Pb_c代表普通 Pb，Pb^*代表放射性成因 Pb，采用测定^{204}Pb值校正普通 Pb；带♠号测试点的数据为捕获锆石或高 Th/U 比和不和谐测试数据。

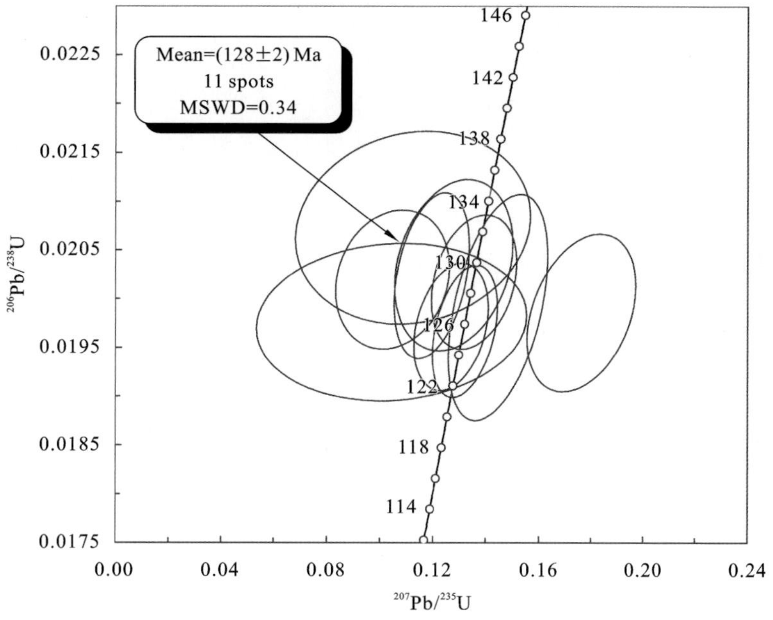

图 6－17　滦平县李营村西张家口组顶部
玄武安山岩中锆石(YD41)SHRIMP 测年谐和图

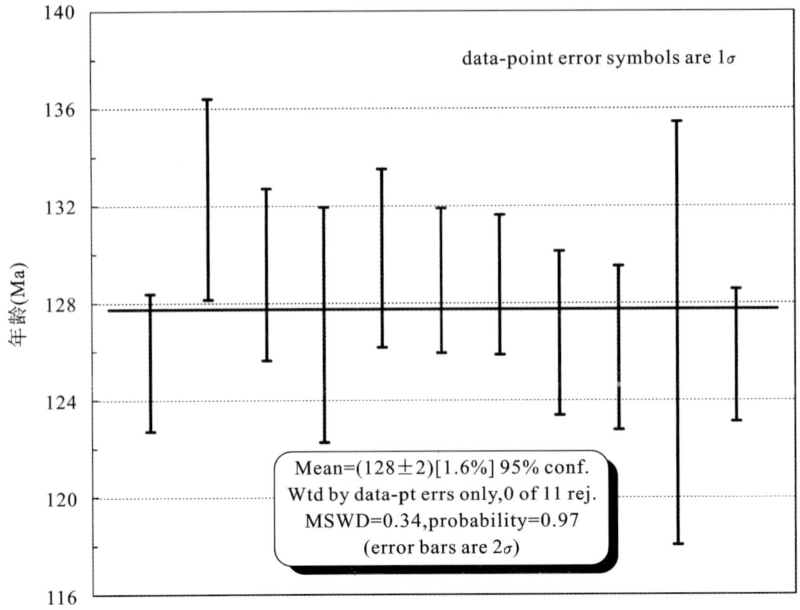

图 6-18　滦平县李营村西张家口组顶部
玄武安山岩中锆石 SHRIMP 测年加权平均值

第二种锆石具有浑圆状边，晶体不完整，但具有较宽的结晶振荡环带，铀含量偏低，晶体直径在40～150μm 之间。针对此类锆石测试了 1 个点，年龄为 140.2Ma。

第三种锆石呈不完整长柱状，边缘浑圆，大小为(80～100)μm×(30～40)μm。阴极发光照片发育振荡结晶环带，但呈断续状。针对此类锆石测试了 6 个点，年龄数据变化在 835～244Ma 之间。

第四种锆石呈浑圆短柱状，阴极发光照片具有微弱的结晶环带，除了最外环带，其他环带铀含量偏高，呈黑灰色，晶体大小在 70μm×36μm～100μm×50μm 之间。针对此类锆石测试了 1 个点，年龄为 1804.2Ma。

四、讨论

大北沟组三段底部含角砾凝灰岩层距离大北沟组和大店子组界线 68.94m。本次工作获得凝灰岩的锆石 SHRIMP 年龄数据为(131±1)Ma(MSWD=0.41)。该年龄数据应当接近大北沟组和大店子组界线年龄，推测界线年龄更年轻些，在 130Ma 左右。该数据与赤峰孤山子盆地沟脑村北大北沟组顶部流纹质角砾凝灰岩锆石 SHRIMP 年龄(130.7Ma)接近。因此，滦平地区大北沟组与大店子组地质界线同赤峰地区大北沟组与义县组的地质界线基本可以对比。2003 年柳永清采集同一层位的锆石进行锆石 SHRIMP 测年，虽然数据都偏离了谐和曲线，但所获年龄数据在 133.9～130.1Ma 之间，与本次所获数据的时间段接近。

大店子组火山岩夹层较少，以安山岩为主，局部出现少量流纹岩。本次工作获得了铃铛木沟安山岩锆石 SHRIMP 年龄(127.7±2.8)Ma(MSWD=0.22)，李营村西流纹岩锆石 SHRIMP 年龄(129.7±1.7)Ma(MSWD=0.2)。因此，滦平地区大店子组火山岩夹层年龄在 129.7～127.7Ma 之间。张宏等(2005)对铃铛木沟大店子组安山岩夹层进行了 LA-ICP-MS 锆石 U-Pb 原位定年分析，获得(131.4±3.7)Ma 年龄。但仔细观察所测试锆石晶体的阴极发光照片，可见锆石晶棱略呈浑圆状，具有熔蚀特征，可能为较老的捕获锆石。因此，(131.4±3.7)Ma 不能准确代表安山岩的形成年龄。大店子组火山岩夹层年龄在 129.7～127.7Ma 之间，限定了火山岩层之下的地层，其层位与辽西义县组一段相当。

在西瓜园村北九佛堂组角砾状安山岩层距离义县组与九佛堂组界线仅数十米，此次获得安山岩锆石 SHRIMP 年龄数据为(122.7±3.9)Ma(MSWD=3.4)。虽然该年龄的有效数据点较少，误差较大，但至少给出了西瓜园组与九佛堂组界线的大致年龄，即滦平地区西瓜园组顶界的大致年龄。该年龄与义县地区义县组顶界年龄 120Ma 接近，更与陈文（2004，2005）所测黄花山角砾岩层$^{40}Ar/^{39}Ar$ 年龄（121.5±0.9）Ma、（121.6±0.5）Ma，SHRIMP 年龄 122.4Ma 一致。

李营张家口组玄武安山岩的锆石 SHRIMP 加权平均年龄数据为（128±2）Ma（MSWD=0.34）。该数据与其上部层位（大店子组）流纹岩锆石 SHRIMP 年龄数据（129.7±1.7）Ma（MSWD=0.2）为两批次测试结果，明显处于矛盾状态。这说明即使是锆石 SHRIMP 测年也存在较大的误差或者不确定性。这种误差可能缘于测试设备的不稳定性，也可能缘于样品的新鲜程度。考虑到样品采集严格剔除了不新鲜的岩石，设备不稳定性造成的误差可能性更大些。但是，张宏等（2005）对李营张家口组玄武安山岩进行了 LA－ICP－MS 锆石 U－Pb 原位定年分析，获得了 10 个点的加权平均年龄为（130.2±3.0）Ma。该年龄数据可能更接近李营张家口组玄武安山岩的形成年龄。另外，该数据也与榆树下大北沟组三段含角砾凝灰岩年龄数据接近，间接说明大北沟组和张家口组上部地层之间在横向上存在着同时异相，这为解释大北沟组同张家口组在生物组合上的相似性提供了突破口。

综上所述，滦平地区大店子组和西瓜园组形成于 130～122.7Ma 期间。

第三节　辽西义县组与冀北大店子组同位素测年对比分析

依据前人资料和本次工作取得的同位素测年数据，我们对辽西地区义县组、冀北地区大店子组及其下伏、上覆地层的形成时代有了比较清晰的认识，为开展两个地区的义县期地层对比打下了基础。

在辽西北票四合屯盆地，义县组呈角度不整合压盖在土城子组之上。在阜新-义县盆地，义县组被九佛堂组平行不整合覆盖。下伏土城子组顶部层位 Ar－Ar 年龄为（139.1±0.2）Ma（Swisher et al，2001），而义县组底部火山岩激光$^{40}Ar/^{36}Ar-^{39}Ar/^{36}Ar$ 等时线年龄结果为（132.9±1.5）Ma，说明义县组与土城子组之间存在至少 6 个百万年的地层缺失。义县组顶部黄花山角砾岩层的锆石测年数据为 122.4Ma，从而限定了义县组形成时代，即义县组形成于 132.9～122.4Ma 之间。众多的同位素测年数据表明义县组中大量热河生物群珍稀化石形成于 127～125Ma 期间。

在凌源盆地，义县组平行不整合在张家口组之上，张家口组锆石 LA－ICP－MS 同位素年龄变化在 131.7～129.5Ma 之间，从而限定了凌源盆地义县组底部火山岩形成年龄在 130Ma 以内。

在喀左-建昌盆地，义县组呈角度不整合压盖在土城子组和髫髻山组地层之上。谷家岭一带的安山岩形成于（127.4±1.7）Ma。在安山岩下部还有一套很厚的包含火山碎屑岩夹层的砂砾岩层（厚度 268m），向建昌要路沟方向，地层厚度进一步加大，在底部出现了第一火山亚旋回的玄武安山岩层。虽然没有获得该火山岩的年龄数据，但根据两套火山岩之间存在的巨厚地质实体，可以推测其年龄大于 127.4Ma，可能接近阜新-义县盆地义县组底部年龄（132Ma）。因此安山岩之下的地层大致可以与北票四合屯盆地、阜新-义县盆地义县组一段对比。

在赤峰市孤山子盆地，义县组直接整合在大北沟组之上，大北沟组顶部流纹质角砾凝灰岩的锆石 SHRIMP 年龄为（130.7±1.3）Ma，因而限定了该区义县组底界年龄在 130Ma 左右。

在冀北滦平盆地，大店子组与下伏大北沟组整合接触，与上覆西瓜园组整合接触，局部地区平行不整合接触，而西瓜园组和九佛堂组之间为整合接触。大北沟组与张家口组为整合接触，而张家口组与土城子组之间可能存在局部整合的特点（张宏等，2005）。因此，滦平地区的晚中生代地层体现了一种连续沉积的特点。此外，大北沟组与张家口组在横向上应当存在相变，现有同位素资料反映两者之间在张家口晚期为同时异相。滦平地区张家口组伴随大北沟组出现时，其形成时限为 136～135Ma（张宏等，2005），但缺失大北沟组时，李营张家口组顶部年龄为 130.2Ma。因此，张家口组的真正形成时限应为 136～130Ma，而大北沟组形成时限在 135～130Ma 之间，它们之间存在很长的共有时间段。

大北沟组三段含角砾凝灰岩的锆石 SHRIMP 年龄数据为（131±1）Ma（MSWD=0.41），可以推测大北沟组和大店子组界线年龄接近130Ma。因此，赤峰地区大北沟组与义县组的地质界线同河北滦平地区大北沟组与大店子组的地质界线基本可以对比。从同位素年龄看，辽西北票四合屯盆地义县组底界年龄为132.9Ma，说明至少有一小部分义县组底部地层与冀北滦平大北沟组上部地层相当。

在滦平盆地，大店子组火山岩夹层形成于129.7～127.7Ma期间，而辽西义县组一段形成于132.9～127Ma期间。因此，滦平大店子组火山岩层之下的地层，应与辽西义县组一段相当。具体而言，应与建昌谷家岭第二火山亚旋回的安山岩之下地层相当，与阜新-义县盆地第一火山亚旋回地层（即义县组一段）相当。

在森吉图盆地，义县组（原称花吉营组）火山岩以中性火山岩为主，20世纪80—90年代有多个地质单位对其进行了全岩K－Ar同位素测年，年龄数据变化在136.2～101.37Ma之间；河北省1∶5万龙头山等4幅区调（1996）在围场清泉盆地义县组下部透镜状安山岩中获得128.9Ma（K－Ar）的数据。这些数据大致反映了森吉图盆地、围场清泉盆地中义县组的形成时限与辽西地区义县组相当。

在西瓜园村北九佛堂组底部角砾状安山岩层的锆石SHRIMP年龄数据为（122.7±3.9）Ma（MSWD=3.4），给出了西瓜园组与九佛堂组界线的大致年龄，即滦平地区西瓜园组顶界的大致年龄。结合前述资料，大店子组和西瓜园组形成于130～122.7Ma期间，这个时间跨度正好与辽西地区义县组的时间跨度相吻合，即冀北的大店子组相当于辽西地区的义县组中、下部，而西瓜园组则相当于辽西的义县组中、上部。

第七章 辽西—冀北地区义县期火山-沉积作用及地球化学特征

第一节 辽西—冀北地区义县期火山-沉积作用研究简史

辽西—冀北地区义县期火山-沉积作用的研究工作最早可以追溯到20世纪20—30年代，研究工作基本上是采用传统地层学方法，对于火山旋回、火山岩相、火山构造、岩石化学、地球化学、同位素年代学、岩浆来源及其演化等很少涉及，更没有深层次的区域性火山-沉积地层的对比性研究。1982年，曹丛周开始对辽西地区中生代火山旋回、火山岩相、火山机构、岩石化学、火山岩形成的构造环境及火山岩浆起源等做了全面研究和阐述，其代表性的论文有《辽西地区侏罗纪火山岩的特征》(1982)、《东北西部侏罗—白垩纪火山旋回的划分》(1984)。在冀北，宋之英等(1978)、王国富(1981)等作了中生代火山岩浆旋回、火山岩分区、岩石化学特征、形成构造环境的探讨。1985年以后，辽宁省地质矿产勘查局王国桢等对辽西中生代火山岩曾作过专题性研究，王东方等(1983、1986)研究了辽西地区火山岩的同位素年代学和稀土元素地球化学特征。齐进英等(1987)探讨了燕山中生代火山岩的微量元素地球化学特征。

20世纪90年代以来，该地区热河动物群与中生代火山岩研究不断深入，先后有李兆鼒等(1990、1993)，郭洪中等(1992)，张招崇等(1993)，李之彤(1994)，陈义贤、陈文寄等(1997)对辽西及邻区中生代火山岩作了较系统和深入的论述。其中，陈义贤等出版的《辽西及邻区中生代火山岩》较详细地探讨了火山岩年代学、地球化学和构造背景。之后，辽宁北票、义县地区1:5万区调填图(张立东等，1999—2002)，义县阶的研究(王五力等，2004；田树刚等，2004；柳永清等，2003；牛绍武等，2002)，热河生物群研究(季强等，2003)及其系列火山岩同位素地质研究(陈文等，2003；彭艳东等，2003；张宏等，2005)极大地促进了该地区义县期火山-沉积作用的研究工作。

第二节 辽西地区义县期火山-沉积作用及地球化学特征

义县组在辽西地区分布广泛，出露在一系列晚中生代断陷盆地中。主要盆地有阜新-义县盆地、北票四合屯盆地、建昌盆地、凌源盆地、赤峰孤山子盆地、宁城盆地、喀左盆地、紫都台盆地等。其中大部分盆地的火山作用十分强烈，形成了一系列的火山构造，充填了大量火山溢流相熔岩与爆发相碎屑岩，在短暂的间歇期往往形成河湖相或滨湖相沉积，由此构成了典型的大陆火山-沉积序列。在较长的火山作用停滞期，盆地内形成了广阔的湖面，湖相沉积作用占据主导地位，热河生物群快速繁衍，形成了含珍稀化石的类复理石沉积序列。期间，不同盆地的火山作用与沉积作用可以表现出不同的特点，这种特点上的差异既可以表现在火山作用的强弱、火山作用的酸碱度、火山岩组合上，也可以表现在沉积岩岩性及其韵律组合上。另外，义县组在不同盆地的物质组成因火山作用程度和沉积物源区的不同存在着较大变化，一些盆地(如阜新-义县盆地、紫都台盆地等)火山物质非常发育，构成义县组的主体，沉积层仅作为火山岩夹层出现；另一些盆地(如宁城盆地、赤峰孤山子盆地等)以沉积层为主体，火山物质相对较少，呈夹层产出。

一、北票四合屯盆地和阜新-义县盆地的火山-沉积作用

北票四合屯盆地与阜新-义县盆地在空间上自西向东相邻展布，中间有一条很窄的元古宙—中生代早、中期的盆岭相隔，两个盆地的总体物质构成具有相似性，都发育多旋回的火山岩和火山间歇期的沉积夹层。北票四合屯盆地义县组发育相对较早，出现了比阜新-义县盆地义县组层位更低的地层，即义县期早期的充填物，一套浅灰色—蓝灰色的砾岩层＋基性玄武岩层(132.9Ma)。阜新-义县盆地在义县期后持续发展，进一步扩张为大湖区，形成了九佛堂组，并在义县组顶部形成独特的火山沉积层——金刚山层＋黄花山层，而北票四合屯盆地则缺失这些地层。

上述两个盆地中，义县组是一套典型的火山-沉积序列，强烈的火山作用形成了大量基性—中基性—中酸性的火山岩，代表了一个由基性向中基性、中酸性演化的过程。在火山活动间歇期，沉积作用形成了一系列的沉积充填物，在区内表现为6～7个沉积夹层。根据火山岩组合及其与上、下沉积层的关系，区内火山作用可以进一步划分为4个火山亚旋回。从义县组岩石地层、层序地层特征和所含生物化石来看，自下而上具有4个岩性段，其中第二段和第四段沉积环境为火山高地的凹陷湖泊，包括盆缘冲积扇、滨湖、浅湖、半深湖和深湖等具体环境，沉积厚度为609.07～1590.52m。盆地充填序列及形成环境自下而上为：

第一火山喷发亚旋回：基性—中基性火山喷发期，滨湖、滨浅湖沉积期

一段：为基性—中基性火山岩段，属于大陆火山-沉积序列，其中的火山岩及其火山碎屑沉积岩由第一亚旋回火山作用形成，由下而上为：

(1) 底部为底砾岩，是河流和季节性洪水形成的冲洪积物。

(2) 中、上部为基性—中基性火山熔岩、火山碎屑岩及爆发-沉积相岩石(图7-1)，其中夹有至少3层厚度不均的火山-沉积层。在北票四合屯盆地由下到上有陆家屯、下土来沟层(跑达沟层)、六台沉积夹层；在阜新-义县盆地有老公沟、业南沟火山沉积夹层。

图7-1　北票市上园镇后燕子沟义县组一段沉火山碎屑岩—沉凝灰集块角砾岩

陆家屯层、下土来沟层(跑达沟层)、六台层是北票四合屯盆地中相对稳定的沉积层，产有鹦鹉嘴龙、上园热河龙和强壮爬兽等化石。3套沉积层以陆家屯层、下土来沟层规模较大。沉积层厚度一般在2～20m之间，形成环境以伴随火山喷发的滨湖相为主，局部有河道相、冲积扇相沉积；沉积物有砾岩、砂砾岩、泥质—凝灰质砂岩夹粉砂岩、砂质沉凝灰岩、沉凝灰岩等。

老公沟层是阜新-义县盆地中义县组底部沉积层，层位相当于陆家屯层，在义县地区厚 31～65m。自下而上为浅湖沉积的灰紫色、紫红色粉砂质泥岩，含介形类、叶肢介、双壳类、腹足类、鱼类、恐龙和植物、昆虫等化石；河流与冲积扇沉积的灰紫色含砾粗砂岩和复成分砾岩；滨浅湖沉积的黄褐色中粗粒砂岩、灰绿色与灰紫色粉砂质泥岩、膨润土、细砂岩夹泥灰岩，含介形类及腹足类化石。

业南沟层是阜新-义县盆地中义县组下部沉积层，层位与下土来沟层（跑达沟层）大致相当，以滨浅湖沉积的灰绿色含砾细砂岩、灰白色粉砂岩、页岩和砂质结晶灰岩为主，含叶肢介、昆虫、腹足、鱼类和恐龙与植物等化石，总厚 13～19m。

第二火山喷发亚旋回：中基性—酸性火山喷发期，大湖沉积期

二段：为沉积岩段，以含珍稀化石的类复理石沉积序列为主体，间夹部分大陆火山岩序列，由第二亚旋回火山作用形成，由下而上具体为：

（1）黄绿色凝灰岩屑杂砂岩、砂质细砾岩、灰色钙泥质粉砂岩夹黄褐色铁质胶结沉凝灰岩，局部夹灰岩透镜体，产有双壳类、叶肢介、介形虫和拟蜉蝣等化石，沉积环境为滨浅湖。

（2）灰色—灰白色钙泥质页岩夹黄褐色晶屑凝灰岩、沉凝灰岩，发育大量的热河生物群化石，包括各种无脊椎动物、脊椎动物（鱼类；龟类；兽脚类，如中华龙鸟；鸟臀类；翼龙类；鸟类，如孔子鸟；小型哺乳类和蛙类等）和植物化石。北票四合屯、尖山沟层的下部、义县的砖城子层都相当于该层位，沉积环境为浅湖—深湖。

（3）玄武安山岩及其碎屑岩，局部发育枕状熔岩（图 7-2）和淬碎岩，形成环境为基性火山喷溢、喷发。

（4）灰白色沉凝灰岩夹灰色砂质结晶灰岩透镜体、灰绿色凝灰质粉砂岩、泥质粉砂岩、石英长石砂岩等，产植物化石辽宁古果，另有鱼类、龟类和昆虫化石。北票尖山沟层中部相当于该层位，沉积环境为浅湖—半深湖。

（5）黄白色—灰白色砂砾岩、含砾砂岩、砂岩、粉砂岩、流纹质凝灰角砾岩、角砾凝灰岩、凝灰岩和钙泥质页岩，产有昆虫、叶肢介、介形类、双壳类、腹足类、丰富的辽宁四节洞虾化石，在义县地区该沉积层还含有离龙类、鸟臀类恐龙、反鸟类和蛙类等化石。北票四合屯—黄半吉沟一带的尖山沟层上部，义县张家湾、王家沟等地的大康堡层相当于该层位（图 7-3），沉积环境以滨浅湖为主，局部为半深湖—深湖。

图 7-2　义县三百垄附近枕状熔岩

图 7-3　义县王家沟义县组二段上部的含化石沉积层(大康堡层)

第三火山喷发亚旋回:基性火山喷发期

三段:为基性火山岩段,属于大陆火山岩序列,由第三亚旋回火山作用形成。主要岩性为灰色—灰黑色橄榄玄武岩、斜长橄榄玄武岩及其集块岩和角砾岩,经常伴生橄榄玄武玢岩等次火山岩。在义县盆地除了见有橄榄玄武岩及其碎屑岩外,在上部还有多斑粗安岩、粗安质凝灰角砾岩和角砾凝灰岩。

第四火山喷发亚旋回:中基性—酸性火山喷发期,河流-滨浅湖沉积期

四段下部:为中性火山岩段,属于大陆火山-沉积序列,由第四亚旋回火山作用形成,主要形成于义县盆地,自下而上为:

(1) 以灰色—绿灰色砾岩、砾质杂砂岩、细砂岩夹砂砾岩为主,具大型楔状和槽状交错层理;朱家沟层和北票市上园镇附近的大靰鞡草沟层相当于该层位。沉积环境为河流或火山凹陷边缘的洪积-冲积扇,厚 92m。

(2) 玄武安山岩、安山岩、少量流纹岩及其火山碎屑岩,形成环境以中性火山爆发和喷溢为主体。

(3) 金刚山层:底部为冲积扇相浅灰色砂砾岩、含砾粗砂岩,中、上部为浅湖相灰白色粉砂岩、凝灰质粉砂岩、细砂岩和钙质泥页岩及泥灰岩等,含鸟类、龟类、离龙类、鱼类、叶肢介、介形类、昆虫、腹足类、植物、孢粉和硅化木等化石,厚 60～90m。

四段上部:为酸性火山岩及其沉火山碎屑岩段,即黄花山层,是第四亚旋回火山作用的晚期产物。岩性主要为灰褐色英安-流纹质沉火山角砾岩及含角砾粗砂岩,厚 447m,局部地区出现流纹岩、英安岩、碱性粗面岩及其火山碎屑岩。形成环境表现为强烈的酸性火山喷发作用,并伴随有盆缘的坡积作用和河流、洪水的冲洪积作用。

二、建昌盆地的火山-沉积作用

建昌盆地义县组为典型的火山-沉积序列,厚度达三千余米。火山作用具有 4 个亚旋回,第一亚旋回形成了底部基性玄武质火山岩和少量中性安山岩,之后充填了河湖相沉积的以灰色粗砂岩、砾岩为主的要路沟层,间夹灰色—灰白色泥质粉砂岩和粉砂质页岩。横向上,该沉积层上部夹有酸性火山岩及其碎屑岩,包含一套标志性的蓝绿灰色凝灰岩层。第一亚旋回晚期,酸性火山活动异常发育,间夹多层湖相沉积层。第二亚旋回在盆地东北部较强,形成一套中性安山质火山岩及其碎屑岩,火山作用间歇期形成了牛蹄子山沉积层;在盆地西南部火山作用较弱,断续地喷发、形成一套中酸性火山岩组合,其中以沉火山角砾岩、沉凝灰岩为主,另有少量熔岩,期间先后形成了罗家沟沉积层和牛角沟里沉积层或小郎家沟沉积层。第三亚旋回喷出大量的粗面-流纹质中酸性火山熔岩,总厚度达 1000 余米。第四亚旋回形成碱性流纹岩及其角砾熔岩和凝灰岩，期间伴随火山作用形成了厚度达540余米的湖相沉积层。盆地充填序列及形成环境自下而上为：

第一火山喷发亚旋回：基性—中性—酸性火山喷发期，河流-滨浅湖相沉积期

(1) 灰黑色橄榄玄武岩，灰褐色玄武质角砾熔岩，形成环境表现为基性火山喷溢、喷发，厚57m。

(2) 灰紫色安山岩，形成环境为中性火山喷溢，厚17.22m。

(3) 要路沟层。

① 灰褐色—灰绿色含砾粗砂岩与中细砾岩互层，间夹细砂岩、粉砂岩和粉砂质页岩，局部夹煤线，含植物碎片和狼鳍鱼化石，沉积环境为以盆缘冲积扇、河流-滨湖为主，局部为沼泽，厚306m。

② 黑色黑曜岩，为酸性火山喷溢，厚8.77m。

③ 灰色—黄褐色流纹岩、流纹质凝灰角砾岩和凝灰熔岩，形成环境为酸性火山爆破、喷溢，厚47.55m。

④ 蓝绿灰色薄层状沉凝灰岩、含角砾沉凝灰岩，夹灰色薄层状沉凝灰岩和晶屑凝灰岩，为火山爆发沉积相，厚31m。

(4) 黄褐色巨厚层流纹质凝灰角砾岩，为酸性火山爆发相。

(5) 上白庙层：灰色、灰白色微薄层状泥质粉砂岩、凝灰质页岩，夹灰色薄层凝灰质粉砂岩和细砂岩，为滨浅湖相沉积，含有较多的鱼类、介形类、叶肢介类化石和植物碎片，厚1.76m。

(6) 灰黄色巨厚层流纹质凝灰角砾岩与流纹质凝灰岩、沉凝灰岩，夹深灰色薄层状粉砂质泥岩、灰岩透镜体和凝灰质细砂岩，泥岩含鱼类化石 *Lycoptera* sp.，腹足类及介形类化石，以火山爆发相为主，少量浅湖相沉积，厚174m。

第二火山喷发亚旋回：中酸性火山喷发期，大湖期沉积

(7) 罗家沟层(图7-4)。

图7-4　建昌县罗家沟义县组二段含化石沉积层(罗家沟层)
(红色曲线为魏家岭—罗家沟剖面位置)

① 灰褐色—灰绿色流纹质沉火山角砾岩、角砾凝灰岩，夹含砾粗砂岩、细砂岩、页岩，产昆虫 *Ephemeropsis trisetalis*，鱼类 *Lycoptera* sp.，双壳类及植物等化石，形成环境为伴随火山爆发的滨浅湖，厚130m。

② 灰色页岩夹黄褐色细砂岩，具平行层纹及层间褶皱，产鸟类、离龙、翼龙和龟类、叶肢介 *Eosestheria* sp.，昆虫 *Ephemeropsis trisetalis*，鱼类 *Lycoptera* sp.，*Protopsephulus liui*、介形类、双壳类、腹足类和虾类；植物 *Czekanowskia* sp.，*Cladophlebis* sp.，*Equisetites* sp.，沉积环境为浅湖-半深湖，厚度大于11m。本层顶部在横向上有中性火山熔岩夹层，局部呈枕状熔岩产出。

③ 灰黄色含砾砂岩、砂岩与灰绿色、灰白色粉砂岩、页岩互层，夹少量复成分砾岩，沉积环境为滨浅湖相及盆缘冲积扇相，厚657m。

④ 底部为沉火山角砾岩，上部主体为灰绿色粉砂质页岩与灰褐色页岩互层，夹含砾粗砂岩及砂砾岩，产叶肢介 *Eosestheria* sp.，鱼类 *Lycoptera* sp.，沉积环境为滨浅湖、中深湖相，厚419.39m。

(8) 牛角沟里层或小郎家沟层：灰黄色复成分砾岩、含砾砂岩与灰黄色—灰绿色砂岩、粉砂岩及粉砂质泥岩互层，夹流纹质火山角砾岩、流纹岩和黑曜岩，沉积环境为有断续火山喷发的河流、滨浅湖，厚331m。

第三火山喷发亚旋回：偏碱性、中酸性火山喷发期

(9) 灰色—灰黄色—褐灰色粗面岩、英安岩、流纹岩夹流纹质火山角砾岩、晶屑凝灰岩，有少量玄武安山岩，形成环境以偏碱性的中酸性火山爆发为主，厚800～1008m。

第四火山喷发亚旋回：酸性火山喷发期，滨浅湖相沉积期

(10) 灰色砾岩、含砾砂岩夹砂岩、粉砂岩，底部有褐色—黄灰色流纹质凝灰岩和凝灰质砂岩，沉积环境以河流为主，早期有酸性火山爆发，厚80m。

(11) 灰黄色粉砂质泥岩、绿灰色—灰色页岩夹黄褐色泥质粉砂岩、砂岩，局部夹灰黄色流纹质凝灰岩，沉积环境以滨湖-浅湖相为主，产鱼类、介形类、昆虫、叶肢介、植物碎片和双壳类化石，厚460m。

(12) 紫灰色流纹质凝灰岩、碱性流纹岩，夹灰绿色流纹质角砾熔岩，环境以酸性火山爆发、喷溢为主，厚70m。

三、凌源盆地的火山-沉积作用

凌源盆地近东西向展布，其演化过程由西向东逐步扩展，分别在黄土梁子乡—青山乡和凌源—宋杖子一带形成两个北东向展布的断陷带、凹陷带，两条带大致在宋营子乡—山头乡一带交会。尽管存在两个断陷或凹陷带，盆地内自西向东的义县期物质充填并未因此孤立、间断(图7-5)。盆地内义县组也是大陆火山-沉积序列，初期充填物为巨厚的类磨拉石建造，之后火山作用强烈爆发，具有4个火山作用亚旋回，形成了大量偏碱的中性和中酸性火山岩、次火山岩，并在间歇期形成了含化石的沉积夹层。其中，含原始鸟类、哺乳类等珍稀化石的沉积层形成于第二亚旋回的火山间歇期，当时在火山凹陷内出现了较大规模的湖盆，为生物演化提供了较好的环境。

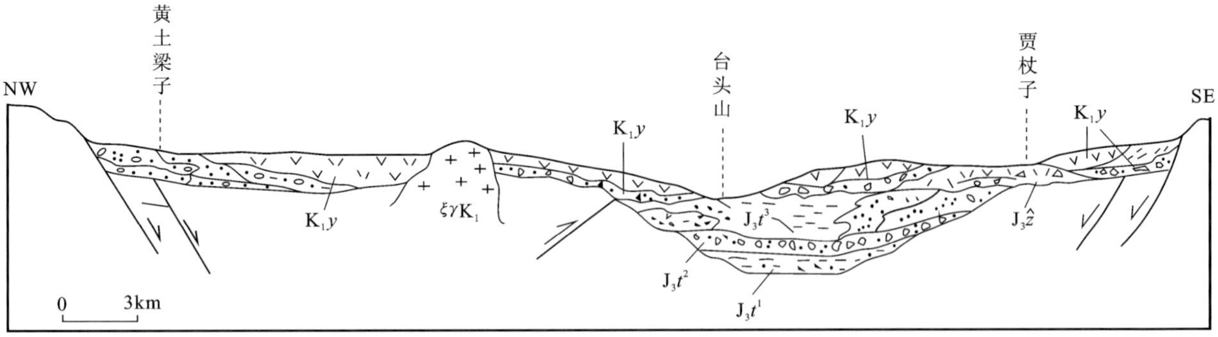

图7-5 凌源盆地中生代岩石地层格架示意图
(据董万德等，2003年，略加修改)

盆地充填序列及形成环境自下而上为：

第一火山喷发亚旋回：中性—酸性火山喷发期，滨湖相沉积期

(1) 黄土梁层：灰色巨厚层状砾岩、砂质砾岩夹砾质砂岩，沉积环境为河流相及盆缘冲积扇相，厚度大于400m(图7-6)。

(2) 辉石安山岩及其火山碎屑岩，环境表现为大规模的中性火山爆发与喷溢，厚度大于700m。

(3) 粗安质-安山质-英安质火山岩，环境表现为中酸性火山喷溢，厚度大于600m。

(4) 安山质集块-角砾级的火山碎屑岩，环境表现为中性火山强烈爆发，厚度在200m左右。

图 7-6 凌源盆地底部灰色巨厚层状砾岩、砂质砾岩夹砾质砂岩(黄土梁沉积层)

第二火山喷发亚旋回:中酸性火山喷发期,大湖沉积期

(5) 大新房子层。

① 灰色复成分砾岩(图 7-7)、凝灰质砂砾岩、砂岩,沉积环境为盆缘冲积扇或河流-滨湖相,厚度大于 20m。

图 7-7 大新房子层下部地层——河湖相复成分砾岩

② 灰白色沉凝灰岩、凝灰质粉砂岩夹少量凝灰质粉砂泥岩等,含有原始鸟类、原始哺乳类、昆虫、大量鱼类和植物等化石,沉积环境为浅湖相,厚 150～180m。

(6) 安山岩、英安岩及其火山碎屑岩组合,环境表现为中酸性火山爆发、喷溢,厚 290m。

第三火山喷发亚旋回:基性—中酸性火山喷发期,滨湖相沉积期

(7) 大东沟层:紫灰色沉火山碎屑岩夹凝灰质砂岩、砂质砾岩及紫红色含砾粉砂岩,沉积环境为滨湖相,厚 136m。

(8) 紫灰色英安岩夹灰绿色安山岩、橄榄玄武岩及安山质凝灰集块岩、角砾岩等,环境表现为基性—酸性火山作用,并以中酸性火山作用为主的喷溢、爆发,厚度大于 200m。

第四火山喷发亚旋回:酸性火山喷发期,滨湖相沉积期

(9) 平房西层:灰绿色、浅灰色凝灰质砂岩、砂砾岩、细砾岩,沉积环境为在周边有火山活动的滨湖相,厚 68m。

(10) 紫灰色英安岩，环境表现为酸性火山喷溢，厚度大于40m。

四、宁城盆地的火山-沉积作用

宁城地区义县组分布零散，相对集中在3个地区，一是宁城县以南，大忙农营子—杜镇—五化乡—老松台一带；二是宁城县以西，后洼以北的三座店地区；三是宁城县东北大荒地—小塘乡地区。这3个地区实际上是宁城盆地内3个凹陷区，不同凹陷区并非完全独立，彼此之间虽然以张家口组、太古宙地体、二叠纪花岗岩断续基底为界，但有相互沟通地段。3个凹陷区充填的义县期火山-沉积地层有较大区别，反映了沉积环境和火山作用强度的差异。

大忙农营子-杜镇-五化乡-老松台凹陷：该区火山爆发、喷溢作用强烈，仅在局部有河湖相沉积。义县期火山作用以中基性火山岩为主体，晚期有酸性火山岩喷发。在北部姚力营子一带，义县组下部有少量砾岩、砂砾岩产出，之上在五化—贾家沟一带发育灰色、紫灰色安山岩、灰黑色玄武岩、安山质角砾熔岩，厚885m。在东北部老松台—邢家营子周围相变为爆发沉积相，以灰紫色安山质火山集块岩、火山角砾岩、灰绿色安山质沉角砾凝灰岩、沉角砾集块岩为主，夹辉石安山岩，顶部见灰紫色流纹岩、粗面英安岩，厚度增至1142m。

大荒地-小塘乡凹陷：区内义县期火山作用强烈，具有两个亚旋回。每个亚旋回早期都有河湖相复成分砾岩、砂砾岩层产出，在小塘乡—董大沟一带出现较多。第一亚旋回火山岩以基性玄武岩及其碎屑岩为主体，分布在大荒地、三家一带，与西侧的张家口组呈角度不整合接触。第二亚旋回火山岩以偏碱性的粗安岩及其碎屑岩为主，分布在内蒙古四家一带。义县组主体为基性玄武岩及其碎屑岩。

三座店凹陷：区内义县组主体为滨湖和浅湖相沉积，以砾岩、含砾砂岩、砂岩、粉砂岩为主，夹有少量的粉砂质泥岩和泥岩，含有少量热河生物群化石。在中部有少量安山质火山岩夹层，在顶部出现巨厚的橄榄玄武岩和英安岩，其间夹有一层砾岩。该砾岩与下伏地层以橄榄玄武岩相隔，可视为区域性的构造升降与剥蚀堆积的证据。因此，在三座店凹陷可以划分出两个火山喷发旋回。义县组底部与下伏的新太古代吉旺营子片麻岩呈异岩不整合接触，顶部与上覆的九佛堂组呈平行不整合接触。凹陷内主要充填序列和形成环境自下而上为：

(1) 灰黄色中厚—巨厚层复成分砾岩、含砾砂岩夹长石砂岩，为滨湖相、盆缘冲积扇相沉积，厚85m。

(2) 灰色、灰黄色中厚—巨厚层长石砂岩夹浅灰色泥岩、粉砂岩，滨湖相为主，浅湖相为次的沉积环境，有较多的昆虫、鱼类、植物、翼龙类化石，厚86.3m。

(3) 灰黄色巨厚层状复成分巨砾岩，为河流冲积相、盆缘冲积扇相沉积，厚135.1m。

(4) 灰黄色—灰白色中厚—巨厚层状含细砾长石砂岩、砂岩，夹细砾岩、粉砂岩和粉砂质泥岩，滨湖相沉积，厚101.5m。

(5) 灰色薄—极薄层、纹层状泥质粉砂岩，夹灰黄色薄层细砂岩，产鱼类、双壳类、植物，为浅湖相沉积，厚6.1m。

(6) 灰黄色巨厚层中粗粒长石砂岩与浅灰色泥岩夹灰黄色细砂岩，为滨湖—浅湖相沉积，厚15m。

第一火山喷发亚旋回期间形成地层：

(7) 灰褐色气孔杏仁状安山岩，环境为中性火山喷溢，厚5m左右。

(8) 灰黄色中厚—巨厚层状中细粒砂岩，夹浅灰色泥岩、灰白色粉砂岩，含植物碎片，属滨湖相沉积，厚78m。

(9) 灰黄色巨厚层砾岩夹砂岩、粉砂质泥岩，形成环境为河流冲积—湖盆边缘冲积扇，厚13m。

(10) 灰黄色长石砂岩、含砾砂岩，夹粉砂质泥岩、泥岩，含植物碎片，属滨湖相沉积，厚64.3m。

(11) 灰黄色厚层细砾岩、含砾粗砂岩夹细砂岩、粉砂岩，属滨湖相沉积，厚36.3m。

(12) 灰色泥岩夹灰黄色薄层细砂岩及粉砂岩条带，局部夹薄层碳质泥岩，产鱼类、叶肢介、双壳类及植物化石，浅湖相沉积，厚31.4m。

(13) 灰黄色—灰紫色中细粒砂岩，夹灰色粉砂岩、紫色粉砂质泥岩、泥岩，干热气候条件滨浅湖相沉积，厚80m。

建昌—凌源—宁城—三座店地区义县期火山岩的LREE/HREE在9.45～28.87之间，平均为17.45，均属于轻稀土元素富集型。其中，建昌的LREE/HREE为10.84～20.88，平均为14.68；凌源的LREE/HREE为14.64～25.63，平均为20.87；宁城—三座店的LREE/HREE为9.45～23.54，平均为15.36。因此，凌源一带的义县组火山岩轻重稀土元素分馏程度高于建昌、宁城地区。另外，$(La/Yb)_N$比值在11.40～70.01之间，其中，建昌的$(La/Yb)_N$平均值为22.51，凌源的为45.54，宁城—三座店的为29.02。同样说明凌源一带的义县期火山岩轻重稀土元素分馏程度高于建昌、宁城—三座店地区。

建昌—凌源—宁城—三座店地区义县期火山岩δEu值在0.46～1.05之间。其中，建昌地区为0.79～1.03，平均为0.92；凌源一带为0.76～1.01，平均为0.88，铕弱异常或无异常；宁城—三座店一带为0.46～1.05，变化较大，平均为0.79，总体呈现负铕异常。

建昌—凌源—宁城—三座店地区义县期火山岩的稀土元素配分型式均为向右倾斜的平滑曲线，但宁城—三座店一带的稀土曲线在铕元素处有较清晰的"V"形变化；建昌一带的稀土曲线靠上分布，凌源地区曲线靠下分布，这可能与岩浆源区性质或岩浆上升过程混染地壳物质有关，也可能反映不同的岩浆分异程度(图7-20)。

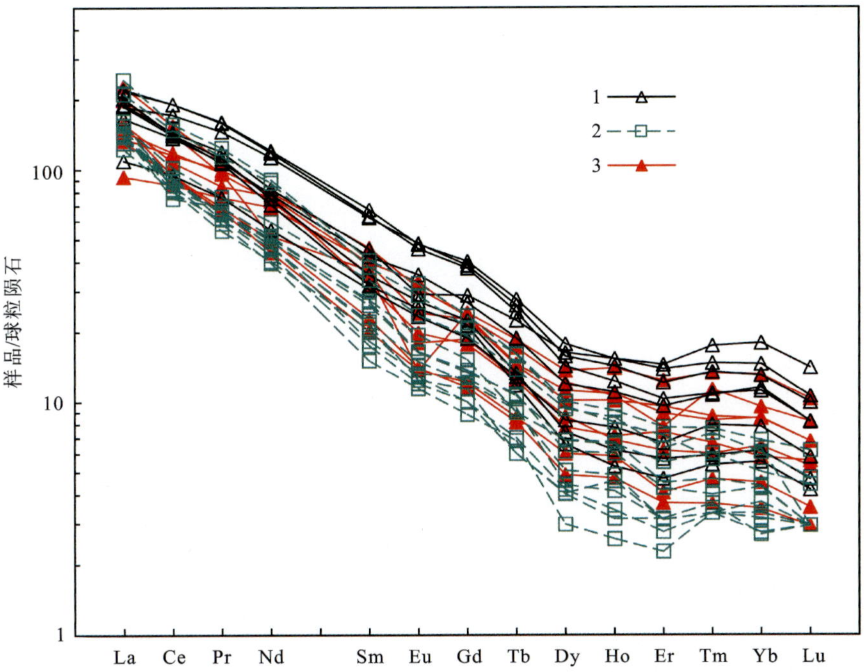

图7-20 建昌—凌源—宁城地区义县期火山岩稀土元素配分曲线图

1.建昌地区义县期火山岩；2.凌源地区义县期火山岩；3.宁城—三座店地区义县期火山岩

凌源盆地义县旋回火山岩的稀土元素丰度从早到晚有逐渐增高的趋势，轻重稀土元素分馏程度也有所增强，而铕亏损程度则无大变化(王五力等，2003)。

(三) 赤峰市孤山子盆地义县期火山岩地球化学特征

1. 义县火山旋回主量元素地球化学特征

孤山子盆地虽然发育大量中生代火山岩，但主要形成于张家口期，其次为大北沟期。义县期仅发育较少量的火山岩，而且以基性火山岩为主，产在义县组下部。在全碱-二氧化硅(TAS)图解上(图7-21)，本区义县期火山岩投影在玄武安山岩区，属于亚碱性岩。与义县期相邻的大北沟期晚期火山岩投影于流纹岩区。在莱特岩系碱度率图解上(图略)，本区火山岩投影于钙碱性岩区。赤峰市孤山子盆地义县期火山岩的硅酸盐全分析数据见表7-7。

续表 7-6

序号	样品号—盆地—层位	岩性	La	Ce	Pr	Nd	Sm	Eu	Gd	Tb	Dy	Ho	Er	Tm	Yb	Lu	Y	∑REE	LREE/HREE	δEu	δCe
15	B19-1—凌源	英安岩	45.76	59.08	7.73	29.90	4.98	1.17	3.51	0.53	2.34	0.46	1.24	0.18	0.93	0.15	10.5	157.96	15.91	0.81	0.68
16	B17-1—凌源	流纹岩	44.24	67.62	6.54	22.94	2.79	0.81	2.26	0.34	1.02	0.18	0.51	0.10	0.51	0.10	6.25	149.96	28.87	0.96	0.84
17	B7-2—凌源	粗面质英安岩	47.57	72.75	7.20	27.41	3.38	0.94	3.25	0.47	1.51	0.29	0.70	0.10	0.62	0.10	7.16	166.29	22.62	0.86	0.83
18	B22-1—凌源	粗面安山岩	78.08	123.20	13.89	52.50	7.52	2.30	6.02	0.80	3.27	0.57	1.61	0.17	1.17	0.10	14.55	291.20	20.24	1.01	0.82
19	B14-2—凌源	粗面质英安岩	39.22	63.76	6.09	23.36	3.77	0.91	2.55	0.35	1.44	0.24	0.62	0.10	0.59	0.10	6.04	143.10	22.89	0.85	0.88
20	B7-1—凌源	粗面安山岩	49.57	80.04	8.56	34.54	6.18	1.68	4.92	0.69	3.19	0.60	1.42	0.22	1.13	0.16	12.14	192.90	14.64	0.90	0.85
21	SZD1—三座店	玄武粗安岩	43.63	90.89	11.17	46.56	8.52	2.20	6.00	0.73	3.84	0.76	2.01	0.25	1.59	0.23	18.92	218.38	13.17	0.90	0.95
22	SZD2—三座店	粗安岩	63.88	112.20	10.77	42.70	6.58	0.97	6.20	0.93	4.69	0.98	2.78	0.40	2.44	0.35	25.25	255.87	12.63	0.46	0.93
23	SZD3—三座店	粗安岩	72.99	121.55	12.14	44.74	7.28	1.72	5.82	0.72	3.48	0.71	2.15	0.26	1.58	0.23	18.15	275.37	17.42	0.78	0.88
24	NCH1—宁城	玄武粗安岩	29.87	67.79	8.51	40.11	7.37	2.34	5.92	0.86	4.17	0.74	1.76	0.34	1.77	0.28	8.08	171.83	9.85	1.05	0.99
25	NCH2—宁城	粗安岩	50.39	84.69	9.51	44.74	5.87	1.41	4.55	0.62	2.67	0.50	1.67	0.20	1.08	0.19	11.00	208.09	17.13	0.80	0.86
26	NCH3—宁城	潜粗安岩	42.69	72.66	7.49	25.50	3.73	0.98	3.10	0.43	2.06	0.41	0.92	0.14	0.84	0.12	9.50	161.07	19.08	0.86	0.89
27	NCH4—宁城	粗面英安岩	46.82	93.27	10.87	30.07	6.80	1.28	4.78	0.63	2.98	0.48	1.39	0.18	1.20	0.18	13.98	200.93	16.00	0.65	0.94
28	NCH5—宁城	英安岩	50.16	74.14	7.71	28.74	4.24	1.00	2.95	0.41	1.67	0.33	0.83	0.11	0.65	0.10	7.62	173.04	23.54	0.82	0.80
29	NCH6—宁城	流纹岩	44.37	65.12	7.21	32.34	4.53	1.02	3.00	0.48	10.37	0.33	1.13	0.12	0.79	0.14	8.05	170.95	9.45	0.80	0.78

注:序号1～8为本项目样品测试,测试单位为沈阳地质调查中心实验测试中心;9～20引自王五力等,2004;21～29数据引自辽宁1:25万建平幅区域地质调查成果报告(董万德等,2003)。

表 7-6　建昌—凌源—宁城地区义县期火山岩稀土元素分析数据($\times 10^{-6}$)

序号	样品号—盆地—层位	岩性	La	Ce	Pr	Nd	Sm	Eu	Gd	Tb	Dy	Ho	Er	Tm	Yb	Lu	Y	∑REE	LREE/HREE	δEu	δCe
1	9YD7G—建昌—3 段	灰色气孔玄武粗面安山岩	70.71	150.52	17.79	68.67	11.72	3.24	9.64	1.22	4.90	0.86	2.31	0.33	2.07	0.28	24.23	344.26	14.93	0.90	0.98
2	9YD9G1—建昌—3 段	灰色粗面英安岩	64.67	111.22	12.50	43.66	6.51	1.93	5.74	0.67	2.54	0.43	1.28	0.18	1.14	0.16	16.76	252.61	19.81	0.94	0.87
3	9YD9G2—建昌—3 段	灰色气孔杏仁粗面岩	59.90	110.52	11.94	41.06	5.88	1.79	5.47	0.59	2.26	0.37	1.05	0.16	1.03	0.14	17.07	242.15	20.88	0.95	0.92
4	ZX26G1—建昌—1 段	灰色粗面玄武岩	69.73	150.23	17.94	69.97	12.46	3.38	10.31	1.39	6.10	1.07	3.12	0.44	2.71	0.36	32.60	349.23	12.70	0.89	0.98
5	YDP5G13—建昌—1 段	灰黄色粗面安山岩	52.95	107.76	12.09	45.53	7.80	2.51	6.85	0.94	4.10	0.77	2.16	0.32	2.14	0.28	28.14	246.21	13.03	1.03	0.97
6	YDP5G17—建昌—2 段	灰色粗面安山岩	34.97	74.49	8.50	31.96	5.64	1.65	4.81	0.64	2.86	0.54	1.50	0.24	1.45	0.20	22.874	169.45	12.84	0.95	0.99
7	YDP5G24—建昌—2 段	灰褐色粗面玄武岩	59.47	135.30	16.31	65.55	11.52	3.41	9.90	1.31	5.39	1.00	2.72	0.40	2.42	0.34	29.636	315.02	12.42	0.95	1.01
8	YDP6G30—建昌—4 段	灰色斑状粗面英安岩	60.93	113.78	13.35	48.04	8.38	2.07	7.37	1.12	5.60	1.07	3.26	0.52	3.33	0.48	37.513	269.31	10.84	0.79	0.90
9	B50-1—凌源	英安岩	44.42	70.17	7.34	28.54	4.82	1.16	3.43	0.54	2.10	0.42	0.96	0.12	0.80	0.10	9.36	164.92	18.47	0.83	0.84
10	B23-1—凌源	英安岩	46.14	63.24	6.82	26.65	4.10	1.06	3.12	0.46	1.74	0.34	0.70	0.10	0.69	0.10	7.53	155.26	20.42	0.87	0.75
11	B47-1—凌源	粗面安山岩	41.68	70.90	7.34	29.28	5.08	1.38	3.89	0.45	2.35	0.47	1.01	0.14	0.81	0.10	9.64	164.88	16.88	0.91	0.89
12	B59-1—凌源	粗面安山岩	67.48	116.40	12.77	50.95	7.03	2.04	5.36	0.81	3.44	0.64	1.75	0.23	1.27	0.21	14.62	270.38	18.72	0.98	0.88
13	B16-1—凌源	粗面质英安岩	45.04	72.49	6.83	24.83	3.24	0.85	2.56	0.30	1.39	0.32	0.70	0.10	0.51	0.10	6.25	159.26	25.63	0.87	0.88
14	B29-1—凌源	流纹岩	51.80	64.96	7.52	27.00	3.99	0.88	2.90	0.30	1.38	0.22	0.71	0.11	0.50	0.10	6.09	162.37	25.10	0.76	0.69

续表 7-4

序号	样品号—盆地	岩性	SiO_2	Al_2O_3	Fe_2O_3	FeO	TiO_2	CaO	MgO	K_2O	Na_2O	MnO	P_2O_5	Los	Total	K_2O/Na_2O	A.R 全碱	ACNK	σ
24	L6-72—建昌	粗面安山岩	58.42	15.43	6.49	1.89	1.45	3.94	1.27	3.47	3.95	0.1	0.83	1.26	99.5	1.14	7.14	0.90	3.41
25	B50-1—凌源	英安岩	63.4	14.8	1.1	3.63	0.63	3.64	3.02	2.58	4.13	0.07	0.25	2.35	99.6	1.60	5.3	0.97	2.15
26	B23-1—凌源	英安岩	67.99	14.79	2.54	1.54	0.46	3.37	1.08	3.11	3.67	0.05	0.18	1.34	100.85	1.18	6.3	0.97	1.83
27	B47-1—凌源	粗面安山岩	61.23	14.41	4.09	1.38	0.84	4.04	2.98	4.92	3.44	0.09	0.3	1.21	98.93	0.70	8.55	0.75	3.72
28	B59-1—凌源	粗面安山岩	61.04	13.4	5.46	1.86	0.81	2.62	2.65	5	3.76	0.12	0.62	2.15	99.49	0.75	9	0.79	4.11
29	B16-1—凌源	粗面质英安岩	66.86	14.01	0.62	3.86	0.31	2.19	1.53	2.64	5.16	0.05	0.1	2.84	100.17	1.96	5.42	1.01	2.50
30	B29-1—凌源	流纹岩	69.9	14.33	2.37	0.67	0.31	1.75	0.59	4.68	3.67	0.04	0.09	2.39	100.69	0.78	8.49	0.96	2.57
31	B19-1—凌源	英安岩	67.78	14.03	4.26	0.72	0.57	2.57	1.35	3.51	4.05	0.04	0.2	1.88	100.96	1.16	7.08	0.95	2.29
32	B17-1—凌源	流纹岩	69.8	13.93	2.09	1.7	0.31	1.79	0.64	4.86	3.82	0.03	0.1	1.1	100.17	0.79	8.77	0.90	2.80
33	B7-2—凌源	粗面质英安岩	66.94	13.09	3.03	4.24	0.39	1.85	0.77	4.72	3.24	0.06	0.15	2.1	100.58	0.69	8.08	0.89	2.61
34	B22-1—凌源	粗面安山岩	59.52	15.09	4.71	1.77	0.84	4.37	2.7	3.85	4.2	0.08	0.42	3.16	100.71	1.09	7.9	0.80	3.79
35	B14-2—凌源	粗面质英安岩	67.01	15.97	2.13	1.76	0.48	1.92	0.77	4.39	3.78	0.08	0.19	1.14	99.62	0.86	8.3	1.08	2.75
36	B7-1—凌源	粗面安山岩	61.21	16.64	0.05	0.99	0.87	3.26	1.6	4.31	3.46	0.09	0.31	1.28	99.07	0.80	8.37	0.99	3.05
37	NCH1—宁城	粗面玄武岩	49.06	14.38	7.79	2.47	1.45	7.35	6.35	2.8	3.23	0.13	1.13	3.94	100.08	0.87	6.27	0.66	4.90
38	NCH2—宁城	玄武岩	50.1	14.12	3.83	5.95	1.63	7.87	7.22	1.98	3.05	0.15	0.65	3.54	100.09	0.65	5.21	0.66	3.05
39	NCH3—宁城	玄武粗安岩	55.26	16.79	5.56	1.87	0.93	6.29	3.4	2.4	3.95	0.13	0.44	3.06	100.08	0.61	6.54	0.82	3.06
40	NCH4—宁城	安山岩	59.22	16.9	5.23	1.65	0.85	4.34	3.12	2.46	3.52	0.13	0.25	2.74	100.41	0.70	6.12	1.03	2.12
41	SZD1—三座店	玄武粗安岩	52.92	15.2	3.37	3.98	1.26	5.07	6.61	3.13	3.9	0.11	0.59	4.52	100.66	0.80	7.32	0.80	4.45
42	SZD2—三座店	粗安岩	57.8	17.48	6.04	0.72	0.9	3.43	1.19	5.1	4.25	0.1	0.41	2.6	100.02	1.20	8.72	0.93	5.64
43	SZD 3—三座店	粗面岩	66.03	15.4	3.26	0.58	0.53	1.85	0.88	4.91	4.72	0.07	0.22	0.95	99.4	1.04	9.58	0.94	3.97
44	SGYZ1-四官营子	玄武粗安岩	52.54	17.11	5.49	1.87	1.1	6.03	5.08	2.25	3.94	0.14	0.45	3.51	99.51	0.57	6.44	0.86	3.54
45	SGYZ2-四官营子	粗安岩	56.27	16.26	5.71	1.18	0.81	5.06	2.85	3.28	4.07	0.12	0.46	3.57	99.64	0.80	7.65	0.84	3.76

注:序号 1～12 为本项目样品测试,测试单位为沈阳地质调查中心实验测试中心;13～36 引自王五力等,2004;37～45 数据引自辽宁 1:25 万建平幅区域地质调查成果报告(董万德等,2003)。

表 7-4 建昌—凌源—宁城地区义县期火山岩硅酸盐全分析数据(%)

序号	样品号—盆地	岩性	SiO_2	Al_2O_3	Fe_2O_3	FeO	TiO_2	CaO	MgO	K_2O	Na_2O	MnO	P_2O_5	Los	Total	K_2O/Na_2O	A.R 全碱	ACNK	σ
1	9YD7G—建昌	玄武质粗面安山岩	52.46	15.88	5.75	1.37	1.44	8.89	2.37	2.74	4.21	0.19	0.77	3.60	99.67	0.65	7.23	0.61	4.50
2	9YD8G8—建昌	粗面英安岩	67.31	14.67	2.88	2.23	0.28	1.21	0.17	5.31	4.71	0.10	0.08	0.68	99.63	1.13	9.52	0.93	4.10
3	9YD9G1—建昌	粗面英安岩	64.34	15.72	3.75	1.08	0.58	2.64	1.55	3.80	4.39	0.05	0.36	1.48	99.74	0.87	8.34	0.97	3.09
4	9YD9G2—建昌	气孔杏仁粗面岩	63.94	15.67	3.90	1.08	0.57	2.71	1.90	3.91	4.39	0.05	0.36	1.25	99.73	0.89	8.43	0.96	3.24
5	ZX26G1—建昌	粗面玄武岩	48.93	14.86	7.33	2.70	1.77	8.08	5.96	2.45	3.27	0.16	0.91	3.12	99.54	0.75	5.93	0.65	4.53
6	9YD10G1—建昌	流纹质晶屑凝灰岩	67.66	9.99	1.68	0.83	0.22	5.44	0.77	3.10	2.04	0.30	0.07	7.59	99.69	1.51	4.44	0.60	1.02
7	YDP5G13—建昌	粗面安山岩	54.57	17.92	8.47	0.90	1.05	4.11	0.71	3.41	4.66	0.29	0.70	2.96	99.75	0.73	8.33	0.95	5.19
8	YDP5G17—建昌	粗面安山岩	50.33	13.33	3.37	2.98	0.71	8.92	3.33	2.41	3.40	0.12	0.38	10.24	99.52	0.71	6.51	0.55	3.17
9	YDP5G21—建昌	流纹质晶屑凝灰岩	69.60	12.04	0.77	0.22	0.13	2.49	0.92	2.89	0.70	0.02	0.05	10.21	100.04	4.13	4	1.37	0.46
10	YDP5G24—建昌	粗面玄武岩	49.04	15.12	8.36	2.95	1.66	8.09	5.14	1.84	3.29	0.14	0.75	3.14	99.52	0.56	5.32	0.68	3.59
11	YDP6G2—建昌	角砾流纹岩	69.25	14.05	2.28	0.54	0.68	0.47	0.45	7.51	2.04	0.08	0.18	2.23	99.76	3.68	9.79	1.14	3.42
12	YDP6G30—建昌	斑状粗面英安岩	64.98	16.56	2.45	1.44	0.64	1.59	0.52	5.34	5.16	0.09	0.18	0.77	99.72	1.04	10.42	0.97	4.97
13	L6-11—建昌	粗面岩	62.28	16.36	5.06	1.28	1	2.99	1.68	3.82	3.95	0.1	0.45	1.13	100.1	1.03	7.72	1.02	3.09
14	L6-12—建昌	粗面岩	61.5	17.95	4.69	0.84	1.1	2.3	0.82	4.51	4.05	0.1	0.43	1.1	99.39	0.90	8.71	1.12	3.88
15	L6-22—建昌	粗面安山岩	59.47	16.98	6.51	0.88	0.92	3.19	0.9	4.47	4.25	0.11	0.44	1.44	99.56	0.95	8.89	0.96	4.49
16	L6-23—建昌	粗面岩	63.28	15.58	6.55	1.01	0.96	2.51	0.6	4.1	3.92	0.09	0.43	0.54	99.57	0.96	8.1	1.00	3.14
17	L6-24—建昌	粗面安山岩	61.3	16.37	3.25	3.85	0.99	3.1	1.21	3.99	4.38	0.13	0.45	0.59	99.61	1.10	8.06	0.97	3.78
18	L6-31—建昌	粗面安山岩	60.85	16.84	3.22	3.54	1.11	3.29	1.21	3.93	4.29	0.14	0.46	0.52	99.4	1.09	7.94	0.99	3.72
19	L6-41—建昌	粗面岩	62.31	15.66	3.59	3.89	1.06	3.4	1.36	3.96	4.24	0.13	0.49	0.28	100.37	1.07	7.92	0.91	3.49
20	L6-51—建昌	粗面安山岩	61.45	15.99	6.47	0.84	1.05	3.11	0.98	3.97	4.08	0.15	0.49	0.97	99.55	1.03	8.06	0.96	3.45
21	L6-52—建昌	粗面岩	63.03	16.06	5.07	0.89	1.09	3.09	0.99	4.12	4.72	0.12	0.5	0.79	100.47	1.15	8.26	0.92	3.89
22	L6-61—建昌	粗面岩	62.16	15.12	6.53	1.7	1.11	3.14	0.92	4.22	4.18	0.11	0.51	0.79	100.49	0.99	8.42	0.88	3.66
23	L6-71—建昌	粗面安山岩	58.48	17.44	6.4	1.23	1.36	4.02	1.35	3.1	4	0.18	0.79	0.98	99.33	1.29	6.3	1.04	3.17

第二火山喷发亚旋回期间形成地层：

(14) 灰黄色巨厚层细砾岩、砾质粗砂岩，与紫色粉砂质泥岩和灰绿色泥质凝灰质细砂岩互层，属滨湖相沉积，伴随有火山爆发，厚49m。

(15) 暗灰色巨厚层弱蚀变碱性橄榄玄武岩，环境表现为基性火山岩喷溢，厚67.3m。

(16) 灰黄色巨厚层砾岩，为盆缘冲积扇沉积，厚29.8m。

(17) 紫灰色英安岩，为酸性火山爆发、喷溢，厚578.3m。

五、赤峰市孤山子盆地的火山-沉积作用

孤山子盆地呈北东东方向展布，北西侧盆缘为石炭纪—二叠纪地层，东南缘为太古宙斜长角闪岩和变质片麻状侵入岩，盆缘断裂发育。盆地充填了张家口组、大北沟组和义县组，顶部被新近纪汉诺坝玄武岩覆盖。张家口组、大北沟组和义县组之间虽然表现为整合接触，但三者的物质成分有明显差异。张家口组以灰白色中酸性火山岩及其碎屑岩为主体，大北沟组以蓝灰色—灰色凝灰质细砂岩、凝灰质粉砂岩、粉砂质钙质泥岩，夹玄武安山岩和流纹质角砾凝灰岩为特征。义县组除了在局部(张家沟—大庙南山一带)有少量基性玄武岩外，主体为灰绿色、褐灰色凝灰质砂岩、含砾砂岩，夹灰色、灰白色钙质砂岩、粉砂岩、粉砂质泥岩和泥灰岩。总体上，盆地早、中期(张家口期—大北沟期)火山作用强烈，以酸性喷发为主，少量基性喷发，沉积物粒度较粗，成熟度较低，有较多的火山凝灰物质。盆地晚期(义县期)火山作用较弱，沉积物粒度相对较细，成熟度较高，火山凝灰物质较少，但钙泥质胶结物增加，局部出现较多的泥灰岩透镜体或薄层。

该盆地只发育义县组中、下部地层，集中分布在孤山子—大庙、沟脑一带。

(一) 孤山子—大庙一带的盆地充填序列及形成环境

以张家沟门南沟剖面为例，自下而上为：

(未见底)

大北沟组

中酸性火山爆发期

(1) 蓝灰色巨厚层状晶屑凝灰岩，为中酸性火山爆发相，厚度大于20m。

(2) 灰白色薄板状钙质粉砂岩、细砂岩，属浅湖相沉积，厚3～5m。

(3) 灰白色—浅灰蓝色中厚层砂质晶屑凝灰岩，属火山爆发沉积相，厚15m。

(4) 灰白色—浅蓝灰色弱熔结角砾晶屑凝灰岩，酸性火山爆发相，厚6m。

(5) 灰白色薄板状钙质凝灰粉砂岩，属浅湖相沉积，产尼斯托叶肢介，厚3m。

(6) 蓝灰色薄层板状砂质玻屑凝灰岩与灰白色钙质凝灰质砂岩互层，为火山爆发沉积相，厚10m。

(7) 灰白色—蓝灰色中厚—厚层状含角砾晶屑、岩屑凝灰岩，为酸性火山爆发相，厚30m。

滨浅湖相沉积期

(8) 灰色中厚—厚层状含砾凝灰质砂岩夹蓝灰色薄层状凝灰质粉砂岩，形成环境为伴随火山喷发作用的滨湖，厚7m。

(9) 灰白色、黄白色、灰色薄—极薄层状钙泥质粉砂岩，夹泥灰岩、钙泥质细砂岩，属浅湖相沉积，产尼斯托叶肢介、费尔干蚌，厚26m。

(10) 灰色、深灰色极薄层泥灰岩，夹深灰色钙泥质页岩，产叶肢介、介形类、植物碎片，介形类 *Daurina dabeigouensis* (Yang), *Limnocypridea subplana* Lüb., *Damonella* sp., *Rhinocypris* sp., *Darwinula contracta* Mand.，深湖相沉积，厚17m。

———— 整合 ————

义县组

基性火山爆发期

(11) 深灰色厚—巨厚层状含杏仁状、致密块状玄武岩，环境表现为基性火山溢流，厚12.6m。

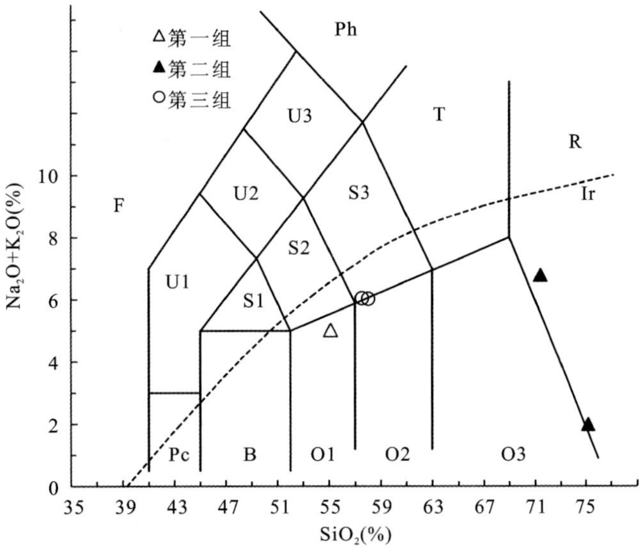

图 7-21 赤峰市孤山子盆地大北沟期—义县期火山岩全碱-二氧化硅(TAS)图解

(据 Le Maitre R W,1989)

第一组.义县期火山岩;第二组.大北沟期晚期火山岩;第三组.大北沟期早中期火山岩;

Pc.苦橄玄武岩;B.玄武岩;O1.玄武安山岩;O2.安山岩;O3.英安岩;R.流纹岩;S1.粗面玄武岩;S2.玄武质粗面安山岩;

S3.粗面安山岩;T.粗面岩、粗面英安岩;F.副长石岩;U1.碱玄岩、碧玄岩;U2.响岩质碱玄岩;U3.碱玄质响岩;

Ph.响岩;Ir.Irvine 分界线,上方为碱性,下方为亚碱性

本区义县期玄武安山岩的 SiO_2 含量为 55.11%,Al_2O_3 含量为 15.3%。与中国同类火山岩(鄢明才等,1996)相比偏低。ACNK 值为 0.78,属正常系列。

与辽西地区和中国同类火山岩相比,MgO 含量(3.15%)明显偏低,但 TiO_2 含量(2.49%)明显偏高。N_2O+K_2O 总量为 5.03%,相对高于世界和中国的同类火山岩(勒·曼特尔,1978;鄢明才等,1996)。火山岩 K_2O 大于 Na_2O,属于钾质。在 K_2O-SiO_2 相关图解(图略)上,样品投影在钙碱性岩系列区,而大北沟期晚期火山碎屑岩分别投影于钾玄岩系列和低钾拉斑系列区。这种较大的变化可能与大北沟期晚期火山碎屑岩有一定程度的外来碎屑混染或水体沉积作用参与有关。

2. 义县火山旋回微量元素特征

赤峰地区义县期火山岩的微量元素含量见表 7-8。

1) 相容元素(Cr、Ni、Co、V 等)

本区义县期火山岩相容元素含量:Cr 为 47.00×10^{-6},Ni 为 29.10×10^{-6},Co 为 29.20×10^{-6},V 为 151.00×10^{-6},Cu 为 30.80×10^{-6}。除 Cu 以外,其他元素含量均小于上地幔和地壳;与中国同类火山岩(鄢明才等,1996,以下同)对比,本区火山岩中 Cr、Ni、Co、V、Cu 也明显偏低。

2) 不相容元素(Li、Rb、Sr、Ba、Pb 等)

本区义县期火山岩的 Li 含量为 17.50×10^{-6},Rb 含量为 55.80×10^{-6},Sr 为 875×10^{-6},Ba 为 1494×10^{-6},Pb 为 33.4×10^{-6},Zn 为 159×10^{-6}。可见,以上不相容元素含量普遍高于上地幔和地壳。与中国同类火山岩对比,Rb、Sr、Ba、Pb 明显偏高。

3) 微量元素蛛网图

在微量元素配分型式上(图 7-22),义县期玄武安山岩的不相容元素 Li、Rb、Sr、Ba、Pb 相对原始地幔富集,而相容元素 Cr、Ni、Co 相对原始地幔明显亏损,V、Cu、Zn 元素相对原始地幔变化不大,Y 略显富集。

表 7-7　滦平盆地—赤峰市孤山子盆地火山岩硅酸盐全分析数据(%)

序号	样品号—盆地—层位	岩性—采样地点	SiO_2	Al_2O_3	Fe_2O_3	FeO	TiO_2	CaO	MgO	K_2O	Na_2O	MnO	P_2O_5	Los	Total	K_2O/Na_2O	A.R 全碱	ACNK	σ
1	YDP3G4—滦平—大北沟组	灰色酸性凝灰熔岩—井上	86.41	5.76	1.24	1.01	0.12	0.32	0.14	1.02	1.42	0.023	0.022	2.24	99.725	0.72	2.51	1.43	0.14
2	YDP4G0—滦平—大店子组	灰色安山岩—铃铛木沟	56.11	15.94	5.94	2.95	1.65	3.45	2.60	2.83	4.21	0.15	0.84	2.98	99.65	0.67	7.29	0.98	3.53
3	YD17G4—滦平—大北沟组	灰色沉凝灰岩—榆树下	81.03	9.46	0.57	0.65	0.11	0.46	0.36	5.24	0.30	0.023	0.027	1.58	99.81	17.19	5.64	1.35	0.81
4	YD17G5—滦平—大北沟组	灰色沉凝灰岩—榆树下	75.06	11.36	1.90	1.14	0.21	0.46	0.79	2.06	2.02	0.044	0.034	4.69	99.768	1.02	4.24	1.78	0.51
5	9YD21G0—滦平—张家口组	绿灰色玄武安山岩—李营	53.52	15.67	7.07	1.55	1.33	4.94	1.71	3.11	5.52	0.09	0.71	4.31	99.53	0.56	9.05	0.73	6.20
6	9YD21G14—滦平—大店子组	灰色安山岩—李营	66.33	13.45	6.80	0.94	1.45	1.12	0.42	2.08	5.48	0.12	0.59	1.34	100.12	0.38	7.64	0.51	2.42
7	9YD21G16—滦平—大店子组	灰红色流纹岩—李营	74.45	12.45	2.12	1.08	0.28	0.11	0.18	3.61	4.57	0.08	0.06	0.80	99.79	0.79	8.26	1.07	2.12
8	9YDG42—滦平—西瓜园组	灰色粗面安山岩—干沟门	49.72	15.22	8.19	1.03	1.08	7.04	2.56	3.52	4.88	0.14	0.37	7.15	100.9	0.72	8.96	0.92	8.00
9	YDP1G10—孤山子—大北沟组	深灰色玄武岩—那不打	56.25	16.37	5.98	2.01	1.36	6.39	2.80	2.39	3.53	0.10	0.60	1.89	99.67	0.68	6.05	0.82	2.52
10	YDP1G21—孤山子—大北沟组	灰白色流纹质凝灰熔岩—那不打	77.67	11.24	0.27	0.81	0.15	1.32	0.044	4.32	2.81	0.011	0.024	1.08	99.749	1.54	5.70	0.96	1.46
11	YDP1G26—孤山子—大北沟组	灰色玄武安山岩—那不打	56.85	16.21	5.49	2.19	1.35	6.65	2.63	2.37	3.54	0.10	0.58	1.64	99.6	0.67	6.03	0.79	2.42
12	YDP2G3—孤山子—大北沟组	灰白色角砾状凝灰岩—沟脑	68.53	14.28	2.68	0.32	0.45	1.64	1.30	5.30	1.22	0.041	0.20	3.84	99.801	4.35	6.79	1.33	1.62
13	YDP2G4—孤山子—大北沟组	灰白色流纹质凝灰角砾岩—沟脑	66.43	12.38	1.77	0.50	0.25	3.63	1.50	1.28	0.48	0.019	0.10	11.46	99.799	2.69	1.99	1.41	0.12
14	YD10G2—孤山子—义县组	黑灰色玄武岩—张家沟门	53.14	14.75	5.12	5.32	2.40	6.46	3.04	1.56	3.29	0.16	1.18	2.98	99.4	0.48	5.03	0.78	2.09

注：数据来自本项目样品测试，测试单位为沈阳地质调查中心实验测试中心。

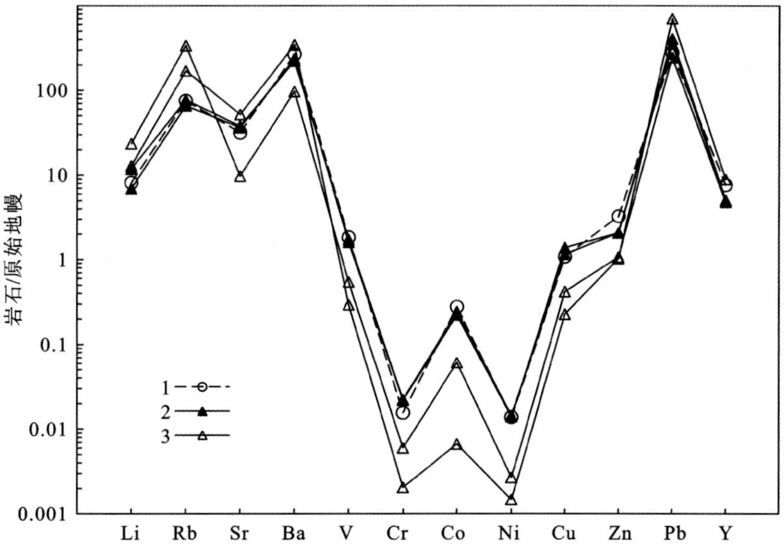

图 7-22　赤峰市孤山子盆地大北沟期—义县期火山岩微量元素标准化蛛网图

1. 义县期玄武安山岩；2. 大北沟期玄武安山岩；3. 大北沟期流纹质火山碎屑岩

比较之下，义县期玄武安山岩的微量元素与大北沟期火山岩的微量元素曲线具有很大的相似性，但比大北沟期晚期流纹质火山碎屑岩微量元素分馏程度小，而与大北沟期早、中期同类岩石相当，曲线几乎重合。这可能暗示大北沟期火山岩与义县期火山岩具有相似的岩浆源区。

3. 义县火山旋回稀土元素特征

赤峰市孤山子盆地火山岩稀土元素含量见表 7-9。

义县期玄武安山岩的∑REE 为 302.51×10^{-6}，与中国同类火山岩的∑REE(鄢明才等，1996)对比偏高。与下伏大北沟期粗面安山岩相比也偏高，后者∑REE 变化在 $179\times10^{-6}\sim203.89\times10^{-6}$之间，但两者的稀土元素配分曲线具有明显的一致性(图 7-23)。

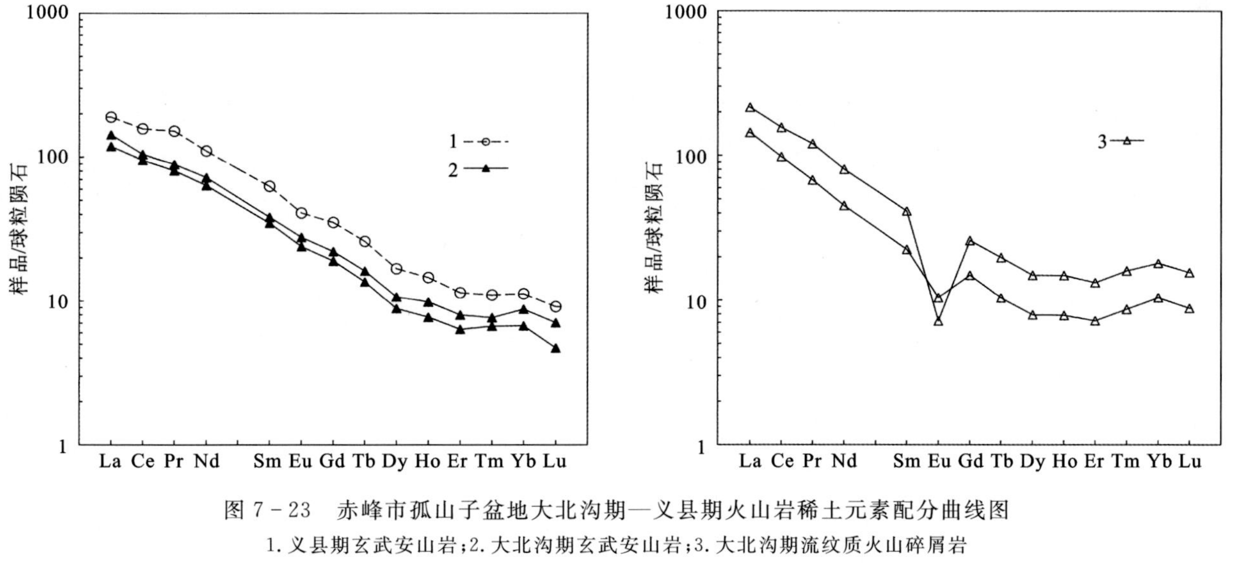

图 7-23　赤峰市孤山子盆地大北沟期—义县期火山岩稀土元素配分曲线图

1. 义县期玄武安山岩；2. 大北沟期玄武安山岩；3. 大北沟期流纹质火山碎屑岩

义县期玄武安山岩的 LREE/HREE 为 12.5，$(La/Yb)_N$ 比值为 19.63，属于轻稀土元素富集型。这些数值与下伏大北沟期粗面安山岩类似，说明两者的稀土分馏程度具有一致性。它们的 δEu 值也比较接近，在 0.84～0.92 之间，呈现微弱的负铕异常或者无异常。

义县期玄武安山岩与下伏大北沟期晚期流纹质火山碎屑岩的稀土配分曲线有较大区别，后者有明显负铕异常，有清晰的 V 形，重稀土分馏不明显，反映了岩浆分异程度的差异。

表 7-8　赤峰市孤山子盆地火山岩微量元素分析数据($\times 10^{-6}$)

序号	样品号—层位—采样地点	岩性	Li	Rb	Sr	Ba	V	Cr	Co	Ni	Cu	Zn	Pb	Y
1	YD10G2—义县组—张家沟门	黑灰色玄武安山岩	17.5	55.8	875	1494	151	47.0	29.2	29.1	30.8	159	33.4	26.1
2	YDP1G10—大北沟组—那不打	灰色粗面安山岩	25.4	57.1	1048	1253	143	67.2	25.5	30.4	33.0	101	42.7	16.9
3	YDP1G26—大北沟组—那不打	灰色粗面安山岩	14.9	48.7	1009	1336	132	66.0	23.5	29.5	39.4	101	48.9	17.3
4	YDP2G3—大北沟组—沟脑	灰白色流纹质角砾状凝灰岩	50.6	252	271	546	45.2	18.1	6.40	5.70	12.0	52.0	29.6	16.4
5	YDP2G4—大北沟组—沟脑	灰白色流纹质凝灰角砾岩	27.7	127	1442	1944	24.3	6.20	0.70	3.10	6.50	49.8	84.8	30.4

注:数据来自本项目样品测试,测试单位为沈阳地质调查中心实验测试中心。

表 7-9　赤峰市孤山子盆地火山岩稀土元素分析数据($\times 10^{-6}$)

序号	样品号—层位—位置	岩性	La	Ce	Pr	Nd	Sm	Eu	Gd	Tb	Dy	Ho	Er	Tm	Yb	Lu	Y	ΣREE	LREE/HREE	δEu	δCe
1	YD10G2—义县组—张家沟门	黑灰色玄武安山岩	60.7	124	17	63.9	11.6	2.91	9.02	1.3	5.76	1.02	2.57	0.33	2.09	0.31	26.1	302.51	12.50	0.84	0.90
2	YDP1G10—大北沟组—那不打	灰色粗面安山岩	37.9	75.2	9.04	36.9	6.44	1.7	4.86	0.68	3.04	0.54	1.43	0.22	1.25	0.16	16.9	179.36	13.73	0.89	0.93
3	YDP2G3—大北沟组—那不打	灰白色流纹质角砾状凝灰岩	46.1	77	7.59	26.1	4.16	0.74	3.82	0.52	2.72	0.55	1.62	0.26	1.94	0.3	16.4	173.42	13.78	0.56	0.89
4	YDP2G4—大北沟组—那不打	灰白色流纹质凝灰角砾岩	68.9	123	13.5	46.6	7.66	0.51	6.64	0.99	5.11	1.04	2.98	0.48	3.36	0.53	30.4	281.30	12.31	0.21	0.90
5	YDP1G26—大北沟组—那不打	灰色粗面安山岩	45.8	82.4	10	41.9	7.09	1.97	5.66	0.81	3.67	0.69	1.8	0.23	1.63	0.24	17.3	203.89	12.84	0.92	0.87

注:数据来自本项目样品测试,测试单位为沈阳地质调查中心实验测试中心。

七、辽西地区义县期沉积岩的地球化学特征

辽西义县期沉积岩主要为陆相河流、湖泊沉积，所形成的沉积岩种类众多，包括各种砾岩、砂岩、粉砂岩、泥岩、页岩和泥灰岩等。岩石的物质来源多样，物质组成复杂，多数为盆缘山脉各类地质体经过剥蚀、搬运、沉积的产物，岩石成熟度相对较低，只有少数为湖盆内水体化学作用形成的沉积，如纹层状灰岩等。因此，沉积岩的地球化学特征相对复杂多变，影响因素较多。为了最大限度地消除这些干扰因素，更好地了解义县期陆相湖盆沉积地球化学特征，本次工作仅对各沉积旋回最大湖泛期形成的内源岩（石灰岩类）、成熟度较高的陆源细碎屑岩石（泥页岩、粉砂岩等）进行采样分析。

（一）沉积岩的主量元素特征

辽西地区义县期相对最大湖泛面沉积岩硅酸盐全分析数据见表 7-10、表 7-11。

辽西地区在义县期有众多的河流和湖盆，在湖盆中有一系列碳酸盐岩沉积，在地层中多呈现断续的薄—中厚层泥晶灰岩、结晶灰岩透镜体。与中国东部地壳碳酸盐岩平均值（鄢明才，1997）相比，SiO_2含量在 25.09%～54.79%之间，平均为 38.11%，明显偏高。其在形成过程中，有较多的石英混入，反映了近岸的沉积环境。Fe_2O_3、FeO、MnO 的含量稍高于地壳平均值，也反映了近岸的沉积环境。大部分 MgO 含量也较高，平均为 14.26%，CaO/MgO 偏低，反映该地区陆相湖盆多数情况下具有较高的蒸发量，水温相对较高，有一定的含盐度，水体 CO_3^{2-} 离子含量也较高。但一些样品 MgO 含量偏低，CaO/MgO 偏高，可能反映了一种丰水期沉积。K_2O、Na_2O 含量和 K_2O/Na_2O 比值略高于东部地壳碳酸盐岩平均值，说明碳酸盐岩有一定的泥质成分加入。Fe_2O_3/FeO 比值明显偏高，反映氧化沉积环境。其他氧化物含量与地壳平均值基本相近，显示造岩元素的共性。

陆源细碎屑岩石（泥页岩、粉砂岩等）中 SiO_2含量为 50%～80.13%，平均 68.84%，明显偏高，并且高于中国东部地壳同类岩石的平均值，表明这些岩石的成分成熟度相对较高。Al_2O_3含量为 9.22%～17.62%，平均为 14.63%，与地壳同类岩石相近。比较之下，FeO 含量较低，Fe_2O_3/FeO 比值变化在 1.04%～17.73%之间，平均为 6.69%，表明这些岩石形成于强氧化环境。与地壳同类岩石相比，P_2O_5含量明显偏高，可能与中生代火山喷发作用的强烈背景有关。

与北票—义县地区比较，建昌盆地同类岩石的 SiO_2含量偏低，Al_2O_3含量偏高，CaO、K_2O 含量也偏高，但 Na_2O 含量偏低，说明建昌盆地同类岩石的成熟度相对较低。

（二）沉积岩的微量元素特征

辽西—赤峰地区义县期相对最大湖泛面沉积岩微量元素含量见表 7-12。

义县期沉积岩最大湖泛面岩石主体为泥页岩、粉砂岩、泥晶灰岩，其微量元素特征一方面受区域地质背景影响，另一方面受当时古气候、古环境影响。将微量元素进行原始地幔标准化，形成微量元素蛛网图（图 7-24），相容元素 Cr、Ni、Co 相对原始地幔明显亏损，但 V、Cu 元素含量相当；不相容元素 Li、Rb、Ba、As 明显富集，但 Sr、Ga 元素含量略显偏高。元素 As 明显富集可能与频繁的火山喷发活动有关。火山喷发形成各种有毒有害的气体、液体，并注入湖盆，污染大气，这种沉积环境不利于生物的正常繁衍。

区内沉积岩与上地壳微量元素特征更为接近，但 Sr、Ba 含量偏低，As 明显偏高；除了赤峰地区，建昌、北票—义县地区沉积岩的 Cr、Co、Ni 含量相对偏高。相对下地壳而言，沉积岩 Li、Rb、Ba、As 含量偏高，Cr、Co、Ni 含量偏低。同中国东部地区同类沉积岩对比，Li、Rb、As 含量略显偏高，Sr、Ba 含量略显偏低。

不同盆地之间，沉积岩微量元素含量存在一些差异。建昌、赤峰地区义县期沉积岩相对北票—义县地区沉积岩富集 Li、Rb、Sr、Ba，而 Cr、Co、Ni 含量偏低。

区内沉积岩 Sr/Ba、Li/Rb 比值多数小于 1，平均值分别为 0.35 和 0.40；Rb/Sr 比值变化在 0.14～9.67 之间，平均值为 3.94，这些都显示了陆相沉积环境。

表 7-10　辽西地区中生代沉积盆地义县期相对最大湖泛面沉积岩硅酸盐全分析数据(%)及部分参数

序号	样品号—盆地	岩性	SiO_2	Al_2O_3	TiO_2	Fe_2O_3	FeO	MnO	MgO	CaO	K_2O	Na_2O	P_2O_5	Los	总量	Na_2O+K_2O	K_2O/Na_2O	CaO/MgO	Fe_2O_3/FeO
1	p1G4—北票	灰色页岩	59.95	12.3	0.47	3.1	0.34	0.078	3.96	6.9	3.53	1.43	0.21	8.48	100.748				
		去烧失量归一	64.97	13.33	0.51	3.36	0.37	0.08	4.29	7.48	3.83	1.55	0.23		100	5.38	2.47	1.74	9.08
2	p1G18—北票	页岩	67.73	11.93	0.47	2.17	1.02	0.027	2.12	3.1	3.53	1.66	0.34	5.84	99.937				
		去烧失量归一	71.98	12.68	0.50	2.31	1.08	0.03	2.25	3.29	3.75	1.76	0.36		99.99	5.52	2.13	1.46	2.14
3	p1G29—北票	泥岩	63.4	11.69	0.4	2.11	0.37	0.059	2.6	5.61	3.82	1.29	0.62	7.75	99.719				
		去烧失量归一	68.94	12.71	0.43	2.29	0.40	0.06	2.83	6.10	4.15	1.40	0.67		99.98	5.56	2.96	2.16	5.73
4	p1G33—北票	页岩	65.32	13.13	0.55	2.98	0.67	0.03	2.81	1.77	4.34	1.1	0.27	6.83	99.8				
		去烧失量归一	70.26	14.12	0.59	3.21	0.72	0.03	3.02	1.90	4.67	1.18	0.29		99.99	5.85	3.95	0.63	4.46
5	p1G34—北票	泥岩	70.34	13.07	0.44	1.2	0.42	0.018	1.5	1.24	5.64	1.99	0.21	3.57	99.638				
		去烧失量归一	73.22	13.60	0.46	1.25	0.44	0.02	1.56	1.29	5.87	2.07	0.22		100	7.94	2.83	0.83	2.84
6	p1G39—北票	页岩	69.45	9.67	0.4	1.73	1.3	0.024	1.96	2.44	2.99	1.36	0.68	7.79	99.794				
		去烧失量归一	75.49	10.51	0.43	1.88	1.41	0.03	2.13	2.65	3.25	1.48	0.74		100	4.73	2.20	1.24	1.33
7	p1G41—北票	页岩	67.62	12.93	0.61	4.03	0.39	0.052	2.07	1.33	4.81	1.4	0.19	4.44	99.872				
		去烧失量归一	70.86	13.55	0.64	4.22	0.41	0.05	2.17	1.39	5.04	1.47	0.20		100	6.51	3.44	0.64	10.29
8	p1G45—北票	粉砂岩	69.28	14.36	0.4	2.13	0.35	0.043	1.14	1.74	5.69	1.96	0.18	2.29	99.563				
		去烧失量归一	71.22	14.76	0.41	2.19	0.36	0.04	1.17	1.79	5.85	2.01	0.19		99.99	7.86	2.90	1.53	6.08
9	p1T14—北票	泥岩	66.56	13.08	0.38	2.43	2.33	0.03	2.18	1.7	4.76	1.4	0.21	4.99	100.05				
		去烧失量归一	70.02	13.76	0.40	2.56	2.45	0.03	2.29	1.79	5.01	1.47	0.22		100	6.48	3.40	0.78	1.04
10	p2G45—北票	粉砂岩	65.18	13.2	0.62	2.02	1.25	0.035	5.26	2.29	2.28	1.8	0.21	5.93	100.075				
		去烧失量归一	69.23	14.02	0.66	2.15	1.33	0.04	5.59	2.43	2.42	1.91	0.22		100	4.33	1.27	0.43	1.62
11	p4G2—北票	粉砂岩	60.67	14.4	0.76	5.44	0.31	0.062	3.03	3.03	3.4	1.6	0.27	6.38	99.352				
		去烧失量归一	65.26	15.49	0.82	5.85	0.33	0.07	3.26	3.26	3.66	1.72	0.29		100.01	5.38	2.13	1.00	17.73

续表 7-10

序号	样品号—盆地	岩性	SiO_2	Al_2O_3	TiO_2	Fe_2O_3	FeO	MnO	MgO	CaO	K_2O	Na_2O	P_2O_5	Los	总量	Na_2O+K_2O	K_2O/Na_2O	CaO/MgO	Fe_2O_3/FeO
12	p4G13—北票	粉砂岩	72.42	10.91	0.49	1.95	1.08	0.034	1.84	1.8	4.08	1.25	0.32	3.31	99.45				
		去烧失量归一	75.30	11.34	0.51	2.03	1.12	0.04	1.91	1.87	4.24	1.30	0.33		100.0	5.54	3.26	0.98	1.81
13	p9G3-1—北票	页岩	76.49	8.8	0.46	2.96	0.28	0.016	2.07	1.26	2.16	0.8	0.16	4.7	100.2				
		去烧失量归一	80.13	9.22	0.48	3.10	0.29	0.02	2.17	1.32	2.26	0.84	0.17		100.0	3.10	2.70	0.61	10.69
14	p9G4—北票	泥岩	65.78	14.96	0.49	3.52	0.97	0.042	2.15	2.02	3.76	2.61	0.19	3.11	99.6				
		去烧失量归一	68.17	15.50	0.51	3.65	1.01	0.04	2.23	2.09	3.90	2.70	0.20		100.0	6.60	1.44	0.94	3.61
15	p9G5—北票	粉砂岩	64.44	15.91	0.46	3.59	0.5	0.045	2.29	2.84	3.43	3.39	0.22	2.98	100.1				
		去烧失量归一	66.35	16.38	0.47	3.70	0.51	0.05	2.36	2.92	3.53	3.49	0.23		100.0	7.02	1.01	1.24	7.25
16	p9G6—北票	粉砂岩	68.09	15.89	0.46	2.1	0.31	0.05	1.23	2.35	4.19	3.72	0.2	1.51	100.1				
		去烧失量归一	69.06	16.12	0.47	2.13	0.31	0.05	1.25	2.38	4.25	3.77	0.20		100.0	8.02	1.13	1.90	6.87
17	p9G8—北票	粉砂岩	68.09	14.84	0.46	2.69	0.21	0.032	1.68	1.73	4.77	2.92	0.13	2.15	99.7				
		去烧失量归一	69.80	15.21	0.47	2.76	0.22	0.03	1.72	1.77	4.89	2.99	0.13		100.0	7.88	1.63	1.03	12.55
18	p9G17—北票	泥岩	64.74	15	0.42	2.71	0.95	0.039	3.44	2.27	3.22	1.88	0.12	4.91	99.7				
		去烧失量归一	68.30	15.82	0.44	2.86	1.00	0.04	3.63	2.39	3.40	1.98	0.13		100.0	5.38	1.71	0.66	2.86
19	p9G19—北票	页岩	70.17	12.19	0.54	3.35	0.56	0.036	1.75	1.18	5.28	1.1	0.17	3.4	99.73				
		去烧失量归一	72.85	12.65	0.56	3.48	0.58	0.04	1.82	1.23	5.48	1.14	0.18		100.0	6.62	4.80	0.68	6.00
20	1274G3—北票	粉砂岩	57.02	16.19	0.65	4.38	0.38	0.085	4.51	3.84	2.36	2.12	0.35	8.04	99.92				
		去烧失量归一	62.06	17.62	0.71	4.77	0.41	0.09	4.91	4.18	2.57	2.31	0.38		100.0	4.88	1.11	0.85	11.63
21	p2T44—北票	结晶灰岩	23.94	0.087	2.64	0.94	0.17	0.27	2.07	37.74	0.74	0.8	0.11	30.42	99.93				
		去烧失量归一	34.44	0.13	3.80	1.35	0.24	0.39	2.98	54.30	1.06	1.15	0.16		100.0	2.22	0.93	18.22	5.63
22	p21T7—义县	泥晶灰岩	16.23	0.13	3.14	0.83	0.9	0.12	12.72	25.68	0.18	0.77	0.011	38.54	99.25				
		去烧失量归一	26.73	0.21	5.17	1.37	1.48	0.20	20.95	42.30	0.30	1.27	0.02		100.0	1.56	0.23	2.02	0.92

表 7-12 辽西—赤峰地区中生代沉积盆地义县期相对最大湖泛面沉积岩微量元素分析数据($\times10^{-6}$)

序号	样品号—盆地—采样地点	岩性	Li	Rb	Sr	Ba	V	Cr	Co	Ni	Cu	Ga	As	Sr/Ba	Li/Rb	Rb/Sr
1	YDP5G8—建昌—谷家岭	蓝灰色粉砂质泥岩	55.60	143.00	198.00	501.00	91.60	49.90	20.60	36.80	28.90	21.20	3.52	0.40	0.39	0.72
2	YDP5G11—建昌—谷家岭	深灰色粉砂质泥岩	35.50	151.00	269.00	733.00	88.70	52.50	12.90	19.20	25.80	24.30	5.04	0.37	0.24	0.56
3	YDP5G18—建昌—谷家岭	灰色粉砂质泥岩	33.90	170.00	145.00	674.00	75.80	47.80	7.59	14.10	22.80	45.50	4.16	0.22	0.20	1.17
4	YDP6G20—建昌—谷家岭	深灰色粉砂质泥岩	66.00	168.00	164.00	460.00	133.00	66.40	7.46	30.90	38.50	26.90	10.80	0.36	0.39	1.02
5	YDP6G25—建昌—谷家岭	灰色纸片状页岩	95.80	180.00	160.00	461.00	113.00	64.10	8.91	29.40	43.50	27.60	7.22	0.35	0.53	1.13
6	YDP6G24—建昌—谷家岭	深灰色页岩	173.00	151.00	450.00	802.00	89.50	51.90	9.75	26.80	30.80	30.60	13.80	0.56	1.15	0.34
7	P1W4—北票—四合屯	灰色页岩	55.90	173.00	41.00	205.00	170.00	107.00	9.05	70.00	55.50	23.00	13.30	0.20	0.32	4.22
8	P1W18—北票—四合屯	灰色页岩	51.00	182.00	37.50	240.00	213.00	103.00	9.70	68.00	43.00	22.40	28.10	0.16	0.28	4.85
9	P1W33—北票—四合屯	灰色页岩	50.00	208.00	21.50	232.00	148.00	74.20	2.72	27.50	22.50	23.00	49.20	0.09	0.24	9.67
10	P1W39—北票—四合屯	灰色页岩	38.80	168.00	20.20	1850.0	21.00	3.80	1.75	13.20	12.00	11.40	86.80	0.01	0.23	8.32
11	P1W41—北票—四合屯	灰色页岩	30.50	192.00	69.00	342.00	170.00	64.00	5.30	63.00	170.00	20.00	45.20	0.20	0.16	2.78
12	P9W3—1—北票—黄半吉沟	灰白色页岩	43.70	106.00	46.00	210.00	225.00	100.00	17.00	81.00	62.00	17.50	14.80	0.22	0.41	2.30
13	Plw14—北票—四合屯	灰色泥岩	35.60	180.00	28.00	66.00	190.00	76.00	16.00	38.00	32.00	17.00	30.80	0.42	0.20	6.43
14	Plw29—北票—四合屯	灰色泥岩	58.80	154.00	16.30	210.00	20.50	99.00	3.40	25.00	9.05	30.00	31.30	0.08	0.38	9.45
15	Plw34—北票—四合屯	灰色泥岩	28.50	186.00	42.00	260.00	242.00	72.00	3.40	46.00	40.30	21.00	10.90	0.16	0.15	4.43
16	P4W2—北票—大虎掌沟	灰黄色粉砂岩	45.70	144.00	33.30	54.00	36.00	22.00	4.80	7.40	24.00	10.50	12.50	0.62	0.32	4.32
17	P4W13—北票—大虎掌沟	灰黄色粉砂岩	23.50	114.00	30.00	320.00	39.50	15.40	3.40	6.25	29.00	8.70	3.32	0.09	0.21	3.80
18	P2W45—北票—四合屯	灰黄色粉砂岩	57.90	141.00	37.80	313.00	65.00	68.00	5.10	24.00	35.40	24.50	3.92	0.12	0.41	3.73
19	P9W4 -北票—黄半吉沟	灰黄色泥岩	30.90	123.00	32.00	66.00	89.00	76.00	15.00	36.00	30.40	16.00	10.20	0.48	0.25	3.84
20	P9W5 -北票—黄半吉沟	灰黄色粉砂岩	23.90	97.30	23.50	26.00	94.00	86.00	11.50	30.50	18.50	16.00	5.04	0.90	0.25	4.14
21	P9W6 -北票—黄半吉沟	灰黄色粉砂岩	19.30	105.00	15.00	100.00	61.00	82.00	11.50	23.80	15.00	13.80	5.32	0.15	0.18	7.00
22	P9W8 -北票—黄半吉沟	灰黄色粉砂岩	25.10	127.00	17.20	135.00	54.00	56.00	9.10	19.00	20.30	12.50	9.56	0.13	0.20	7.38
23	P9W17 -北票—黄半吉沟	灰色泥岩	61.20	105.00	12.50	41.00	50.50	54.00	21.00	18.40	14.20	15.50	7.00	0.30	0.58	8.40
24	YDP2G19 -赤峰孤山子-沟脑	灰白色泥灰岩	69.40	189.00	377.00	439.00	42.40	17.90	6.10	5.55	9.60	17.60	34.00	0.86	0.37	0.50
25	YDP2G26 -赤峰孤山子-沟脑	灰白色泥灰岩	51.00	175.00	101.00	213.00	53.00	18.10	1.50	5.20	9.10	13.00	3.30	0.47	0.29	1.73

注:序号1～23数据引自辽宁1:5万北票市、上园镇、义县、地藏寺幅区域地质调查成果报告(张立东等,2003);24～25数据为本项目样品测试,测试单位为沈阳地质调查中心实验测试中心。

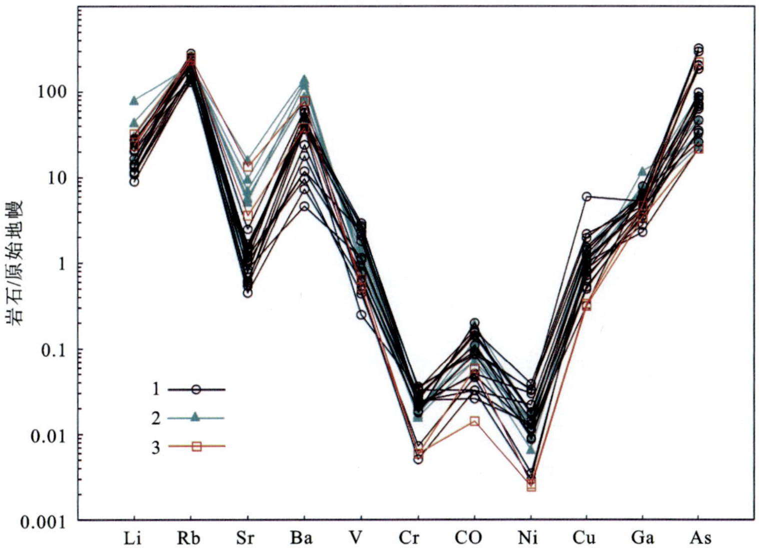

图 7-24　辽西—赤峰地区义县期沉积岩微量元素标准化蛛网图

1.阜新-义县盆地义县期沉积岩；2.建昌盆地义县期沉积岩；3.赤峰市孤山子盆地义县期沉积岩

现代海底泥质样 Ba 的含量变化在 $1000\times10^{-6}\sim6000\times10^{-6}$ 之间，本区沉积岩 Ba 含量变化在 $26\times10^{-6}\sim1850\times10^{-6}$ 之间，平均值为 349.81×10^{-6}，也反映了陆相沉积的特征。

（三）沉积岩的稀土元素特征

辽西—赤峰地区义县期相对最大湖泛面沉积岩的稀土元素含量及参数值见表 7-13。

本区义县期沉积岩的∑REE 为 $126.08\times10^{-6}\sim271.57\times10^{-6}$，平均为 181.49×10^{-6}，与中国东部同类沉积岩的∑REE(鄢明才，1997)对比偏低。对于不同盆地而言，北票-义县地区盆地与赤峰市孤山子盆地义县期沉积岩的∑REE 低于建昌盆地，建昌盆地的稀土总量更接近于中国东部同类沉积岩。在稀土配分曲线图上，辽西—赤峰地区各盆地曲线形态基本一致，呈向右倾斜的平滑曲线，有明显的“V”形负铕异常，但建昌盆地沉积岩的稀土曲线靠近上侧，赤峰市孤山子盆地沉积岩的曲线居中，北票—义县地区盆地沉积岩曲线靠近下侧(图 7-25)。

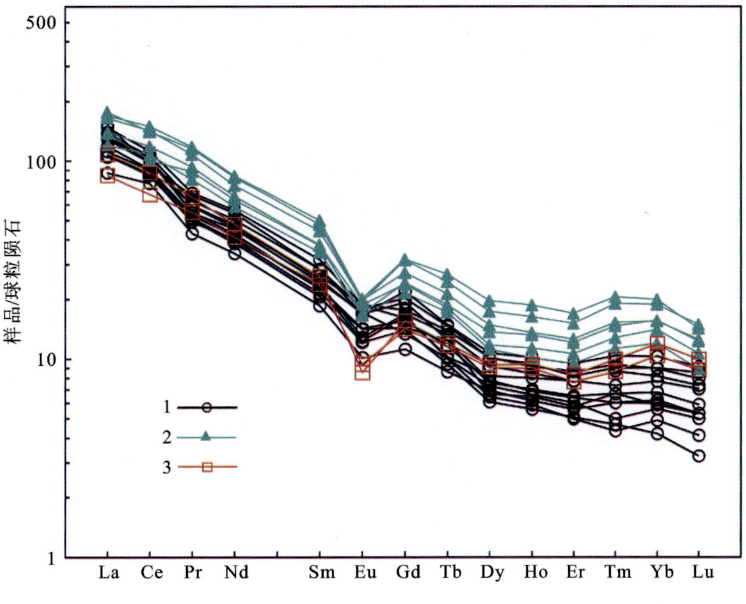

图 7-25　辽西—赤峰地区义县期沉积岩稀土元素配分曲线图

1.北票—义县地区义县期沉积岩；2.建昌盆地义县期沉积岩；3.赤峰市孤山子盆地义县期沉积岩

表 7-13　辽西—赤峰地区中生代沉积盆地义县期相对最大湖泛面沉积岩稀土元素分析数据（$\times10^{-6}$）

序号	样品号—盆地—采样地点	样品岩石名称	La	Ce	Pr	Nd	Sm	Eu	Gd	Tb	Dy	Ho	Er	Tm	Yb	Lu	Y	ΣREE	LREE/HREE	δEu	δCe
1	9YD2G3—义县—全心店	灰色粉砂质泥岩	35.99	70.27	8.37	31.54	5.72	1.20	5.21	0.74	3.58	0.66	1.92	0.34	2.03	0.29	23.32	167.86	10.37	0.66	0.92
2	P1x14—北票—四合屯	泥灰色岩	27.91	60.62	4.81	19.77	3.44	0.72	2.86	0.43	2.37	0.43	1.25	0.18	1.11	0.18	9.53	126.08	13.31	0.68	1.14
3	P1x29—北票—四合屯	灰色泥岩	34.13	66.62	5.49	23.34	4.43	0.91	4.33	0.66	3.15	0.59	1.73	0.26	1.52	0.25	15.73	147.41	10.80	0.63	1.05
4	P1x34—北票—四合屯	灰色泥岩	33.56	69.11	5.72	22.94	3.96	1.00	3.67	0.62	2.28	0.45	1.29	0.20	1.09	0.18	10.91	146.07	13.94	0.79	1.08
5	P1x45—北票—四合屯	灰黄色粉砂岩	35.75	70.74	5.63	22.22	3.82	0.86	3.57	0.47	2.08	0.39	1.14	0.14	0.78	0.11	9.10	147.70	16.02	0.70	1.07
6	P2x45—北票—四合	灰黄色粉砂岩	38.09	71.38	5.91	24.23	4.18	0.87	4.22	0.50	2.21	0.41	1.12	0.13	0.91	0.14	9.39	154.30	15.01	0.63	1.02
7	P9x4—北票—黄半吉沟	灰黄色泥岩	47.11	88.22	7.72	32.48	5.86	1.33	4.53	0.69	3.48	0.64	1.94	0.28	1.66	0.27	16.11	196.21	13.54	0.76	1.00
8	P9x8—北票—黄半吉沟	灰黄色粉砂岩	44.69	79.50	6.64	27.42	4.68	1.20	4.95	0.62	2.67	0.48	1.43	0.18	1.15	0.18	11.91	175.79	14.08	0.76	0.98
9	P9x17—北票—黄半吉沟	灰黄色泥岩	41.95	79.80	6.09	24.69	4.23	1.01	3.98	0.58	2.60	0.49	1.46	0.20	1.26	0.20	11.63	168.54	14.65	0.74	1.05
10	P4x2—北票—大虎掌沟	灰黄色粉砂岩	43.84	83.45	7.01	29.16	5.25	1.19	5.63	0.74	3.67	0.71	2.13	0.31	1.91	0.31	17.64	185.31	11.03	0.67	1.02
11	P4x13—北票—大虎掌沟	灰黄色粉砂岩	48.59	75.12	7.48	31.49	5.24	1.28	5.18	0.73	3.45	0.66	1.84	0.27	1.67	0.29	17.94	183.29	12.01	0.74	0.84
12	YDP5G8-建昌—谷家岭	蓝灰色粉砂质泥岩	38.57	84.61	9.09	34.07	6.42	1.19	5.53	0.87	3.84	0.71	2.14	0.34	2.23	0.30	25.80	189.89	10.90	0.59	1.03
13	YDP5G11-建昌—谷家岭	深灰色粉砂质泥岩	44.86	93.55	10.50	38.57	6.99	1.34	6.12	0.91	4.04	0.79	2.39	0.38	2.62	0.36	26.93	213.45	11.11	0.61	0.98
14	YDP5G18-建昌—谷家岭	灰色粉砂质泥岩	52.80	112.22	12.13	43.66	8.22	1.41	7.00	1.07	5.10	0.95	2.83	0.46	2.89	0.43	32.38	251.18	11.11	0.56	1.01
15	YDP6G20-建昌—谷家岭	深灰色粉砂质泥岩	56.67	110.93	12.95	48.12	8.86	1.39	8.11	1.23	6.00	1.15	3.40	0.57	3.52	0.51	41.73	263.41	9.75	0.49	0.93
16	YDP6G25-建昌—谷家岭	灰色纸片状页岩	44.12	79.17	9.96	36.95	6.95	1.21	6.23	0.94	4.70	0.93	2.72	0.44	2.92	0.42	32.04	197.66	9.24	0.55	0.86
17	YDP6G24-建昌—谷家岭	深灰色页岩	54.37	118.05	13.22	48.92	9.28	1.44	8.18	1.34	6.78	1.31	3.84	0.62	3.73	0.49	41.66	271.57	9.33	0.49	1.01
18	YD2G19—赤峰孤山子—沟脑	灰白色泥灰岩	34.80	68.80	7.35	27.70	4.84	0.61	3.97	0.60	3.22	0.66	1.88	0.30	2.23	0.34	16.60	157.3	10.92	0.41	0.97
19	YDP2G26—赤峰孤山子—沟脑	灰白色泥灰岩	27.20	53.50	6.12	23.80	4.38	0.67	3.62	0.58	3.11	0.63	1.73	0.26	1.94	0.30	16.50	127.84	9.50	0.50	0.94

注：序号1～11数据引自辽宁1∶5万北票市、上园镇、义县、地藏寺幅区域地质调查成果报告（张立东等，2003）；12～19数据为本项目样品测试，测试单位为沈阳地质调查中心实验测试中心。

义县期沉积岩的 LREE/HREE 为 9.24～16.82，平均为 12.24，$(La/Yb)_N$ 比值为 9.47～30.97，平均为 17.18，说明本区沉积岩均属于轻稀土元素富集型。此外，它们的 δEu 值也比较接近，在 0.41～0.91之间，平均为 0.66，呈现明显的负铕异常。δCe 值在 0.84～1.14 之间，平均为 1.00，无铈异常。

从各个盆地的 LREE/HREE 比值和$(La/Yb)_N$ 比值来看，建昌盆地和赤峰市孤山子盆地的沉积岩稀土分馏程度接近，小于北票—义县地区沉积岩的稀土分馏程度。

第三节 冀北地区义县期火山-沉积作用及地球化学特征

冀北地区义县期火山-沉积盆地也非常发育，主要包括滦平盆地、森吉图盆地、凤山盆地、花吉营盆地、围场县清泉盆地和平泉盆地等。这些盆地都充填了大量的火山、沉积地层，但不同盆地的火山作用、沉积作用发育程度不同，造成不同盆地充填的物质成分有较大差异。比如，滦平盆地义县期火山作用不发育，形成了比较连续的沉积地层，产有丰富的叶肢介、介形类化石；森吉图盆地火山作用发育，既有大量的火山溢流相熔岩、爆发相碎屑岩堆积，又有在火山间歇期形成的系列湖相沉积层，同时也保存了丰富的生物化石。

一、滦平盆地的火山-沉积作用

滦平盆地呈北东向展布，跨越了中生代中、晚期地质历史发展阶段，由东南部向北西逐步扩展。在盆地演化早期阶段，火山作用较强，形成了大量的火山岩及其碎屑岩，而沉积作用相对较弱，形成了以类磨拉石建造为主体的沉积岩，盆地先后充填了九龙山组、髫髻山组、后城组、张家口组和大北沟组。在盆地演化晚期阶段，火山作用较弱，而沉积作用占据主导地位，形成了局部夹火山岩的类复理石建造，盆地先后充填了大店子组、西瓜园组和九佛堂组，其中大店子组和西瓜园组相当于义县期沉积地层。除了在局部地区可见大店子组与西瓜园组之间为平行不整合接触关系外，大店子组与下伏大北沟组、大店子组与西瓜园组、西瓜园组与上覆地层九佛堂组之间为整合接触，总体上反映一种连续沉积的特点。

（一）滦平县火斗山乡张家沟一带义县期早期的盆地充填系列及形成环境

滦平盆地火斗山乡张家沟一带，义县期早期沉积地质体为大店子组，主体形成环境以滨浅湖-浅湖为主，部分地段达到深湖相；由于在周边地区有火山活动，在本区局部地段形成了少量火山空落相沉积，充填系列及具体形成环境自下而上为：

大北沟组上部

(1) 灰绿色蒙脱石化沉凝灰岩，为湖水参与的火山爆发沉积相，厚 1.77m。

(2) 下部为灰绿色、灰黄色中薄层凝灰质粉砂岩夹薄层凝灰质细砂岩，上部为黄绿色薄层凝灰质中细粒砂岩、粉砂岩，形成环境为伴随周边火山断续活动的滨浅湖相，厚 7.94m。

(3) 黄绿色、灰黑色薄层泥岩、粉砂质泥岩，夹灰黄色、黄绿色、灰色泥灰岩透镜体及薄层粉砂岩，属浅湖相沉积，产丰富的介形类、叶肢介及腹足类化石，厚 59.23m。

———— 整合 ————

大店子组一段

(4) 黄褐色、黄绿色中厚—厚层状含砾中粗粒长石砂岩、岩屑砂岩与中粒长石砂岩，夹黄绿色、灰绿色薄层粉砂质泥岩(图 7-26)，属滨湖相沉积，厚 10.56m。

(5) 灰绿色粉砂质泥岩、泥质粉砂岩，夹粉砂岩、含砾长石砂岩或岩屑砂岩，为滨浅湖相沉积，厚 36m。

(6) 灰绿色、黄绿色泥岩夹钙质粉砂岩或泥灰岩透镜体，夹黄绿色薄层细粒长石/岩屑砂岩，为浅湖相沉积环境，厚 30m。

(7) 黄褐色薄层(局部含细砾)中细粒岩屑长石砂岩，夹黄灰色粉砂质泥岩，形成环境为震荡性的滨湖水体，厚 11.2m。

(8) 灰绿色粉砂质泥岩，夹褐黄色钙质粉砂岩、泥灰岩团块，含细砾岩屑长石砂岩，产介形类、双壳类、腹足类等化石，形成环境为滨浅湖相，厚 26.41m。

(9) 灰黑色—灰褐色—灰绿色粉砂质泥岩、泥质粉砂岩，夹灰黄色—灰色泥灰岩透镜体、页岩、粉砂岩、长石砂岩，产丰富的介形类及少量的叶肢介、腹足类、双壳类化石，为半深湖相沉积，厚 57.22m。

(10) 灰绿色、灰黑色粉砂质泥岩、粉砂岩，夹灰黑色页岩，含丰富的介形类，少量的叶肢介及双壳类化石，属深湖相沉积，厚 18.15m。

(11) 黄褐色中薄—中厚层石英长石砂岩，夹灰绿色泥质粉砂岩，为浅湖相沉积，厚 13.63m。

(12) 灰黄色、灰绿色、灰褐色中厚—厚层中粗粒石英长石砂岩(局部含砾)，夹灰绿色粉砂岩、粉砂质泥岩，为震荡性的滨浅湖水体沉积，厚 20.53m。

———— 整合 ————

大店子组二段

(13) 底部为黄褐色、灰黄色巨厚层火山岩质细砾岩，向上为灰绿色中厚层含砾粗砂岩与泥质粉砂岩互层，扇三角洲相—滨湖相沉积，厚 35.39m。

图 7-26　滦平县火斗山乡三道沟西山大店子组一段下部基本层序

(14) 灰色、灰绿色、灰白色长石砂岩(局部含细砾，发育斜层理、交错层理)与灰绿色中薄层粉砂岩、粉砂质泥岩互层，为滨湖三角洲沉积，厚 37.67m。

(15) 灰绿色粉砂质泥岩，夹厚层黄绿色长石细砂岩、粉砂岩，含叶肢介、腹足类化石，浅湖相沉积，厚 6.85m。

(16) 灰绿色、黄绿色粉砂质泥岩与中薄层细粒岩屑长石砂岩(发育交错层理)互层，局部夹灰褐色中厚层含砾粗粒岩屑长石砂岩，属滨湖相沉积，厚 12.97m。

(17) 灰绿色粉砂质泥岩，黄绿色、灰黄色钙质粉砂岩与泥质粉砂岩，夹灰褐色中厚—薄层长石砂岩、钙质泥岩团块、铁质结核及团块，产狼鳍鱼、叶肢介、介形类、双壳类和腹足类等化石，属浅湖相沉积，厚 91.34m。

———— 整合 ————

大店子组三段

(18) 灰色、黄灰色中—厚层中细粒岩屑长石砂岩与灰绿色细粒岩屑长石砂岩，上部为灰绿色粉砂岩，产介形类、叶肢介化石。底部局部含砾，发育斜层理，为扇三角洲—滨湖相沉积，厚 7.94m。

(19) 灰黑色、灰褐色粉砂岩与粉砂质泥岩互层，产介形类、叶肢介、双壳类、少量裂鳞果和植物碎片等化石，为浅湖相沉积，厚 30.5m。

(20) 灰色、灰黑色薄层钙泥质粉砂岩，钙质、粉砂质泥岩与夹灰褐色纹层状泥灰岩互层，产介形类、叶肢介、双壳类、腹足类和裂鳞果等化石，为浅湖—深湖相沉积，厚 61.89m。

(21) 下部灰黑色、灰色钙质粉砂质泥岩，中上部为灰黑色、灰褐色页岩，产介形类、叶肢介化石，深湖相沉积，厚 21.86m。

———————— 整合 ————————

大店子组四段

(22) 下部为灰色、灰黄色薄层钙质、钙泥质细砂岩与砂质泥灰岩互层，上部为灰色、浅灰色薄层钙泥质粉砂岩夹灰黄色薄—中厚层砂质泥灰岩与钙质细砂岩，下部泥灰岩产叶肢介、介形类和腹足类化石，为浅湖相沉积，厚 8.44m。

(23) 深灰色泥页岩、粉砂质泥页岩与黄灰色薄层—微薄层泥灰岩互层，产介形类、叶肢介、双壳类和螺口盖等化石，为浅湖—深湖相沉积，厚 52.59m。

(24) 深灰色极薄层含钙粉砂质泥岩、泥页岩，夹黄灰色中厚—中薄层泥灰岩透镜体，局部产介形类和叶肢介化石，属深湖相沉积，厚 31.02m。

———————— 整合或平行不整合 - - - - - - - - - -

上覆地层：西瓜园组 黄灰色、灰白色巨厚层状砂质砾岩夹黄绿色含砾中细粒岩屑杂砂岩

(二) 滦平县火斗山乡铃铛木沟—半道一带义县期晚期的盆地充填系列及形成环境

在滦平盆地火斗山乡铃铛木沟—半道一带，义县期晚期沉积地质体为西瓜园组地层，主体形成环境以浅湖-深湖为主，部分地段表现为滨浅湖，充填系列及具体形成环境自下而上为：

下伏地层：大店子组三段黄褐色、灰紫色气孔杏仁状安山岩，为火山溢流相

- - - - - - - - - - 平行不整合 - - - - - - - - - -

西瓜园组

(1) 灰紫色、灰绿色厚层粉砂泥质胶结安山岩质粗砾岩，黄绿色巨厚层砂泥质胶结中细砾复成分砾岩，夹灰绿色薄层泥质粉砂岩、含砾长石岩屑细砂岩，为盆缘扇三角洲—滨湖相沉积，厚 74.8m。

(2) 黄褐色、灰绿色厚层—巨厚层钙泥质粗粉砂岩与黄褐色中厚—薄层—页片状钙质粉砂质泥岩，粗粉砂岩主要集中在下部，属浅湖相沉积，厚 43.2m。

(3) 灰绿色、黄绿色页片状—薄板状钙泥质粉砂岩与黄褐色薄层—厚层岩屑长石细砂岩互层，为滨浅湖相沉积，厚 28.8m。

(4) 黄绿色、灰绿色薄层钙泥质粉砂岩和薄层钙质粉砂质泥岩，偶夹深灰色薄层泥灰岩，局部有少量叶肢介化石，为浅湖-深湖相沉积，厚 38.3m。

(5) 灰绿色薄层—页片状钙泥质粉砂岩、粉砂质泥岩与灰色钙质岩屑长石细砂岩互层，为浅湖相沉积，厚 38.3m。

(6) 黄褐色厚—巨厚层粗粉砂岩与灰绿色页片状钙质粉砂质泥岩互层，粉砂岩在小范围内快速膨大，局部含有细砾，为震荡性滨浅湖相的沙坝沉积，厚 19.4m。

(7) 灰绿色薄层—页片状钙质粉砂质泥岩夹钙泥质粉砂岩和含粉砂泥灰岩薄层，为浅湖—深湖相沉积，厚 12.8m。

(8) 灰绿色薄层钙质粉砂质泥岩、钙泥质粉砂岩与黄绿色、黄褐色薄板—纹层状粉砂质泥灰岩互层，局部有少量叶肢介化石，为浅湖相沉积，厚 46.3m。

(9) 灰绿色、灰黑色薄层—页片状钙质粉砂质泥岩，与黄褐色薄板—薄层状粉砂质泥灰岩互层，上

2）不相容元素（Li、Rb、Sr、Ba、Pb 等）

本区义县期火山岩的 Li 含量为 $27.6\times10^{-6}\sim53.4\times10^{-6}$，Rb 含量为 $42.8\times10^{-6}\sim77.86\times10^{-6}$，Sr 为 $7.25\times10^{-6}\sim877\times10^{-6}$，Ba 为 $295\times10^{-6}\sim1918\times10^{-6}$，Pb 为 $16.4\times10^{-6}\sim73.1\times10^{-6}$，Zn 为 $103.1\times10^{-6}\sim469\times10^{-6}$。可见，除 Zn 元素和少量样品的 Sr 元素外，不相容元素含量均普遍高于上地幔。与中国同类火山岩对比，粗面安山岩的 Rb 含量略高，Li、Sr、Ba、Pb 明显偏高；酸性岩类的 Rb、Pb 含量相当，Li、Sr、Ba 偏高。

3）微量元素蛛网图

在微量元素蛛网图上（图 7－32），滦平盆地义县期火山岩的不相容元素 Li、Rb、Sr、Ba、Pb 相对原始地幔富集，而相容元素 Cr、Ni、Co 相对原始地幔明显亏损，V、Cu、Zn 元素相对原始地幔变化不大。比较之下，铃铛木沟大店子组粗面安山岩微量元素曲线与干沟门西瓜园组粗面安山岩微量元素曲线比较接近，而马圈子东坡大店子组沉凝灰岩曲线与李营西山大店子组英安岩、流纹岩曲线具有较高的吻合度。干沟门粗面安山岩的 Sr 元素比其他火山岩呈现更明显的负异常，可能与岩石经历了较强的热液蚀变有关。

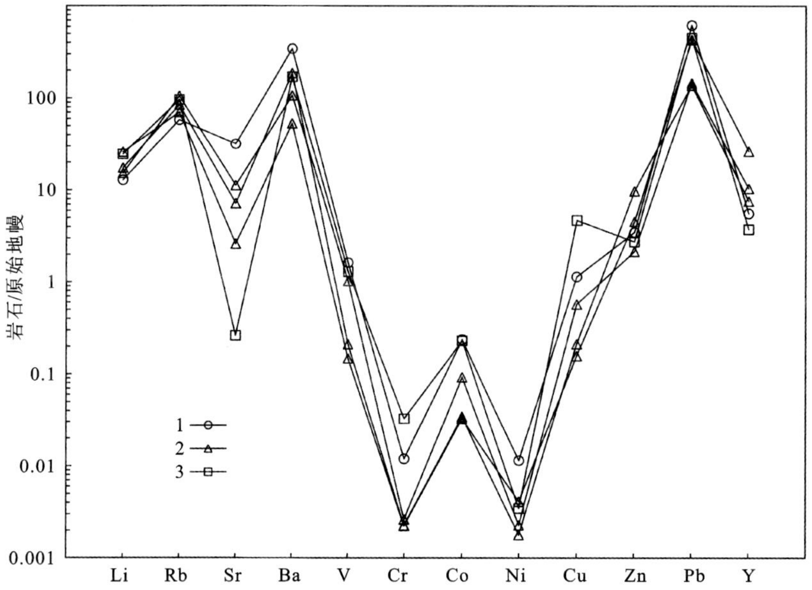

图 7－32　滦平盆地义县期火山岩微量元素地幔标准化蛛网图

（原始地幔元素丰度采用 Taylor，McLennan，1985；Wanke et al，1984 数据）

1. 铃铛木沟粗面安山岩；2. 李营西山英安岩、流纹岩，马圈子东坡沉凝灰岩；3. 干沟门粗面安山岩

3. 义县火山旋回稀土元素特征

滦平盆地义县期火山岩的稀土元素分析数据及其参数见表 7－15。其 $\sum$REE 为 $138.46\times10^{-6}\sim576.25\times10^{-6}$，多数在 $138\times10^{-6}\sim232\times10^{-6}$ 之间。与中国同类火山岩的 $\sum$REE（鄢明才等，1996）对比，粗面安山岩类大致相当，而酸性岩类偏高。

义县期火山岩的 LREE/HREE 在 7.46～13.12 之间，平均为 10.62，说明均属于轻稀土元素中等富集型。另外，$(La/Yb)_N$ 比值在 7.48～18.82 之间，平均为 14.08，也说明轻稀土元素中等富集。

义县期火山岩 δEu 值在 0.14～0.88 之间。其中，马圈子东坡大店子组沉凝灰岩铕负异常最为明显（δEu 为 0.14），其次为李营大店子组夹层火山岩，δEu 为 0.47～0.73。粗面安山岩类具轻微铕负异常，δEu 为 0.82～0.88。

稀土元素配分曲线均为向右倾斜的曲线（图 7－33）。铃铛木沟粗面安山岩与干沟门粗面安山岩的曲线比较相似，马圈子东坡大店子组沉凝灰岩与李营大店子组夹层火山岩的曲线具有类似的趋势。此外，随着火山岩酸性程度的增加，火山岩的铕负异常加强，反映此区火山岩浆经历了较好的分异作用。

表 7－14　滦平盆地义县期火山岩微量元素分析数据表（$\times10^{-6}$）

样品号—盆地—层位—位置	样品岩石名称	Li	Rb	Sr	Ba	V	Cr	Co	Ni	Cu	Zn	Pb	Y
YDP4G0—滦平—大店子组—铃铛木沟	灰色粗面安山岩	27.6	42.8	877	1918	133	35.5	24.60	24	32.3	167	73.1	18.7
9YD21G16—滦平—大店子组—李营	紫红色流纹岩	37.4	62.7	197	1041	17.1	6.78	3.58	3.73	5.97	469	16.4	25.5
9YD21G14 滦平—大店子组—李营	灰色气孔状英安岩	32.72	77.86	310.19	596	83.09	7.825	9.62	4.75	16.1	103.31	17.275	34.9
YD26bG1 滦平—大店子组—马圈子东坡	蓝灰色沉凝灰岩	55.398	51.86	71.73	295	12.02	6.68	3.42	8.58	4.43	219.41	50.98	89.7
9YDG42—滦平—西瓜园组—干沟门	灰色粗面安山岩	52.8	71.4	7.25	943	106	97.8	24.00	47.5	132	132	53.4	12.6

注：数据为本项目样品测试，测试单位为沈阳地质调查中心实验测试中心。

表 7－15　滦平盆地义县期火山岩稀土元素分析数据表（$\times10^{-6}$）

样品号—盆地—层位—位置	样品岩石名称	La	Ce	Pr	Nd	Sm	Eu	Gd	Tb	Dy	Ho	Er	Tm	Yb	Lu	Y	∑REE	LREE/HREE	δEu	δCe
YDP4G0—滦平—大店子组—铃铛木沟	灰色粗面安山岩	50.70	103.00	13.80	50.80	8.54	2.12	6.87	0.96	4.36	0.80	2.11	0.27	1.82	0.26	18.70	246.41	13.12	0.82	0.90
9YD21G14—滦平—大店子组—李营	灰色气孔状安山岩	71.74	125.06	18.63	72.66	13.30	3.01	11.22	1.56	6.96	1.21	3.31	0.45	2.69	0.35	34.86	332.15	10.97	0.73	0.79
9YD21G16—滦平—大店子组—李营	紫红色流纹岩	41.10	73.88	8.24	33.60	5.73	0.86	5.21	0.67	4.58	0.89	2.63	0.42	2.66	0.37	25.52	180.84	9.38	0.47	0.90
YD26bG1 滦平—大店子组—马圈子东坡	蓝灰色沉凝灰岩	125.44	223.60	29.05	108.78	20.37	0.91	18.64	3.15	17.58	3.54	10.56	1.82	11.33	1.48	89.67	576.25	7.46	0.14	0.84
9YDG42—滦平—西瓜园组—干沟门	灰色粗面安山岩	28.20	57.40	7.19	28.60	5.20	1.35	3.95	0.56	2.65	0.44	1.31	0.20	1.22	0.19	12.60	138.46	12.16	0.88	0.93

注：数据为本项目样品测试，测试单位为沈阳地质调查中心实验测试中心。

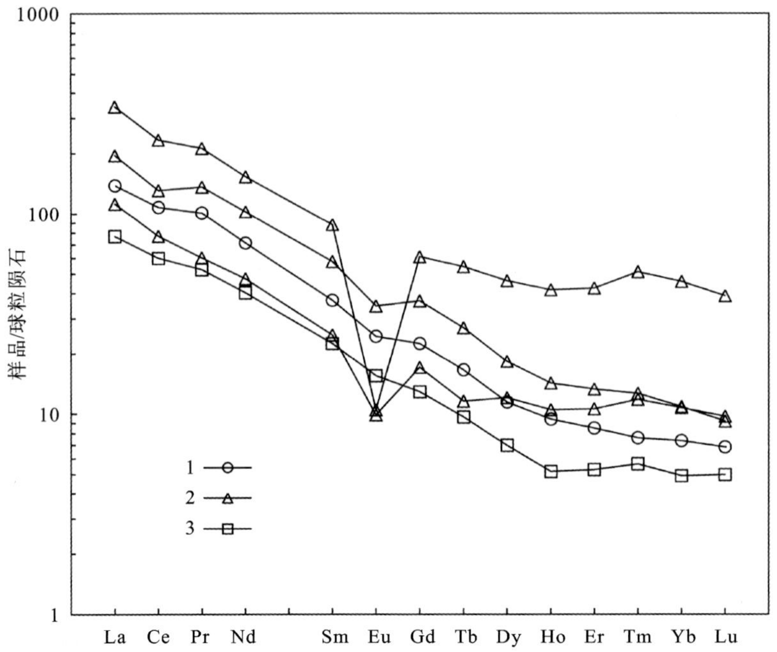

图 7-33　滦平盆地义县期火山岩稀土元素配分曲线图

1.铃铛木沟粗面安山岩；2.李营西山英安岩、流纹岩，马圈子东坡沉凝灰岩；3.干沟门粗面安山岩

（二）清泉—花吉营—森吉图盆地义县期火山岩地球化学特征

1. 义县火山旋回主量元素地球化学特征

围场县清泉盆地、丰宁县花吉营盆地和森吉图盆地中生代火山岩比较发育，火山作用贯穿了张家口期、大北沟期和义县期。比较之下本区火山作用明显强于滦平盆地。

按全碱-二氧化硅（TAS）图解（图 7-34），本区义县期火山岩总体偏碱性，有相当一部分投影在碱性岩范围，其余样品也靠近碱性岩与亚碱性岩分界。围场县清泉盆地火山岩主要为玄武质粗面安山岩、粗面安山岩、粗面英安岩和英安岩；丰宁县花吉营盆地火山岩偏基性，主要为玄武质粗面安山岩、粗面安山岩；森吉图盆地火山岩主体为中性岩—粗面安山岩、粗面岩，少量偏基性、偏酸性，为玄武粗面安山岩和流纹岩。围场—森吉图—花吉营盆地义县期火山岩的硅酸盐全分析数据见表 7-16。

在莱特岩系碱度率图解上（图 7-35），本区义县期火山岩主要投影于碱性岩区，少量投影于钙碱性岩区，反映了火山岩偏碱性的特点，也从侧面印证本区在义县期所处构造环境为活动大陆边缘。比较之下，森吉图盆地和围场清泉盆地的火山岩比花吉营盆地火山岩更多地投影于碱性岩区。

本区义县期火山岩 SiO_2 的含量变化在 51.02%～76.41%之间，Al_2O_3 含量介于 11.99%～17.28%之间，平均为 15.50%，与中国同类火山岩（鄢明才等，1996）相比偏低。火山岩的 ACNK[即 Al_2O_3/($CaO+K_2O+Na_2O$)]在 0.72～1.01 之间，除了森吉图的流纹岩为 1.01 外，其他都小于 1，说明本区义县期火山岩以正常系列为主。

MgO 含量在 0.20%～4.86%之间，其中，粗面安山岩类 MgO 为 1.28%～4.14%，平均 2.53%，与中国同类火山岩相比偏低；流纹岩类 MgO 为 0.2%，与中国同类火山岩相比也略显偏低。与义县地区义县期火山岩比较，本区义县期火山岩 MgO 明显偏低，也低于建昌—凌源地区火山岩。

CaO 含量在 0.41%～6.32%之间，平均为 4.45%。其中粗面安山岩类 CaO 为 2.93%～5.72%，平均 4.64%，与中国同类火山岩相比偏低；流纹岩类 CaO 为 0.41%，与中国同类火山岩相比也略显偏低。与义县地区的义县期同类火山岩比较，CaO 明显偏低。

表 7-16　围场清泉—森吉图—花吉营盆地义县期火山岩硅酸盐全分析数据表(%)

序号	样品号—盆地	岩性	SiO_2	Al_2O_3	Fe_2O_3	FeO	TiO_2	CaO	MgO	K_2O	Na_2O	MnO	P_2O_5	Los	Total	K_2O/Na_2O	A.R 全碱	ACNK	σ
1	507-YQ65—森吉图	安山岩	56.46	15.46	2.45	5.39	2.70	4.29	2.59	2.68	4.63	0.09	0.75	1.52	99.01	0.58	7.5	0.84	3.77
2	507-YQ64—森吉图	粗安岩	60.86	16.72	2.74	2.56	1.62	2.54	0.83	4.80	5.54	0.09	0.38	0.70	99.38	0.87	10.47	0.88	5.87
3	507-YQ63—森吉图	安山岩	53.82	14.80	6.90	2.47	3.16	5.24	2.77	3.25	4.30	0.13	1.06	1.86	99.76	0.76	7.71	0.74	4.97
4	507-YQ62—森吉图	安山岩	56.14	13.92	4.76	4.39	3.33	4.92	3.11	3.05	4.20	0.11	0.91	0.61	99.45	0.73	7.34	0.73	3.90
5	507-YQ60—森吉图	流纹岩	75.04	11.78	0.96	1.37	0.16	0.40	0.20	4.71	3.54	0.02	0.03	1.28	99.49	1.33	7.2	1.01	2.11
6	507-YQ61—森吉图	安山岩	55.02	13.77	6.24	2.23	3.33	4.61	1.63	3.56	3.06	0.09	0.69	5.68	99.91	1.16	6.5	0.80	3.21
7	YQ71—围场清泉	安山岩	59.46	15.77	7.02	0.74	1.49	2.90	1.27	3.75	4.92	0.99	0.65	2.30	101.26	0.76	8.76	0.91	4.49
8	Yq2043—围场清泉	安山岩	62.82	15.62	4.05	0.48	0.50	2.66	1.42	3.56	4.47	0.07	0.25	2.29	98.19	0.80	8.37	0.97	3.11
9	P13YQ3—围场清泉	安山岩	56.08	17.08	6.41	1.13	0.90	4.67	2.58	3.81	5.45	0.11	0.62	1.45	100.29	0.70	9.36	0.79	6.38
10	P20YQ1—围场清泉	安山岩	53.92	14.90	5.31	4.00	2.00	6.17	3.66	2.75	3.97	0.12	0.83	2.47	100.1	0.69	6.89	0.72	3.88
11	P13YQ1—围场清泉	粗安岩	64.40	15.33	3.83	0.84	0.60	2.69	1.45	4.50	4.62	0.07	0.28	1.47	100.08	0.97	9.25	0.88	3.84
12	$518P_{2-1}$—花吉营	粗面安山岩	56.98	15.29	5.78	2.47	1.97	4.73	2.60	3.26	3.90	0.12	0.45	1.46	99.01	0.84	7.34	0.82	3.50
13	S55—花吉营	玄武质粗面安山岩	54.19	15.20	8.46	2.93	2.05	5.43	1.95	2.74	3.48	0.13	0.85	2.63	100.04	0.79	6.38	0.82	3.22
14	S51—花吉营	粗面安山岩	55.81	15.46	6.76	2.27	1.70	4.03	4.04	3.02	3.72	0.10	0.64	2.24	99.79	0.81	6.91	0.93	3.36
15	S56—花吉营	玄武质粗面安山岩	49.72	15.62	5.81	6.35	2.20	5.50	4.74	2.36	3.92	0.13	1.10	2.38	99.83	0.60	6.44	0.82	5.17
16	S58—花吉营	玄武质粗面安山岩	53.67	15.79	8.54	2.13	1.75	4.87	2.44	3.02	3.92	0.12	0.82	2.40	99.47	0.77	7.15	0.85	4.16
17	S60—花吉营	粗面安山岩	56.17	15.05	7.42	2.93	1.65	4.30	2.20	3.20	3.68	0.13	0.74	2.23	99.7	0.87	7.06	0.87	3.41
18	S61—花吉营	粗面安山岩	57.20	14.77	5.99	2.96	1.67	4.27	2.33	3.82	3.66	0.10	0.67	2.85	100.29	1.04	7.52	0.82	3.76
19	S63—花吉营	粗面安山岩	56.43	15.21	6.29	3.12	1.66	4.22	1.87	4.04	4.22	0.17	0.63	2.27	100.13	0.96	8.44	0.80	4.86
20	XY-14—花吉营	粗面安山岩	58.82	15.34	5.66	1.82	1.39	4.69	2.56	3.43	3.91	0.11	0.40	1.52	99.65	0.88	7.48	0.82	3.30
21	$511P_7$-8—花吉营	玄武质粗面安山岩	53.42	15.61	5.18	4.93	2.10	6.17	4.05	2.56	4.19	0.16	0.62	0.96	99.95	0.61	6.82	0.75	4.24
22	$511P_7$-7—花吉营	粗面安山岩	57.90	14.41	6.19	2.20	2.10	5.27	2.31	3.25	3.38	0.14	0.80	1.41	99.36	0.96	6.77	0.77	2.84
23	XY-13—花吉营	粗面安山岩	56.44	14.87	6.41	2.33	1.77	5.61	3.08	3.06	3.67	0.13	0.67	1.65	99.69	0.83	6.86	0.76	3.23
24	$511P_7$-3—花吉营	粗面安山岩	58.32	15.88	6.16	1.92	1.55	4.28	2.13	3.12	3.94	0.13	0.55	1.79	99.77	0.79	7.2	0.90	3.14

注:数据 1～6 引自河北 1:5万森吉图等 4 幅区域地质调查报告(毕子威等,1991);7～11 引自河北 1:5万龙头山、围场县等 4 幅区域地质调查报告(李增勇等,1996);12～24 引自河北 1:5万化吉营等 3 幅区域地质调查报告(徐鹏彪等,1991)。

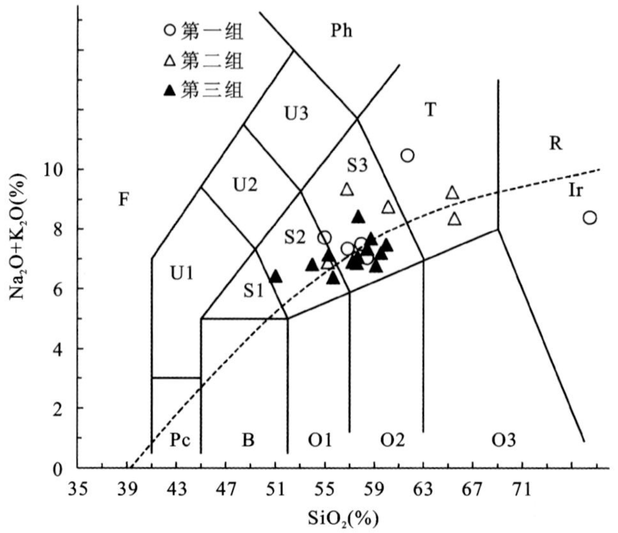

图 7-34　围场清泉-花吉营—森吉图盆地义县期火山岩全碱-二氧化硅(TAS)图解

(据 Le Maitre R W et al,1989)

第一组.森吉图盆地义县期火山岩;第二组.围场清泉盆地义县期火山岩;第三组.丰宁花吉营盆地义县期火山岩;Pc.苦橄玄武岩;B.玄武岩;O1.玄武安山岩;O2.安山岩;O3.英安岩;R.流纹岩;S1.粗面玄武岩;S2.玄武质粗面安山岩;S3.粗面安山岩;T.粗面岩、粗面英安岩;F.副长石岩;U1.碱玄岩、碧玄岩;U2.响岩质碱玄岩;U3.碱玄质响岩;Ph.响岩;Ir.Irvine分界线,上方为碱性,下方为亚碱性

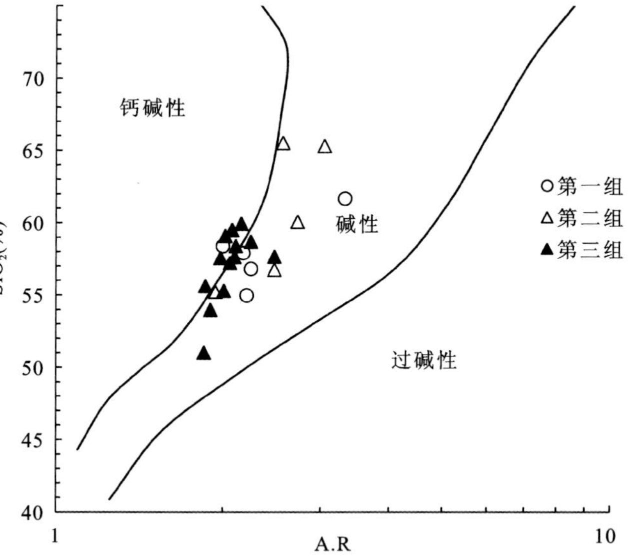

图 7-35　围场清泉—花吉营—森吉图盆地义县期火山岩 A.R-二氧化硅(TAS)图解

(据 Wright J B,1969)

第一组.森吉图盆地义县期火山岩;第二组.围场清泉盆地义县期火山岩;第三组.丰宁花吉营盆地义县期火山岩

本区义县期火山岩的 TiO_2 含量(0.16%～3.53%)变化较大,平均为 1.85%,与北票义县地区火山岩比较相对偏低。

本区义县期火山岩 N_2O+K_2O 总量几乎均在 5%以上(6.38%～10.47%),平均为 7.65%,明显富碱,普遍高于世界和中国的同类火山岩(勒·曼特尔,1978;鄢明才等,1996)。多数火山岩的 Na_2O 大于 K_2O,K_2O/Na_2O 在 0.58～1.33 之间,平均为 0.84。

在 K_2O-SiO_2 相关图解上(图 7-36),样品投影于高钾钙碱性系列与钾玄岩系列区交界附近,说明本区义县期火山岩相对富钾(K_2O)。比较之下,围场清泉盆地的义县期火山岩和森吉图盆地的火山岩比花吉营盆地的火山岩更富钾。

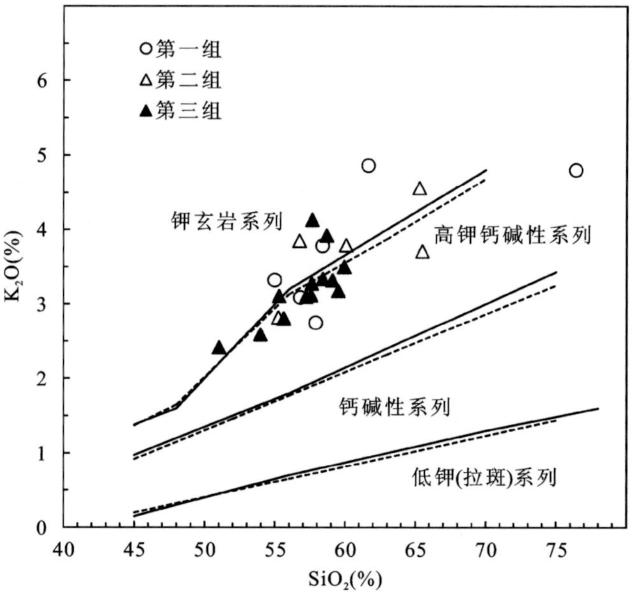

图 7 - 36 围场清泉—花吉营—森吉图盆地义县期火山岩氧化钾-二氧化硅图解

第一组.森吉图盆地义县期火山岩;第二组.围场清泉盆地义县期火山岩;第三组.丰宁花吉营盆地义县期火山岩;

实线据 Peccerillo R, Taylor S R, 1976;虚线据 Middlemost E A K, 1985

2. 义县火山旋回微量元素特征

围场清泉—丰宁花吉营—森吉图地区义县期火山岩的微量元素分析项目较少,但综合分析 3 个盆地的火山岩相关数据后仍可以看出一定的规律,微量元素含量见表 7 - 17。

1) 相容元素(Cr、Ni、Co、V 等)

本区义县期火山岩的相容元素含量:Cr 为 $5.9\times10^{-6}\sim119.94\times10^{-6}$,Ni 为 $5.90\times10^{-6}\sim56.41\times10^{-6}$,Co 为 $5.7\times10^{-6}\sim19.3\times10^{-6}$,V 为 $79\times10^{-6}\sim241\times10^{-6}$,Cu 为 $14.9\times10^{-6}\sim30.5\times10^{-6}$。除 Cu、V 以外,其他元素含量均明显小于上地幔和下地壳;比较之下,总体含量与上地壳相当,但森吉图、清泉地区火山岩的 Cr、Co、Ni 含量略高于上地壳丰度。与中国同类火山岩(鄢明才等,1996,以下同)对比,本区火山岩中 Cr、Ni、Co、V 略显偏高,Cu 基本相当。但与辽西地区义县期火山岩相比含量偏低。

2) 不相容元素(Li、Rb、Sr、Ba、Pb 等)

本区义县期火山岩的 Li 含量为 $12.8\times10^{-6}\sim38.7\times10^{-6}$,Rb 含量为 $42.90\times10^{-6}\sim212.10\times10^{-6}$,Sr 为 $568\times10^{-6}\sim913.26\times10^{-6}$,Ba 为 $828\times10^{-6}\sim1926\times10^{-6}$,Pb 为 $10.90\times10^{-6}\sim26.40\times10^{-6}$,Zn 为 $34\times10^{-6}\sim345.00\times10^{-6}$,可见,除 Zn 元素外,以上不相容元素含量均普遍高于上地幔和下地壳,总体含量接近上地壳。与中国同类火山岩对比,Rb 略高,Sr、Ba、Pb 明显偏高。

3) 微量元素蛛网图

在微量元素配分型式上(图略),围场清泉—丰宁花吉营—森吉图地区义县期火山岩微量元素蛛网图显示不相容元素 Li、Rb、Sr、Ba、Pb 相对原始地幔富集,而相容元素 Cr、Ni、Co 相对原始地幔明显亏损,V、Cu、Zn 元素相对原始地幔变化不大,Y、Zr、Nb 相对原始地幔富集。

比较之下,围场清泉地区火山岩微量元素曲线与森吉图地区火山岩微量元素曲线有较高的吻合度,而花吉营地区火山岩微量元素曲线 Cr、Ni、Co 段的波动范围较宽泛,位置偏下。

3. 义县火山旋回稀土元素特征

围场清泉—丰宁花吉营—森吉图地区义县期火山岩的稀土元素分析数据见表 7 - 18。

表 7-17　围场清泉—森吉图—花吉营地区义县期火山岩微量元素分析数据表($\times 10^{-6}$)

序号	样品号—盆地	岩性	Li	Rb	Sr	Ba	V	Cr	Co	Ni	Cu	Zn	Pb	Y	Zr	Nb
1	518P2W1—花吉营	粗面安山岩		64.10	745.10	1435.10		24.30	12.00	15.90				33.45	366.70	27.40
2	511P7W8—花吉营	玄武质粗面安山岩		42.90	939.50	1266.90		28.40	19.30	30.20				26.59	273.60	23.20
3	511P7W7—花吉营	粗面安山岩		81.00	735.00	1388.30		59.70	15.10	36.00				32.86	459.10	27.80
4	511P7W3—花吉营	粗面安山岩		71.00	818.40	1231.60		59.30	14.00	32.50				24.28	491.20	24.50
5	511W39—花吉营	粗安质角砾熔岩		171.80	568.00	1049.30		5.90	5.70	5.90				18.04	475.00	20.70
6	20个安山岩类平均值—围场清泉—义县组	安山岩类+粗安岩类	25.88	91.50	699.12	1250.00	101.75	119.94	17.53	56.41	24.91	81.00	17.00	20.52	346.50	20.80
7	P13g33—围场清泉	石英辉石粗面安山岩	28.60	131.10		1139.00				15.30	15.70	78.00	15.90		362.00	15.00
8	P13g31—围场清泉	石英辉石粗面安山岩	28.60	167.30		836.00				11.40	14.90	61.00	11.60		293.00	20.40
9	P13g29—围场清泉	辉石粗安岩	23.50	106.10		1113.00				11.10	25.90	195.00	10.90		320.00	13.00
10	P13g28—围场清泉	辉石粗安岩	25.50	134.50		985.00				12.60	23.00	79.00	17.20		347.00	30.30
11	sen9—森吉图	玄武安山岩			828.25		79.75						13.70	21	486.00	
12	sen7—森吉图	玄武安山岩			766.67		118.67						20.07	37	614.00	
13	sen5—森吉图	玄武安山岩			795.58		92.15						23.02	34.4	623.19	
14	sen3—森吉图	安山岩			913.26		193.71						19.53	29	482.98	
15	sen1—森吉图	安山岩			679.25		241.1						19.01	24	395.15	
16	1 上地壳	上地壳岩石	20	112	350	550	60	35	10	20	25	71	13	22	190	25
17	2 下地壳	下地壳岩石	11	5.3	230	150	285	235	35	135	90	83	12	19	110	6

注:数据 1～5 引自河北 1:5万化吉营等 3 幅区域地质调查报告(徐鹏彪等,1991);6～10 引自河北 1:5万龙头山、围场县等 4 幅区域地质调查报告(李增勇等,1996);数据 11～15 引自河北 1:5万森吉图等 4 幅区域地质调查报告(毕子威等,1991);16～17 引自 Taylor,McLennan,1985。

表 7-18 围场清泉盆地—森吉图盆地—花吉营地区义县期火山岩稀土元素分析数据表(×10^{-6})

序号	样品号—盆地	岩性	La	Ce	Pr	Nd	Sm	Eu	Gd	Tb	Dy	Ho	Er	Tm	Yb	Lu	Y	∑REE	LREE/HREE	δEu	δCe
1	P13XT3—围场清泉	安山岩	81.35	140.75	17.61	57.81	9.31	2.20	7.51	0.89	4.25	0.80	1.97	0.30	1.84	0.26	20.88	326.85	17.34	0.78	0.84
2	P13XT1—围场清泉	粗安岩	66.88	106.37	12.81	48.51	7.64	1.60	5.59	0.71	3.28	0.57	1.62	0.24	1.51	0.22	16.56	257.55	17.74	0.72	0.81
3	252IXT2—围场清泉	辉石粗安岩	72.23	138.40	16.16	59.23	10.20	2.54	7.10	0.93	4.33	0.62	1.63	0.24	1.54	0.21	18.39	315.36	18.00	0.87	0.92
4	513XT25—围场清泉	安山岩	57.42	97.68	12.29	41.73	7.33	1.71	5.53	0.81	3.55	0.65	1.61	0.19	1.47	0.19	16.89	232.16	15.58	0.79	0.83
5	513XT23—围场清泉	安山岩	71.52	123.43	14.17	45.16	7.38	1.63	5.39	0.66	3.05	0.62	1.23	0.18	1.32	0.17	15.58	275.91	20.86	0.76	0.86
6	xt—围场清泉	英安岩	69.61	99.10	12.37	39.64	5.62	1.52	4.86	0.56	3.11	0.49	1.47	0.16	1.00	0.15	12.10	239.66	19.31	0.87	0.74
7	P2-1—花吉营	粗面安山岩	72.71	137.79	17.70	66.64	12.08	2.78	9.60	1.28	6.82	1.18	3.06	0.42	2.70	0.41	33.45	335.17	12.16	0.76	0.88
8	X-14—花吉营	粗面安山岩	58.89	115.59	19.18	58.35	12.17	2.35	6.98	1.08	6.50	1.28	2.30	0.37	2.80	0.38	30.20	288.22	12.29	0.72	0.80
9	P7-8—花吉营	玄武质粗面安山岩	68.59	120.67	16.59	64.19	12.14	2.91	8.88	1.06	5.66	0.95	2.40	0.32	2.17	0.29	26.59	306.82	13.12	0.82	0.82
10	P7-7—花吉营	粗面安山岩	101.13	170.80	23.75	85.48	15.83	3.33	11.19	1.39	7.13	1.11	3.19	0.35	2.40	0.33	32.86	427.41	14.78	0.73	0.80
11	X-13—花吉营	粗面安山岩	84.92	163.68	23.41	77.24	16.76	3.06	11.65	1.08	6.30	1.36	2.22	0.32	2.23	0.31	26.97	394.54	14.49	0.64	0.85
12	P7-3—花吉营	粗面安山岩	104.24	188.03	23.06	80.74	14.02	2.82	9.37	1.15	5.67	0.94	2.26	0.32	2.09	0.27	24.28	434.98	18.71	0.71	0.87
13	X65—森吉图	安山岩	64.09	126.47	16.28	58.80	9.89	2.54	7.77	1.04	4.16	0.74	1.62	0.25	1.80	0.27	20.97	295.72	15.75	0.86	0.90
14	X64—森吉图	粗安岩	92.11	188.24	20.10	74.34	13.01	3.04	9.72	1.41	7.09	1.42	3.58	0.52	3.65	0.49	37.02	418.72	14.02	0.79	0.99
15	X63—森吉图	安山岩	80.23	172.17	21.57	76.78	16.50	3.40	11.25	1.02	7.22	1.18	2.19	0.35	2.79	0.39	34.36	397.04	14.05	0.72	0.96
16	X62—森吉图	安山岩	85.77	161.74	21.45	73.45	14.26	3.42	10.88	1.05	5.97	1.17	2.13	0.28	2.49	0.33	29.00	384.39	14.82	0.81	0.87
17	X61—森吉图	安山岩	70.30	141.45	17.20	64.32	12.64	2.55	9.16	1.00	5.97	0.94	1.57	0.24	2.08	0.28	24.03	329.70	14.52	0.69	0.93

注:数据 1～6 引自河北 1:5万龙头山、围场县等 4 幅区域地质调查报告(李增勇等,1996);7～12 引自河北 1:5万化吉营等 3 幅区域地质调查报告(徐鹏彪等,1991);数据 13～17 引自河北 1:5万森吉图等 4 幅区域地质调查报告(毕子威等,1991)。

其∑REE 在 232.16×10^{-6}～436.98×10^{-6}之间，变化不大，平均为 332.95×10^{-6}。与中国同类火山岩的∑REE(鄢明才等，1996)对比总体偏高。比较之下，花吉营与森吉图地区火山岩的稀土总量偏高，围场清泉地区偏低。

围场清泉—丰宁花吉营—森吉图地区义县期火山岩的 LREE/HREE 在 12.16～20.86 之间，平均为 15.74；$(La/Yb)_N$ 比值在 14.21～47.04 之间，平均为 26.26，说明该区火山岩为轻稀土元素富集型。与中国同类火山岩(鄢明才等，1996)对比，本区火山岩的轻重稀土元素分馏程度偏高。此外，围场清泉地区火山岩的稀土元素分馏程度(LREE/HREE 平均为 18.3)略高于花吉营和森吉图地区(LREE/HREE 平均数分别为 14.26、14.63)。

围场清泉—丰宁花吉营—森吉图地区义县期火山岩 δEu 值在 0.64～0.87 之间。其中，围场清泉地区为 0.72～0.87，平均为 0.80；丰宁花吉营地区为 0.64～0.82，平均为 0.73，铕弱异常或无异常；森吉图地区为 0.69～0.81，平均为 0.77，总体呈现弱负铕异常。

围场清泉—丰宁花吉营—森吉图地区义县期火山岩的稀土元素配分型式都为向右倾斜的平滑曲线(图 7-37)，在铕处有较清晰的小"V"形变化；花吉营和森吉图一带的稀土曲线靠上分布，围场清泉地区曲线靠下分布，这可能与岩浆源区性质或岩浆上升过程混染地壳物质有关，也可能反映花吉营和森吉图一带的火山岩浆比围场清泉地区火山岩浆有更强的岩浆分异过程。

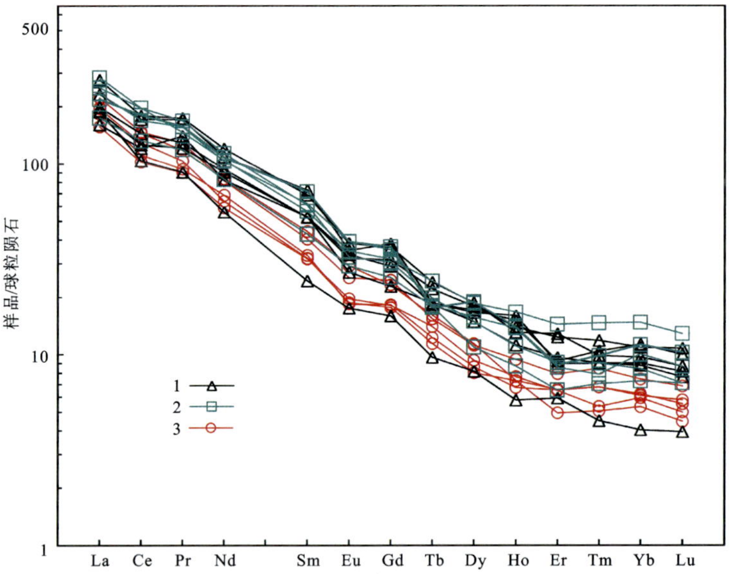

图 7-37　围场清泉—花吉营—森吉图盆地义县期火山岩稀土元素配分曲线图

1. 花吉营地区义县期火山岩；2. 森吉图地区义县期火山岩；3. 围场清泉地区义县期火山岩

六、冀北地区义县期沉积岩的地球化学特征

冀北地区义县期沉积岩主要为陆相湖泊沉积，其次为盆缘河流冲积扇沉积，所形成的沉积岩种类众多，包括各种砾岩、砂岩、粉砂岩、泥岩、页岩、钙质粉砂岩、泥灰岩等。同辽西地区一样，岩石的物质来源多样，物质组成复杂，是盆缘山脉各类地质体经过剥蚀、搬运、沉积的产物，岩石成熟度相对较低，只有少数为湖盆内水体化学沉积作用形成的沉积岩，如纹层状灰岩等。因此，沉积岩的地球化学特征相对复杂、多变，影响因素较多。为了最大限度地消除物质源区差异、沉积物组构不均匀等因素造成的组分差异，更好地了解义县期陆相湖盆沉积地球化学特征，本次工作仅对各沉积旋回最大湖泛期形成的内源岩(泥灰岩类)、成熟度较高的陆源细碎屑岩石(泥页岩、粉砂岩等)进行采样分析。

(一) 沉积岩的主量元素特征

冀北地区义县期相对最大湖泛面沉积岩硅酸盐全分析数据见表 7-19。

表 7-19 冀北—赤峰地区中生代沉积盆地义县期相对最大湖泛面沉积岩硅酸盐全分析数据表(%)

序号	样品号—盆地	岩性	SiO_2	Al_2O_3	TiO_2	Fe_2O_3	FeO	MnO	MgO	CaO	K_2O	Na_2O	P_2O_5	Los	总量	Na_2O+K_2O	K_2O/Na_2O	CaO/MgO	Fe_2O_3/FeO
1	YDP3G18—滦平大店子组	灰色粉砂质泥岩	69.24	13.58	0.55	3.63	1.28	0.056	1.54	1.00	3.86	1.28	0.12	3.61	99.746				
		去烧失量归一	72.02	14.13	0.57	3.78	1.33	0.06	1.60	1.04	4.02	1.33	0.12		100	5.35	3.02	0.65	2.84
2	YDP3G22—滦平大店子组	灰色泥灰岩	35.68	6.75	0.28	2.37	0.61	0.90	1.08	26.38	1.31	0.71	0.27	23.45	99.79				
		去烧失量归一	46.74	8.84	0.37	3.10	0.80	1.18	1.41	34.56	1.72	0.93	0.35		100	2.65	1.85	24.51	3.88
3	YDP3G29—滦平大店子组	浅灰色泥灰岩	45.39	4.56	0.18	3.73	1.36	0.27	2.96	20.45	0.26	0.15	0.085	20.31	99.705				
		去烧失量归一	57.17	5.74	0.23	4.70	1.71	0.34	3.73	25.76	0.33	0.19	0.11		100.01	0.52	1.73	6.91	2.75
4	YD14G13—滦平大店子组	泥质粉砂岩	68.66	12.83	0.50	2.89	0.75	0.038	1.47	1.77	5.17	1.05	0.096	4.54	99.764				
		去烧失量归一	72.10	13.47	0.53	3.03	0.79	0.04	1.54	1.86	5.43	1.10	0.10		99.99	6.53	4.92	1.21	3.84
5	YD14G16—滦平大店子组	灰黑色泥灰岩	36.01	5.55	0.32	1.80	0.54	0.16	1.58	26.99	1.28	0.36	0.45	24.72	99.76				
		去烧失量归一	47.99	7.40	0.43	2.40	0.72	0.21	2.11	35.97	1.71	0.48	0.60		100.02	2.19	3.56	17.05	3.33
6	9YD27G6—围场清泉义县组	灰黑色页岩	66.73	13.09	0.51	1.15	1.11	0.02	0.88	0.61	4.13	1.08	0.07	10.32	99.7				
		去烧失量归一	74.66	14.65	0.58	1.28	1.24	0.02	0.99	0.68	4.62	1.2	0.08		100	5.82	3.85	0.69	1.03
7	9YD28G5—围场清泉义县组	灰色钙质页岩	64.62	13.71	0.49	3.65	0.5	0.25	1.28	1.36	3.94	0.96	0.39	8.63	99.78				
		去烧失量归一	70.9	15.04	0.54	4	0.55	0.27	1.4	1.49	4.32	1.05	0.43		99.99	5.37	4.11	1.06	7.27
8	9YD31G8—花吉营义县组	灰黑色油页岩	61.52	14.99	0.59	3.99	0.65	0.21	1.96	1.4	3.06	0.97	0.2	10.2	99.74				
		去烧失量归一	68.72	16.74	0.66	4.46	0.73	0.23	2.18	1.56	3.41	1.09	0.22		100	4.50	3.13	0.72	6.11
9	YDP2G19—赤峰孤山子义县组	粉砂质泥岩	71.75	11.96	0.37	2.37	0.32	0.034	1.14	1.34	4.60	0.53	0.047	5.34	99.801				
		去烧失量归一	75.96	12.66	0.39	2.51	0.34	0.04	1.21	1.42	4.87	0.56	0.05		100.01	5.43	8.68	1.17	7.38
10	YDP2G26—赤峰孤山子义县组	粉砂质泥岩	73.19	12.21	0.49	1.36	0.39	0.018	0.88	1.02	6.72	0.57	0.12	2.82	99.788				
		去烧失量归一	75.48	12.59	0.51	1.40	0.40	0.02	0.91	1.05	6.93	0.59	0.12		100	7.52	11.79	1.15	3.50

注:数据为本项目样品测试,测试单位为沈阳地质调查中心实验测试中心。

1. 内源岩—碳酸盐岩类的主量元素特征

在义县期，冀北地区也有较多的湖盆，在湖盆中经常形成一系列碳酸盐岩沉积。这在滦平盆地尤为典型，众多的泥灰岩、粉砂质泥灰岩层在地层中断续出露，即使是粉砂岩也含有大量的钙质。在沉积旋回的相对最大湖泛期，泥灰岩的纯度会有所提高，主要呈微薄层—纹层状构造，常与灰黑色粉砂质页岩、泥页岩构成韵律层。

与中国东部地壳碳酸盐岩平均值(鄢明才，1997)相比，泥灰岩的 SiO_2 含量为 46.74%～57.17%，明显偏高，说明在形成过程中，有较多的石英混入，反映了陆相湖盆的沉积环境。Fe_2O_3、FeO、MnO 的含量明显高于地壳平均值，也明显高于中国东部同类沉积岩，反映了近岸的沉积环境。

MgO 含量略高于中国东部同类沉积岩，但低于地壳碳酸盐岩平均值。CaO/MgO 为 6.91～24.5，均值 16.15，明显偏高，说明该地区陆相湖盆水体清澈、阳光充足，虽然水量充沛，但没有大量的细碎屑沉积物带入。由于该时期为全球温室气候鼎盛阶段，湖水温度相对较高，加之水体富含钙离子和 CO_3^{2-} 离子，伴随水体的高蒸发量持续形成钙质粉砂岩、泥灰岩、灰岩沉积。

K_2O、Na_2O 含量和 K_2O/Na_2O 比值略高于东部地壳碳酸盐岩平均值，说明碳酸盐岩有一定的泥质成分加入。Fe_2O_3/FeO 比值明显偏高，反映一种氧化沉积环境。其他氧化物含量与地壳平均值基本相近，显示造岩元素的共性。

2. 陆源细碎屑岩石的主量元素特征

陆源细碎屑岩石(泥页岩、粉砂岩等)中 SiO_2 含量为 68.72%～75.96%，平均 72.83%，明显偏高，高于中国东部地壳同类岩石的平均值，表明这些岩石的成分成熟度相对较高。Al_2O_3 含量为 12.59%～16.74%，平均为 14.18%，与地壳同类岩石相近。比较之下，FeO 含量较低，Fe_2O_3/FeO 比值变化为 1.03～7.38，平均为 4.57，表明这些岩石形成在强氧化环境。与地壳同类岩石相比，P_2O_5 含量相对偏高，但总体较辽西地区偏低，可能与中生代火山喷发作用的程度差异有关。

与花吉营盆地比较，滦平盆地和围场清泉盆地同类岩石的 SiO_2 含量偏高，Al_2O_3 含量偏低，K_2O 含量和 Na_2O 含量偏高，但 K_2O/Na_2O 比值略高，说明花吉营盆地同类岩石的成熟度相对偏低。

(二) 沉积岩的微量元素特征

冀北地区义县期相对最大湖泛面沉积岩微量元素分析数据见表 7-20。

义县期沉积岩最大湖泛面岩石主体为泥页岩、粉砂岩、泥晶灰岩，其微量元素特征一方面受区域地质背景影响，另一方面受当时古气候、古环境影响。将微量元素进行原始地幔标准化，形成微量元素蛛网图(图 7-38)，相容元素 Cr、Ni、Co 相对原始地幔明显亏损，但 V、Cu 元素含量相当；不相容元素 Li、Rb、Sr、Ba、As 明显富集，但 Ga 元素含量略显偏高。元素 As 明显富集可能与这一时期频繁的火山作用有关，并对生物繁衍产生不利影响。

区内沉积岩与上地壳微量元素特征更为接近，但 Sr、Ba、Cu 含量偏低，Li、Rb、As 明显偏高；相对下地壳而言，沉积岩的 Li、Rb、Ba、As 含量偏高，V、Gr、Co、Ni、Cu 含量明显偏低。

同中国东部地区同类沉积岩对比，微量元素含量基本相当，但与中国东部碳酸盐岩微量元素平均值对比，各微量元素含量相对偏高。

花吉营盆地的沉积岩微量元素，除了 Sr、Ba 外，其他微量元素含量都高于滦平盆地和围场清泉盆地。

在表生环境中，Li、Sr 相对活跃，比 Ba、Rb 更容易迁移。因此，区内沉积岩 Sr/Ba、Li/Rb 比值多数小于 1，均值分别为 0.38 和 0.92；Rb/Sr 比值变化在 0.06～1.93 之间，均值为 0.89，其中泥灰岩 Rb/Sr 比值偏低，平均为 0.13，泥岩、页岩偏高，平均为 1.34。

现代海底泥质样 Ba 的含量变化在 $1000\times10^{-6}\sim6000\times10^{-6}$ 之间，而本区沉积岩 Ba 含量变化在 $379.81\times10^{-6}\sim2142\times10^{-6}$ 之间，均值为 739.69×10^{-6}，反映陆相沉积的特征。

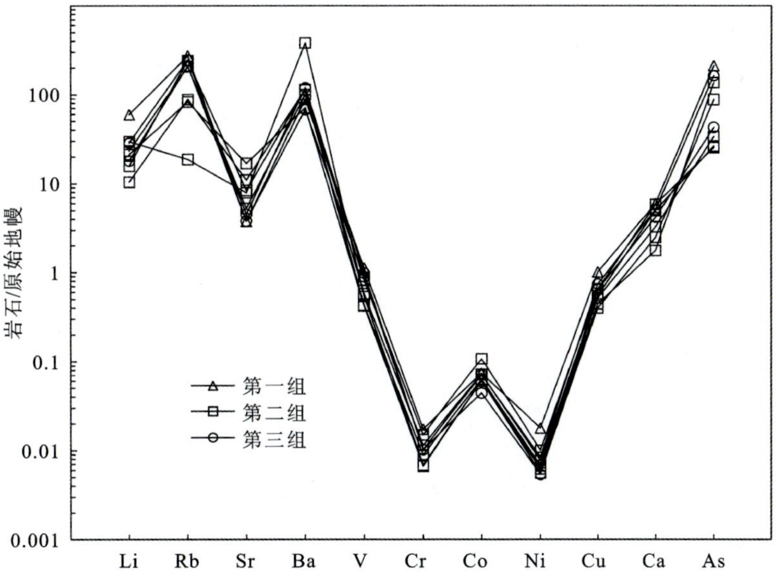

图 7-38 冀北地区义县期沉积岩微量元素标准化蛛网图

1.花吉营盆地义县期沉积岩;2.滦平盆地义县期沉积岩;3.围场清泉盆地义县期沉积岩

(三)沉积岩的稀土元素特征

冀北地区义县期最大湖泛面沉积岩的稀土元素含量及参数值见表 7-21。

本区义县期沉积岩的∑REE 为 $86.02\times10^{-6}\sim271.57\times10^{-6}$,平均为 176.77×10^{-6},与中国东部同类沉积岩的∑REE(鄢明才等,1997)对比偏低。对于不同盆地而言,滦平地区沉积岩的∑REE 偏低,花吉营地区沉积岩的∑REE 偏高,而围场清泉地区沉积岩的∑REE 与中国东部同类沉积岩接近。

在稀土配分曲线图上,冀北地区各盆地义县期沉积岩的曲线形态基本一致,呈向右倾斜的平滑曲线,有明显的"V"形负铕异常,但花吉营盆地沉积岩的稀土曲线靠近上侧,围场清泉盆地沉积岩的曲线居中,滦平盆地沉积岩的曲线靠近下侧(图 7-39)。

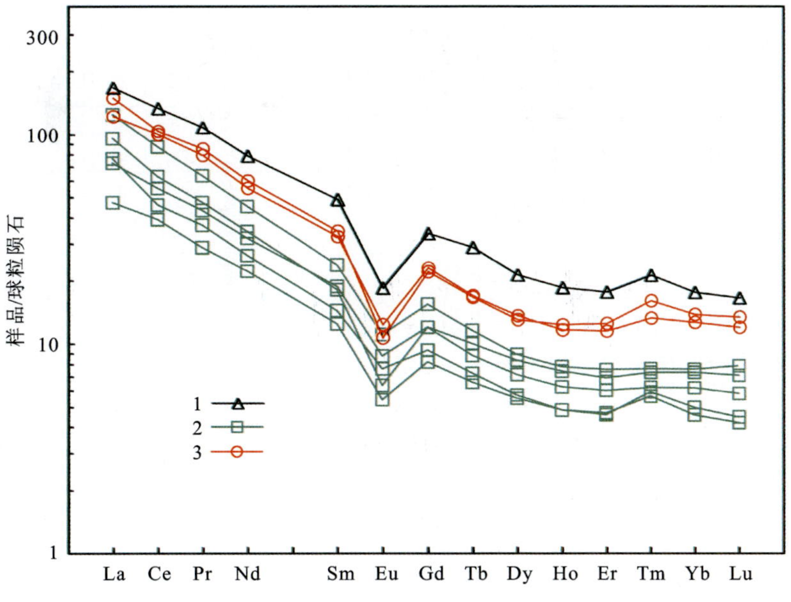

图 7-39 冀北地区义县期沉积岩稀土元素配分曲线

1.花吉营盆地义县期沉积岩;2.滦平盆地义县期沉积岩;3.围场清泉盆地义县期沉积岩

表 7-20　冀北地区中生代沉积盆地义县期相对最大湖泛面沉积岩微量元素分析数据表($\times 10^{-6}$)

序号	样品号—盆地+层位	岩性	Li	Rb	Sr	Ba	V	Cr	Co	Ni	Cu	Ga	As	Sr/Ba	LI/Rb	Rb/Sr
1	YDP3G18—滦平盆地大店子组	灰绿色粉砂质泥岩	33.90	181.00	232.00	633.00	67.20	45.10	11.20	21.20	18.50	22.30	3.85	0.37	0.19	0.78
2	YD14G16—滦平盆地大店子组	灰黑色泥灰岩	45.90	61.20	467.00	396.00	34.70	20.00	6.30	11.70	11.40	9.38	13.30	1.18	0.75	0.13
3	YD14G13—滦平盆地大店子组	灰色泥质粉砂岩	50.00	154.00	146.00	558.00	47.70	34.30	7.50	16.30	15.70	18.90	4.00	0.26	0.32	1.05
4	YDP3G22—滦平盆地大店子组	灰褐色泥灰岩	22.40	65.20	304.00	638.00	35.30	26.70	6.60	14.20	14.80	12.30	5.10	0.48	0.34	0.21
5	YDP3G29—滦平盆地大店子组	灰色泥灰岩	63.40	13.90	219.00	2142.0	44.40	20.70	6.30	13.10	12.70	6.71	20.60	0.10	4.56	0.06
6	9YD27G6—围场清泉义县组	灰色页岩	38.79	156.57	105.94	379.81	73.69	30.88	4.62	11.35	18.41	15.81	6.48	0.28	0.25	1.48
7	9YD28G5—围场清泉义县组	灰色钙质页岩	61.73	182.62	125.62	673.96	81.16	30.90	7.33	17.72	21.06	19.40	24.90	0.19	0.34	1.45
8	9YD31G8—花吉营义县组	灰黑色劣质油页岩	127.99	202.36	105.07	496.75	92.15	52.22	7.66	37.56	28.82	22.63	32.20	0.21	0.63	1.93

注:数据为本项目样品测试,测试单位为沈阳地质调查中心实验测试中心。

表 7-21　冀北地区中生代沉积盆地义县期相对最大湖泛面沉积岩稀土元素分析数据表($\times 10^{-6}$)

序号	样品号—盆地+层位	岩性	La	Ce	Pr	Nd	Sm	Eu	Gd	Tb	Dy	Ho	Er	Tm	Yb	Lu	Y	∑REE	LREE/HREE	δEu	δCe
1	YDP3G18—滦平盆地大店子组	灰绿色粉砂质泥岩	45.60	83.30	8.69	32.20	5.49	0.96	4.72	0.67	3.38	0.66	1.88	0.27	1.88	0.30	18.30	190.00	12.81	0.56	0.93
2	YD14G16—滦平盆地大店子组	灰黑色泥灰岩	35.00	60.00	6.49	24.40	4.18	0.55	3.66	0.51	2.71	0.53	1.49	0.22	1.53	0.22	17.70	141.49	12.02	0.42	0.88
3	YD14G13—滦平盆地大店子组	灰色泥质粉砂岩	26.70	52.80	5.93	22.70	4.33	0.76	3.68	0.58	3.17	0.63	1.71	0.26	1.81	0.27	17.50	125.33	9.35	0.57	0.95
4	YDP3G22—滦平盆地大店子组	灰褐色泥灰岩	28.00	44.00	5.05	18.80	3.32	0.66	2.85	0.42	2.17	0.41	1.16	0.20	1.13	0.16	12.30	108.33	11.74	0.64	0.81
5	YDP3G29—滦平盆地大店子组	灰色泥灰岩	17.30	37.50	3.94	15.80	2.87	0.47	2.51	0.38	2.09	0.41	1.14	0.21	1.23	0.17	11.10	86.02	9.57	0.52	1.03
6	9YD27G6—围场清泉义县组	灰黑色页岩	54.77	99.14	11.66	42.72	7.95	0.93	6.76	0.97	4.96	1.05	3.11	0.57	3.42	0.51	32.64	238.50	10.18	0.38	0.88
7	9YD28G5—围场清泉义县组	灰色钙质页岩	44.76	95.51	10.88	39.24	7.53	1.07	7.05	0.98	5.19	0.99	2.86	0.47	3.13	0.46	32.86	220.12	9.41	0.44	0.99
8	9YD31G8—花吉营义县组	灰黑色劣质油页岩	61.47	127.47	14.80	55.95	11.28	1.61	10.31	1.67	8.11	1.58	4.39	0.76	4.35	0.63	47.56	304.37	8.57	0.45	0.97

注:数据为本项目样品测试,测试单位为沈阳地质调查中心实验测试中心。

义县期沉积岩的 LREE/HREE 为 8.57～12.81，平均为 10.45，$(La/Yb)_N$ 比值为 9.50～16.74，平均为 12.23，说明本区沉积岩均属于轻稀土元素富集型。此外，它们的 δEu 值也比较接近，在 0.38～0.66之间，平均为 0.52，呈现明显的负铕异常。δCe 值在 0.81～1.03 之间，平均为 0.93，无铈异常。

从各个盆地的 LREE/HREE 比值和$(La/Yb)_N$ 比值看，花吉营盆地的沉积岩稀土分馏程度和围场清泉盆地的沉积岩稀土分馏程度接近，小于滦平盆地沉积岩的稀土分馏程度。

第四节　辽西—冀北地区义县期火山-沉积作用及地球化学特征对比

辽西—冀北地区在中生代时期具有相似的大地构造背景，在义县期两地都在伸展构造背景下形成了一系列的断陷盆地。其中大部分盆地的火山作用强烈，形成了众多火山构造，充填了巨厚的火山熔岩及其碎屑岩，在短暂的火山间歇期往往形成河湖相或滨湖相沉积，构成了典型的大陆火山-沉积序列。在较长的火山作用停滞期，盆地内形成了广阔的湖面，浅湖-深湖相沉积作用占据主导地位。

同时，辽西与冀北地区都表现出盆地发育的差异性，这种差异除了构造盆地的规模差异外，主要表现在火山作用与沉积作用方面。一些盆地（如阜新-义县盆地、森吉图盆地等）火山岩物质非常发育，构成义县组的主体，沉积层仅作为火山岩夹层出现；另一些盆地（如滦平盆地、宁城盆地三座店地区、赤峰孤山子盆地等）以沉积层为主体，火山岩物质相对较少，呈夹层产出。

在这种地质背景之下，辽西—冀北地区的义县期火山-沉积岩在地球化学性质上既有联系又有差别。

一、火山岩及其旋回性对比

在义县期，尽管一些盆地火山作用较弱，但总体而言，辽西、冀北地区的火山作用都表现出非常强烈的特点，具有明显的周期性脉动，大致可以划分出 4 个火山作用亚旋回。从早期到晚期，火山作用由基性向中酸性方向演化。辽西地区火山作用最强的盆地为东部的阜新-义县盆地、紫都台盆地，其次为西部的凌源盆地、建昌盆地，它们都发育有 4 个火山作用亚旋回，形成了大量的火山岩及其碎屑岩地层。喀左盆地、宁城盆地和赤峰孤山子盆地的火山作用相对较弱，仅发育 2 个火山作用亚旋回，形成了少量火山熔岩、角砾凝灰岩夹层。冀北地区火山作用最强的盆地为丰宁森吉图盆地，其次为围场清泉盆地和丰宁花吉营盆地，它们也不同程度地发育了 4 个火山作用亚旋回。滦平盆地火山作用相对较弱，仅在义县期地层的下部和顶部形成了少量中酸性火山岩夹层。

从火山岩岩石类型来看，辽西、冀北地区的义县期火山岩都相对偏碱性。在全碱-二氧化硅（TAS）图解上，主要岩石类型为粗面玄武岩、玄武质粗面安山岩、粗面安山岩、粗面岩、粗面英安岩，少量安山岩、英安岩和流纹岩。在莱特岩系碱度率图解上，火山岩投影于钙碱性岩区和碱性岩区的过渡地带，也反映了义县期火山岩偏碱性的特点。

不同地区、不同盆地所显示的火山岩浆演化系列的完整程度差异较大。辽西地区的北票四合屯盆地—义县盆地发育完整的火山岩浆演化系列，由早期到晚期表现为明显的基性—中基性—中酸性—酸性岩浆演化，形成的火山岩类型包括碧玄岩、粗面玄武岩、玄武岩、橄榄玄武粗安岩、玄武安山岩、粗安岩、安山岩、粗面英安岩、流纹岩及其碎屑岩；建昌盆地发育相对完整的火山岩浆演化系列，由早期到晚期表现为基性—中性—中酸性演化，形成的主要火山岩类型有粗面玄武岩、玄武粗安岩、粗安岩、粗面英安岩、流纹岩及其碎屑岩；而宁城一三座店盆地、凌源盆地和赤峰孤山子盆地的火山岩浆演化系列不太完整，宁城一三座店盆地以中基性为主，凌源盆地以中酸性为主，赤峰孤山子盆地仅见少量基性和酸性岩类。相比之下，冀北地区围场清泉盆地发育相对完整的火山岩浆演化系列，其次为花吉营盆地和森吉图盆地，形成的火山岩以中性—中基性熔岩为主，基性和酸性岩石相对较少，形成的具体岩石类型包括粗面安山岩、玄武粗安岩，粗面岩、粗面英安岩、少量流纹岩、粗面玄武岩及其碎屑岩类。而滦平盆地的火山岩浆演化系列最不完整，仅见少量中性—中酸性火山岩类。

二、沉积岩及其旋回性对比

义县期辽西、冀北地区各盆地主要为陆内断陷盆地，随着盆地的发展，区内逐渐形成了围绕盆地的盆缘水系和湖泊，沉积了大量的河湖相沉积物，包括各种砾岩、砂岩、粉砂岩、泥岩、页岩和泥灰岩等。在盆地边缘常常发育冲积扇相、滨湖相砾岩、砂砾岩，盆内则在滨浅湖地区形成砂岩、粉砂岩等，在半深湖或深湖地区形成粉砂质泥岩、钙质泥岩、泥灰岩、页岩等。这种沉积作用常常因持续的构造作用、火山突然喷发受到干扰、停滞。火山活动使地壳抬升，在张性应力场的作用下，岩浆沿地壳裂隙上升，喷出地表，形成熔岩流、火山高地，大量火山物质充填湖盆，使水体沉积增加了大量凝灰物质。在火山活动的间歇期，地壳开始处于收缩环境，但随后又转为拉张环境，盆地的断陷作用进一步加大，沉积作用加强，充填了厚度不等的各种沉积物。

由于各个盆地的构造作用和火山作用的强度、规模不一样，各盆地的沉积作用发育程度、规模也不一样。阜新-义县盆地、北票四合屯盆地、建昌盆地、凌源盆地、森吉图盆地不仅发育有大量的火山岩，而且从盆地发展初期到晚期还断续发育了多个沉积岩夹层，表现出明显的多旋回性沉积作用。阜新紫都台盆地、丰宁花吉营盆地、围场清泉盆地充填了大量火山岩及其碎屑岩，仅有少量沉积夹层，多旋回沉积作用不明显。滦平盆地、宁城-三座店盆地的火山作用微弱，充填了大量的沉积层，旋回性沉积作用表现突出。赤峰孤山子盆地虽然也以沉积作用为主，但因后期剥蚀，沉积岩保存不全，不能完整地体现义县期的旋回性沉积作用。

根据沉积旋回分析，辽西、冀北地区各盆地沉积岩都存在不同程度的旋回性韵律层序，这种韵律层序的级别主要表现在野外露头可见的米级旋回层序（六级），相对较大剖面范围的四级、五级旋回，剖面分析的三级和二级。每个旋回层序都是由最基本的米级旋回层序有规律地叠加而成，其中，四级、五级和六级层序为高频层序。形成高频层序的影响因素较多，可以是湖面升降、气候变化、地球轨道周期性变化、地壳的震荡性运动等，但三级层序或更大级别的旋回层序往往受较大周期性运动影响，如构造运动、周期性天文运动等。这些周期性变化因素直接或间接控制了旋回界面的形成。分析本区地质构造背景，各个盆地的三级旋回层序可能是区域性的构造运动的结果。义县期开始阶段，每一次构造运动可以促使区内盆地进一步扩大断陷规模，或者触发规律性的火山喷发，或者导致水体规模的扩大、加深。盆地发展末期，这种运动也可能使盆地震荡性抬升，引起水体萎缩、变浅。区域性的震荡性构造运动，使得盆地水体发生规律性的升降，从而形成了较大级别的旋回性地层。

旋回性地层的界面是地质上瞬时的基准面上升所形成的（梅冥相，2000）。瞬时基准面变化，或者造成沉积作用停止，或者是沉积环境与相的突然变化，形成一个易于识别的面——间断事件面，相当于近似的地质等时面，可以在一定范围内进行地层对比。对本区陆相盆地而言，三级旋回层序界面往往是一个较大的沉积间断面（SB2），可以见到一定程度的剥蚀、冲刷，可以见到长途搬运的成熟度较高的复成分砂砾岩（但不是必须条件），间断面之下可以是沉积地层，也可以是火山岩。

义县地区和建昌盆地的义县组在沉积旋回、岩性特征、沉积环境等方面，有明显的相似性，可以划分6个三级层序。两地之间的三级层序，可以进行大致的对比。每个三级层序由退积堆叠型式的湖泊扩展体系域（EST）开始，经过相对深水盆地相达到最大湖泛面（mfs），结束于加积和进积堆叠型式的高位体系域（HST）。在义县地区，义县组的朱家沟层和黄花山层仅发育垂向加积或侧向加积的低位体系域（LST），各自单独组成一个三级层序。

冀北滦平盆地的大店子组和西瓜园组构成了义县期主体地层，与内蒙古赤峰地区宁城、孤山子盆地的义县组在沉积旋回、岩性特征、沉积环境等方面，具有相似性。它们分别可以划分6个三级层序，赤峰地区的义县组顶部出露不全，仅见3个三级层序。两地之间的三级层序，可以进行大致的对比。每个三级层序由退积堆叠型式的湖泊扩展体系域（EST）开始，经过相对深水盆地相达到最大湖泛面（mfs），结束于加积和进积堆叠型式的高位体系域（HST）。但是，从沉积物分析看，滦平盆地的义县期湖盆较大，湖水较深，沉积物粒度较细。而内蒙古赤峰地区宁城、孤山子盆地的义县期湖盆较小，湖水较浅，沉积物粒度较粗。

因此，虽然各个盆地的具体沉积物组成、堆叠形式存在差异，但各个盆地的三级沉积旋回性具有相似特征，具有可比性。如果将旋回性地层对比与火山作用、生物作用结合起来考虑，各个盆地的充填序列可以进行更好的比对。

三、火山岩地球化学特征对比

（一）主量元素特征对比

按 Al_2O_3 与 Na_2O、K_2O、CaO 的分子数量比关系，辽西、冀北地区义县期火山岩多数情况下为正常类型（ACNK 值小于 1），少数为铝过饱和类型，而且铝过饱和类型火山岩明显偏酸性，这可能与岩浆演化晚期有大量上地壳物质混染有关。相比之下，建昌地区的义县期火山岩有更多的岩石属于铝过饱和类型。此外，滦平盆地和赤峰孤山子盆地大北沟组顶部酸性凝灰岩、凝灰角砾岩均为铝过饱和类型。

从 MgO 含量看，北票—义县地区的义县期火山岩偏高，其次为宁城盆地三座店地区、赤峰孤山子盆地和冀北花吉营—森吉图—围场地区的义县期火山岩，而建昌—凌源地区和冀北滦平盆地的义县期火山岩相对较低。从 CaO 含量来看，随着 SiO_2 含量增高，CaO 含量快速降低。如果撇开酸性岩石，北票—义县地区、宁城—三座店地区、赤峰孤山子盆地的义县期火山岩较高，花吉营、围场、森吉图等地的火山岩次之，建昌、凌源和滦平的火山岩偏低。火山岩的 MgO 含量和 CaO 含量的高低可能暗示了岩浆物质来源的差异，或者壳源物质的混染程度，相对高 MgO、CaO 含量的火山岩浆有可能源自岩石圈更深部。

从 Na_2O+K_2O 总量来看，辽西—冀北地区义县期火山岩 N_2O+K_2O 总量几乎均在 5% 以上，北票—义县地区平均为 6.69%，建昌—凌源—宁城地区平均为 7.80%，森吉图—花吉营—围场清泉地区平均为6.38%，滦平盆地平均为 8.01%，赤峰地区为 5.03%，普遍高于世界和中国的同类火山岩（勒·曼特尔，1978；鄢明才等，1996）。

按 $Na_2O>K_2O$ 比值，辽西—冀北地区义县期大部分基性、中性火山岩的 $Na_2O>K_2O$，而酸性、中酸性火山岩多数表现为 $K_2O>Na_2O$。如阜新-义县盆地的火山岩以基性、中性为主，大部分火山岩的 $Na_2O>K_2O$，而凌源、建昌盆地的火山岩以酸性、中酸性为主，多数火山岩的 $K_2O>Na_2O$。

从瑞特曼指数来看，辽西、冀北地区义县期大部分火山岩在 3～4 之间，北票—义县地区平均为 3.53，建昌—凌源地区平均为 3.40，围场—森吉图—花吉营地区平均为 3.91，只是滦平地区和赤峰地区偏低，分别为 2.70、2.09。火山岩总体上属于太平洋型钙碱性岩系。

从 TiO_2 含量来看，总体变化较大，但围场—森吉图—花吉营地区和赤峰地区的义县期火山岩明显偏高，其次为北票—义县地区、宁城—三座店地区和滦平地区，建昌—凌源一带明显偏低。

在 K_2O-SiO_2 相关图解上，大部分样品投影在高钾钙碱性岩系列区和钾玄岩系列区，反映义县期火山岩浆来源较深，与中生代本区处于内陆强烈造山区的地质背景相吻合。

（二）微量元素特征对比

比较之下，辽西北票一义县地区义县期火山岩的相容元素（V、Cr、Ni、Co、Cu）含量偏高，其次为宁城一三座店、围场清泉、森吉图等地的火山岩，而建昌、凌源、滦平、花吉营等地的火山岩相容元素含量最低。大离子亲石元素中，Rb、Ba 含量以中部建昌一凌源地区和滦平地区义县期火山岩相对偏高，而东部北票一义县地区和西部花吉营一森吉图地区的同期火山岩偏低。Sr 含量以建昌、凌源、宁城一带的义县期火山岩偏高，西部花吉营地区次之，而北票一义县地区最低。不相容元素中，Nb、Ta 含量以中部建昌—凌源—平泉地区义县期火山岩偏高，西部花吉营地区次之，东部北票一义县地区偏低。Zr 含量则以西部花吉营地区义县期火山岩最高，东部北票—义县地区次之，而中部建昌一凌源地区最低。放射性元素中，Th、U 含量以中部建昌一凌源地区义县期火山岩相对偏高，西部花吉营地区次之（图 7-40）。必须指出的是，东部义县地区义县旋回晚期和末期火山岩的微量元素含量与中部建昌—

凌源—平泉地区的同期火山岩趋于接近(王五力等,2003)。

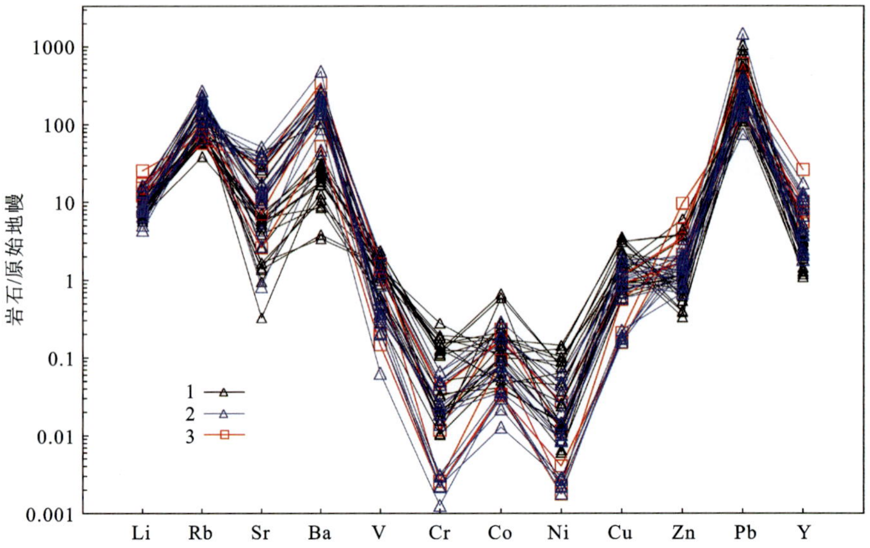

图 7-40　辽西—冀北地区义县期火山岩微量元素标准化蛛网图

1.北票—义县地区、宁城盆地火山岩;2.建昌—凌源地区火山岩;3.滦平盆地、围场清泉盆地火山岩

综上所述,辽西、冀北地区义县期火山岩在主量元素和微量元素方面存在一些差异。导致这些差异的根源可能包括几个方面:火山岩浆的来源深度不同,壳源物质混染程度不同,岩浆分异程度不同,亦或多种因素兼而有之。作者认为,北票—义县地区的火山岩浆来源较深、壳源物质混染较少,宁城—三座店地区、赤峰孤山子盆地次之,围场清泉、森吉图、花吉营再次之,而辽西建昌、凌源和滦平盆地的火山岩浆来源较浅、壳源物质混染较多。

(三) 稀土元素特征对比

辽西、冀北地区义县期火山岩的稀土元素配分曲线具有较好的相似性,都呈向右缓倾斜的平滑曲线,在 Eu 处形成微弱的"V"形,显示微弱的负铕异常。总体来看,森吉图—花吉营和赤峰地区的火山岩曲线靠上分布,建昌盆地、围场清泉盆地、滦平盆地的火山岩曲线居中分布,而凌源盆地、宁城-三座店盆地和北票—义县地区的火山岩曲线靠下分布(图 7-41)。

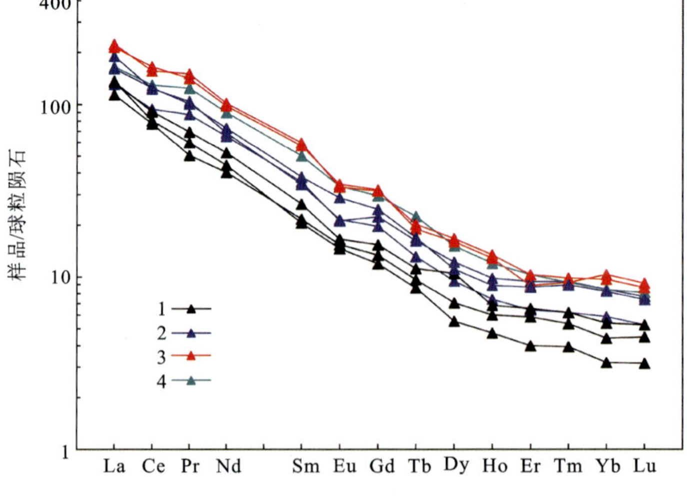

图 7-41　辽西—冀北地区各盆地义县期火山岩稀土元素配分曲线(均值)

1.黑色:北票—义县地区、凌源盆地、宁城盆地火山岩;2.蓝色:建昌盆地、围场清泉盆地、滦平盆地火山岩;3.红色:花吉营、森吉图盆地火山岩;4.青色:赤峰孤山子盆地火山岩

从∑REE来看，森吉图盆地、花吉营盆地火山岩偏高，平均值分别为364.52×10^{-6}，365.11×10^{-6}；凌源盆地、宁城-三座店盆地和北票—义县地区的火山岩偏低，平均值分别为181.54×10^{-6}，203.95×10^{-6}，168.28×10^{-6}；建昌盆地、围场清泉盆地、滦平盆地和赤峰孤山子盆地火山岩居中，平均值分别为273.53×10^{-6}，274.58×10^{-6}，294.82×10^{-6}，302.51×10^{-6}。这与火山岩稀土元素配分曲线的展布特征相吻合，显示由辽西到冀北（从东到西）稀土总量有增高的趋势。

区内义县期火山岩总体呈现微弱负铕异常，但辽西地区火山岩的铕异常值（δEu）高于冀北地区火山岩，北票—义县地区、建昌—凌源地区火山岩的δEu值较高，δEu均值在0.88～0.92之间，表现为微弱铕负异常；赤峰孤山子盆地和宁城地区的火山岩δEu均值在0.79～0.84之间，表现为铕负异常，滦平—花吉营—森吉图—围场地区火山岩的δEu值偏低，均值在0.73～0.80之间，明显铕负异常。因此，从辽西到赤峰再到冀北（从东到西），火山岩δEu值有降低趋势。

上述∑REE和δEu值的变化趋势可能反映了本区义县期火山岩浆分异程度的变化，即由东向西，火山岩浆的分异程度有加强趋势。这种变化可能源自岩浆源区的性质，亦或浅部地壳物质混染程度的差异，或者多种因素共同影响的结果。推测东部地区火山岩浆来源相对较深，壳源物质混染程度相对较低。

四、沉积岩地球化学特征对比

（一）主量元素特征对比

在义县期，辽西、冀北地区的湖盆非常发育，在主要盆地中都能见到断续展布的浅湖相-深湖相泥灰岩类沉积，并且在沉积旋回湖泛期出现的泥灰岩纯度较高，主要呈微薄层—纹层状构造，常与灰黑色粉砂质页岩、泥页岩构成韵律层。泥灰岩类的出现，说明辽西、冀北地区在义县期都处于相对温暖的气候带，湖盆水体清澈、阳光充足，水温相对较高，有大量的钙藻类植物发育，或者水体有较高含量的CO_3^{2-}离子和钙镁离子，在枯水、丰水期交替和水体蒸发作用下形成薄层泥灰岩与粉砂质泥岩、页岩互层的沉积韵律。在湖泊枯水期，没有大量外来水体注入和陆源碎屑带入，伴随水体不断蒸发，诱发$CaCO_3$沉积，形成灰岩、泥灰岩。在丰水期，有大量外来水体注入和陆源碎屑带入，形成泥质粉砂岩、粉砂质泥岩和泥页岩沉积。

与冀北地区对比，辽西地区泥灰岩的SiO_2、Al_2O_3含量偏低，CaO、MgO含量偏高，说明辽西地区的泥灰岩在形成过程中，水体相对清澈，泥砂质混入物相对较少，这可能与辽西地区盆地规模较大、水面宽阔有关。

辽西地区泥灰岩CaO/MgO比值相对偏低，为7.05，而冀北为16.15。可能与两种因素有关，一是辽西地区水体蒸发量相对偏高，二是盆地背景差异造成。辽西地区的盆缘基底有大量的元古宙白云岩建造，后期剥蚀、溶解导致湖水相对富含Mg质。值得说明的是滦平盆地的泥灰岩、粉砂质泥灰岩、钙质粉砂岩类比其他地区明显发育，而且生物化石相对较少，可能代表了一种相对特殊的沉积环境。在这种环境下，湖泊水体清澈、温暖、碱度相对偏高，更适于钙藻类生长，而藻类繁盛的结果是水体下部相对缺氧，不利于其他水生生物的繁衍，并最终导致滦平盆地义县期地层缺乏生物化石。

区内陆源细碎屑岩石（泥页岩、粉砂岩等）的SiO_2含量在55%～80.13%之间，各个盆地的SiO_2含量平均值为66.37%～75.72%，明显偏高，并且高于中国东部地壳同类岩石的平均值，表明区内岩石的成分成熟度相对较高。Al_2O_3含量为9.22%～17.62%，与地壳同类岩石相近。比较之下，FeO含量较低，Fe_2O_3/FeO比值变化在1.04%～17.73%之间，平均为5.80%，表明这些岩石形成在强氧化环境。与地壳同类岩石相比，P_2O_5含量明显偏高，可能与中生代火山喷发作用的强烈背景有关。

对不同盆地而言，辽西建昌盆地和冀北花吉营盆地的细碎屑岩石SiO_2含量偏低，平均含量分别为66.37%，68.72%（其他盆地细碎屑SiO_2含量在70%以上）；Al_2O_3含量偏高，平均含量分别为15.20%，16.74%（其他盆地细碎屑Al_2O_3含量在14.85%以下），说明建昌盆地、花吉营盆地细碎屑岩的成熟度相对偏低。此外，滦平盆地的粉砂质泥岩、页岩的Fe_2O_3/FeO为3.34，明显低于其他盆地，推测滦平盆地的水体流动性相对较差，或者外来水源补给量偏低，导致湖水相对缺氧。

第八章 结 语

通过调查辽西、冀北地区主要晚中生代盆地，对区内典型义县组、大店子组地层剖面进行了修测、实测，我们收集了丰富的野外地质资料，采集、鉴定、分析了大量的生物化石、岩石、岩石地球化学和同位素测年样品，对义县组、大店子组及其相关地层开展了详细的多重地层对比研究工作，取得了重要的工作进展。

一、主要地质成果

(1) 查清了辽西、冀北地区典型盆地内义县组、大店子组、西瓜园组的岩石组合特征、形成层序和形成环境，论述了义县期岩石地层的物质组成和横向变化特征，认为义县期各盆地发育3种岩石地层充填序列，第一种以火山岩为主夹河湖相沉积层，以辽西地区阜新-义县盆地、北票四合屯盆地、紫都台盆地、凌源盆地、冀北森吉图盆地、花吉营盆地为代表；第二种以河湖相沉积地层为主，夹多层火山岩，以建昌盆地、大城子—四官营子盆地、围场清泉盆地为代表；第三种主要由河湖相沉积层组成，以赤峰孤子山盆地、宁城三座店盆地、滦平盆地为代表。

由于中生代陆相盆地分隔性较大，沉积物源、盆地水系、差异性构造运动和火山作用都可以对盆地岩石地层的物质组成产生影响。以火山作用为例，火山喷发分布明显受到断裂和火山构造制约，不同盆地甚至同一盆地不同部位的火山喷发强度、喷发期次和火山喷发间歇期长短不一，可以导致火山-沉积地层在纵向和横向上均发生明显变化。

① 辽西地区，典型盆地以阜新-义县盆地和北票四合屯盆地为代表，义县期岩石地层表现为义县组，可以划分4个岩性段：

义县组一段，以中基性火山岩与砾岩、砂泥岩互层为特点，火山作用属于义县火山喷发旋回的第一亚旋回。火山岩以玄武岩、玄武安山岩、玄武质粗面安山岩、安山岩和粗面安山岩为主，局部有钾质碧玄岩，在辽西地区有自东向西厚度减少之势；沉积层以砾岩和砂泥岩为主，包括阜新-义县盆地的老公沟层和业南沟层，北票四合屯盆地上园地区的陆家屯层和下土来沟层，建昌盆地的要路沟层等含化石沉积层，含恐龙、哺乳动物等多门类化石，自东而西沉积厚度有增大之势。一段地层平行不整合在张家口组之上或角度不整合在更老的地层之上。

义县组二段，在北票—义县地区相当于尖山沟层，主要由砾岩、含砾粗砂岩、粉砂岩、页岩和泥岩组成，夹沉凝灰岩和灰岩，含大量鸟类、恐龙、两栖类、鱼类、哺乳动物等珍稀化石以及叶肢介、介形类、双壳、植物等十余个动植物门类化石。我们认为阜新-义县盆地的砖城子层相当于北票四合屯盆地的尖山沟层中下部，而大康堡层相当于尖山沟层的上部；北票四合屯盆地的尖山沟层、建昌盆地的罗家沟层、凌源盆地的大新房子层、宁城盆地的西台子北沟层也基本可以相互对比，属同期沉积，均划为义县组二段。

义县组三段，为基性—中基性火山岩段，火山岩主要为玄武岩、玄武安山岩，局部地区出现了粗面安山岩、安山岩。火山喷发作用为裂隙式和中心式喷发并存，并且中心式的火山作用具有较强的爆破现象，在部分地区形成了规模较大的破火山口和爆破角砾岩筒。它们对早期珍稀化石沉积层有明显的破坏作用。

义县组四段，以阜新-义县盆地马神庙—宋八户剖面的朱家沟层、金刚山层及其之间的火山岩层为代表。底部为砾岩、砾质杂砂岩，分布局限(如朱家沟层)；中部主要为玄武安山岩、安山岩和少量流纹岩等火山岩及其火山碎屑岩；上部为凝灰质粉砂岩、细砂岩和钙质泥页岩(原金刚山层)；顶部为黄花山酸性火山角砾岩层。在该段地层中金刚山层为重要的化石沉积层，岩性为凝灰质砾岩、砂砾岩、砂岩、泥岩、页岩夹灰岩和凝灰岩，含反鸟类、翼龙、有鳞类、离龙类、龟类、鱼类、叶肢介、介形类、昆虫、植物和孢粉等多门类化石。

义县组四段的岩性组合在区域上也有一些变化。在辽西其他盆地还没有发现比较可靠的金刚山层的特殊生物化石组合，因此导致该岩性段的区域性对比困难。凌源盆地东南部边缘，平房西层出现了含酸性火山岩角砾、凝灰的沉积层大致与义县地区的义县组四段相当。鉴于在阜新-义县盆地南部大定堡乡老虎沟东山的金刚山层中、下部以凝灰角砾岩和沉凝灰岩为主，上部以凝灰质砂岩为主，据此推测紫都台盆地勿拉哈达—黑山口义县组剖面顶部的沉积凝灰岩段可能相当于义县组四段。建昌盆地西南端新开岭地区，如黄砬沟一带，在九佛堂组底部砾岩之下和义县组上部厚层安山岩之上，出现厚达几十米的砾岩、砂岩和粉砂岩，含保存不佳的叶肢介、介形类和腹足类化石，并以流纹质凝灰熔岩与上覆九佛堂组分界，此沉积层有可能相当于义县组四段。

② 冀北地区，典型盆地以滦平盆地为代表，相当于义县期的沉积地层包括大店子组和西瓜园组，主体以湖相沉积为特点，依据沉积地层的旋回性、接触关系、沉积物的成熟度和生物组合特征，将大店子组划分为 4 个岩性段：

大店子组一段，底部为砂砾岩或含砾粗砂岩、含砾砂岩，俗称“蜂窝梁砾岩”（田树刚等，2004）；下部为灰绿色泥岩夹透镜状中—细粒砂岩、钙质泥岩；中部为灰色、灰黑色页岩夹灰绿色泥岩和透镜状细粒砂岩；上部为灰绿色粉砂质泥岩夹中—细粒砂岩和含砾粗砂岩。该段地层产大量的叶肢介、介形类及腹足类、双壳类、鱼类、植物等化石。其中叶肢介以 *Eosestheria*（东方叶肢介）开始大量出现，介形类以 *Cypridea*（女星介）动物群开始出现、繁盛和 *Yanshanina*（燕山介）的大量繁盛富集为特征。从层序和化石组合看，大店子组一段与辽西义县组一段下部相当。

大店子组二段，底部为褐黄色厚层—中厚层状砂砾岩、砾岩夹砂质泥岩和砂岩，即“龙层砾岩”（田树刚等，2004）；下部为灰绿色砂质泥岩、粉砂岩夹透镜状中—中细粒砂岩；中部为灰色、灰绿色泥岩夹灰色页岩和透镜状细粒砂岩；上部为灰绿色泥岩夹砂岩。岩层中化石相对较少，主要为叶肢介、介形类、腹足类、双壳类化石。以“龙层砾岩”为标志层作为二段的底部。大店子组二段与辽西义县组一段中、上部基本可以对比。一段、二段都含有相对较多的灰绿色泥岩，这种标志性的灰绿色除了与氧化还原条件有关外，还与岩石含有较多的火山凝灰成分有关。

大店子组三段—四段，以深灰色、黑色粉砂质页岩夹灰色泥岩和薄—中厚层泥灰岩为主，形成两个沉积亚旋回，底部以石英长石砂岩与二段分界。该段化石丰富，以 *Jiliaoestheria*（冀辽叶肢介），女星介类 *Cypridea sulcata*，*C. shangyingensis* 和狼鳍鱼 *Lycoptera* 为特征，另外还有腹足类、双壳类、植物碎片等化石。顶部与西瓜园组底部的“拉海梁砾岩”（田树刚等，2004）平行不整合接触。在盆地的中东部，三段中部出现一层玄武安山岩，厚 18～50m。从化石组合特征来看，大店子组三段—四段与尖山沟层基本可比。

西瓜园组，底部以粗—中砾岩为主，夹砂砾岩、砂岩和粉砂岩及泥质粉砂岩（即拉海梁砾岩），平行不整合压盖在大店子组之上。该界面明显凹凸不平，砾石成分主要来自下伏的安山岩，磨圆度相对较好，说明该界面经历了一段时间的暴露、剥蚀，是一个重要的沉积旋回界面。

西瓜园组主体岩石为薄—厚层钙质胶结粉砂岩、泥质粉砂岩、粉砂质泥岩，局部与薄—中厚层粉砂质泥灰岩互层，夹细砂岩、页岩。岩石的钙质含量相对较高，有较多的钙泥质粉砂岩、钙质粉砂质泥岩和粉砂质泥灰岩，尤其是薄层—页片状钙质粉砂质泥岩与粉砂质泥灰岩构成的基本层序最为突出，占有相当的比重，反映了一种特殊的沉积水体，pH 值偏高（>8.5），这种环境不利于生物生存，更不利于化石保存。局部地层见有少量叶肢介化石 *Yanjiestheria* cf. *fengningensis* Niu，1984；鱼类 *Lycoptera davidi*，*Peipiaosteus* sp；介形虫 *Lycopterocypria deblis*，*L. infantilis*，*Cypridea* sp. 等。依据化石组合及地层层序，西瓜园组与辽西义县组朱家沟层及金刚山层可以对比。

(2) 查清了辽西、冀北、内蒙古赤峰地区义县组、大北沟组、大店子组和西瓜园组的主要生物化石组成和组合特征。虽然具体生物种类因地域性有所差别，但从介形类、叶肢介、双壳类和腹足类、植物和孢粉化石组合特征等方面来看，辽西、冀北、内蒙古赤峰地区义县组与大店子组和西瓜园组生物地层完全可以对比，认为辽西义县组与冀北滦平盆地大店子组＋西瓜园组的层位相当，滦平盆地大店子组相当于义县组中、下部，西瓜园组相当于义县组上部。

① 根据介形类化石研究，认为滦平盆地以下营和上营剖面为代表的大店子组没有超出辽西地区义县组范畴，滦平盆地大店子组一、二段的介形类化石组合（尤其第二段介形类组合）可以与辽西地区义县组下部（老公沟层至尖山沟层及其相当层位，下同）的介形类化石组合相对比，大店子组三、四段介形类组合与义县组中部的介形类化石接近。从而表明大店子组一、二段主体层位与义县组下部相当，而大店子组三、四段在层位上与义县组中部大体相当。

义县组下部和大店子组共同拥有的介形类属种多达 30 余种，其中较重要的 *Cypridea luanpingensis* 在大店子组一段仅个别出现，而在二段和建昌盆地义县组罗家沟层却较繁盛，在宁城盆地义县组下部西台子北沟层该种与 *Cypridea* cf. *liaoningensis*、*Daurina dabeigouensis* 共生，皆未见其延入上覆层位。

Cypridea tubercularis 在大店子组一、二段和辽西大城子—四官营子盆地义县组下部上三官庙层很发育，在大店子组三、四段和阜新-义县盆地义县组下部老公沟层少量出现。

Cypridea dadianziensis 始现于大店子组一段，繁盛于二段，四段亦可见及，义县组下部上三官庙层和赤峰孤山子盆地义县组下部沟脑层是该种赋存层位。

Cypridea baimagouensis sp. nov.（即原产于大店子组二段的 *Cypridea sagena* Anderson）分别产于大店子组二段和义县组下部上三官庙层。

Cypridea spatiosa 始现于大店子组一段，繁盛于二段，据庞其清等（2006）研究，大店子组三、四段有其相似种，而在义县组下部上三官庙层是该种产出的主要层位。

Cypridea subgranulosa 和 *Cypridea huodoushanensis* sp. nov.（即在滦平盆地原定的 *Cypridea granulosa granulosa*）均赋存在大店子组二段和义县组下部上三官庙层。

② 从 *Eosestheria*（*Clithrograpta*）*gujialingensis* 和 *Jiliaoestheria* 叶肢介组合分析，大店子组与义县组下部也可以对比。

在大店子组一段发现了比较典型的 *Eosestheria*（*Clithrograpta*）*gujialingensis*（Wang W，1987），此类型为辽西建昌盆地谷家岭地区义县组底部或下部的特有分子。

义县地区义县组中、下部有 3 个化石组合，即① *Eosestheria*（*Diformograpta*）*ovata* - *Eosestheria*（*Filigrapta*）*jianshangouensis* 组合（老公沟层—尖山沟层、砖城子层）；② *Jiliaoestheria clithroformis* - *J. striaris* 组合（尖山沟层）；③ *Eosestheria*（*Diformograpta*）*gongyingziensis*—*Diestheria yixianensis* 组合（大康堡层），其大多数属种在冀北大店子组中被发现，特别是北票尖山沟层的 *Jiliaoestheria clithroformis* - *J. striaris* 组合主要分布发育于大店子组三、四段，说明大店子组三、四段可与尖山沟层对比。

③ 辽西地区义县组、冀北地区大店子组双壳类化石组合均为 *Arguniella lingyuanensis* - *Sphaerium jeholense*，腹足类化石组合均为 *Ptychostylus harpaeformis* - *Probaicalia vitimensis*，虽然前一属种自大北沟组开始出现，向上仅延至大店子组二段，但该属种在辽西地区最高层位出现在义县组尖山沟层下部，由此表明大店子组一、二段的腹足类化石组合与义县组下部的腹足类化石组合特征一致，其所在层位亦相当。

④ 辽西建昌盆地义县组罗家沟层、凌源盆地义县组大新房子层、滦平盆地马圈子剖面大店子组二段、滦平盆地李营剖面下部均产环足虾类 *Cricodoscelosus aethus*，也表明辽西地区义县组下部与滦平盆地大店子组二段有可比性。

⑤ 辽西地区的植物、孢粉化石主要采自义县组二段，冀北地区的植物、孢粉化石主要采自大店子组。冀北地区大店子组的植物和孢粉化石远不如辽西地区义县组丰富，但从两地区的植物和孢粉化石面貌看基本可以对比。

A. 植物化石方面。

a. 从植物组成特征来看，辽西地区义县组和冀北地区大店子组的植物化石，具有共同的组成特征，它们均由蕨类植物的石松类、有节类和真蕨类，裸子植物的苏铁类、银杏类和松柏类，以及被子植物组成。在上述化石植物群中，松柏类（其叶型多为线状、针状和鳞片状）占主要地位，其次，银杏类和茨康类

(其叶型多为线状)也占一定比例,真蕨类和苏铁类植物也有一定含量,而被子植物化石含量相对较少。

b. 辽西地区义县组和冀北地区大店子组、西瓜园组的植物化石共同具有特征的组成分子,如:有节类的 *Equisetites* cf. *noktongensis*;苔藓类的 *Thallites* sp.;真蕨类的 *Coniopteris burejiensis*, *Cladophlebis acuta* Fontaine;银杏类的 *Czekanowskia* sp., *Solenites* cf. *orentalis* Sun, Zheng et Mei, *Baiera furcata* (L. et H.) Braun;松柏类的 *Pityolepis larixiformis* Wang, *Elatocladus* cf. *pinnatus* Sun et Zheng, *Cephalotaxopsis leptophylla* (Wu) Sun et Zheng, *Schizolepis moelleri* Seward, *Schizolepis* cf. *chilitica* Sun et Zheng。特别是 *Archaefructus liaoningensis*(辽宁古果), *Solenites murrayan*(穆雷管状叶)和 *Schizolepis beipiaoensis*(北票裂鳞果)是产于义县组二段及其相当层位的特征分子。

B. 孢粉化石方面。

a. 辽西地区义县组和冀北地区大店子组的孢粉化石共同具有特征的组成分子,孢粉组合以裸子植物花粉为主,约占组合的75%,其中大多数为无肋双囊类花粉,蕨类植物孢子较少,被子植物花粉罕见,显示它们的层位基本相当。

b. 主要孢粉组成分子有:蕨类植物桫椤科的 *Cyathidites minor*;紫萁科的 *Osmundacidites wellmanii*;卷柏科的 *Densoisporites microrugulatus*;凤尾蕨科的 *Leptolepidites verrucatus*;石松科的 *Lycopodiumsportites*;海金砂科的 *Cicatricosisporites*, *C. mirabilus*, *C. impleyus*, *Impardecispora* cf. *minor*, *Klukisporites pseudoretriculatus* 等;还有 *Undulatisporites undulapolus*, *Schizaeoisporites certus* 等。裸子植物花粉包括杉科的 *Perinopollenites*;松科的 *Abietineaepollenites*, *Pinuspollenites*, *Cedripites*, *Piceaepollenites*;罗汉松科的 *Podocarpidites*;苏铁纲的 *Cycadopites*, *Araucariacites*;掌鳞杉科的 *Classopollis*;以及亲缘关系不明的 *Callialasporites*, *Jiaohepollia*, *Quadraeculina*, *Alisporites* 等,同时共同具有新类型 *Jugella* 等。

(3) 在辽西—冀北地区发现了一批介形类新属种,首次在大店子组一段新发现以往认为仅产于大北沟组的"*Eoparacypris obesa*"等化石,提高了地层划分对比精度,并对大北沟期、义县期介形类化石尤其是新种进行了详细的描述,为中生代古生物地层研究提供了新资料。

新发现的介形类新属种如下:

火斗山女星介(新种)*Cypridea* (*Cypridea*) *huodoushanensis* Zhang sp. nov.

庞氏女星介(新种)*Cypridea* (*Cypridea*) *pangi* Zhang sp. nov.

近长女星介(新种)*Cypridea* (*Cypridea*) *subspatiosa* Zhang sp. nov

近光滑女星介(新种)*Cypridea* (*Cypridea*) *sublaeva* Zhang sp. nov.

白马沟女星介(新种)*Cypridea* (*Cypridea*) *baimagouensis* Zhang sp. nov.

近敏捷女星介(新种)*Cypridea* (*Cypridea*) *subactuosa* Zhang sp. nov.

凌源女星介(新种)*Cypridea* (*Cypridea*) *lingyuanensis* Zhang sp. nov.

短脊女星介(新种)*Cyprigea curticostata* Zhang sp. nov.

单背高玉门介(新种)*Yumenia unidorsalta* Zhang sp. nov.

罗家沟玉门介(新种)*Yumenia luojiagouensis* Zhang sp. nov.

要路沟玉门介(新种)*Yumenia yaolugouensis* Zhang sp. nov.

冀北玉门介(新种)*Yumenia jibeiensis* Zhang sp. nov.

背脊建昌介(新属、新种)*Jianchangella dorsicostata* Zhang gen. et sp. nov

伸长湖女星介(新种)*Limnocypridea elongata* Zhang sp. nov.

修长蒙古介(新种)*Mongolianella gracililonga* Zhang sp. nov.

脊星介属(新属)*Ocrocypris* Zhang gen. nov.

三道沟脊星介(新属、新种)*Ocrocypris sandaogouensis* Zhang gen. et sp. nov.

承德脊星介(新属、新种)*Ocrocypris chengdeensis* Zhang gen. et sp. nov.

滦平脊星介(新属、新种)*Ocrocypris luanpingensis* Zhang gen. et sp. nov.

(4) 在层序地层学方面，深入研究了区内主要晚中生代盆地义县期地层的三级沉积层序，提出可以划分 6 个三级层序。认为辽西—冀北地区义县组沉积地层的三级层序与大店子组、西瓜园组沉积地层三级层序具有可比性。认为三级层序是区域性地壳震荡抬升、下降的具体反映，在生物地层对比的框架下，在一定程度上具有等时对比意义。

辽西地区义县组与冀北地区大店子组和西瓜园组分别充填在各具特色的中生代盆地中，盆地充填的岩石类型和沉积环境有明显差别，进行直接的岩石地层对比有一定困难。但是，盆地断续充填的沉积层所表现的三级层序为我们提供了相对大范围的地层对比依据。三级层序是地壳震荡性抬升、下降的具体反映。基于辽西—冀北地区的火山-沉积盆地形成于统一的大地构造背景，地壳活动具有一致性，三级层序应当具有可比性。

研究表明，辽西地区主要盆地的义县组虽然发育火山岩，但火山岩之间分布的沉积夹层却表现出明显的旋回性，在岩性特征、沉积环境等方面有明显的相似性，可以划分出 6 个三级层序。在冀北滦平地区，大店子组和西瓜园组共同构成了义县期沉积地层，两者分别发育有 3 个三级层序，合计 6 个三级层序；冀北森吉图盆地沉积层也具有 6 个三级沉积旋回。从层序的总体特点来看，辽西、冀北两地之间的三级层序呈现一一对应，可以进行大致的对比。每个三级层序由退积堆叠型式的湖泊扩展体系域(EST)开始，经过相对深水盆地相达到最大湖泛面(mfs)，结束于加积和进积堆叠型式的高位体系域(HST)。在各层序之间，层序界面代表明显的沉积间断(SB2)。

虽然辽西、冀北地区义县期沉积地层三级层序可以进行大致对比，但是两个地区沉积地层还保持了较强的地域性特征：

冀北滦平盆地的大店子组和西瓜园组与内蒙古赤峰地区宁城、孤山子盆地的义县组以沉积岩为主体，火山岩夹层相对较少。这两个地区的义县组在沉积旋回、岩性特征、沉积环境等方面，具有较高的相似性。然而，从沉积物分析来看，滦平盆地的大店子组和西瓜园组湖盆较大，湖水较深，沉积物粒度较细。而内蒙古赤峰地区宁城、孤山子盆地的义县组湖盆较小，湖水较浅，沉积物粒度较粗。

阜新-义县盆地和建昌盆地以及冀北森吉图盆地的义县组发育火山岩，在火山岩之间形成了一系列的沉积夹层。在旋回性沉积层序、岩性特征、沉积环境等方面，这些盆地的义县组也有明显的相似性。但是，在义县地区义县组四段的下部和上部仅发育垂向加积或侧向加积的低位体系域(LST)，它们各自组成了一个三级层序。

(5) 依据本次工作所取得的同位素测年数据，并参考前人资料，我们确定了辽西地区义县组、冀北地区大店子组及其下伏、上覆地层的形成时代。辽西义县组形成时间在 132.9～122.4Ma 之间，滦平地区大店子组和西瓜园组形成于 130～122.7Ma 之间。因此，辽西义县组形成的时间跨度与冀北大店子组和西瓜园组形成的时间跨度基本一致，也即冀北大店子组相当于辽西地区义县组中、下部，而西瓜园组则相当于辽西义县组上部。

辽西义县组底部火山岩激光 $^{40}Ar/^{36}Ar-^{39}Ar/^{36}Ar$ 等时线年龄结果为(132.9±1.5)Ma；大北沟组三段含角砾凝灰岩的锆石 SHRIMP 年龄数据为(131±1)Ma(MSWD=0.41)，可以推测大北沟组和大店子组界线年龄接近 130Ma；赤峰孤山子盆地义县组直接整合在大北沟组之上，大北沟组顶部流纹质角砾凝灰岩的锆石 SHRIMP 年龄为(130.7±1.3)Ma，限定了该区义县组底界年龄在 130 Ma 左右。因此，从同位素年龄来看，辽西义县组底界年龄，赤峰地区义县组底界年龄和冀北滦平大店子组底界年龄基本是一致的。

辽西义县组顶部黄花山角砾岩层的锆石测年数据为 122.4Ma；滦平盆地大店子组中火山岩夹层形成于 129.7～127.7Ma 期间；而西瓜园村北九佛堂组底部角砾状安山岩层的锆石 SHRIMP 年龄数据为 122.7Ma，给出了西瓜园组与九佛堂组界线的大致年龄。从同位素年龄来看，辽西义县组顶界年龄与冀北西瓜园组顶界年龄基本一致。

(6) 辽西—冀北地区义县期火山作用总体上表现强烈，除了以沉积作用为主的盆地外，各个主要盆地的火山作用具有明显的周期性脉动，在辽西、冀北地区分别识别出了 4 个火山作用亚旋回。

从早期到晚期，火山作用由基性向中酸性方向演化。辽西地区火山作用最强的盆地为东部的阜新-

义县盆地、紫都台盆地，其次为西部的凌源盆地、建昌盆地，它们都发育有 4 个火山作用亚旋回，形成了大量的火山岩及其碎屑岩地层。喀左盆地、宁城盆地和赤峰孤山子盆地的火山作用相对较弱，仅发育 2 个火山作用亚旋回，在盆地中形成了少量火山熔岩、角砾凝灰岩夹层。冀北地区火山作用最强的盆地为丰宁森吉图盆地，其次为围场清泉盆地和丰宁花吉营盆地，它们也不同程度地发育了 4 个火山作用亚旋回。滦平盆地火山作用相对较弱，仅在义县期地层的下部和顶部形成了少量中酸性火山岩夹层。

(7) 针对辽西—冀北地区广泛分布的义县期火山-沉积岩进行了岩石地球化学对比研究，结果表明辽西—冀北地区的义县期火山-沉积岩在地球化学性质上既有联系又有差别。

在地球化学共性方面，更多地体现了相似的大地构造背景、火山作用机制和沉积环境。

① 辽西、冀北地区义县期火山岩多数情况下为正常类型，大部分样品投影在高钾钙碱性系列区和钾玄岩系列区，反映火山岩浆来源较深，这与中生代本区处于内陆强烈造山区的地质背景相吻合。

② 辽西、冀北地区义县期火山-沉积岩的稀土元素配分曲线具有较好的相似性，都呈向右缓倾斜的平滑曲线，火山岩在 Eu 处形成微弱的"V"形，显示微弱的负铕异常，而沉积岩具有明显的"V"形负铕异常。

③ 辽西、冀北地区各盆地最大湖泛期沉积岩的标准化蛛网图样式基本一致，相容元素 Cr、Ni、Co 相对原始地幔明显亏损，但 V、Cu 元素含量相当；不相容元素 Li、Rb、Ba、As 明显富集，但 Sr、Ga 元素含量略显偏高。

在地球化学差异方面，体现了不同地域或盆地区的火山岩浆的源区差异、地域性盆地背景差异。

① 常量元素方面的差异。

a. 从 MgO、CaO 含量看，北票—义县地区的义县期火山岩的含量最高，其次为宁城三座店地区、赤峰孤山子盆地、冀北花吉营—森吉图—围场清泉地区的火山岩，而建昌盆地、凌源盆地和滦平盆地的火山岩相对较低。火山岩的 MgO 含量和 CaO 含量的高低可能暗示岩浆物质来源的差异，或者壳源物质的混染程度。相对高 MgO、CaO 含量的火山岩浆有可能源自岩石圈更深部。

b. 与冀北地区对比，辽西地区泥灰岩 SiO_2、Al_2O_3 含量偏低，CaO、MgO 含量偏高，说明辽西地区的泥灰岩在形成过程中，水体相对清澈，泥砂质混入物相对较少，这可能与辽西地区盆地规模较大，水面宽阔有关。

② 微量元素方面的差异。

a. 阜新 - 义县盆地、北票四合屯盆地的义县期火山岩相容元素(V、Cr、Ni、Co、Cu)含量偏高，其次为宁城三座店地区、围场清泉盆地和森吉图盆地的火山岩，而建昌盆地、凌源盆地、滦平盆地和花吉营盆地的火山岩相容元素含量偏低。在大离子亲石元素中，Rb、Ba 含量以建昌盆地、凌源盆地和滦平盆地的火山岩相对较高，而北票一义县地区、花吉营盆地和森吉图盆地的火山岩偏低。

b. 义县期沉积岩也有类似的差别，建昌盆地、赤峰孤山子盆地、围场清泉盆地、滦平盆地的沉积岩相对阜新-义县盆地、北票四合屯盆地的沉积岩富集 Li、Rb、Sr、Ba，而 Cr、Co、Ni 含量偏低。与其他盆地比较，赤峰孤山子盆地和滦平盆地沉积岩的 V、Cr、Co、Ni、Cu 含量更低。

③ 稀土元素方面的差异。

a. 从∑REE 来看，森吉图盆地、花吉营盆地的火山岩偏高；凌源盆地、宁城—三座店盆地、阜新-义县盆地、北票四合屯盆地的火山岩偏低；建昌盆地、围场清泉盆地、滦平盆地和赤峰孤山子盆地的火山岩居中。这与火山岩稀土元素配分曲线展布特征相吻合，显示由辽西到赤峰再到冀北(从东到西)义县期火山岩的稀土总量有增高的趋势。

b. 辽西地区义县期火山岩的铕异常值(δEu)高于冀北地区同期火山岩，北票—义县地区、建昌—凌源地区火山岩的 δEu 值较高，δEu 均值在 0.88～0.92 之间，表现为微弱铕负异常；赤峰孤山子盆地和宁城地区的火山岩 δEu 值在 0.79～0.84 之间，表现为铕负异常；滦平—花吉营—森吉图—围场清泉地区火山岩的 δEu 值偏低，均值在 0.73～0.80 之间，明显铕负异常。因此，从辽西到赤峰再到冀北(从东到西)，义县期火山岩 δEu 值有降低趋势。∑REE 和 δEu 值的变化趋势可能反映本区义县期火山岩浆分异程度的变化，即由东向西，火山岩浆的分异程度有加强趋势。这种变化也可能反映了岩浆源区的性

主要参考文献

毕子威,杨有世.冀北森吉图—四岔口一带晚中生代地层新认识[J].中国区域地质,1992,(3):211-218.

曹美珍.辽宁西部四合屯地区义县组下部介形类[J].Palaeoworld,1999:131-144.

陈金华.热河生物群的双壳类组合研究[M]//*Palaeoworld*.合肥:中国科学技术大学出版社,1999.

陈丕基,金帆.热河生物群[M]//*Palaeoworld*.合肥:中国科学技术大学出版社,1999.

陈丕基,黎文本,陈金华,等.中国侏罗、白垩纪化石群序列[J].中国科学(B),1982(6):558-565.

陈丕基,沈炎彬.叶肢介化石[M].北京:科学出版社,1985:40-186.

陈丕基,王启飞,张海春,等.论义县组尖山沟层[J].中国科学(D辑),2004,34(10):883-895.

陈丕基,文世宣,周志炎,等.辽宁西部晚中生代陆相地层的研究[J].中国科学院南京地质古生物研究所所刊,1980,1:22-25.

陈丕基,吴舜卿.热河生物群研究的现状与展望[C]//北京大学国际地质科学学术研讨会论文集.北京:地震出版社,1998:355-358.

陈丕基.辽西义县组的叶肢介化石[M]//陈丕基,金帆.热河生物群.合肥:中国科学技术大学出版社,1999:114-130.

陈树旺,张立东,郭胜哲,等.辽西义县组基性、中基性火山岩内沉凝灰岩的发现及其意义[J].辽宁地质,2001,18(1):52-56.

陈树旺,张立东,郭胜哲,等.四合屯及其周边地区义县组火山活动对生物灾难事件的影响[J].地学前缘,2002(3):103-107.

陈树旺,张立东.四合屯—大康堡地区义县组火山-沉积岩系地质特征[J].地球学报,2002(3):217-222.

崔盛芹,李锦蓉,吴珍汉,等.燕山地区中新生代陆内造山[M].北京:地质出版社,2002:1-386.

地质矿产部沈阳地质矿产研究所.东北地区古生物图册(二)[M].北京:地质出版社,1980.

地质矿产部天津地质矿产研究所.华北地区古生物图册(二)中生代分册[M].北京:地质出版社,1984.

丁秋红,成洙,张立东,等.四合屯含鸟化石层地球化学异常及沉积环境[J].地质与资源,2003,12(3):139-145.

丁秋红,张立东,郭胜哲,等.辽西北票地区义县组地层层序与化石层位[J].地质与资源,2001,10(4):193-197.

丁秋红,张立东,郭胜哲,等.辽西北票地区义县组古气候环境标志及其意义[J].地质通报,2003,22(3):186-191.

丁秋红,张立东.辽西义县组孢粉植物群指示的古气候条件[J].微体古生物学报,2004,21(3):332-341.

丁秋红.辽宁西部义县组木材化石的研究[J].古生物学报,2000,39(sup):209-219.

丁秋红.辽西北票义县地区义县古植物群及其古生态学研究[D].沈阳:东北大学,2004.

董树文,吴锡浩,吴珍汉,等.论东亚大陆的构造翘变——燕山运动的全球意义[J].地质论评,2000,46(1):8-13.

董树文,张岳桥,龙长兴,等.中国侏罗纪构造变革与燕山运动新诠释[J].地质学报,2007,81(11):1449-1461.

董万德,何振清,王忠江,等.1/25万建平县幅(K51 C003004)区域地质调查报告[R].大连:辽宁省地质矿产调查院大连分院,2003.

冯有良,李思田,邹才能.陆相断陷盆地层序地层学研究[M].北京:地质出版社,2006.

葛肖虹,马文璞.东北亚南区中—新生代大地轮廓[J].中国地质,2007,34(2):212-228.

顾知微.热河动物化石群地质时代的研究[C]//王鸿祯.中国地质学科发展的回顾—孙云铸教授百年诞辰纪念文集.武汉:中国地质大学出版社,1995:93-99.

郭洪中,张招崇.辽宁西部中生代火山岩的基本特征[J].岩石矿物学杂志,1992,11(3):193-225.

郭胜哲,张立东,鲍庆忠,等.辽西建平—喀左地区元古宙—古生代层序地层[J].中国区域地质.1999,18(3):239-247.

郭胜哲,张立东,张长捷,等.辽宁西部义县组研究新进展[J].中国地质,2001,8:1-8.

郭胜哲.层序地层研究方法概论[J].辽宁地质.1999,16(1):25-28.

郭双兴,吴向午.辽宁西部晚侏罗世晚期义县组的似麻黄植物[J].古生物学报,2000,39(1):81-91.

和政军,牛宝贵,张新元.辽西朝阳地区晚侏罗世逆冲断裂及同沉积盆地系统[J].地质论评,2007,53(2):153-165.

和政军,牛宝贵."承德逆掩片"之商榷——来自燕山地区中元古代长城系的沉积地质证据[J].地质论评,2004,50(5):464-470.

洪友崇.东亚古陆中生代晚期热河生物群的起源、发展、鼎盛与衰亡[J].现代地质,1993,7(4):373-383.

洪友崇.中国北方昆虫群的建立与演化序列[J].地质学报,1998,72(1):1-10.

侯连海,陈丕基. 最小的早期鸟类——娇小辽西鸟[J]. 科学通报,1999,44(3):311-315.

侯连海,拉里·马丁,周忠和,等. 中国发现从始祖鸟到反鸟的重要缺失环节[J]. 古脊椎动物学报,1999,37(2):88-95.

侯连海,周忠和,顾玉才,等. 辽宁中生代鸟类综述[J]. 古脊椎动物学报,1995,33(4):261-271.

侯连海,周忠和,顾玉才,等. 侏罗纪鸟类化石在中国的首次发现[J]. 科学通报,1995,40(8):726-729.

侯祐堂,勾韵娴,陈德琼. 中国介形类化石,第一卷[M]. 北京:科学出版社,2002:1-1090.

侯祐堂. 中国西北及东北地区侏罗纪及白垩纪淡水介形类化石 Cyprideinae 亚科[J]. 中国科学院南京地质古生物研究所集刊,1958,1:33-103.

黄汲清. 中国大地构造特征的新研究[J]. 中国地质科学院院报,1984(9):5-18.

黄志安,潘玉启,杨雅军,等. 1/25 万锦州市幅(K51C003001)区域地质调查报告[R]. 大连:辽宁省地质矿产调查院大连分院,2003.

姬书安,季强. 辽宁西部翼手龙化石的首次发现[J]. 地质学报,1997,71(1):1-6.

姬书安. 热河生物群重大研究进展综述[J]. 中国地质,2001,28(4):19-23.

姬书安. 中国的翼手龙化石综述[C]//第七届中国古脊椎动物学学术年会论文集. 北京:海洋出版社,1999:81-88.

季强,陈文,王五力,等. 中国辽西中生代热河生物群[M]. 北京:地质出版社,2004:1-375.

季强,姬书安,任东,等. 论辽西北票四合屯-尖山沟一带含原始鸟类地层的层序及时代[J]. 地层古生物论文集,1998,(27):74-79.

季强,姬书安. 原始祖鸟(*Protarchaeopteryx* gen. nov.):中国的始祖鸟化石[J]. 1997,中国地质,238(3):38-41.

季强,姬书安. 中国最早鸟类化石的发现及鸟类的起源[J]. 中国地质,1996(223):30-33.

季强,姬书安. 中华龙鸟(Sinosauropteryx)化石研究新进展[J]. 中国地质,1997,242(7):30-32.

金帆,张永江,周忠和. 辽宁西部晚中生代鱼群-辽宁西部晚中生代地层和鱼群研究之三[J]. 古脊椎动物学报,1995,33(3):169-193.

金帆. 辽宁西部晚中生代地层研究之进展及存在问题[J]. 古脊椎动物学报,1996,34(2):102-122.

黎文本,刘兆生. 辽西北票义县组底部的孢粉组合及其时代[M]//热河生物群,*Palaeoworld* 11(专辑). 合肥:中国科学技术大学出版社,1999(11):68-79.

黎文本. 中国早白垩世孢粉植物群及其地理分区[M]//中国古生物地理区系. 北京:科学出版社,1983:142-151.

李锦轶,莫申国,和政军,等. 大兴安岭北段地壳左行走滑运动的时代及其对中国东北及邻区中生代以来地壳构造演化的制约[J]. 地学前缘,2004,11(3):157-168.

李佩贤,程政武,庞其清. 辽西北票孔子鸟 Confuciusornis 的层位及年代[J]. 地质学报,2001,75(1):1-13.

李佩贤,柳永清,田树刚. 冀北滦平盆地侏罗系—白垩系岩石地层研究新进展[J]. 地质通报,2004,23(8):757- 765.

李佩贤,庞其清,程政武,等. 中国北方陆相侏罗系与白垩系分界和临界阶的建立[C]//第三届全国地层会议论文集. 北京:地质出版社,2000:243-251.

李强,张海桥,杨建国. 东北地区侏罗-白垩系界线划分对比问题的讨论[J]. 大庆石油地质与开发,2001,20(4):14-16.

李亚平,董国义,范国清. 辽西中生代含鸟层及上下层位的划分和时代[J]. 辽宁地质,1998(3):175-184.

李有生,孙灵权,董国义. 辽西晚侏罗世魏家岭组的建立及其意义[J]. 辽宁地质,2000,17(4):280-283.

李忠权,萧德鸣,侯启军,等. 松辽盆地深层古前陆盆地地层特征及其油气勘探意义[J]. 成都理工大学学报(自然科学版),2004,31(6):582-585.

梁鸿德,许坤. 冀北-辽西地区侏罗-白垩系界线[C]//第三届全国地层会议论文集. 北京:地质出版社,2000:237-242.

刘殿秘,韩立国,翁爱华,等. 松辽盆地西北边界碧分地球物理特征[J]. 地球物理进展,2007,22(6):1722-1727.

刘俊. 辽宁下白垩统九佛堂组伊可昭龙一新种[J]. 古脊椎动物学报,2004,42(2):120-129.

柳永清,李佩贤,田树刚. 冀北滦平晚中生代火山碎屑熔岩中锆石 SHRIMPU—Pb 年龄及其地质意义[J]. 岩石矿物学杂志,2003,22(3):237-244.

柳永清,庞其清,李佩贤,等. 冀北滦平陆相侏罗—白垩系生物地层界线及候选层型研究进展[J]. 地质通报,2002,21(3):176-180.

柳永清,田树刚,李佩贤,等. 滦平盆地大北沟组—大店子组沉积和地层格架及陆相层型意义[J]. 地球学报,2001,22(5):391-396.

卢崇海. 义县组时代及解体[J]. 辽宁地质,2000,17(1):51-56.

卢功一. 冀北热河群与热河生物群[M]. 北京:地质出版社,2008.

路远发. GeoKit:一个用 VBA 构建的地球化学工具软件包[J]. 地球化学,2004,33(5):459-464.

张立东,郭胜哲,张长捷,等.辽宁省四合屯—上园地区含珍稀化石沉积层的特点和形成环境[J].中国地质,2001(6):10-20.

张立东,郭胜哲,张长捷,等.辽宁西部义县组湖相枕状熔岩的发现及其意义[J].地球学报,2002,23(6):491-494.

张立东,郭胜哲,张长捷,等.义县组底部层位发现恐龙化石[J].地质与资源,2002,11(1):9-15.

张立军,高克勤,王丽霞.辽西义县组蝶螈类化石新发现[J].地质通报,2004,23(8):799-801.

张立军,王丽霞.辽西凌源热水汤地区中生代含蝶螈化石地层新知[J].地质与资源,2004,13(4):202-206.

张立君,张立东,杨雅军,等.辽西建昌盆地下白垩统义县组的划分及其介形类化石[J].地质与资源,2012(1):81-92.

张立君.辽宁西部晚中生代非海相介形类动物群[C]//辽宁西部中生代地层古生物(二).北京:地质出版社,1985:1-120.

张弥曼,陈丕基,王元青,等.热河生物群[M].上海:上海科学技术出版社,2001.

张文堂,陈丕基,沈炎彬.中国的叶肢介化石[M].北京:科学出版社,1976:20-74.

张文堂,沈炎彬,牛绍武.冀北侏罗纪叶肢介软体化石的发现及其生物学意义[J].古生物学报,1987,26(2):111-134.

张永忠,张建平,吴平,等.辽西北票地区中—晚侏罗世土城子组恐龙足迹化石的发现[J].地质论评,2004,59(6):561-566.

赵越,徐刚,张拴红.燕山运动与东亚构造体制的转变[J].地学前缘,2004,11(3):319-328.

赵越,杨振宇,马醒华.东亚大地构造发展中的重要转折[J].地质科学,1994,29(2):105-128.

郑亚东,Davis G A,王琮.内蒙古大青山逆冲推覆构造[J].中国科学D辑,1998,28(4):289-295.

周忠和,贺怀宇,汪筱林.侏罗系—白垩系界线和我国东北地区下白垩统陆相地层相关问题的探讨[J].古生物学报,2009,48(3):541-555.

周忠和,侯连海.孔子鸟与鸟类的早期演化[J].古脊椎动物学报,1998,36(2):136-146.

周忠和,汪筱林.辽宁义县组尾羽龙(*Caudipteryx*)一新种[J].古脊椎动物学报,2000,38(2):104-122.

Allen P, Wimbledon W A. Correlation of NW European Purbeck—Wealden(nonmarine Lower Cretaceous)as seen from the English type—areas[J]. Cretaceous Research, 1991(12):511-526.

Anderson F W, Bazley R A B. The Purbeck beds of the Weald(England)[J]. Bull. Geol Surv., 1971, 34:1-173.

Anderson F W. Ostracod faunas in the Purbeck and Wealden of England [J]. Joun. Micropalaeontol., 1985, 4(2):1-67.

Anderson F W. The Jurassic-Cretaceous transition:The nonmarine ostracod faunas[J]. Geol. Joun., 1973, 5:101-110.

Синица С М. Новые остракоды из юрских и нижнемеловых отложений Восточного Забайкалья[J]. Палеон -тологический Журнал, 1992(3):20-33.

Davis W, Zheng. The enigmatic Yinshan fold and thrust delt of northern China:news on its intraplate contractional styles [J]. Geology, 1998(26):43-46.

Swisher CC, Wang X L, Xu X et al. Cretaceous age for the feathered dinosaurs of Liaoning, China[J]. Nature, 1999, 400:58-61.

Zhang L J, Yang Y J, Zhang L D, et al. Precious Fossil-Bearing Beds of the Lower Cretaceous Jiufotang Formation in Western Liaoning Province, China [J]. Acta Geologica Sinica(English Edition), 2007(06).

Любимова П С. Остракоды меловых отложений восточной части Монголъской Народной Респуб-лики и их значение для стратиграфии[J]. Тр. ВНИГРИ, 1956, нов сер., 93:1-174.

孢粉化石图版说明及图版

（薄片保存于沈阳地质矿产研究所）

孢粉化石图版 1

（全部标本采自辽西北票、义县盆地的义县组二段，图影除注明放大倍数者均为×400）

1. 光面圆形孢（未定种）*Punctatisporites* sp. ×600 H3-11，金家沟
2. 具唇孢（未定种）*Toroisporis* sp. ×600 H2-23，黄半吉沟
3. 威氏紫萁孢 *Osmundacidites wellmanii* Couper H1-30，李八郎沟
4. 凹边瘤面孢（未定种）*Concavissmisporites* sp. H1-19，黄半吉沟

5，6. 假网克鲁克孢 *Klukisporites pseudoretriculatus* Couper×600

5. H2-32，金家沟；6. H2-25，金家沟

7. 微简海金沙孢（相似种）*Lygodiumsporites cf. subsimplex*（Bolkhovitina） H2-34，李八郎沟

8，9. 密穴孢（未定种）*Foveosporites* sp.

8. H2-7，李八郎沟；9. H2-17，黄半吉沟

10. 澳洲无突肋肋纹孢 *Cicatricosisporites australiensis*（Cookson）Potonié×600 H2-15，黄半吉沟

11，12. *Cicatricosisporites* sp.

11. ×600 H1-28，李八郎沟；12. H2-37，金家沟

13. 无突肋肋纹孢（未定种）*Cicatricosisporites apiteretus* Phillips et Filix H2-27，金家沟

14，15，33. 银杏苏铁粉 *Ginkgocycadophytus* sp. ×600

14. H1-27，李八郎沟；15. H1-32，李八郎沟；33. H1-38，李八郎沟

16. 原始松柏粉（未定种） *Protoconiferus* sp. H2-29，金家沟
17. 原始松粉（未定种）*Protopinus* sp. H2-26，金家沟
18. 假云杉粉（未定种）*Pseudopicea* sp. H2-3，李八郎沟
19. 松粉（未定种）*Pinuspollenites* sp. H1-33，李八郎沟
20. 蛟河粉（未定种）*Jiaohepollis* sp. H2-28，金家沟
21. 周壁粉（未定种）*Perinopollenites* sp. H2-22，黄半吉沟

22，23. 罗汉松粉（未定种）*Podocarpidites* sp.

22. H2-35，金家沟；23. H3-12，金家沟

24，25. 云杉粉（未定种）*Piceaepollenites* sp.

24. H3-9，金家沟；25. H1-31 李八郎沟

26. 雪松粉（未定种）*Cedripies* sp. H2-20，黄半吉沟
27. 环圈克拉梭粉 *Classopolis annulatus* （Verbitzkaya）Li H2-30，金家沟

28—30. 麻黄粉（未定种）*Ephedripites* sp. ×600

28. H2-33，金家沟；29. H2-36，金家沟；30. H2-1，李八郎沟

31，32. 突棒纵肋单沟粉 *Jugella claribaculata* Mtchedeishvili et Shakhmundes

31. H2-13，黄半吉沟；32. H2-38，金家沟

孢粉化石图版 2

（全部标本采自冀北滦平盆地大店子组，样品 YDP3BF30，图影均放大 600 倍）

1，2，5. 水藓孢（未定种）*Sphagnumsporites* sp.

3. 光面三角孢（未定种）*Leiotriletes* sp.
4. 小无突肋肋纹孢 *Cicatricosisporites minor*（Bolchovitina）Pocock

6—9. 层环孢（未定种）*Densoisporites* sp.

10. 苏铁粉(未定种)*Cycadopites* sp.

11. 真蛟河粉 *Jiaohepollis verus* Li

12,16,17—19. 双束花粉 *Pinuspollenites*

13. 有边四字粉 *Quadraeculina limbata* Maljawkina

14,15,23. 原始松柏粉(未定种)*Protoconiferus* sp.

20. 单束松粉(未定种)*Abietineaepollenites* sp.

21,22. 冷杉粉(未定种)*Abiespollenites* sp.

孢粉化石图版 3

(全部全部标本采自冀北滦平盆地西瓜园组,图影放大 600 倍)

1—7. 环圈克拉梭粉 *Classopollis annulatus*(Verbitzkaya)Li

1,4,5. YDP4BF10; 2. YDP4BF18; 3. YDP4BF17; 6,7. YDP4BF19-1.

8. 破隙杉粉 *Taxodiaceaepollenites hiatus*(Potonié)Kremp

YDP4BF18.

9,10. 真蛟河粉 *Jiaohepollis verus* Li

YDP4BF19-1.

11,17,18. 双束松粉(未定多种)*Pinuspollenites* spp.

11,17. YDP4BF10; 18. YDP4BF18.

12,15,22. 假云杉粉(未定种)*Pseudopicea* sp.

YDP4BF10.

13. 原始松柏粉(未定种)*Protoconiferus* sp.

YDP4BF10.

14,19. 冷杉粉(未定种)*Abiespollenites* sp.

14. YDP4BF10; 19. YDP4BF19-1.

16. 单束松粉(未定种)*Abietineaepollenites* sp.

YDP4BF10.

20,21. 罗汉松粉(未定种)*Podocarpidites* sp.

YDP4BF10.

孢粉化石图版 1

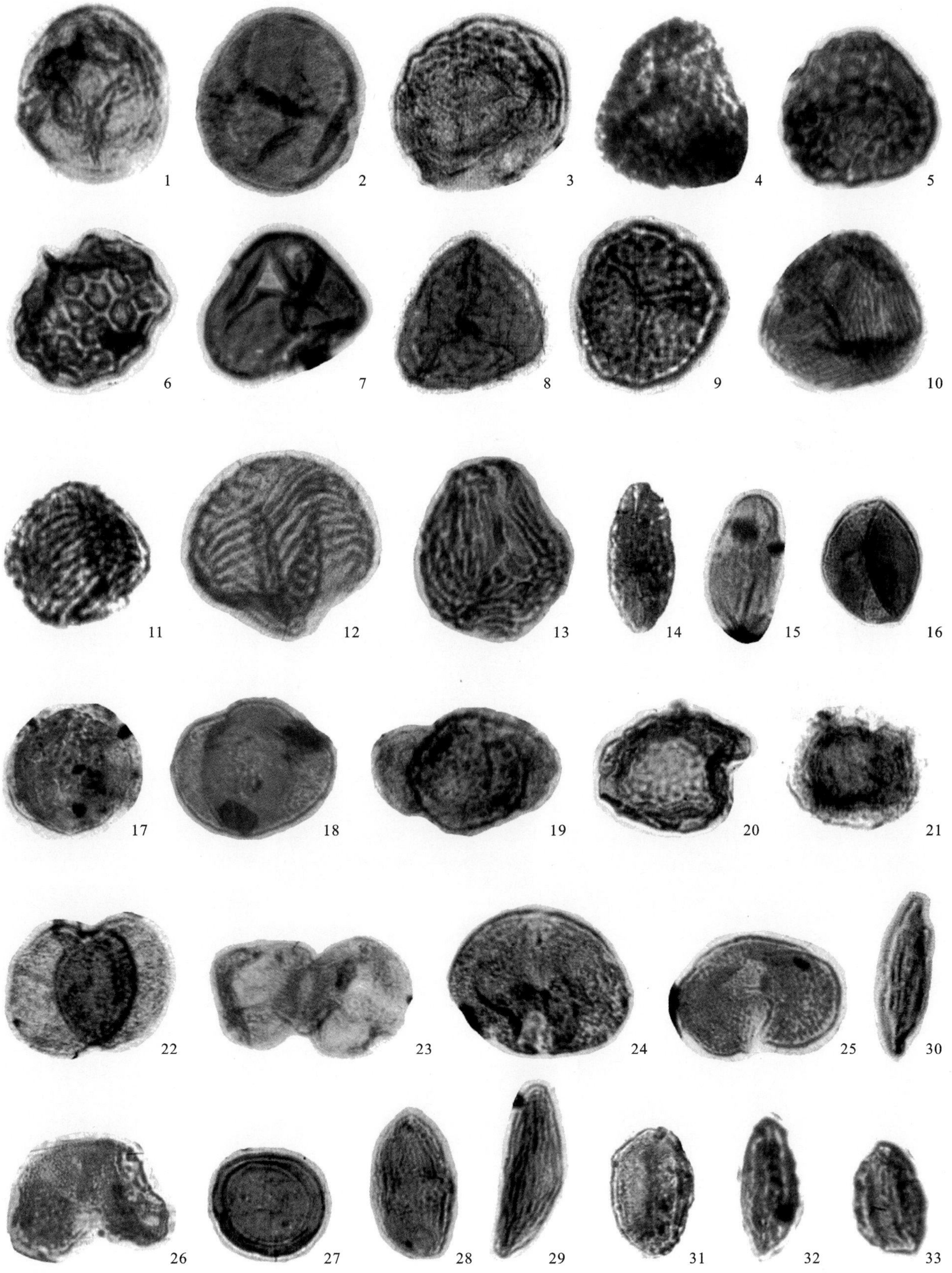
1
2
3
4
5
6
7
8
9
10
11
12
13
14
15
16
17
18
19
20
21
22
23
24
25
30
26
27
28
29
31
32
33

孢粉化石图版2

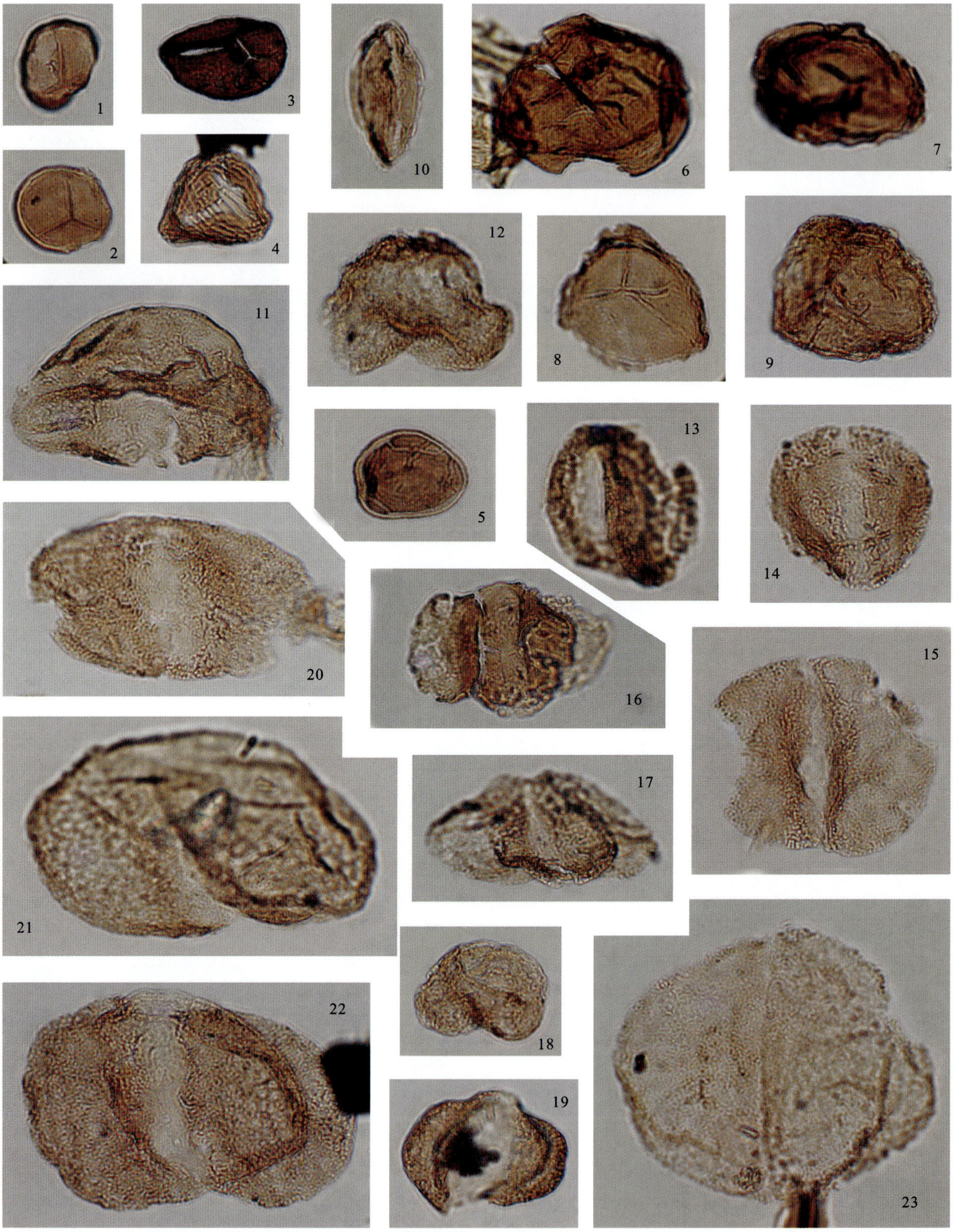

孢粉化石图版 3

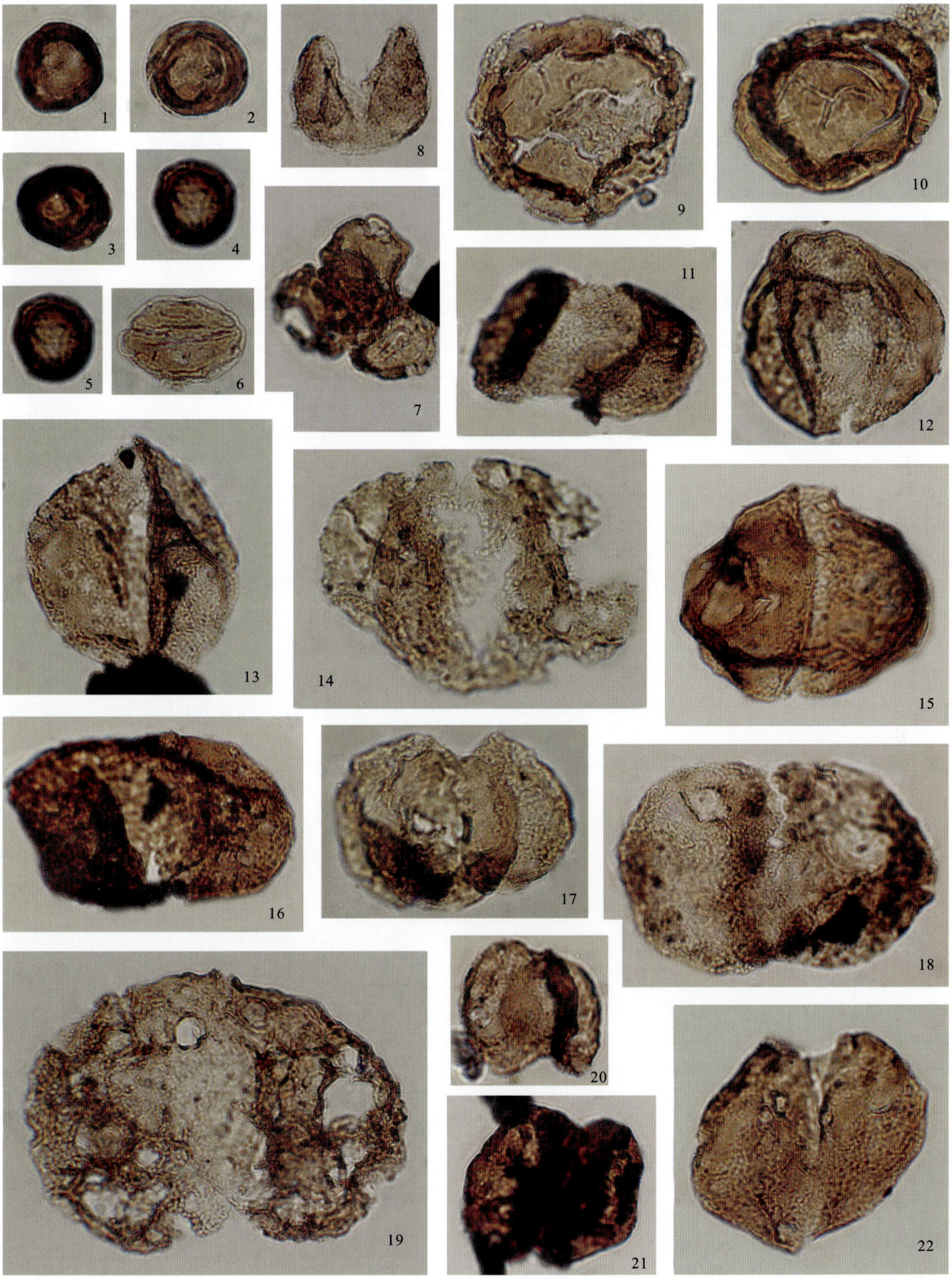

介形类化石图版说明及图版

（标本存在沈阳地质矿产研究所，标尺＝100μm）

介形类化石图版 1

1a—1c.，2a—2b，3. *Cypridea*（*C.*）*dabeigouensis* Yang（大北沟女星介）

1a—1c. 近模（Plesiotype），完整壳体右、背、左视，登记号：SG11001；产地及层位：河北省滦平县大北沟，大店子组一段。

2a—2b. 近模（Plesiotype），完整壳体右、背视，登记号：SG11002；产地及层位同上。

3. 近模（Plesiotype），左壳侧视，登记号：SG11003；产地及层位同上。

4a—4c，5，6a—6c. *Cypridea*（*C.*）*tubercularis* Pang（小瘤女星介）

4a—4c. 近模（Plesiotype），完整壳体右、背、左视，长 1.07mm，高 0.67mm，厚 0.54mm，登记号：SG11004；产地及层位：河北省滦平县大北沟，大店子组二段。

5. 近模（Plesiotype），完整壳体右视，长 1.12mm，高 0.69mm，厚 0.55mm，登记号：SG11005；产地及层位：河北省滦平县大店子东沟，大店子组二段。

6a—6c. 近模（Plesiotype），完整壳体右、背、左视，长 1.18mm，高 0.76mm，厚 0.58mm，登记号：SG11006；产地及层位：辽宁省凌源市四官营子白马沟，义县组上三官庙层。

7a—7c. *Cypridea*（*C.*）*huodoushanensis* Zhang sp. nov.（火斗山女星介）

正模（Holotype），完整壳体右、背、左视，登记号：SG11008；产地及层位：河北省滦平县大店子东沟，大店子组二段。

介形类化石图版 2

1a—1c，2a—2b，3. *Cypridea*（*C.*）*huodoushanensis* Zhang sp. nov.（火斗山女星介）

1a—1c. 副模（Paratype），完整壳体右、背、左视，登记号：SG11009；产地及层位：河北省滦平县大店子东沟，大店子组二段。

2a—2b. 副模（Paratype），完整壳体右、背视，登记号：SG11010；产地及层位同上。

3. 副模（Paratype），右壳侧视，登记号：SG11010-1；产地及层位：河北省滦平县大北沟，大店子组二段。

4a—4c，5a—5c. *Cypridea*（*C.*）*subluozhangziensis* Hou（近罗杖子女星介）

4a—4c. 近模（Plesiotype），完整壳体右、背、左视，长 1.30mm，高 0.77mm，厚 0.66mm，登记号：SG11011；产地及层位：河北省滦平县大店子东沟，大店子组二段。

5a—5c. 近模（Plesiotype），完整壳体右、背、左视，长 1.28mm，高 0.77mm，厚 0.67mm，登记号：SG11012；产地及层位同上。

6，7. *Cypridea stenolonga* Pang（窄长女星介）

6. 近模（Plesiotype），右壳侧视，长 1.17mm，高 0.65mm，登记号：SG11013；产地及层位：河北省滦平县大店子东沟，大北沟组二段。

7. 近模（Plesiotype），右壳侧视，长 1.20mm，高 0.69mm，登记号：SG11014；产地及层位同上。

介形类化石图版 3

1a—1c，2. *Cypridea*（*C.*）*rehensis* Yang（热河女星介）

1a—1c. 近模（Plesiotype），近完整壳体右、背、左视，长 1.22mm，高 0.77mm，厚 0.58mm，登记号：SG11015；产地及层位：河北省滦平县大北沟，大店子组二段。

2. 近模（Plesiotype），左壳侧视，长 1.26mm，高 0.84mm，登记号：SG11016；产地及层位同上。

3，4a—4c. *Cypridea*（*C.*）*subsulcata* Pang（近单瘤女星介）

3. 近模（Plesiotype），右壳侧视，长 1.07mm，高 0.66mm，厚 0.46mm，登记号：SG11017；产地及层位：河北省滦平县大北沟，大店子组二段。

4a—4c. 近模(Plesiotype),完整壳体右、背、左视,长 1.07mm,高 0.65mm,厚 0.54mm,登记号:SG11018;产地及层位同上。

5a—5c,6a—6c. *Cypridea*(*C.*)*ganzhaoensis* Su et Li(甘招女星介)

5a—5c. 近模(Plesiotype),完整壳体右、背、左视,长 1.16mm,,高 0.73mm,厚 0.69mm,登记号:SG11019;产地及层位:辽宁省喀左县上三官庙,义县组上三官庙层。

6a—6c. 近模(Plesiotype),完整壳体右、背、左视,长 1.11mm,高 0.73mm,厚 0.65mm,登记号:SG11020;产地及层位同上。

7a—7b. *Cypridea*(*C.*)*spatiosa* Zhang(长女星介)

近模(Plesiotype),完整壳体,右、背视,长 1.18mm,高 0.67mm,厚 0.57mm,登记号:SG11021;产地及层位:辽宁省凌源市四官营子白马沟,义县组上三官庙层。

介形类化石图版 4

1a—1c,2a—2c,3a—3c,4a—4c,*Cypridea*(*C.*)*spatiosa* Zhang(长女星介)

1a—1c. 近模(Plesiotype),完整壳体,右、背、左视,长 1.16mm,高 0.65mm,厚 0.47mm,登记号:SG11022;产地及层位:辽宁省凌源市四官营子白马沟,义县组上三官庙层。

2a—2c. 近模(Plesiotype),完整壳体,右、背、左视,长 1.26mm,高 0.69mm,厚 0.65mm,登记号:SG11023;产地及层位:河北省滦平县大北沟,大店子组二段。

3a—3c. 近模(Plesiotype),完整壳体,右、背、左视,长 1.24mm,高 0.72mm,厚 0.61mm,登记号:SG11024;产地及层位同图 2a—2c。

4a—4c. 近模(Plesiotype),完整壳体,右、背、左视,长 1.15mm,高 0.67mm,厚 0.52mm,登记号:SG11025;产地及层位:河北省滦平县大店子东沟,大店子组二段。

5—6 *Cypridea subgranulosa* Pang(近颗粒女星介)

5. 近模(Plesiotype),右壳侧视,长 1.15mm,高 0.70mm,登记号:SG11026;产地及层位:辽宁省喀左县上三官庙,义县组上三官庙层。

6a. 近模,右壳侧视,长 1.12mm,高 0.70mm,登记号:SG11028;产地及层位同上。

6b. 近模(Plesiotype),左壳侧视,长 1.19mm,高 0.73mm,登记号:SG11027;产地及层位同上。

介形类化石图版 5

1a—1c,2a—2c,3a—3b. *Cypridea*(*C.*)*obliquoblonga* Pang(斜长方形女星介)

1a—1c. 近模(Plesiotype),完整壳体,右、背、左视,长 1.30mm,高 0.73mm,厚 0.57mm,登记号:SG11029;产地及层位:河北省滦平县大北沟,大店子组二段。

2a—2c. 近模(Plesiotype),完整壳体,右、背、左视,长 1.09mm,高 0.68mm,厚 0.51mm,登记号:SG11030;产地及层位同上。

3a—3b. 近模(Plesiotype),近完整壳体,右、背视,长 1.26mm,高 0.73mm,厚 0.61mm,登记号:SG11031;产地及层位:河北省滦平县大店子东沟,大店子组二段。

4. *Cypridea*(*C.*)*luanpingensis* Pang(滦平女星介)

近模(Plesiotype),右壳内膜,长 1.11mm,高 0.65mm,登记号:SG11032;产地及层位:河北省滦平县火斗山乡张家沟上营,大店子组二段。

5a—5c,6a—6c. *Cypridea*(*C.*)*dadianziensis* Pang(大店子女星介)

5a—5c. 近模(Plesiotype),完整壳体右、背、左视,长 1.26mm,高 0.78mm,厚 0.60mm,登记号:SG11033;产地及层位:河北省滦平县大店子东沟,大店子组二段。

6a—6c. 近模(Plesiotype),完整壳体右、背、左视,长 1.24mm,高 0.77mm,厚 0.66mm,登记号:SG11034;产地及层位:辽宁省凌源市四官营子白马沟,义县组上三官庙层。

介形类化石图版 6

1,2. *Cypridea*(*C.*)*sulcata* Mandelstam(单瘤女星介)

1. 近模(Plesiotype),完整壳体右视,长 1.19mm,高 0.69mm,厚 0.50mm,登记号:SG11035;产地及层位:河北省滦平县大北沟,大店子组二段。

2. 近模(Plesiotype),右壳侧视,长 1.15mm,高 0.63mm,登记号:SG11036;产地及层位:河北省滦平县大店子东沟,大店子组二段。

3a—3c. *Cypridea*(*C.*)*vitimensis* Mandelstam(维季姆女星介)

近模(Plesiotype),完整壳体右、背、左视,长 1.00mm,高 0.59mm,厚 0.50mm,登记号:SG11037;产地及层位:河北省滦平县大北沟,大店子组二段。

4a—4c,5. *Cypridea*(*C.*)*pangi* Zhang sp. nov.(庞氏女星介)

4a—4c. 正模(Holotype),完整壳体右、背、左视,登记号:SG11038;产地及层位:河北省滦平县大北沟,大店子组二段。

5. 副模(Paratype),左壳,登记号:SG11039;产地及层位同上。

6. *Cypridea*(*C.*)*subspatiosa* Zhang sp. nov.(近长女星介)

正模(Holotype),完整壳体右视,登记号:SG11040;产地及层位:河北省滦平县大北沟,大店子组二段。

7a—7c,8a—8c. *Cypridea*(*C.*)*sublaeva* Zhang sp. nov.(近光滑女星介)

7a—7c. 正模(Holotype),完整壳体右、背、左视,登记号:SG11041;产地及层位:河北省滦平县大店子东沟,大店子组二段。

8a—8c. 副模(Paratype),完整壳体右、背、左视,登记号:SG11042;产地及层位同上。

介形类化石图版 7

1a—1c,2a—2b. *Cypridea*(*C.*)*baimagouensis* Zhang sp. nov.(白马沟女星介)

1a—1c. 正模(Holotype),完整壳体右、背、左视,登记号:SG11043;产地及层位:辽宁省凌源市四官营子镇白马沟,义县组上三官庙层。

2a—2b. 副模(Paratype),完整壳体右、左视,登记号:SG11044;产地及层位同上。

3a—3c,4a—4b. *Cypridea*(*C.*)*subactuosa* Zhang sp. nov.(近敏捷女星介)

3a—3c. 正模(Holotyoe),完整壳体右、背、左视,登记号:SG11045;产地及层位:辽宁省建昌县要路沟乡罗家沟,义县组罗家沟层。

4a—4b. 副模(Paratype),完整壳体左、背视,登记号:SG11046;产地及层位同上。

5a—5c,6a—6b,7. *Cypridea*(*C.*)*lingyuanensis* Zhang sp. nov.(凌源女星介)

5a—5c. 正模(Holotype),完整壳体右、背、左视,登记号:SG11047;产地及层位:辽宁省凌源市四官营子镇白马沟,义县组上三官庙层。

6a—6b. 副模(Paratype),完整壳体右、左视,登记号:SG11048;产地及层位同上。

7. 副模(Paratype),左壳侧视,登记号:SG11049;产地及层位同上。

介形类化石图版 8

1a—1c,2a—2c. *Cypridea*(*C.*)*liaoningensis* Zhang(辽宁女星介)

1a—1c. 近模(Plesiotype),完整壳体右、背、左视,长 1.49mm,高 0.92mm,厚 0.73mm,登记号:SG11050;产地及层位:辽宁省北票市上园镇大北沟,义县组尖山沟层。

2a—2c. 近模(Plesiotype),完整壳体右、背、左视,长 1.45mm,高 0.91mm,厚 0.73mm,登记号:SG11051;产地及层位同上。

3a—3b,4. *Cypridea*(*C.*)*biventricostata* Zhang(双腹脊女星介)

3a—3b. 近模(Plesiotype),完整壳体右、背视,长 1.45mm,高 0.86mm,厚 0.71mm,登记号:SG11052;产地及层位:辽宁省建昌县魏家岭,义县组上白庙层。

4. 近模(Plesiotype),完整壳体右视,长 1.26mm,高 0.80mm,厚 0.65mm,登记号:SG11053;产地及层位:辽宁省喀左县水泉镇上三官庙,义县组上三官庙层。

5. *Cypridea*(*Ulwellia*)*muriculata* Zhang(尖刺女星介)

近模(Plesiotype),完整壳体左视,长 1.34mm,高 0.86mm,厚 0.65mm,登记号:SG11054;产地及层位:辽宁省凌源市四官营子镇白马沟,义县组上三官庙层。

6a—6b,7a—7c. *Cypridea*(*U.*)*beipiaoensis* Cao(北票女星介)

6a—6b. 近模(Plesiotype),完整壳体右、左视,长 1.19mm,高 0.69mm,厚 0.58mm,登记号:SG11055;产地及层位:辽宁省北票市上园镇大北沟,义县组尖山沟层。

7a—7c. 近模(Plesiotype),完整壳体右、背、左视,长 1.09mm,高 0.66mm,厚 0.61mm,登记号:SG11056;产地及层位同上。

介形类化石图版 9

1a—1c. *Cypridea* (*U.*) *beipiaoensis* Cao(北票女星介)

近模(Plesiotype),完整壳体右、背、左视,长 1.11mm,高 0.67mm,厚 0.58mm,登记号:SG11057;产地及层位:辽宁省北票市上园镇大北沟,义县组尖山沟层。

2a—2c,3a—3c,4a—4c. *Yumenia unidorsalta* Zhang sp. nov.(单背高玉门介)

2a—2c. 正模(Holotype),完整壳体右、背、左视,登记号:SG11058;产地及层位:辽宁省建昌县要路沟乡罗家沟,义县组罗家沟层。

3a—3c. 副模(Paratype),完整壳体右、背、左视,登记号:SG11059;产地及层位同上。

4a—4c. 副模(Paratype),完整壳体右、背、左视,登记号:SG11060;;产地及层位同上。

介形类化石图版 10

1a—1c,2a—2c,3a—3c,4. *Yumenia luojiagouensis* Zhang sp. nov.(罗家沟玉门介)

1a—1c. 正模(Holotype),完整壳体右、背、左视,登记号:SG11061;产地及层位:辽宁省建昌县要路沟乡罗家沟,义县组罗家沟层。

2a—2c. 副模(Paratype),完整壳体右、背、左视,登记号:SG11062;产地及层位同上。

3a—3c. 副模(Paratype),完整壳体右、背、左视,登记号:SG11063;产地及层位同上。

4. 完整内模,右瓣闭肌痕,登记号:SG11064;产地及层位同上。

5a—5c,6a—6c. *Yumenia yaolugouensis* Zhang sp. nov.(要路沟玉门介)

5a—5c. 正模(Holotype),完整壳体右、背、左视,登记号:SG11065;产地及层位:辽宁省建昌县要路沟乡罗家沟,义县组罗家沟层。

6a—6c. 副模(Paratype),完整壳体右、背、左视,登记号:SG11066;产地及层位同上。

介形类化石图版 11

1a—1b,2a—2c,3. *Jianchangella dorsicostata* Zhang gen. et sp. nov.(背脊建昌介)

1a—1b. 正模(Holotype),完整壳体右、左视,登记号:SG11067;产地及层位:辽宁省建昌县要路沟乡罗家沟,义县组罗家沟层。

2a—2c. 副模(Paratype),完整壳体右、背、左视,登记号:SG11068;产地及层位同上。

3. 完整内模,左瓣闭肌痕,登记号:SG11070;产地及层位同上。

4—7. *Daurina dabeigouensis*(Yang)(大北沟达乌里亚介)

4. 近模(Plesiotype),左壳侧视,登记号:SG11071;产地及层位:河北省滦平县火斗山乡张家沟下营,大店子组第一段。

5. 近模(Plesiotype),左壳侧视,登记号:SG11072;产地及层位同上。

6. 记述标本,不完整右壳侧视,示前、后背角下的脊状隆起,登记号:SG11073;产地及层位同上。

7. 记述标本,不完整左壳侧视,示前、后背角下的脊状隆起,登记号:SG11074;产地及层位同上。

8—10. *Yanshanina subovata* Pang(近卵形燕山介)

8. 近模(Plesiotype),右壳侧视,长 2.27mm,高 1.22mm,登记号:SG11075;产地及层位:河北省滦平县大北沟,大店子组二段。

9. 近模(Plesiotype),右壳侧视,长 1.97mm,高 1.07mm,登记号:SG11076;产地及层位同上。

10. 近模(Plesiotype),左壳侧视,长 1.64mm,高 0.88mm,登记号:SG11077;产地及层位同上。

介形类化石图版 12

1—4. *Yanshanina elongata* Pang(长燕山介)

1. 近模(Plesiotype),右壳侧视,长 2.27mm,高 1.03mm,登记号 SG;11078;产地及层位:河北省滦平县火斗山乡张家沟下营,大店子组一段。

2. 近模(Plesiotype),右壳侧视,长 1.91mm,高 0.96mm,登记号:SG11079;产地及层位:河北省滦平县大北沟,大店子组二段。

3. 近模(Plesiotype),右壳侧视,长 1.95mm,高 0.99mm,登记号:SG11080;产地及层位:河北省滦平县大北沟,大店子组二段。

4. 近模(Plesiotype),右壳侧视,登记号:SG11081;产地及层位:河北省滦平县火斗山乡张家沟下营,大店子组一段。

5. *Limnocypridea subplana* Lübimova(近平湖女星介)

近模(Plesiotype),左壳侧视,×30,长 2.06mm,高 1.15mm;登记号:SG11082;产地及层位:辽宁省喀左县水泉镇上三官庙,义县组上三官庙层。

6,7. *Limnocypridea abscondida* Lübimova(隐湖女星介)

6. 近模(Plesiotype),完整壳体,右视,长 1.51mm,高 0.88mm,厚 0.55mm;登记号:SG11083;产地及层位:辽宁省建昌县要路沟乡罗家沟,义县组罗家沟层。

7. 近模(Plesiotype),完整壳体,右视,长 1.53mm,高 0.86mm,厚 0.57mm;登记号:SG11084;产地及层位同上。

8a—8b,9. *Limnocypridea elongata* Zhang sp. nov.(长湖女星介)

8a—8b. 正模(Holotype),近完整壳体,右、背视,登记号:SG11085;产地及层位:辽宁省建昌县要路沟乡罗家沟,义县组罗家沟层。

9. 副模(Paratype),右壳侧视,登记号:SG11086;产地及层位同上。

10. *Mantelliana suboblonga* Zhang(近椭圆形曼特尔介)

近模(Plesiotype),右壳侧视,长 1.67mm,高 0.84mm,登记号:SG11087;产地及层位:辽宁省建昌县要路沟乡罗家沟北山,义县组罗家沟层。

11,12. *Mongolianella subtrapezoidea* Yang(近梯形蒙古介)

11. 近模(Plesiotype),右壳侧视,长 2.64mm,高 1.28mm,登记号:SG11088;产地及层位:河北省滦平县拉海沟大店子东沟,大店子组二段。

12. 近模,右壳侧视,长 2.18mm,高 0.96mm,登记号:SG11089;产地及层位:河北省滦平县大北沟,大店子组二段。

介形类化石图版 13

1a—1b. *Mongolanella gigantea* Gal.(巨大蒙古介)

近模(Plesiotype),近完整壳体右、背视,腹缘略压凹,登记号:SG11090;产地及层位:河北省滦平县拉海沟大店子东沟,大店子组二段。

2. *Mongolianella yixianensis* Zhang(义县蒙古介)

近模,左壳侧视,×35,长 2.11mm,高 1.05mm,登记号:SG11091;产地及层位:河北省滦平县大北沟,大店子组二段。

3a—3c,4. *Mongolianella gracililonga* Zhang sp. nov.(修长蒙古介)

3a—3c. 正模(Holotype),完整壳体右、背、左视,登记号:SG11092;产地及层位:辽宁省建昌县要路沟乡罗家沟北山,义县组罗家沟层。

4. 副模(Paratype),近完整壳体右视,登记号:SG11093;产地及层位同上。

5. *Luanpingella postacuta* Yang(尖尾滦平介)

近模(Plesiotype),左壳侧视,登记号:SG11094;产地及层位:河北省滦平县拉海沟井上村东,大北沟组三段。

6. *Luanpingella postacuminata* Pang(后锐滦平介)

近模(Plesiotype),左壳侧视,登记号:SG11095;产地及层位同上。

7,8,9a—9c,10. *Eoparacypris jingshangensis* Yang(井上始似金星介)

7. 近模(Plesiotype),左壳侧视,登记号:SG11096;产地及层位:河北省滦平县拉海沟井上村东,大北沟组三段。

8. 近模(Plesiotype),右壳侧视,登记号:SG11097;产地及层位:河北省滦平县火斗山乡张家沟榆树下,大北沟组三段。

9a—9c. 近模(Plesiotype),完整壳体,略压扁,右、背、左视,登记号:SG11098;产地及层位同图 8。

10. 近模(Plesiotype),左壳内模,侧视,登记号:SG11099;产地及层位:内蒙古赤峰市孤山子那不打水泉沟,白音高老组(大北沟组)。

介形类化石图版 14

1—5. *Ocrocypris obesa* (Pang) gen. nov.（肥胖脊星介）

1. 近模(Plesiotype)，左壳侧视，长 2.03mm，高 1.22mm，登记号：SG11100；产地及层位：河北省滦平县拉海沟井上村东，大北沟组三段。

2. 近模(Plesiotype)，左壳侧视，长 1.98mm，高 1.17mm，登记号：SG11101 产地及层位同上。

3. 近模(Plesiotype)，右壳侧视，长 1.72mm，高 1.00mm，登记号：SG11102；产地及层位同上。

4. 近模(Plesiotype)，右壳侧视，长 1.88mm，高 1.12mm，登记号：SG11103；产地及层位：河北省滦平县拉海沟井上村东，大北沟组三段。

5. 近模(Plesiotype)，左壳侧视，长 1.99mm，高 1.15mm，登记号：SG11104；产地及层位：河北省滦平县拉海沟三道沟西山，大店子组一段。

6. *Ocrocypris sandaogouensis* Zhang gen. et sp. nov.（三道沟脊星介）

正模(Holotype)，右壳侧视，登记号：SG11105；产地及层位：河北省滦平县拉海沟三道沟西山，大店子组一段。

7—10. *Ocrocypris chengdeensis* Zhang gen. et sp. nov.（承德脊星介）

7. 正模(Holotype)，左壳侧视，登记号：SG11109；产地及层位：河北省滦平县拉海沟三道沟西山，大店子组一段。

8. 副模(Paratype)，左壳侧视，登记号：SG11110；产地及层位：河北省滦平县拉海沟井上村东，大北沟组三段。

9. 副模(Paratype)，左壳内模，登记号：SG11111；产地及层位：河北省滦平县拉海沟三道沟西山，大店子组一段。

10. 记述标本，左壳内模闭肌痕，登记号：SG11112；产地及层位同图 9。

11. *Ocrocypris luanpingensis* Zhang gen. et sp. nov.（滦平脊星介）

正模(Holotype)，右壳侧视，登记号：SG11113；产地及层位：河北省滦平县拉海沟三道沟西山，大店子组一段。

12a—12c. *Djungarica camarata* Zhang

近模(Plesiotype)，完整壳体，右、背、左视，长 1.26mm，高 0.58mm，厚 0.53mm，登记号：SG11115；产地及层位：河北省滦平县拉海沟大店子东沟，大店子组二段。

介形类化石图版 15

1a—1c. *Djungarica camarata* Zhang(拱准噶尔介)

近模(Plesiotype)，完整壳体，右、背、左视，长 1.06mm，高 0.55mm，厚 0.47mm，登记号：SG11116；产地及层位：辽宁省建昌县要路沟乡罗家沟北山，义县组罗家沟层。

2a—2c. *Djungarica procurva* Zhang(弯曲准噶尔介)

近模(Plesiotype)，完整壳体右、背、左视，长 1.34mm，高 0.69mm，厚 0.53mm，登记号：SG1111；产地及层位：河北省滦平县拉海沟大店子东沟，大店子组二段。

3a—3b. *Ziziphocypris linchengensis* Su et Li(临城早星介)

近模(Plesiotype)，完整壳体右、背视，登记号：SG11126；产地及层位：辽宁省凌源市四官营子镇白马沟，义县组上三官庙层。

4. *Damonella subsymmetrica* Zhang(近对称达蒙介)

近模(Plesiotype)，完整壳体右视，长 0.67mm，高 0.42mm，厚 0.34mm，登记号：SG11123；产地及层位：辽宁省凌源市四官营子镇白马沟，义县组上三官庙层。

5a—5b. *Damonella circulata* Lübimova(园达蒙介)

近模(Plesiotype)，近完整壳体左、背视，登记号：SG11125；产地及层位：河北省滦平县大北沟，大店子组二段。

6，7. *Timiriasevia polymorpha* Mandelsta(多形季米里亚介)

6. 近模(Plesiotype)，右壳侧视，登记号：SG11127；产地及层位：河北省滦平县大北沟，大店子组一段。

7. 近模(Plesiotype)，右壳侧视，登记号：SG11128；产地及层位：河北省滦平县大北沟，大店子组二段。

8a—8b. *Timiriasevia jianshangouensis* Zhang(尖山沟季米里亚介)

近模(Plesiotype)，♀完整壳体左、背视，长 0.76mm，高 0.42mm，厚 0.59mm，登记号：SG11129；产地及层位：辽宁省北票市上园镇大北沟，义县组尖山沟层。

介形类化石图版 16

1a—1c，2a—2c，3a—3c. *Timiriasevia jianshangouensis* Zhang(尖山沟季米里亚介)

1a—1c. 近模(Plesiotype)，♀完整壳体右、背、左视，长 0.73mm，高 0.44mm，厚 0.65mm，登记号：SG11130；产地及

介形类化石图版 2

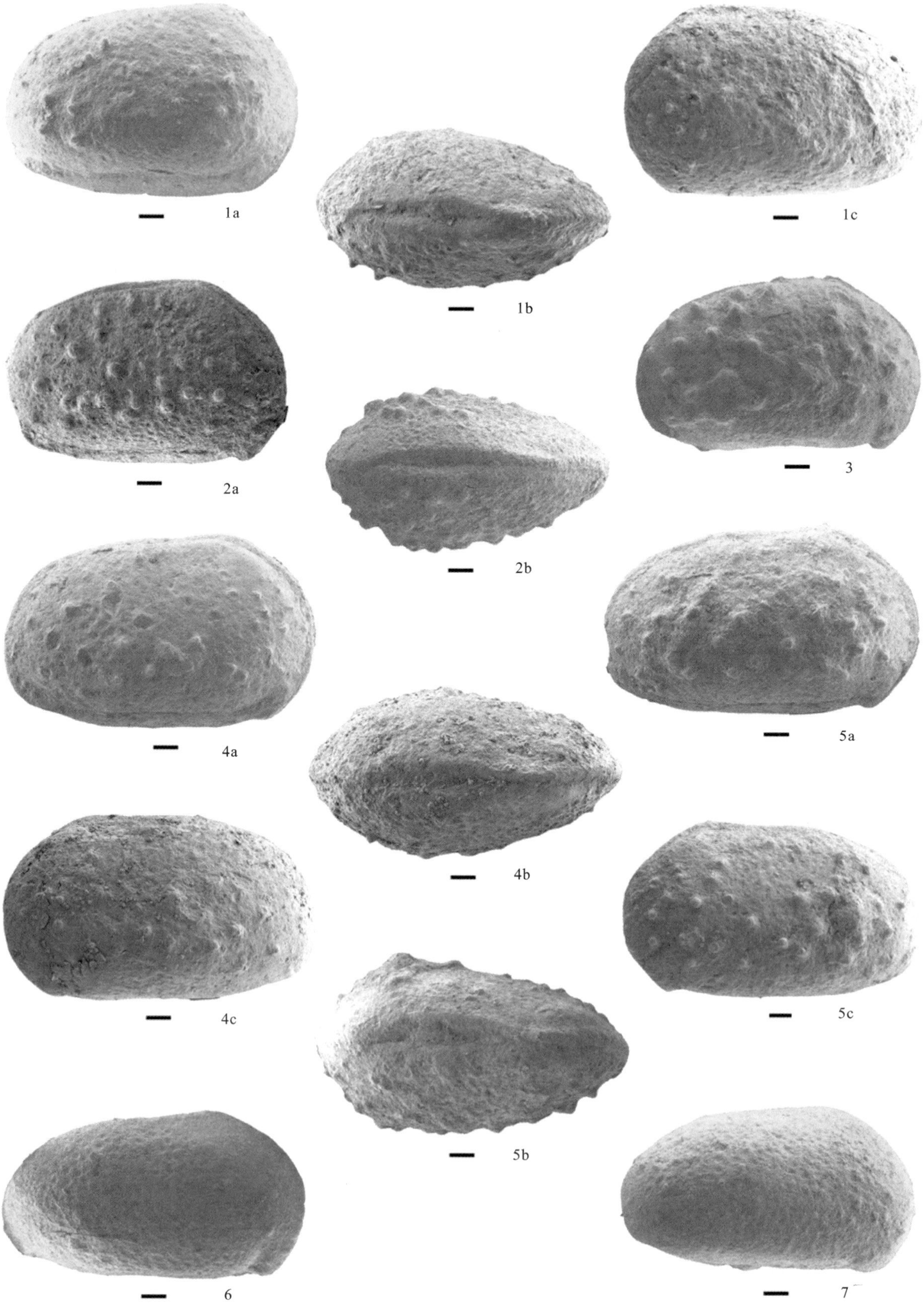

介形类化石图版 14

1—5. *Ocrocypris obesa* (Pang) gen. nov. (肥胖脊星介)

1. 近模(Plesiotype),左壳侧视,长 2.03mm,高 1.22mm,登记号:SG11100;产地及层位:河北省滦平县拉海沟井上村东,大北沟组三段。

2. 近模(Plesiotype),左壳侧视,长 1.98mm,高 1.17mm,登记号:SG11101 产地及层位同上。

3. 近模(Plesiotype),右壳侧视,长 1.72mm,高 1.00mm,登记号:SG11102;产地及层位同上。

4. 近模(Plesiotype),右壳侧视,长 1.88mm,高 1.12mm,登记号:SG11103;产地及层位:河北省滦平县拉海沟井上村东,大北沟组三段。

5. 近模(Plesiotype),左壳侧视,长 1.99mm,高 1.15mm,登记号:SG11104;产地及层位:河北省滦平县拉海沟三道沟西山,大店子组一段。

6. *Ocrocypris sandaogouensis* Zhang gen. et sp. nov. (三道沟脊星介)

正模(Holotype),右壳侧视,登记号:SG11105;产地及层位:河北省滦平县拉海沟三道沟西山,大店子组一段。

7—10. *Ocrocypris chengdeensis* Zhang gen. et sp. nov. (承德脊星介)

7. 正模(Holotype),左壳侧视,登记号:SG11109;产地及层位:河北省滦平县拉海沟三道沟西山,大店子组一段。

8. 副模(Paratype),左壳侧视,登记号:SG11110;产地及层位:河北省滦平县拉海沟井上村东,大北沟组三段。

9. 副模(Paratype),左壳内模,登记号:SG11111;产地及层位:河北省滦平县拉海沟三道沟西山,大店子组一段。

10. 记述标本,左壳内模闭肌痕,登记号:SG11112;产地及层位同图 9。

11. *Ocrocypris luanpingensis* Zhang gen. et sp. nov. (滦平脊星介)

正模(Holotype),右壳侧视,登记号:SG11113;产地及层位:河北省滦平县拉海沟三道沟西山,大店子组一段。

12a—12c. *Djungarica camarata* Zhang

近模(Plesiotype),完整壳体,右、背、左视,长 1.26mm,高 0.58mm,厚 0.53mm,登记号:SG11115;产地及层位:河北省滦平县拉海沟大店子东沟,大店子组二段。

介形类化石图版 15

1a—1c. *Djungarica camarata* Zhang(拱准噶尔介)

近模(Plesiotype),完整壳体,右、背、左视,长 1.06mm,高 0.55mm,厚 0.47mm,登记号:SG11116;产地及层位:辽宁省建昌县要路沟乡罗家沟北山,义县组罗家沟层。

2a—2c. *Djungarica procurva* Zhang(弯曲准噶尔介)

近模(Plesiotype),完整壳体右、背、左视,长 1.34mm,高 0.69mm,厚 0.53mm,登记号:SG1111;产地及层位:河北省滦平县拉海沟大店子东沟,大店子组二段。

3a—3b. *Ziziphocypris linchengensis* Su et Li(临城旱星介)

近模(Plesiotype),完整壳体右、背视,登记号:SG11126;产地及层位:辽宁省凌源市四官营子镇白马沟,义县组上三官庙层。

4. *Damonella subsymmetrica* Zhang(近对称达蒙介)

近模(Plesiotype),完整壳体右视,长 0.67mm,高 0.42mm,厚 0.34mm,登记号:SG11123;产地及层位:辽宁省凌源市四官营子镇白马沟,义县组上三官庙层。

5a—5b. *Damonella circulata* Lübimova(园达蒙介)

近模(Plesiotype),近完整壳体左、背视,登记号:SG11125;产地及层位:河北省滦平县大北沟,大店子组二段。

6,7. *Timiriasevia polymorpha* Mandelsta(多形季米里亚介)

6. 近模(Plesiotype),右壳侧视,登记号:SG11127;产地及层位:河北省滦平县大北沟,大店子组一段。

7. 近模(Plesiotype),右壳侧视,登记号:SG11128;产地及层位:河北省滦平县大北沟,大店子组二段。

8a—8b. *Timiriasevia jianshangouensis* Zhang(尖山沟季米里亚介)

近模(Plesiotype),♀完整壳体左、背视,长 0.76mm,高 0.42mm,厚 0.59mm,登记号:SG11129;产地及层位:辽宁省北票市上园镇大北沟,义县组尖山沟层。

介形类化石图版 16

1a—1c,2a—2c,3a—3c. *Timiriasevia jianshangouensis* Zhang(尖山沟季米里亚介)

1a—1c. 近模(Plesiotype),♀完整壳体右、背、左视,长 0.73mm,高 0.44mm,厚 0.65mm,登记号:SG11130;产地及

介形类化石图版 4

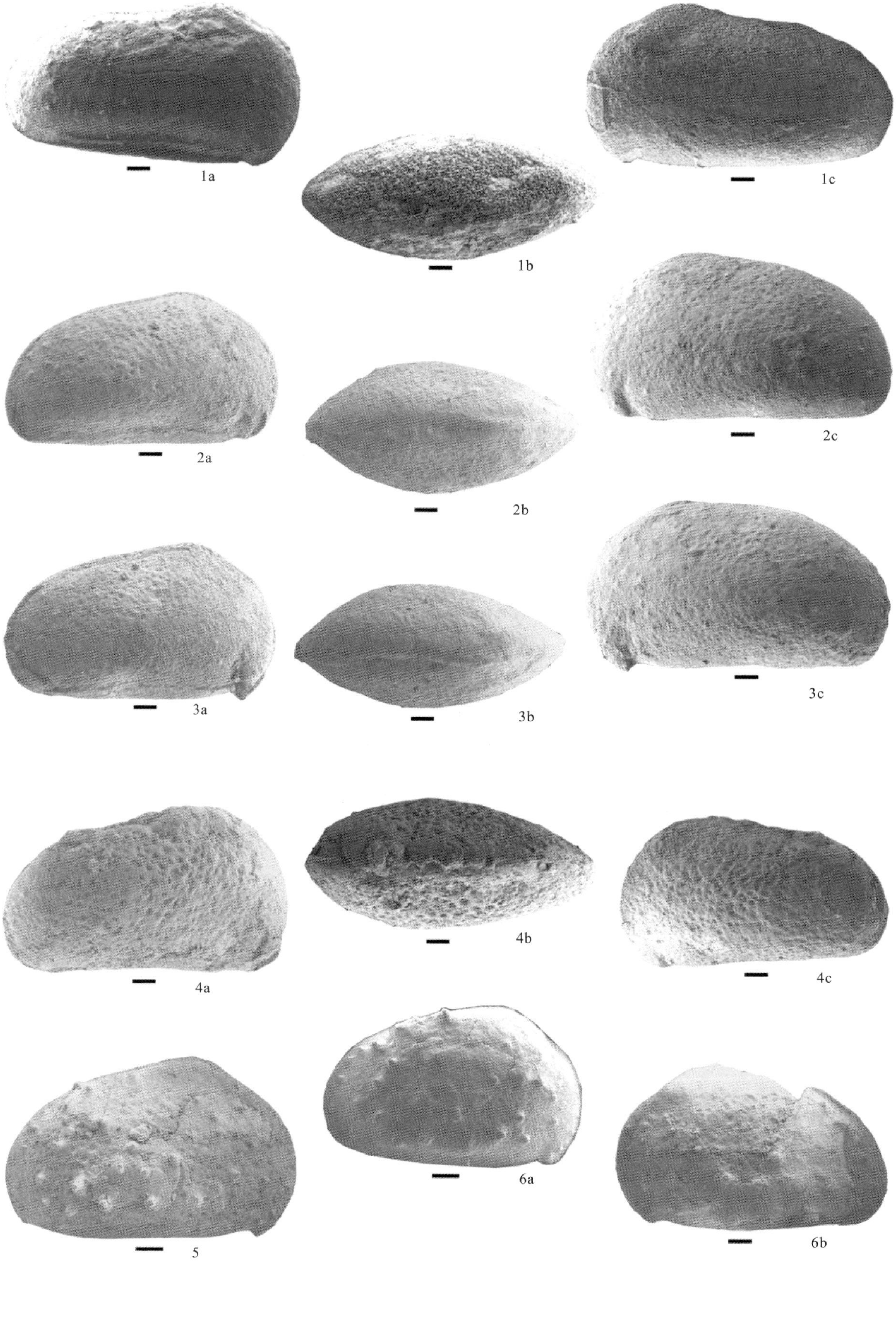

介形类化石图版 5

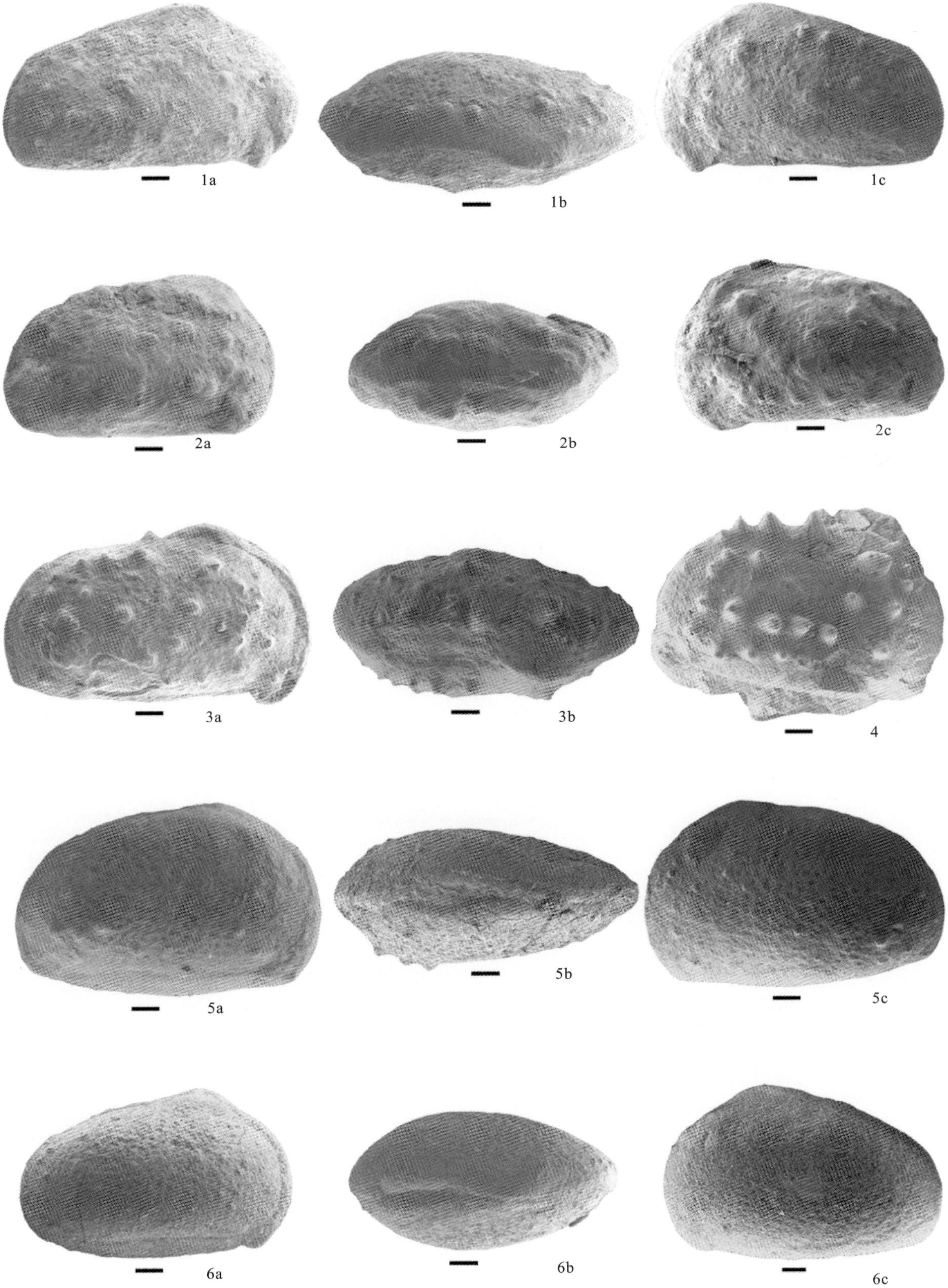

介形类化石图版6

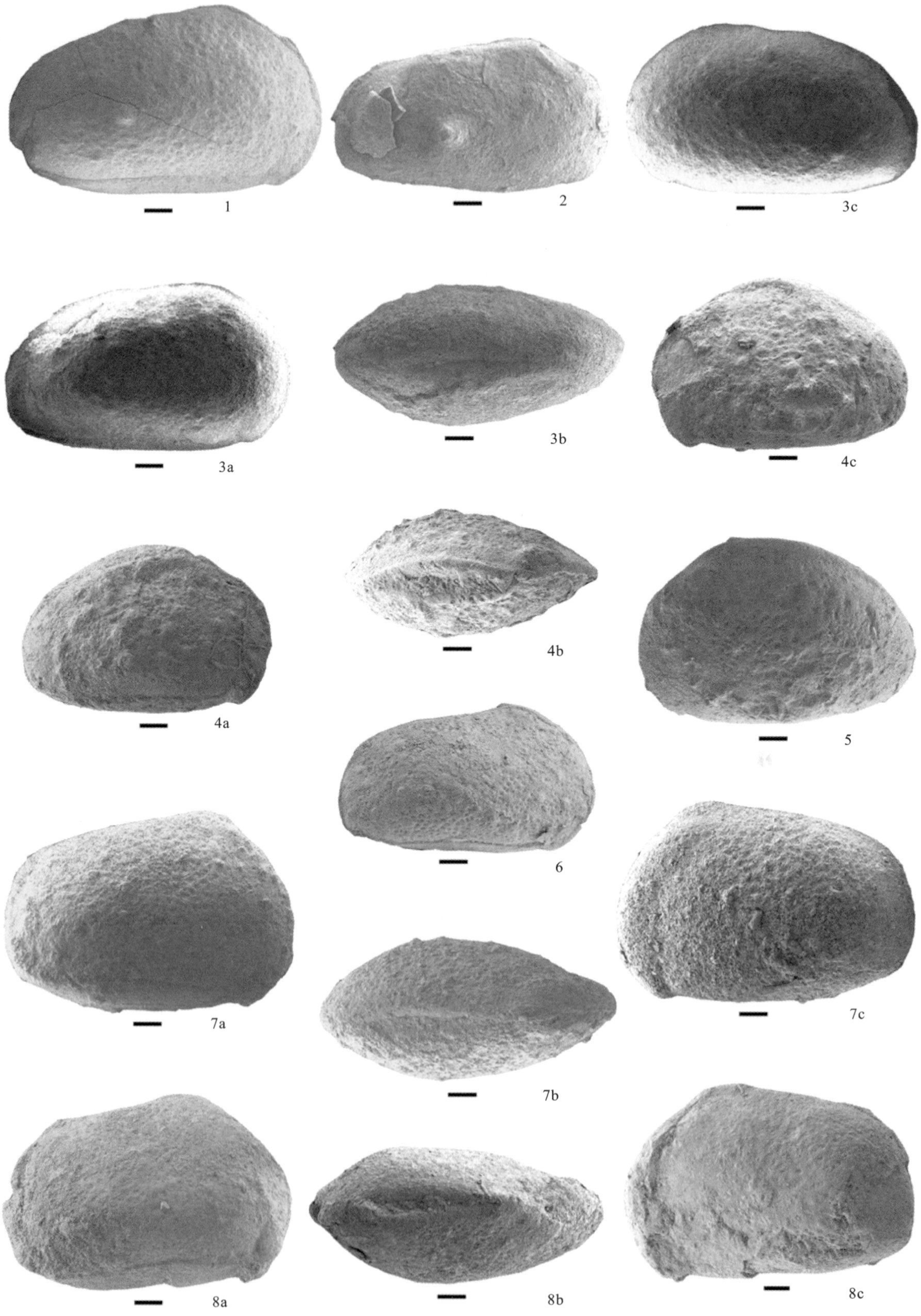

介形类化石图版 7

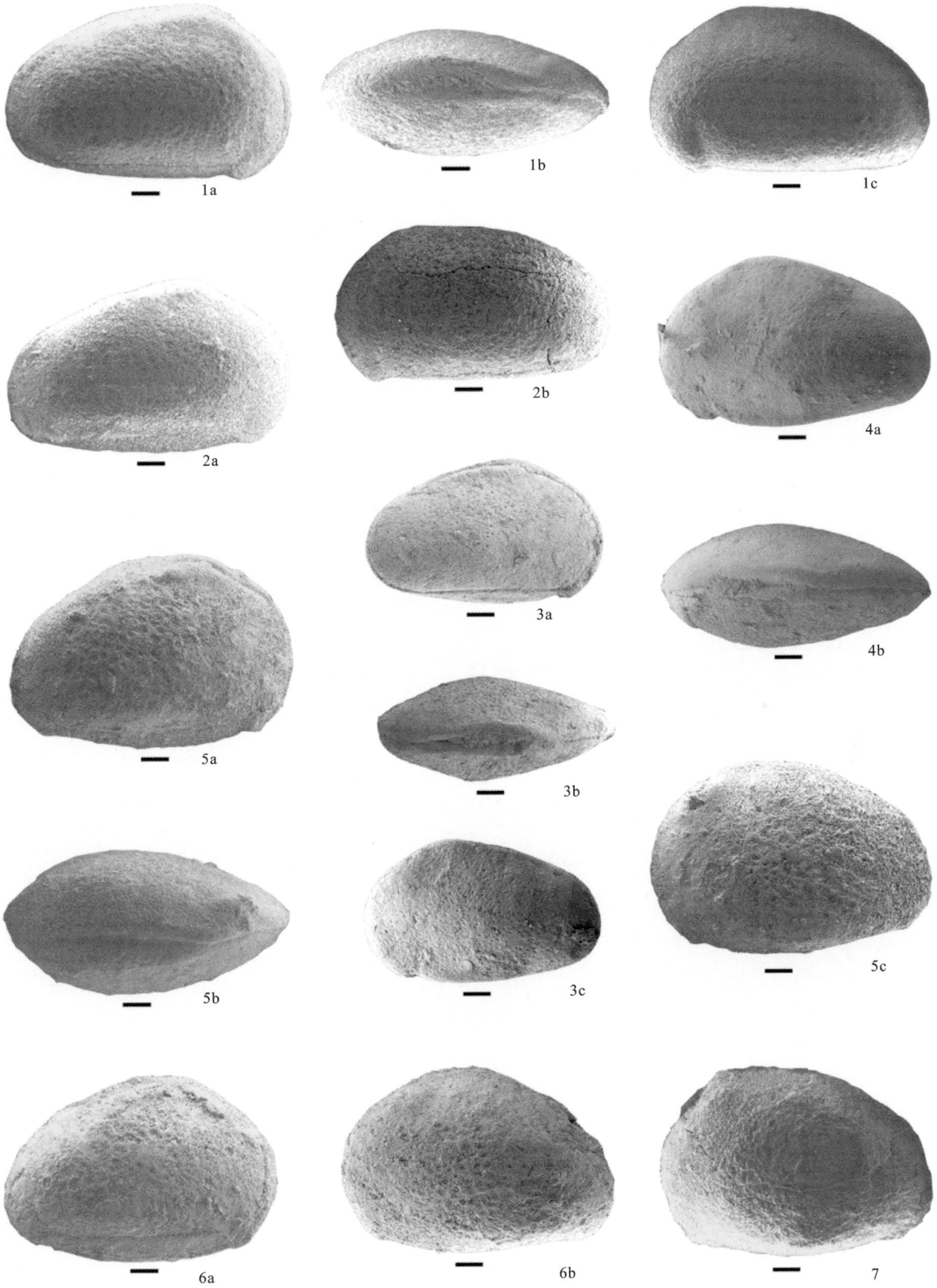

介形类化石图版 8

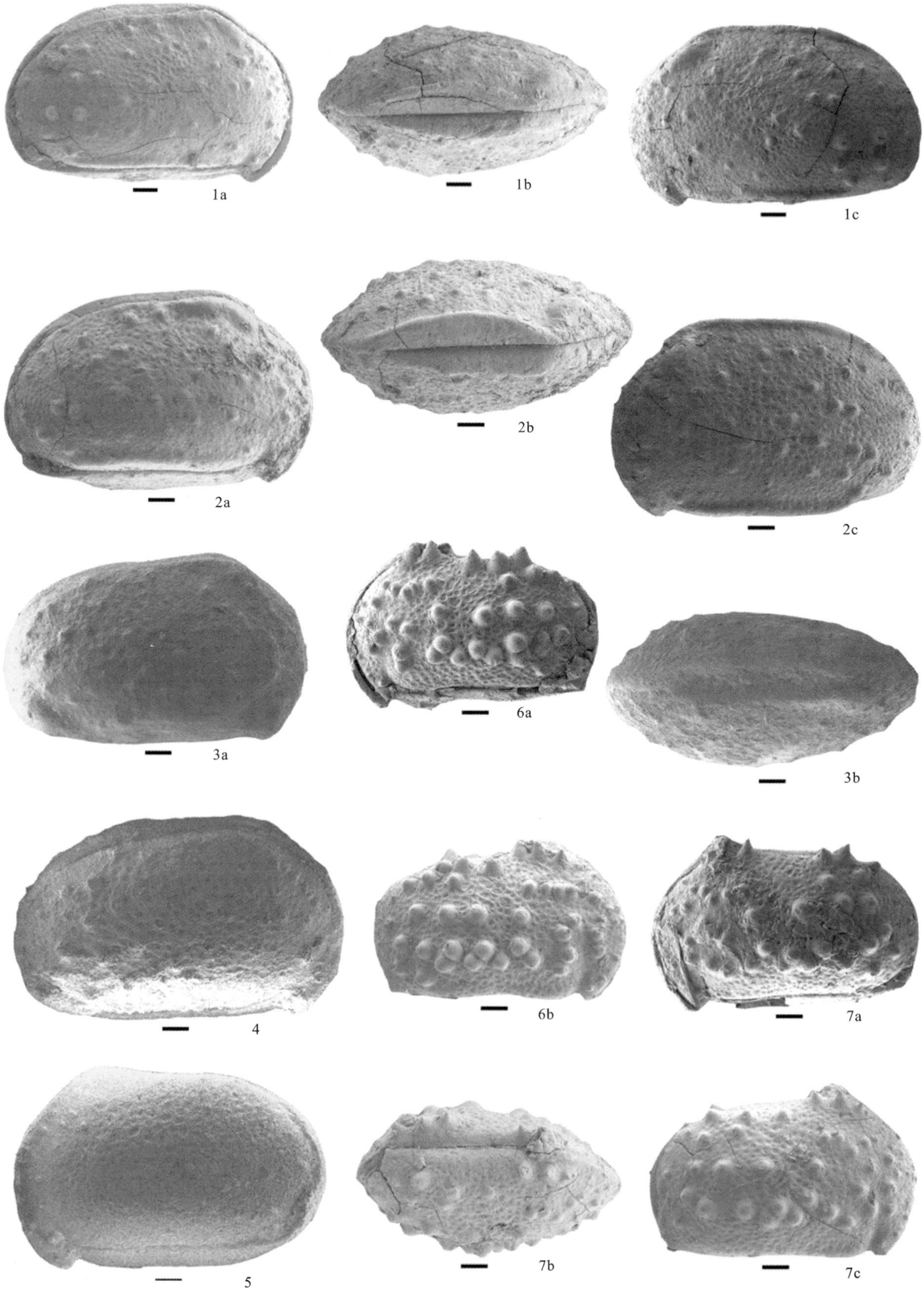

介形类化石图版 9

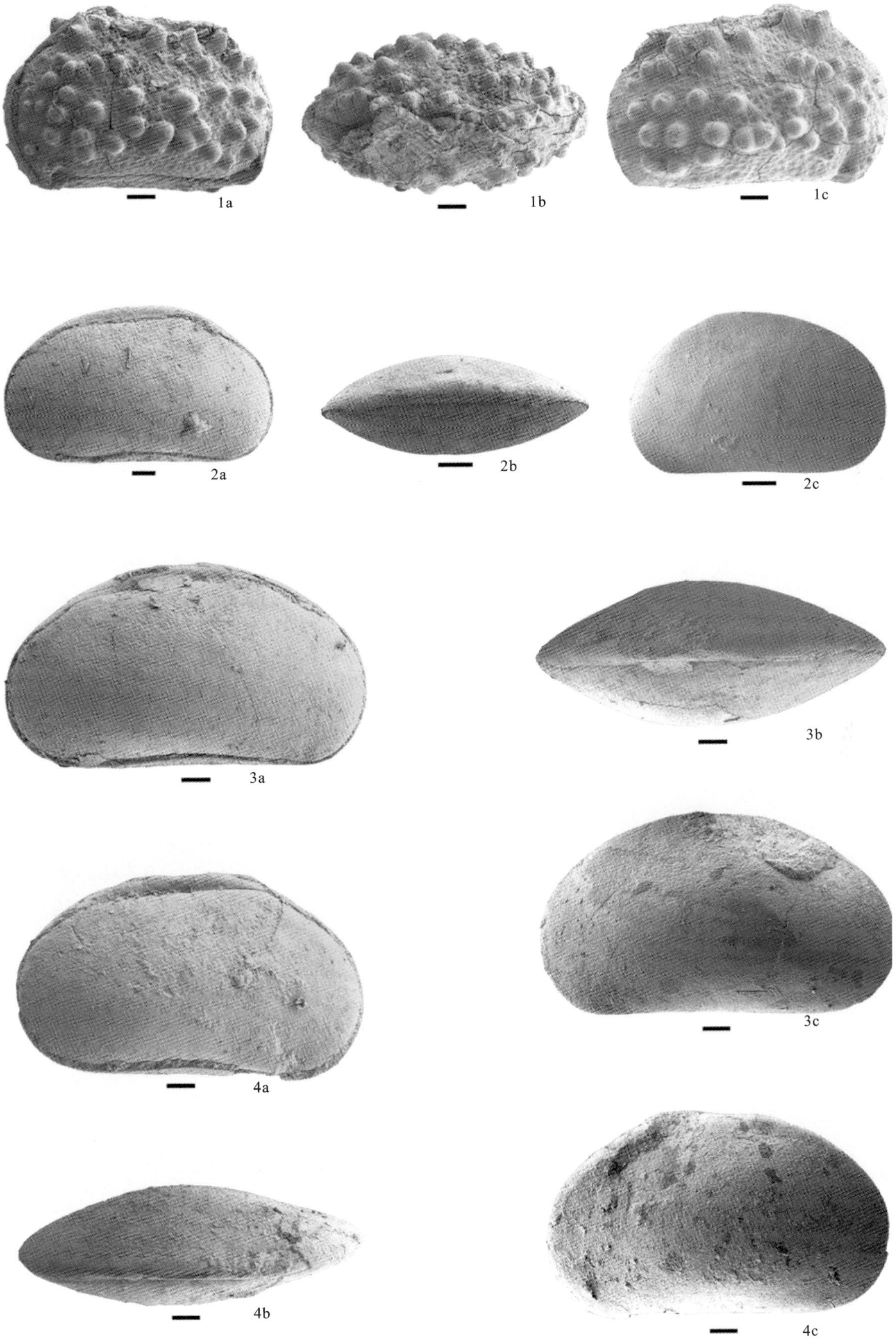

介形类化石图版 12

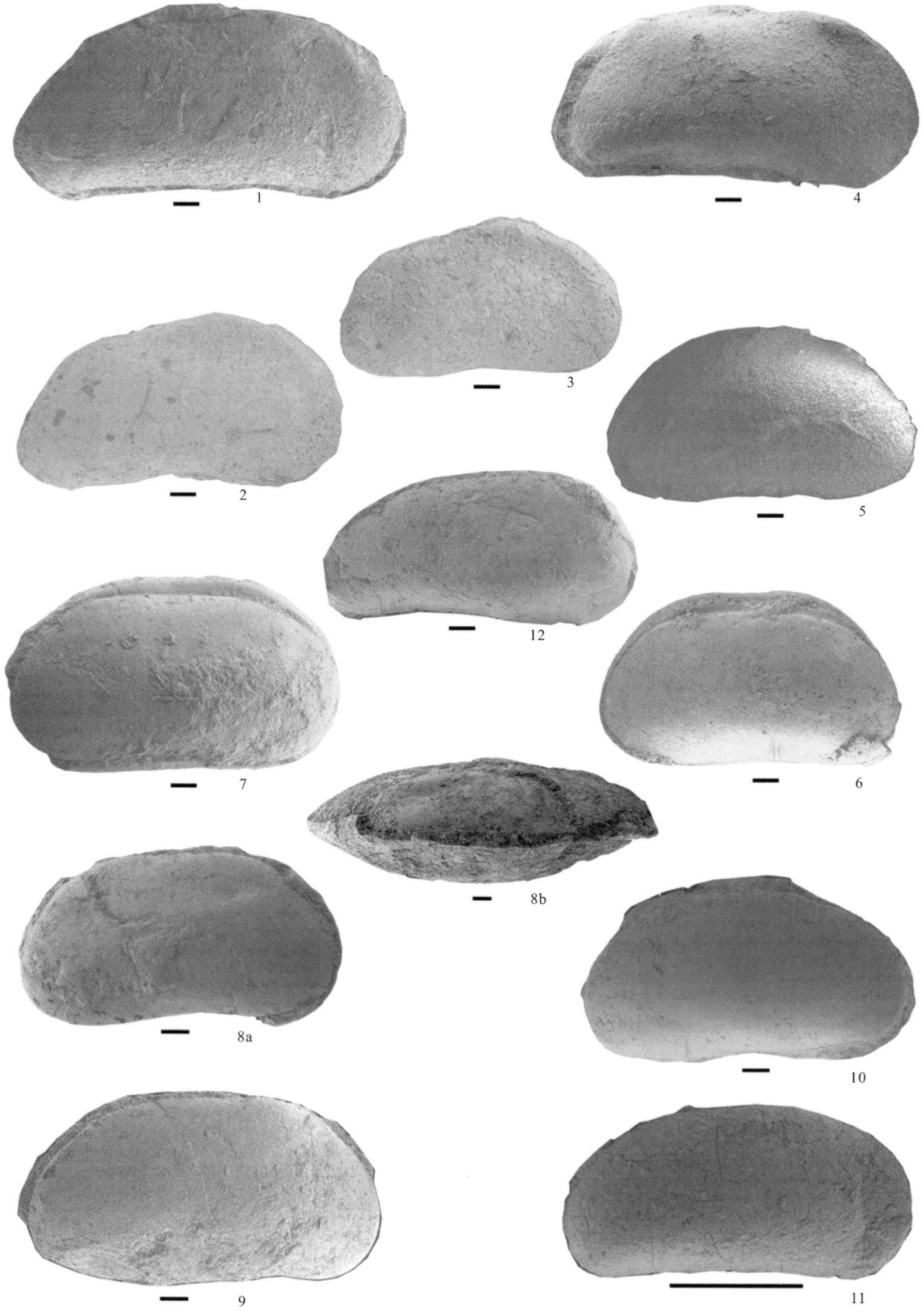

介形类化石图版 13

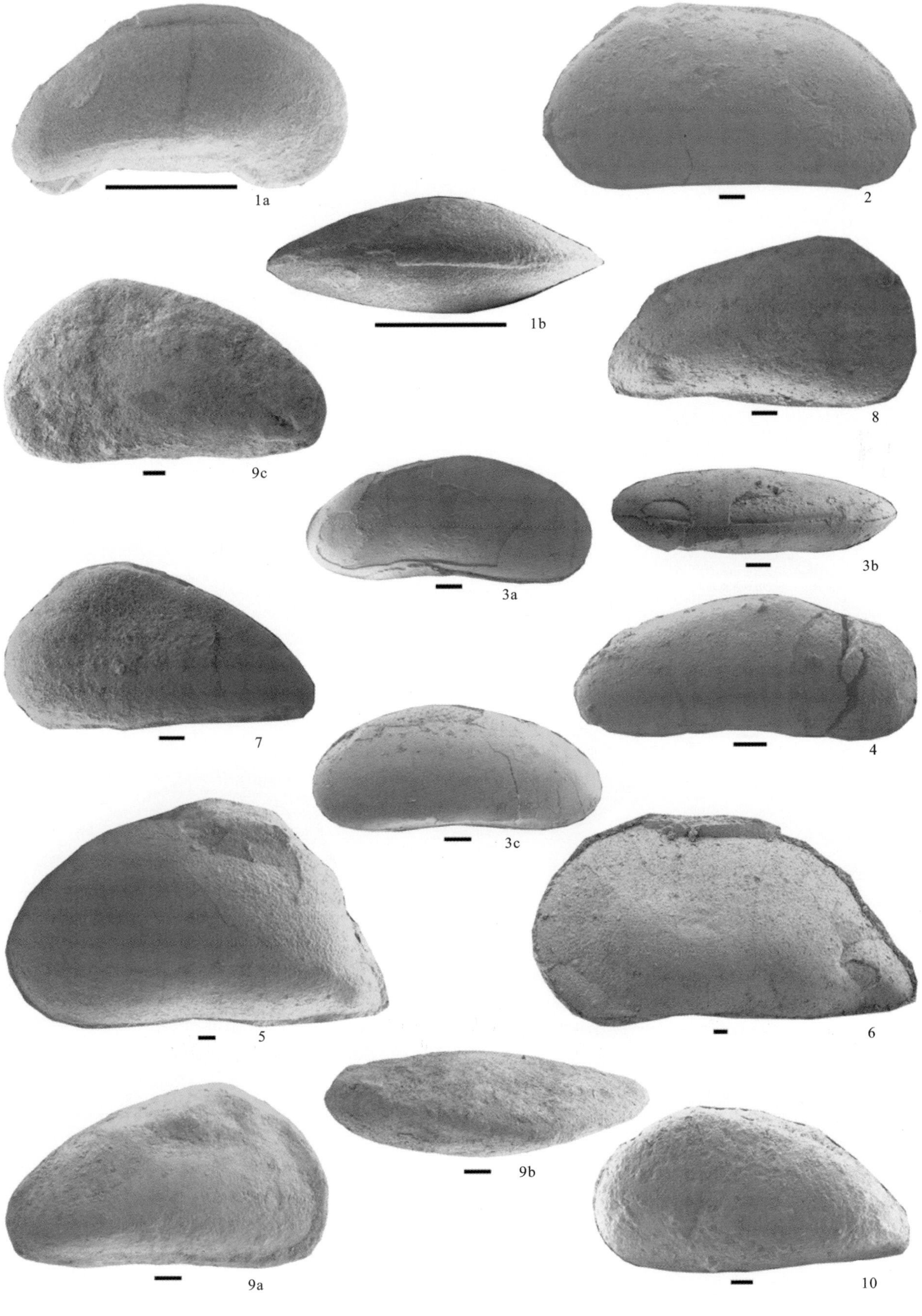

介形类化石图版 14

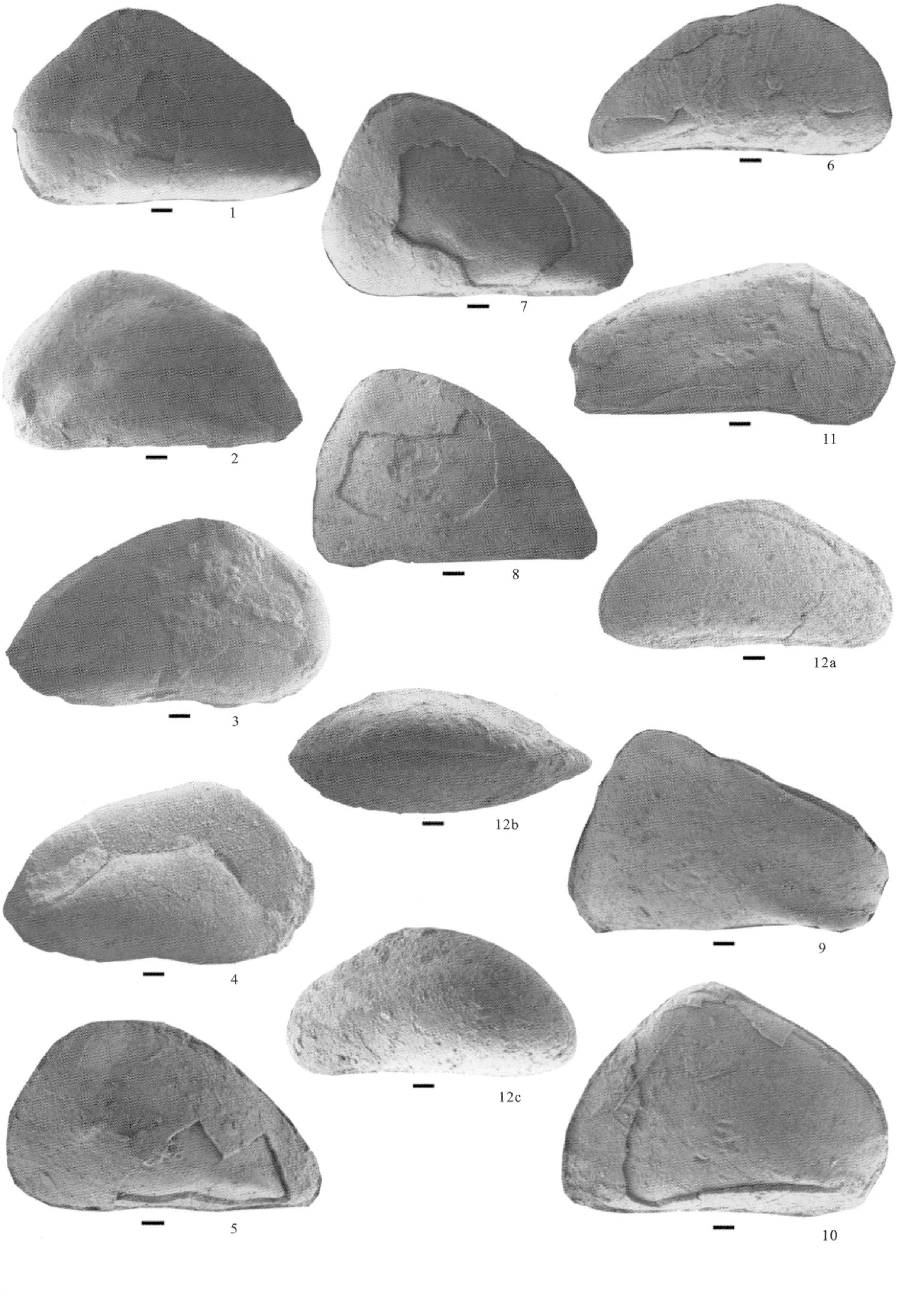

介形类化石图版 15

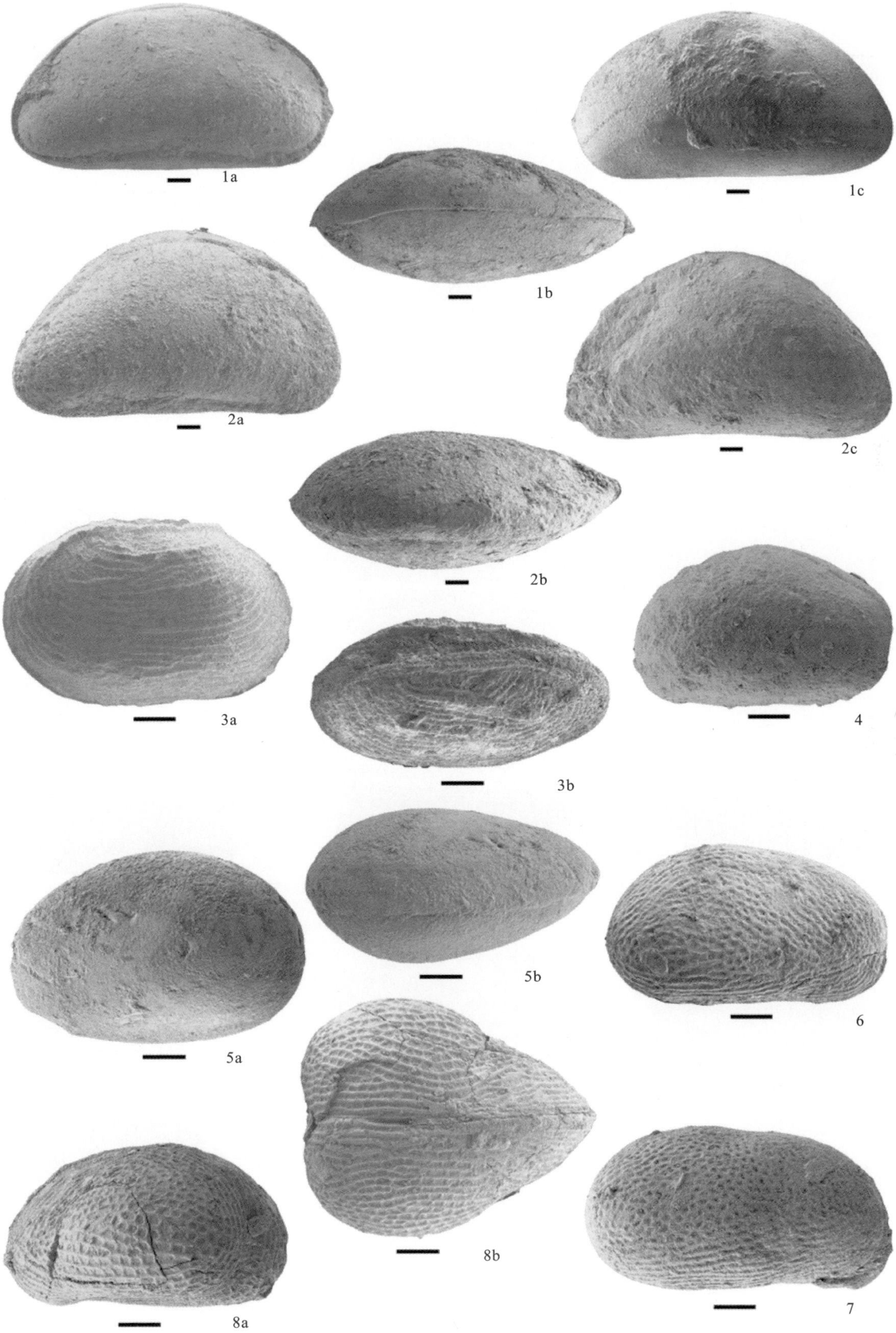

介形类化石图版 16

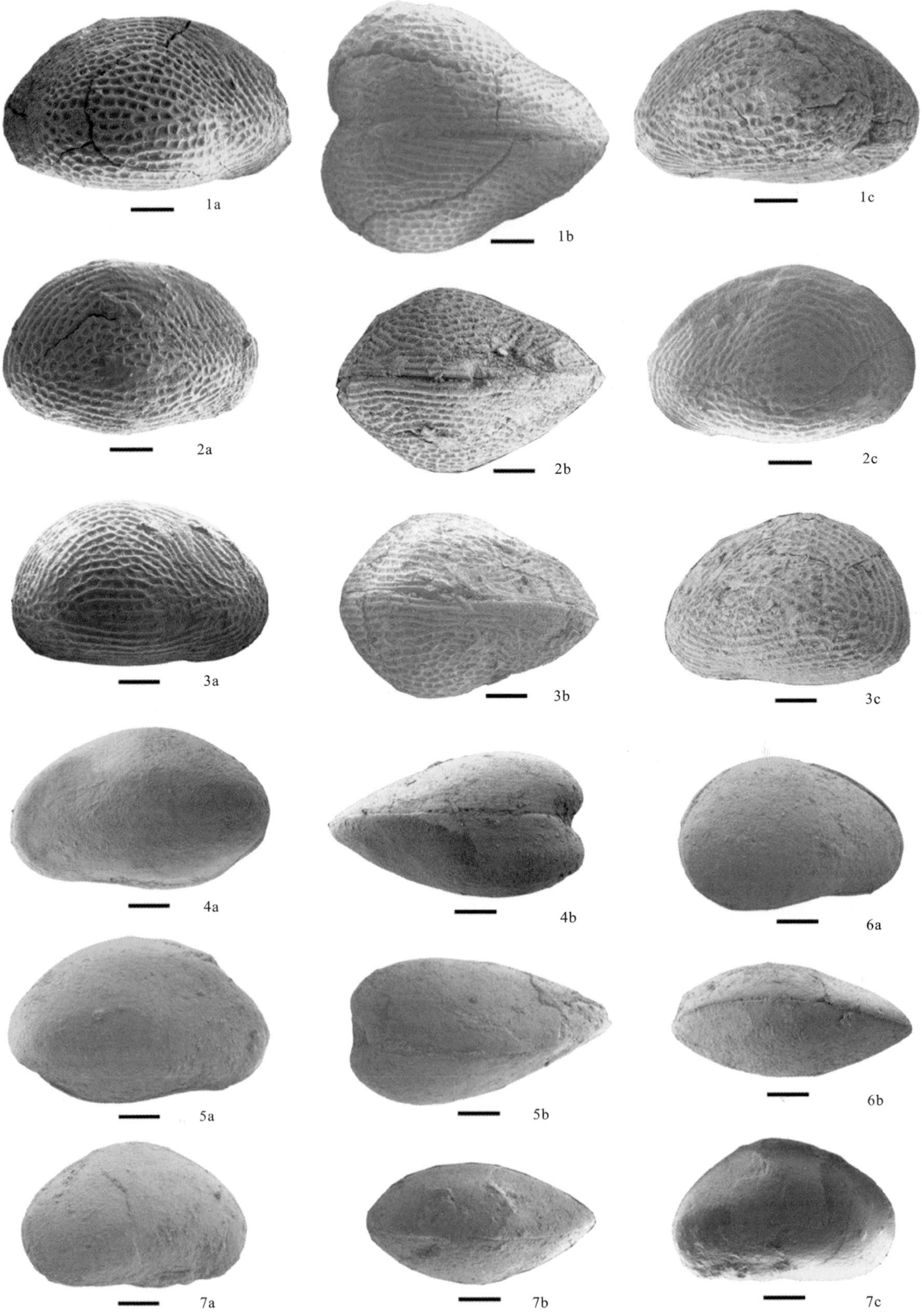

介形类化石图版 17

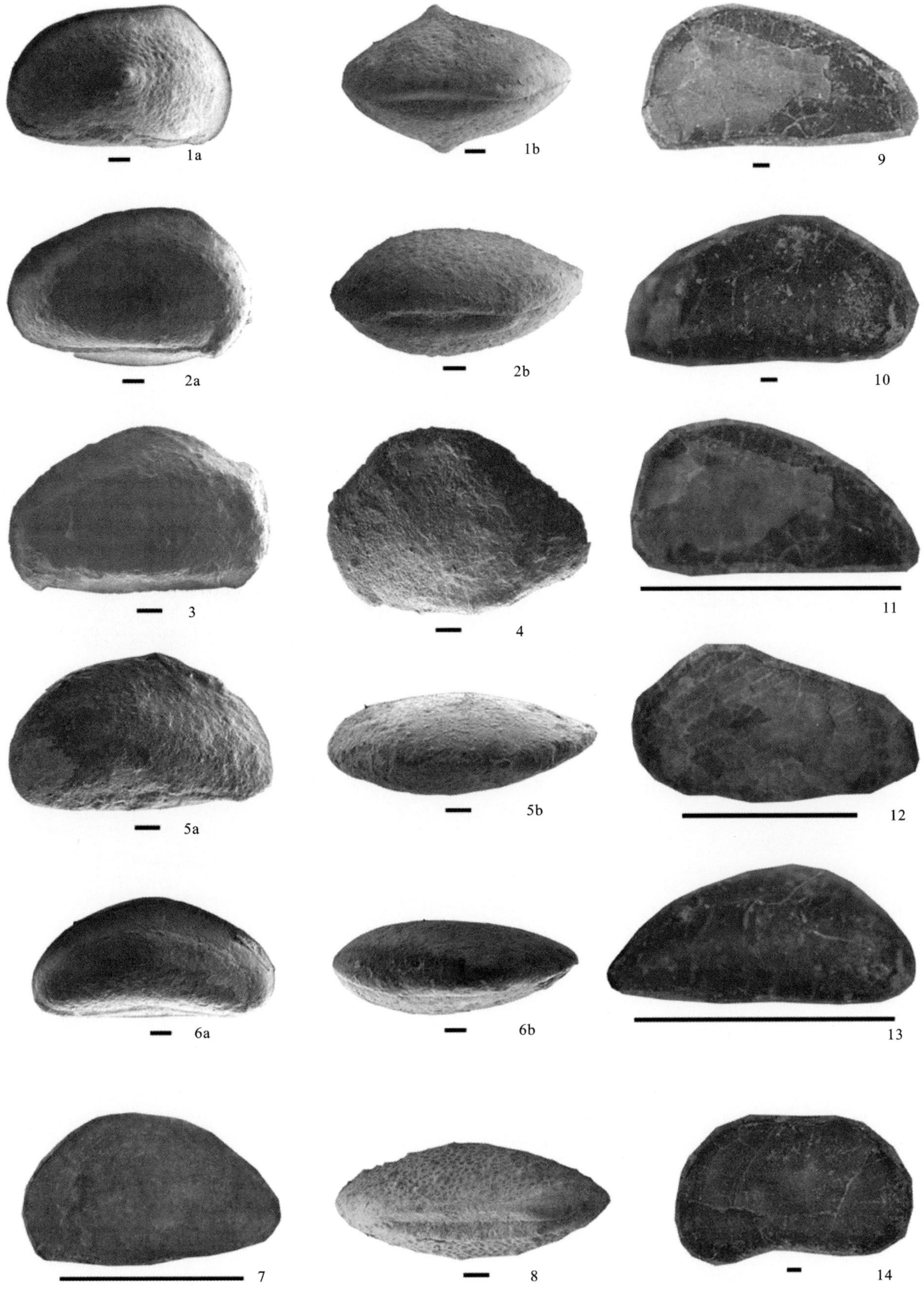